全面改訂｜第2版

最新 Windows10 上級リファレンス

Advanced Reference

橋本情報戦略企画
Microsoft MVP（Windows and Devices for IT）& Windows Insider MVP
橋本和則 K.Hashimoto

本書内容に関するお問い合わせについて

このたびは翔泳社の書籍をお買い上げいただき、誠にありがとうございます。弊社では、読者の皆様からのお問い合わせに適切に対応させていただくため、以下のガイドラインへのご協力をお願いいたしております。下記項目をお読みいただき、手順に従ってお問い合わせください。

●ご質問される前に

弊社Webサイトの「正誤表」をご参照ください。これまでに判明した正誤や追加情報を掲載しています。

正誤表　https://www.shoeisha.co.jp/book/errata/

●ご質問方法

弊社Webサイトの「刊行物Q&A」をご利用ください。

刊行物Q&A　https://www.shoeisha.co.jp/book/qa/

インターネットをご利用でない場合は、FAXまたは郵便にて、下記"翔泳社 愛読者サービスセンター"までお問い合わせください。
電話でのご質問は、お受けしておりません。

●回答について

回答は、ご質問いただいた手段によってご返事申し上げます。ご質問の内容によっては、回答に数日ないしはそれ以上の期間を要する場合があります。

●ご質問に際してのご注意

本書の対象を超えるもの、記述個所を特定されないもの、また読者固有の環境に起因するご質問等にはお答えできませんので、あらかじめご了承ください。

●郵便物送付先およびFAX番号

送付先住所　〒160-0006　東京都新宿区舟町5
FAX番号　03-5362-3818
宛先　（株）翔泳社 愛読者サービスセンター

はじめに

筆者が最初にIT書籍を書いたのがサラリーマン時代であり、実質的な作家デビューは本シリーズの源流となる「Windows Me上級マニュアル」という書籍になる。
以降、80冊以上を執筆してきたが、自分がたまたまうまくPCスキルを仕事に活かしているに過ぎず、「PCスキルは誰にでも必須なもの」とは考えてこなかった。

ところが、コロナ禍によりテレワークが推奨される新時代において、浮き彫りになったのが「誰にでもPCスキルは必要」という現実だ。

よく考えてみれば、筆者はフリーター、派遣、サラリーマン、管理職、独立などの様々な経験をしてきたが、結局その都度「PCスキル」に助けられてきた。

そう、どのような立場であろうが、どのような時代になろうが極めて普遍的な存在で価値があるものが「PCスキル」であり、PCを使いこなせることはビジネスにも役に立ち、プライベートも豊かにしてくれるのだ。

ちなみに、これからの新時代に求められるPCスキルは、表面的なPC操作の習得だけでは不十分だ。新機能や新技術へ対応するための構造からの理解、セキュリティリスクへの対応、トラブル自己解決能力、自分の環境に照らし合わせた周辺機器やネットワーク&クラウドの選択と活用、ストレスのない環境構築カスタマイズ、作業を素早く終えるための時短テクニック等、「総合的なPCスキル」が問われる。

ちなみにこの「総合的なPCスキル」なるものは、残念ながらその辺にある操作説明だけのつまらない書籍やWebページを何千ページ読もうが、あるいは何万ページも読もうが永遠に会得することはできない。

本書は、きちんと構造や歴史からWindows10を解説したうえで、操作・カスタマイズ・テクニックなどを実利用における効果や活用場面等、「総合的なPCスキルが身につく」解説を行っている。

ちなみに本書は第2版だが、全章全節を新たに書き起こしたものであり、読者にもきっと満足してもらえるものと自信を持って送り出せる内容となった。

本書が日常の悩みやストレスを解決するためのトリガーとなり、またビジネスもプライベートも充実させるためのPCのバイブルとなることを望むばかりである。

2020年9月
橋本情報戦略企画
橋本 和則

目的別リファレンス

本書はWindows 10の構造・操作・カスタマイズについて幅広く解説している。解説内容が多岐にわたるため、ここでは「目的別リファレンス」として、テーマごとの参照ページを示そう。

パフォーマンス

Windowsの構造と雑学

歴史からひも解くWindows 10

カスタマイズ

便利操作とテクニック

ぴりりとくる小技

■セキュリティ

■プライバシー

デバイス・ハードウェア

安定性の確保

■各種情報確認＆基本設定

お勧めカスタマイズ&テクニック

項目名	参照ページ
マルチPCテクニック	10
Windows Updateの更新設定の最適化	148
橋情ランチャーによる1～2文字でのアプリ起動	159
作業効率化のためのマルチディスプレイ	246
「ダブルLAN環境」「デュアルLAN活用」で攻めたネット最適化	13
Secure Erase／Format NVMによるSSDの最適化	98
削除できないUWPアプリのアンインストール	174
Cortanaの完全無効化	263
PCのトラブル対処にも活用したい「マルチPCテクニック」	409
プロセスの詳細情報の確認	50
キーバインド変更によるキーボード作業の効率化	78
ローカルアカウントでMicrosoftアカウント関連サービスを活用する	134
UWPアプリの勝手な自動導入を抑止する	173
広告表示全般の停止設定とパフォーマンスの確保	224
デスクトップの文字サイズのみ調整する	236
拡張子の表示設定	47
クリップボード履歴の活用	177
文字入力位置を見失わないようにする	233
「自分デフラグ」によるハードディスクの最適化	95
プリフェッチ系機能とWindows ReadyBoostの停止設定	119
エクスプローラーに機能アイコンを配置する	199
IPアドレスの固定化と効能	320
自分専用レジストリカスタマイズツールの作成	64
マルチSSIDによるネットワーク分離	297

TPO &ニッチ系

項目名	参照ページ
プロセス「svchost.exe」のグループ化を調整する	120
DISKPARTによるストレージの完全消去	393
俺はもっとウィンドウ配置に細かい漢だ	188
自動メンテナンスの設定と無効化	96
仮想的にデスクトップを増やして切り替えて作業する	238
Windows 10のブルスク(BSOD)を拝む	258
タッチキーボードとフリック入力	279
Windows 10のエディションアップグレード	349
コマンドによる電源操作	127
アプリを再導入不要で管理する	166
ドラッグであることを認識するしきい値のカスタマイズ	205
デスクトップアイコンの間隔の設定	245
通知領域において時計表示を「秒」まで行う	275
画面を指でタップした際の視覚効果	278
CPUコア数やメモリ量をデチューンする	112
サインインする手前で任意のメッセージを表示する	144
アプリ一覧からの起動	153
ドライブレターを前に表示するカスタマイズ	206
エクスプローラーの数値並び替えに関するカスタマイズ	207

■ 制限系カスタマイズ

■ トラブル対策

Contents

Chapter 3 究める!! Windows 10のアプリ&仮想マシンとセキュリティ

※本書は64ビット版Windows 10バージョン2004以降を利用していることを前提とした記述になります。
またWindows 10はエディションやハードウェアによってがサポートする機能が異なります。

Chapter 1

究める!!
Windows 10の魅力と特徴とカスタマイズ準備

1-1 Windows 10の魅力と新しい使い方

新機能を恒久的に提供するWindows 10

Windows OSにおいては、新しいOSタイトルが登場するごとに「買い替え」が必要だったが、Windows 10は「新機能を恒久的に提供する」という大きな特徴がある。

つまり、新しいハードウェアへの対応、OSとしての新機能、セキュリティアップデートなどは今後「Windows 10」というタイトルのまま無償で提供され、買い替えコストもかからずに常に新しいエクスペリエンスを得ることができるのだ。

ちなみに、タイトルがWindows 10のままだからといって、新しいバージョンのWindows 10は修正程度の妥協の産物かといえば、そんなことはない。

Windows 10は見えるところも見えないところも常に改善し、進化し続けている。

例えば「プロジェクション機能」はWindows 10搭載PCが他PCやスマートフォンのディスプレイになることができ、また「Windowsサンドボックス」では使い捨てできる仮想マシンとしてアプリテスト環境を提供するなど、これらは従来のWindows 10にはなかった新機能だ。

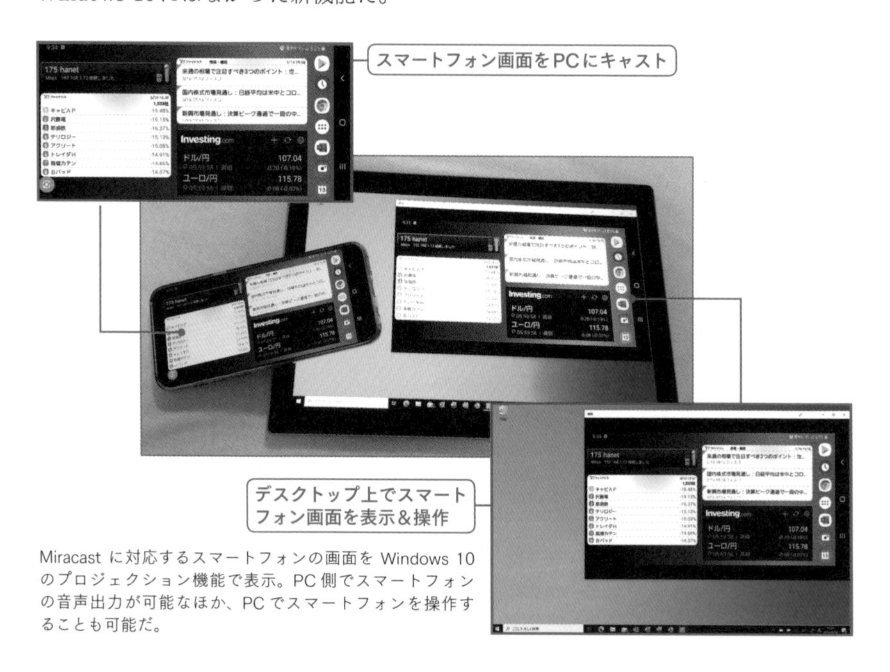

Miracastに対応するスマートフォンの画面をWindows 10のプロジェクション機能で表示。PC側でスマートフォンの音声出力が可能なほか、PCでスマートフォンを操作することも可能だ。

「Windows サンドボックス」は、デスクトップ上に仮想マシンとしてのWindows 10を起動して、「使い捨てられるOS」として安全性不明なアプリや任意のプログラムをサンドボックス内でテストできる。

また、メモリ量が少ないPCではサービスをグループ化して消費量を減らし、電源モードにおいてはバッテリー消費量とパフォーマンスを考えてプロセスの調整を行うなど、目には見えないがシステム動作として効果的な改善を行っている。

……と、まあ、これらの新しいWindows 10の魅力と活用については、本文でじっくり語ることとしよう。

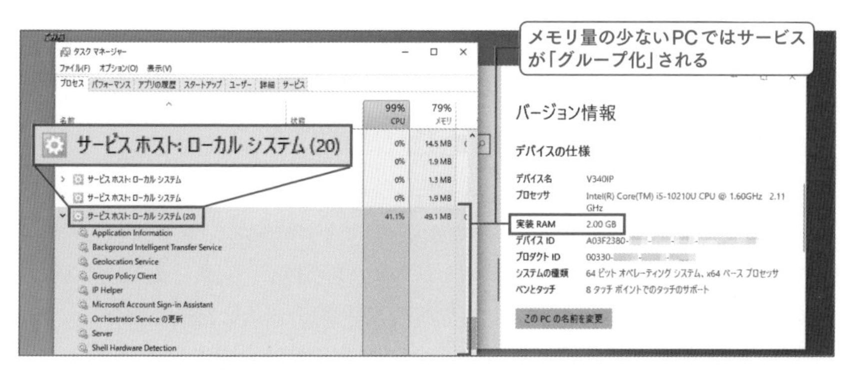

メモリ量の少ないPCでは「サービスのグループ化」を行ってメモリ消費量を減らし、逆にメモリが潤沢な環境ではグループ化せずにメモリ消費は抑えない反面、余計な統合処理が行われないため安定性とパフォーマンスを確保できる（➡P.120）。

優れたセキュリティ対策を内蔵するWindows 10

過去には必須といわれたWindows OSへの「アンチウィルスソフトの導入」であるが、Windows 10では必要としない。なぜなら、Windows 10には優れたマルウェア対策機能があらかじめ搭載されているからだ。

こんなことをいうとソフトウェアベンダーに叱られそうだが、むしろWindows 10においてはサードパーティ製アンチウィルスソフトを導入すること自体にリスクがある。なぜなら、Windows 10は「更新プログラムが常に適用されるOS（➡P.147）」であるため、システムと密接に連携して動作するアンチウィルスソフトとは、時に更新プログラムによるシステム変更との相性問題が発生し、動作に不具合を起こすことがあるからだ。

もちろん、Windows 10の標準機能である「Microsoft Defender（旧称：Windows Defender）」ではこのような相性問題や不具合は起こりようはなく、またサードパーティ製アンチウィルスソフトに負けないマルウェア検出率と動作の軽さを誇る。

Microsoft Defenderでは「オフラインスキャン」というWindows 10のシステムプロセスを読み込まない形でのマルウェア駆除にも対応しているため、もはや一般用途においては機能としても隙がなく、無償で恒久的に利用できる「Microsoft Defender」で必要十分だ。

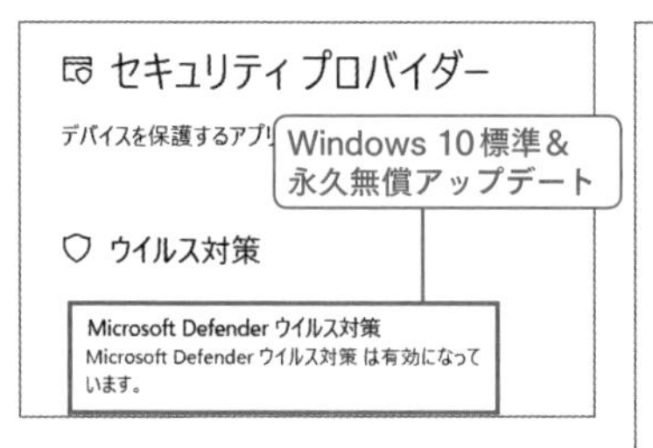

「Microsoft Defender」はマルウェア検出率や機能としての軽さも市販のサードパーティ製アンチウィルスソフトに引けをとらない。さらに恒久的に無償でサポートされるのもポイントだ。

クイック スキャン
システム内で脅威が検出されることが多いフォルダーをチェックします。

フル スキャン
ハード ディスク上のすべてのファイルと実行中のプログラムをチェックします。このスキャンは、1 時間以上かかることがあります。

カスタム スキャン
チェックするファイルと場所を選んでください。

Microsoft Defender オフライン スキャン
悪意のあるソフトウェアの一部は、デバイスから削除することが非常に難しい場合があります。Microsoft Defender オフラインでは、最新の脅威の定義を使用して、それらを検出して削除することができます。これにより、デバイスが再起動されます。所要時間は約 15 分です。

このほかブート領域を守るセキュアブート、PCからストレージを抜き出されたとしてもデータ漏えいを許さない「BitLocker ドライブ暗号化」、アプリ導入を制限して信頼できるプログラム以外の導入を許さない保護機能、安全にサインインを行えるWindows Helloなど、全般的にWindows 10のセキュリティは万全だ。

●「BitLocker」によるストレージが抜き出されても万全の漏えい対策

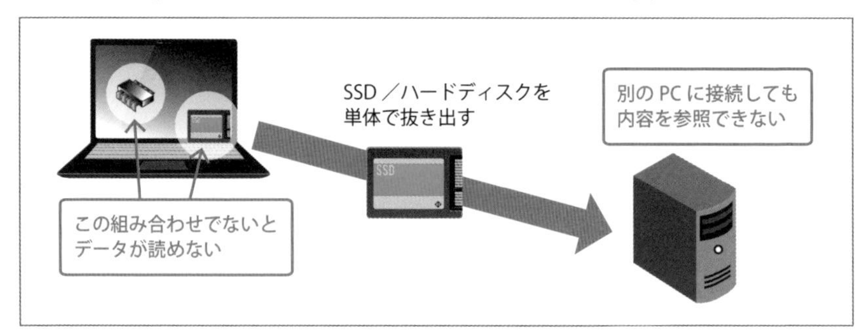

「BitLocker ドライブ暗号化」や「デバイスの暗号化」が適用されているPCにおいては、ストレージを抜き出されてもTPM（Trusted Platform Module）と紐づかないとデータが読めない構造である。つまりはどこぞで発生した「データ消去依頼を受けている会社の社員がストレージを転売して、大手金融機関や各省庁のデータが漏えいしてしまう」などという問題も起こりようがない鉄壁の仕組みだ。

問題に素早く対処できるWindows 10

PCを利用し続けていると、残念ながらトラブルを避けて通ることはできない。

このトラブルについてはWindows Updateの更新プログラムも深く関係するのだが(問題と管理については本文で解説)、それはさておき、OSに問題が発生した際でもWindows 10では数々の修復方法が用意されているため復元/回復は比較的容易だ。

まず、Windows 10のセットアッププログラムはWeb上で配布されている。Windows 10のライセンスはハードウェアに紐づいているため、プロダクトキーなしでクリーンインストールして修復することが可能だ。

また、もちろんクリーンインストールせずともデータを残して修復するオプションも用意されており、スタートアップ修復、前のバージョンのWindows 10に戻すなど数々の方法があるほか、「PCのリセット」もクラウドからWindows 10をダウンロードするオプションが追加されるなど、さまざまな状態からでも複数のバリエーションで復元/回復を試みることができる。

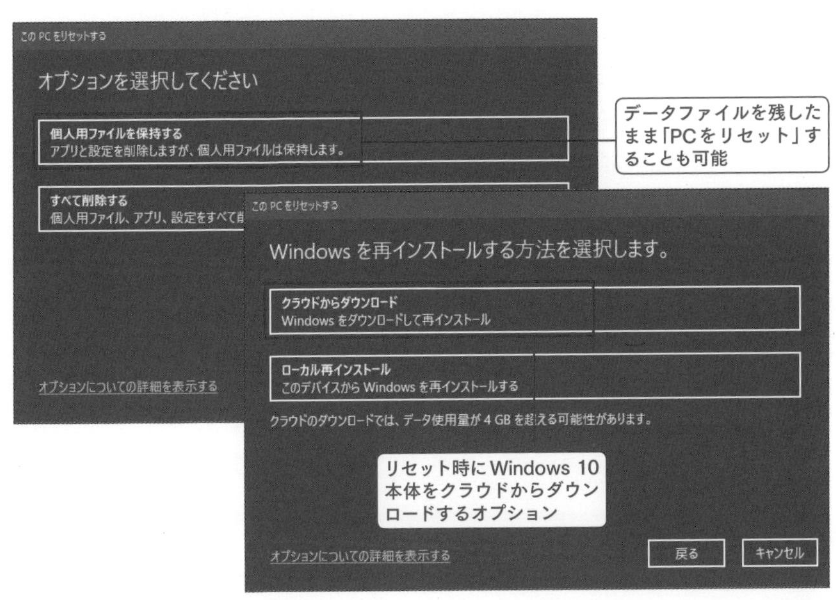

個人用ファイル(いわゆるデータ)を保持したまま、Windows 10はPCをリセットできる。また、新たにクラウドからWindows 10をダウンロードして修復できるようになった(つまりセットアップディスク不要でリセットできるようになった)。

ちなみにこのような復元/回復ができるのは、「起動領域とシステム領域」が独立してメンテナンスしやすい構造を持つゆえであり、内蔵ストレージからブートしてシステムを自在に修復することが可能である。

● 独立した起動領域によるメンテナンス性の確保

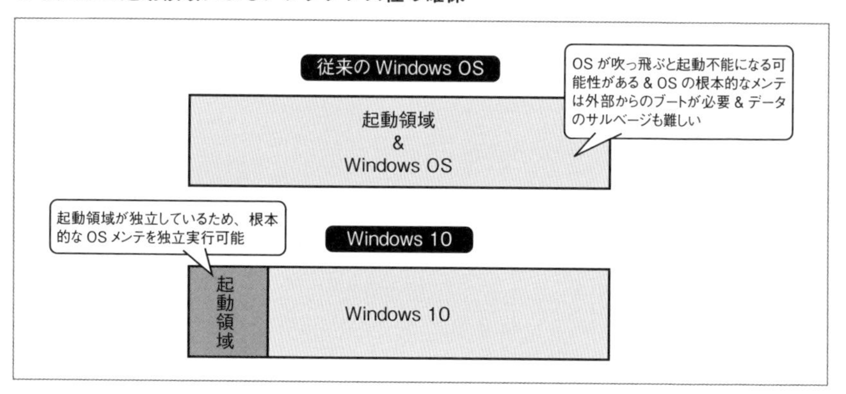

64ビットシステムでも32ビットアプリを動かせるWindows 10

一般的な64ビットシステムにおいて、そもそも32ビットシステム向けに作られたアプリ(32ビットアプリ)は動作しない。これはそもそも別の構造のシステムになるので当たり前の話でありエミュレーターを挟んで動作させているのが一般的だが、変換層が挟まると動作遅延や互換性の問題が発生する。

しかし、64ビット版Windows 10は64ビットシステムに32ビットシステムも内包させるという「Windows-On-Windows64(WOW64)」という構造になっており、64ビット版Windows 10で32ビットアプリもオーバーヘッドなしで高速に動作させることができる。

ちなみにWindows 10の64ビットシステムの本体は「C:¥Windows¥System32」に存在するだが、この中に64ビットシステムと32ビットシステムがごちゃ混ぜになってしまうとOSとして正常な動作ができなくなってしまう。よって、64ビット版Windows 10において32ビットシステムは「C:¥Windows¥SysWOW64」で管理して、32ビットアプリを動作させる際には、「C:¥Windows¥SysWOW64をC:¥Windows¥System32に見せかける」という騙すような形で動作させているのが面白い。

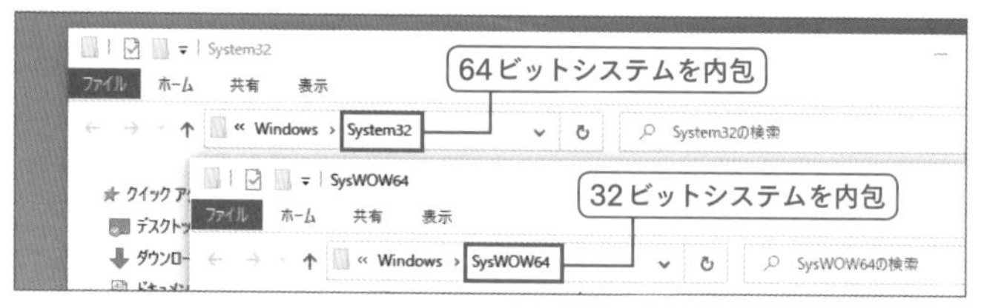

「ファイル名を指定して実行」から「SHELL:SYSTEM」で64ビットシステムのロケーションである「C:¥Windows¥System32」、「SHELL:SYSTEMX86」で32ビットシステムのロケーションである「C:¥Windows¥SysWOW64」が確認できる(逆に思えるかもしれないが、あくまでも「System32」が64ビットシステムだ)。

● Windows-On-Windows64（WOW64）の動作

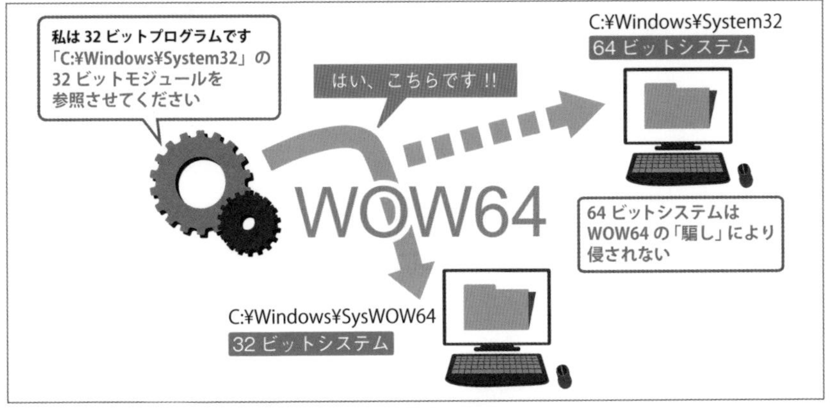

64 ビット版 Windows 10 は Windows-On-Windows64 により、華麗に 32 ビットアプリを騙す形で変換層を経ずに 32 ビットプログラムを動作させる。エミュレーションではないのでオーバーヘッドもなく高速動作するのが特徴だ。

より使いやすくなる地味な改善も続けるWindows 10

Windows 10は結構「地味な改善」も行っており、確実に使いやすくなっている。

注目機能というよりも、かゆいところに手が届くようになったのが「デスクトップの文字のみを拡大する機能」だ。高解像度ディスプレイであってもスケーリング調整で拡大してしまうと、結果表示の繊細さは残るもののデスクトップの使用感としては低解像度ディスプレイと変わらない環境になってしまう。

しかし、「デスクトップの文字サイズのみ」を大きくすることで、「文字が小さすぎて見えない」という問題を改善しつつ、その他のオブジェクトは拡大せずに済ませるというバランス調整ができ、高解像度を活かしたまま見やすさも確保できるのだ。

また「カーソルを目立たせて見やすくする機能」も搭載しているので、これと組み合わせると高解像度を無駄にせずに、操作しやすいオペレーティング環境を実現できる。

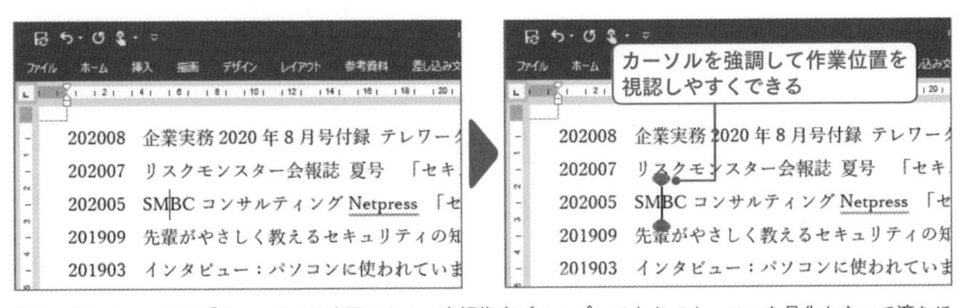

新しい Windows 10 は「カーソル」を強調できる。高解像度ディスプレイなどでカーソルを見失わないで済むほか、マルチディスプレイなどでも活躍する。設定してみればわかるが、明らかに作業効率が上がり、「デスクトップ上でカーソル位置を探す」というストレスを軽減できる。

デジタイザーペンも使いやすくなり、パームリジェクション(ペン入力時に手や指を置いても反応を抑える機能)にも対応し、クラウドノート「OneNote」で手書きメモなどに活用できる。

デスクトップに常駐してメモ書きに活用できる「付箋」も大幅に使いやすくなり、Microsoftアカウントで連携できるようになったほか(つまり異なるPCのデスクトップ間で付箋の内容を共有できる)、スマートフォン版「OneNote」アプリではOneNoteの内容はもちろん、付箋も含めて共同編集が可能だ。

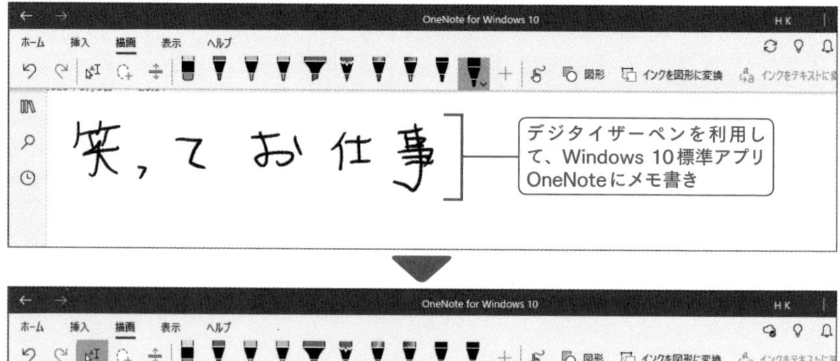

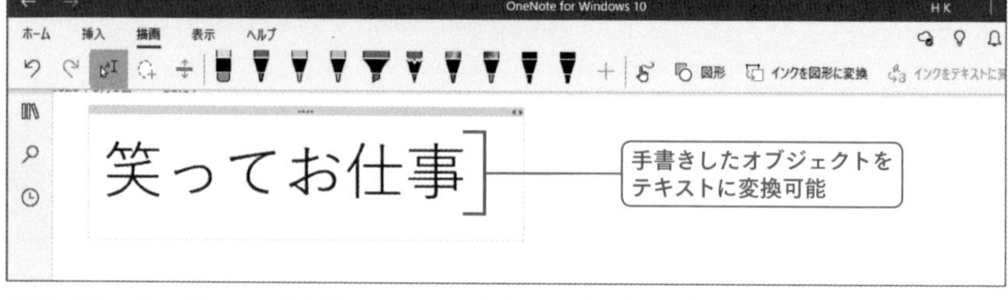

デジタイザーペンでWindows 10標準のOneNoteに手書きで記述。後にオブジェクトを選択して「インクをテキストに変換」をクリックすれば、テキスト文字列に変換することができる。

その他、標準搭載される「Skype」は大幅に進化しており、「ビデオ通話」「ファイル共有」「画面共有」「会議の録画」のほか、アカウントを所有していない人もオンライン会議に参加させる機能なども搭載し、無料で滞りなくテレワークを実践できる。

クリップボード履歴でカットバッファー内の情報を履歴的にペースト可能、レジストリエディターにおいてアドレスバーに対応し任意のレジストリキーに直接ジャンプ可能、メモ帳においては任意の拡大表示に対応、タスクビューではタイムラインに対応しデスクトップで作業した内容をさかのぼれる、タスクマネージャーにおいてはストレージの「種類表示」&GPUの「温度表示」に対応するなど、とにかく日々改善を続けてさらに使いやすくなっていくのが「Windows 10」なのだ。

タスクビューでは新たにタイムライン機能を備えた。閲覧編集した履歴が保存され、任意にアクセスすることができるほか、その気になればクラウド経由で別PCとタイムラインを同期することも可能だ。

非x86系でありながら32ビットアプリ動作可能な「Windows 10 on ARM」

Windows 10では、Windows 8時代に一度は挫折した「ARM対応」にもう一度踏み込んで、「Windows 10 on ARM」として、新たにARM64 CPUに対応した。

この「ARM版Windows 10」の最大の特徴は、かつて存在したARM対応のWindows OSであるWindows RTとは異なり、x86向けに作成された(つまりは私たちが一般的に利用している)「32ビットアプリ」を動作させることができる点にある。

当然アーキテクチャが異なるプログラムを動作させるため、変換層が挟まりオーバーヘッドが起こるのだが、想像以上にプログラムはサクサク動き、モバイル用途において問題になるようなトロさは感じることはない。

また、PCはARM64 CPUを活かす形で、「モダンスタンバイ」「SIM／eSIM搭載」「ロングライフバッテリー」「薄型軽量モデル」「ファンレス」であることが多く、Windows 10において新しいエクスペリエンスを享受することができる。

Windows 10は新たにARM64 CPUをサポートした。スマートフォン向けCPUとも定義されることがあるARMアーキテクチャだが、省電力かつ放熱性が高いゆえにバッテリーの持ちがよく、またファンレスにもできるため、むしろモバイルPC向けCPUとして最適ともいえる。SIM／eSIMをサポートするモデルも多く、Windows 10ではテザリング(モバイルホットスポット)もサポートするため、データ通信を他のPCやタブレットに分け与えることも可能だ。

「マルチPCテクニック」で複数のPCを同時連携活用

仕事や生活のスタイルに合わせて「一人で複数のPCを使い分けてしまおう」というのが、筆者が勝手に命名した「マルチPCテクニック」であり、PCの新しい使い方の提案である。

以前はPC内にデータを保持することが基本であったため、該当PCでしか作業ができなかったが、Windows 10ではクラウドストレージ「OneDrive」が標準搭載されているため、「いつでもどこでも必要なデータにアクセスする」ことがどのPCでも可能であり、デスクトップ上に置いたデータさえ同期することができる。

「職場ではデスクトップPC」「カフェではモバイルPC」「寝室では超軽量PC」等々利用シーンによって使い分けることや、あるいはエンコードなどの重い作業はハイスペックPCに任せたまま、同じデスクトップ&ドキュメント環境で通常作業はノートPCで行うなどの分散処理によるフットワークの軽さも実現できてしまうのが、「マルチPCテクニック」の特徴である。

● 好きな場所で適したPCを利用できる「マルチPCテクニック」

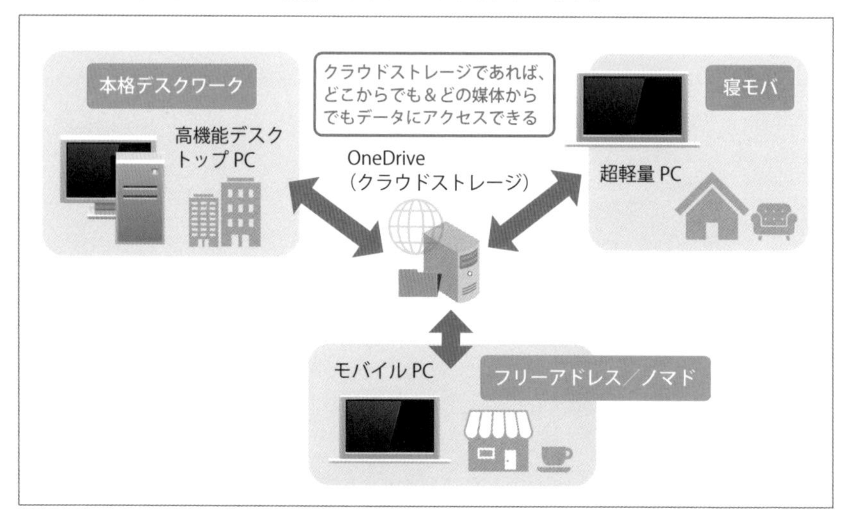

マルチPCテクニックに欠かせないクラウド

各種作業を1台のPCに依存することなく、さまざまなPCで作業してしまおうというのがマルチPCテクニックだが、このテクニックを実現するうえで欠かせないのが端末を選ばずにデータファイルにアクセスすることができる「クラウド」だ。

クラウドストレージ「OneDrive」はMicrosoftアカウントさえ用意すれば誰でも無料で利用できるほか、Windows 10においてはインターネット接続できない場所(オフライン)であってもファイルアクセスできるという大きな特徴がある(オフライン時に更新・編集・作成したファイルはオンライン時に自動同期する仕組み)。

蛇足だが、本書はOneDriveやOneNoteを用いたマルチPCテクニックをフル活用して原稿執筆を行っており、何かひらめいたときに場所を選ばず好きなデバイスで執筆・編集・加筆することで、ストレスなく作業を進めて出版に至っている。

● 自由度が高いOneDriveを用いた作業環境

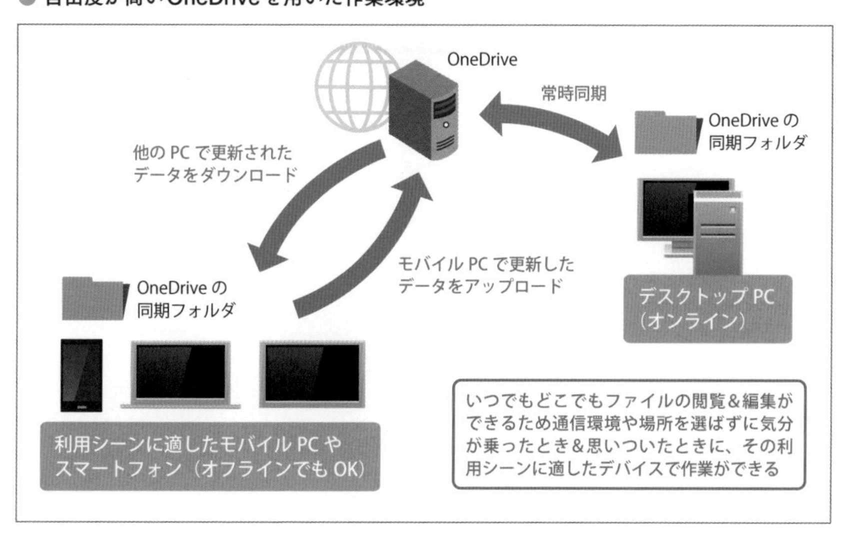

テレワークやフリーアドレスでのPCチョイス

場所を選ばないで作業をするのが当たり前となった現代だが、ゆえに1台のPCにこだわって作業を行うのはもはや古いスタイルといってよい。

例えば、高スペックハイエンドノートPCであればほぼすべての作業を1台でこなすことができるが、「PC本体が重い」「バッテリーが持たない」ではフリーアドレス(席を選ばずに働くことができるオフィススタイル)やノマドワーク(IT機器を駆使して喫茶店などオフィス以外で働く)などに向かない。

ちなみに「マルチPCテクニック」を活用すれば、お出かけ時の作業はARM64やCore m3などのデータ通信対応の軽量かつロングライフバッテリーPC、本格的な編集作業を行いたい場合にはCore i9などを搭載したマルチディスプレイ環境のデスクトップPC、リビングルームやシェアオフィスなど電源を確保できる場所ではミドルレンジCore i5ノートPCなどという形で使い分けができる。

こういっては何だが、1台のPCにすべての作業を集約させるのではなく、クラウド・リモートデスクトップ・ファイルサーバーなどのネットワークテクニックや、使いやすさを追求したカスタマイズ、効率的な操作テクニック等々を複合的に組み合わせて複数のPCを柔軟かつ同時に活用してこそ、「新しいWindows 10の本当の使いこなしを体現している」といえる。

● マルチPCテクニックで「場面に適したPC」を利用

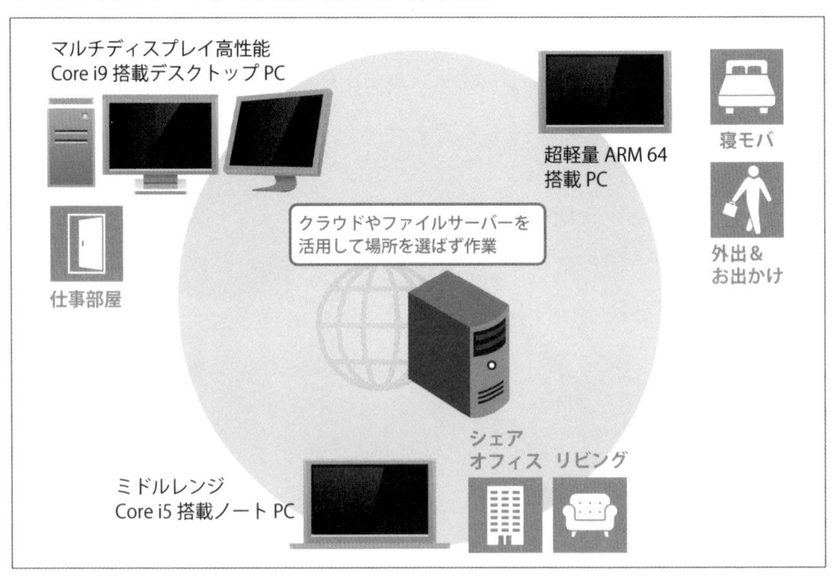

さまざまなPCをさまざまな場所で、用途に合わせて使い分ける。ちなみに、ローカルエリアネットワーク内、あるいはポートマッピング／VPNなどの外部アクセス可能な環境であれば、リモートデスクトップを利用して他のPCに重い作業を任せながら並列分散作業なども可能だ。本書読者のように「いろいろなPCに触れて楽しみたい」というユーザーには最適な環境だ。

Column

マルチPCテクニックならではの問題を解決する

一人で複数のPCを使い分けるといっても、PCごとのキー配列の違いがストレスになる(使い慣れたキー配列のPCでしか作業したくない)ということもあるだろう。

また、複数のPCを場面によって使い分けると「なるべくアプリ環境(アプリ設定)を揃えたい」「ツール類をいちいちインストールするのは面倒」「OneDriveによるデスクトップ同期は便利だが、特定項目だけは同期させたくない」などのマルチPCテクニックならではの問題というのもでてくるのだが、本書ではこの辺りの問題にも切り込んで解決や活用方法を解説している(➡P.166、➡P.335など参照)。

「ダブルLAN環境」「デュアルLAN活用」で攻めたネット最適化

「ローカルエリアネットワーク」とは、いわゆる限られたエリアでのネットワークのことで、ビジネス環境であれ、家庭環境であれ本書読者であれば必ず構築しているはずだ。

さて、現在のローカルエリアネットワークの速度に満足しているだろうか？

昨今ではPCだけではなく「スマートフォン」「タブレット」「IoT家電」等々のネットワークデバイスが増え、それらの通信を一手に担う無線LANルーター（無線LAN親機）の負荷は相当なものである。

本書ではこのような集中的な負荷を改善する一つの提案、というか筆者が独自理論の上で構築したテクニックとして「ダブルローカルエリアネットワークによる攻めたネット環境構築」を解説している。

具体的な環境構築については P.302 で解説するが、簡単に述べてしまえば二つのローカルエリアネットワークで「インターネット通信」と「データファイルの読み書き」の処理を分散させてネットワーク通信の高速化を図ろうというものだ。

PCにおいて「デュアルLANアダプター」が必要になることや、各ルーターにおいてDHCP割り当て範囲に気をつけなければいけないなど、やや敷居が高い環境構築が必要だが、とにかくネットワークデバイスが山ほどあってネットワークが重いという環境では効果的なテクニックである。

●「ダブルローカルエリアネットワーク」とは

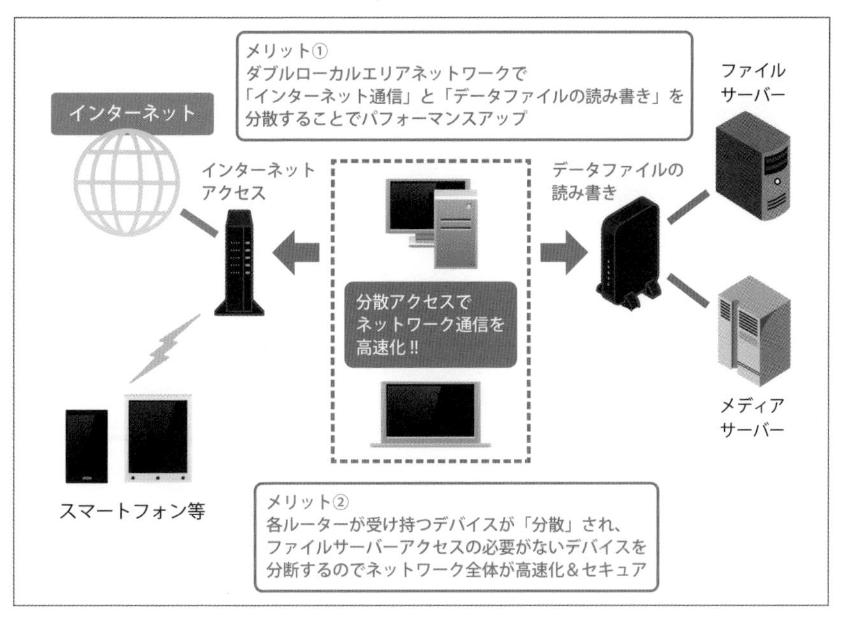

1-2 Windowsのバージョンと歴史

「Windows 10を知るため」のWindows OS史

Windows OSの歴史を知ると「Windows 10が何ものなのか」をより深く知ることができる。なお、ここでは歴代すべてのWindows OSを取り上げるわけにはいかないので、あくまでも「Windows 10を知るうえで必要な旧OSの歴史」に的を絞って解説しよう。

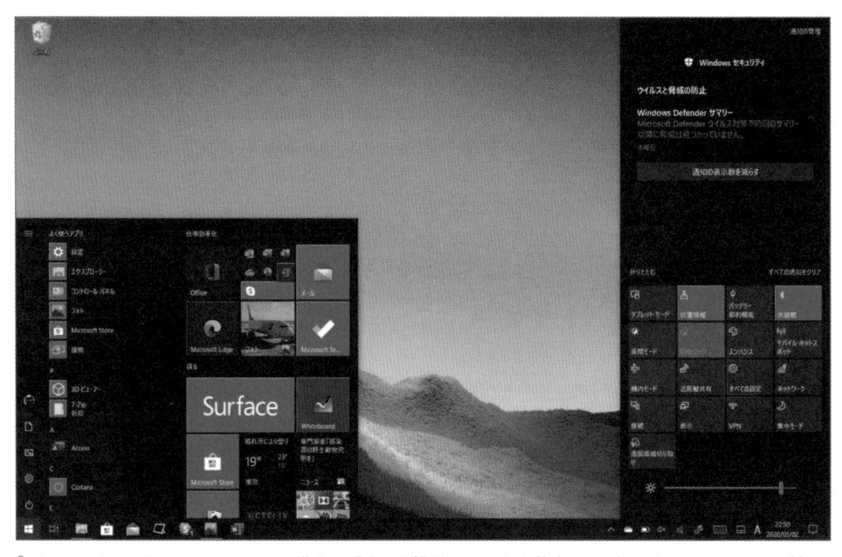

「Windows 10に至るWindows OSの進化の過程」を解説する。なお筆者は30年以上Windows OSに触れ、Windows 98から本を出版して今に至るが、Windows 10はいろいろな側面で「特殊」であることはあらかじめ述べておこう。

動作が不安定だった「Windows 3.x」と「Windows 9x」

Windows OSとして最初に日本国内のコンシューマー市場で一般入手できる搭載PCが販売され、またWindows OSといってもよい形をしていたのが「Windows 3.0」である。

ちなみにWindows 3.1はヒットしたが、これらのWindows OSは「MS-DOSの呪縛」が存在し、ファイル名は「8文字まで(拡張子は3文字まで)」という今では信じられない制限が存在した(Windows 10でも比較的古めの設計のアプリと互換性を維持したい場合、インストールフォルダー名を8文字までにするというテクニックは、この時代の制限に由来する)。

そしてファイル名8文字の呪縛から解放されロングファイルネームに対応したことや、ネットワーク機能の充実、ハードウェア(PCおよび周辺機器)とソフトウェア(アプリ)の充実など、全般的な機能や環境が劇的に改善してWindows OSが普及する立役者となったのが「Windows 9x」だ。

なお、Windows 3.xはその名の通りの「Windowsのバージョンそのものの名前」だったのだが(Windows 10もこの表記に回帰しているのがポイント)、Windows 9xからは西暦が与えられWindows 95が「Windowsバージョン4.0」、Windows 98が「Windowsバージョン4.1」になる。

またWindows Me(Millennium Edition)も9xファミリーで「バージョン4.9(.9は最後であることを示したかった)」なのだが、Windows MeはWindows OSがブレイクして以降「初めて不人気になったOS」でもあり、ここからリリースごとに「大外し(Me→Vista→8)」と「大ヒット(XP→7→10)」を繰り返すことになる。

蛇足だが、「Windows 8(正確にはWindows 8.1)」の次が「Windows 10」になるが、なぜ「Windows 9」は存在しなかったのかといえば、この「Windows 95」「Windows 98」というWindows 9xが過去に存在したからである。

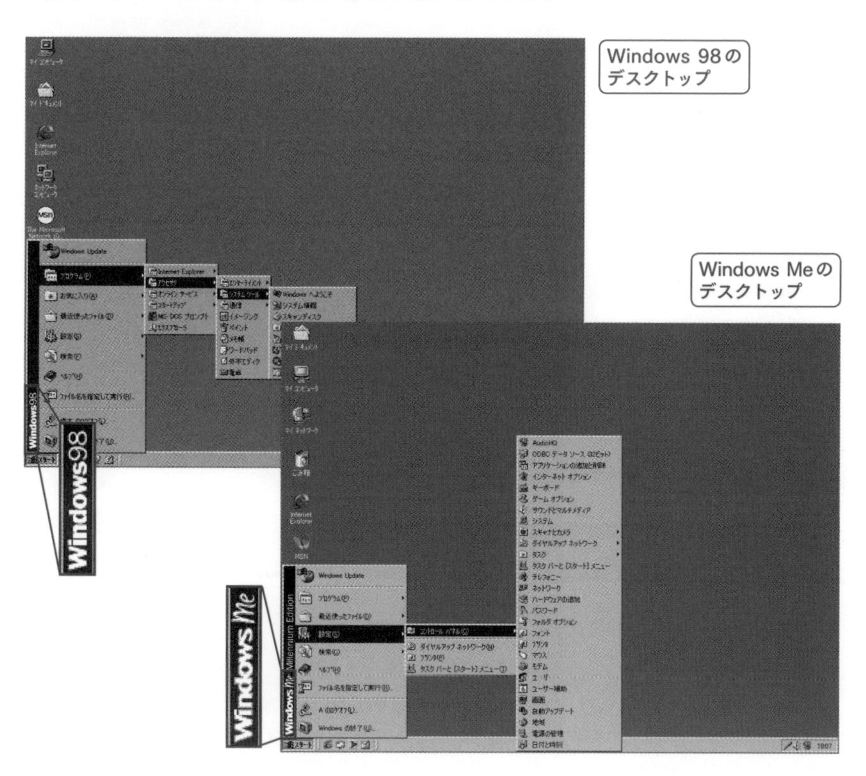

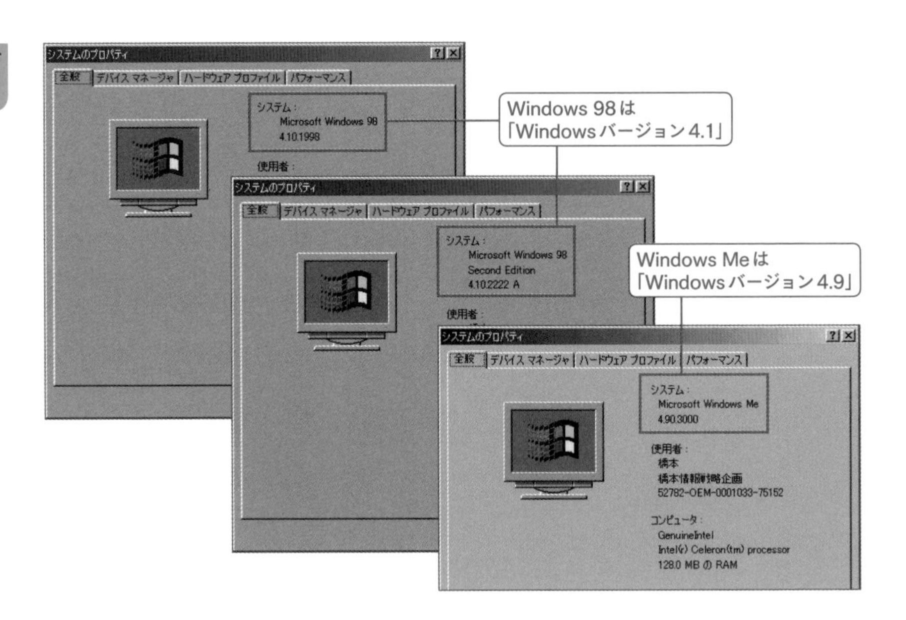

安定動作してブレイクした「Windows XP」

「Windows XP」というとWindows OSの歴史的順序として「Windows 98→Windows Me→Windows XP」と解説される場合があるが、内部的な構造としては間違えた解釈である。

Windows OSには「NTシリーズ」というビジネス向けのものがかつて存在し、Windows NTシリーズの代表的なタイトルに「Windows NT 3.51」「Windows NT 4.0」「Windows 2000」が存在した。

ちなみにWindows NTシリーズの特徴はx86系以外のCPUアーキテクチャである「DEC Alpha」や「PowerPC(当時MAC(Power Macintosh)のCPUとしても採用されていた)」などをサポートしていたことにあり、現在に至るような「x86系のみ」ではなかったことは知っておいてほしい(時代に淘汰(とうた)されてx86系のみが残ったが、Windows 10が改めて「ARM64 CPU」をサポートしたことは未来を占ううえでも重要なのだ)。

ちなみにWindows 2000は「NTバージョン5.0」であり、そしてWindows XPは「NTバージョン5.1」である。

つまりコンシューマー的にはWindows 9x(Me)の次にWindows XPは位置づけられるものの、Windows XPは純然たるNTシリーズであり、Windows 10もNTシリーズなのである。

Windows XPは、NTカーネルのおかげで動作はド安定(当時のPCトラブルのほとんどはハードウェアやデバイスドライバー等のプログラムに起因するもの)、またユーザーインターフェース(UI)も秀逸で、やや足りなかった機能もフリーウェアで補うという手法をとれば、一つのWindows OSの完成形が「Windows XP」であった。

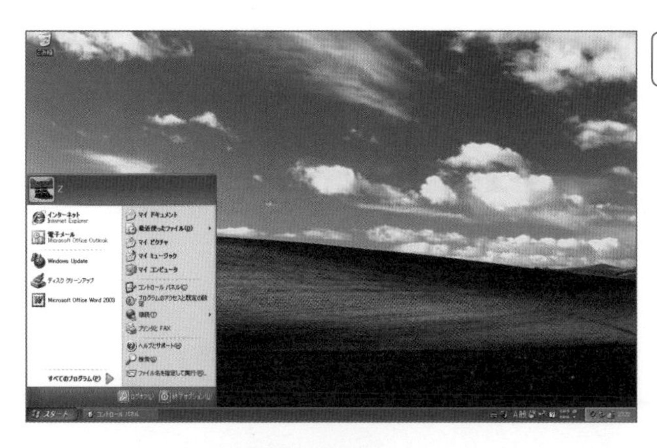

Windows XPのデスクトップ

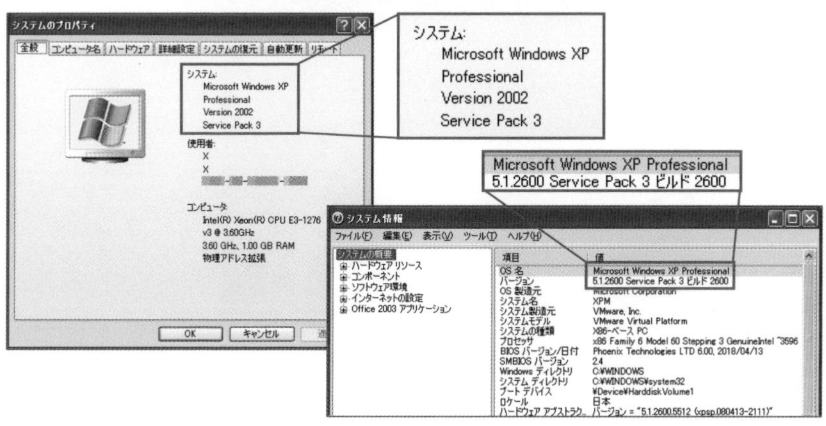

大失敗に見えるが未来に続く大転換を果たした「Windows Vista」

当時Microsoftは「3年ごとに新しいOSをリリースする」という約束をしていたのだが、Windows Vistaはリリースまで5年近くかかったうえに「動作が緩慢」「UIがいちいち遠回り」「余計な機能てんこ盛り(フリップ3D、Windows ReadyBoost(➡P.117)等々)」とユーザーからコテンパンに叩かれた、これもある意味での歴史的OSである。

Windows XPが人気で使いやすかったため、「なぜWindows Vistaにしなければならない?」という疑問がぶつけられる形で、なんと市販PCでさえ「XPダウングレードモデル」が販売されるほどの不人気OSがWindows Vistaだったのだが、忘れてはいけないのが「内部的なシステム構造」にある。

Windows Vistaからは「シングルバイナリ」になり言語パックで各国の言語に対応できるようになったほか、Windows全般の管理フォルダーが刷新(「Documents and Settings」→「Users」等)、また64ビット版を普及させる礎にもなったWindows OSなのである(Windows XPにもx64エディションがあったが、一般利用できるような代物ではなかった)。

そして着目すべきは「NTバージョン」にある。Windows XPのNTバージョンは「5.1」だったが、Windows VistaのNTバージョンは「6.0」であり、以後Windows 7が「6.1」、Windows 8が「6.2」、Windows 10は事実上の「6.4」であることから(後述)、実はWindows 10の内部的な構造はWindows Vistaから大きく変化していないことがわかる。

つまり、現在の「Windows 10」が存在するのは、散々「ダメOS」として叩かれたWindows Vistaが存在したからこそなのである。

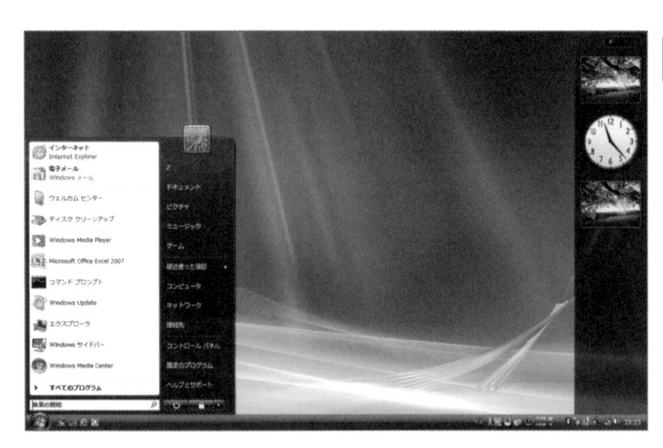

Windows Vistaのデスクトップ

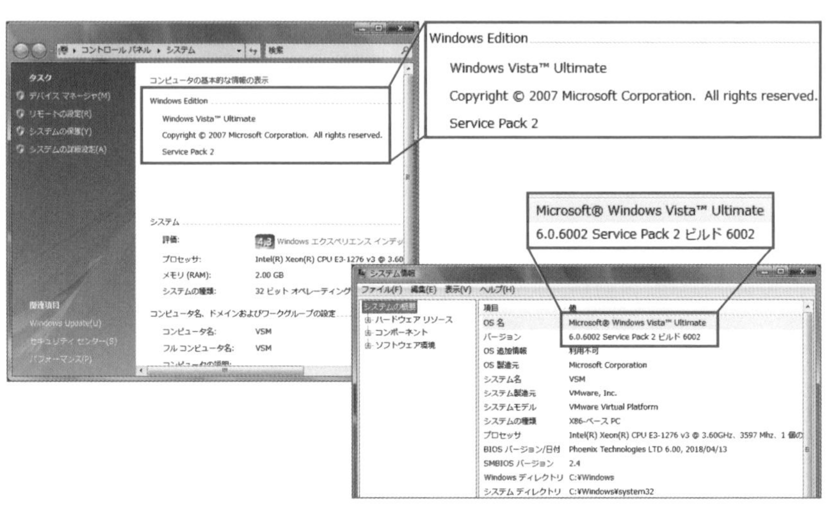

スーパーブレイクした完成形「Windows 7」とその裏にあった怪しい影

Windows 7はWindows Vistaの動作の緩慢さや遠回りなUIを改善し、またPCのハードウェアもOSの動作に足るパワーを有する進化を遂げたため、非常にストレスがないOSであり、また一部環境で弱点とされたWindows XP用アプリが動作しないという問題も、上位エディションでは「Windows XP Mode」という「仮想マシンで動作するWindows XP」を搭載してくるという気合と隙のなさを見せ(OSにおいて開発の「やる気」を見せてくれることは意外と重要な要素である)、もはや「褒めるところしかない」というような評価が高かったOSだ。

Windows 7を褒めるべきところはほかにもあるのだがそれはさておき、本節のお題目に従った記述をすれば、実は筆者はこの時点でWindows OSの将来に一抹の不安を感じていた。

それは、あまりにもMicrosoftが喜び勝利を確信していたことと(いやいや、大ブレイクしたXPの後はどうでしたか……)、微細なポイントではあるが「タスクバーの改善」にある。

Windows 7のタスクバーは「アプリも起動できる」というおおむね好評の改善を行ったものの、一方Windows OSの歴史としては「タスクバーはタスクを管理するところ」というルールづけがあった。

タスクバーの改善は現在のWindows 10にもそのまま引き継がれるほど良い出来ではあったのだが、「自分のポリシーを曲げた」という点が当時は妙に気になったのである。

そして、Microsoftは次のWindows 8で見事にやらかすのであった。

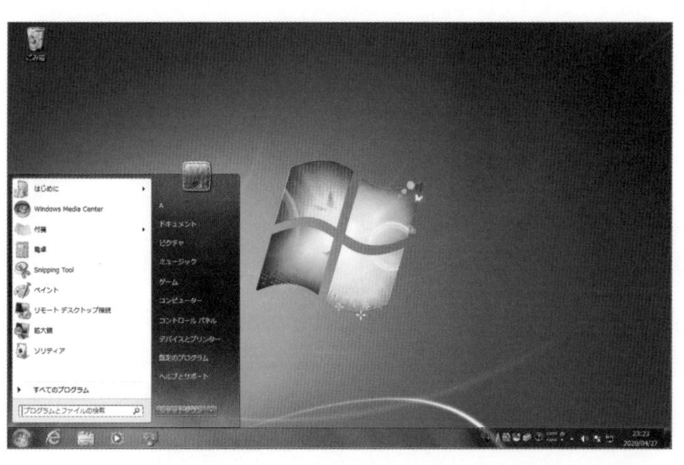

Windows 7のデスクトップ

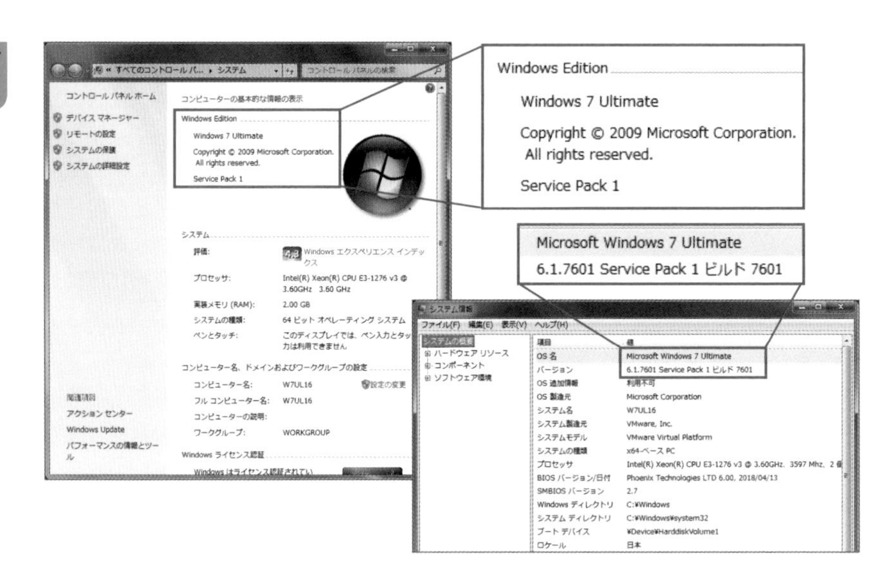

歴史的な駄作「Windows 8」による負の連鎖

もうWindows 8の大失敗UIについては、あえて突っ込むまい。というのも、Windows 8の特徴である[スタート]メニューの廃止、タッチ操作を前提とした「チャーム」や「アプリバー」による操作の強要、ストアアプリの全画面表示前提の設計などの「負の遺産」は、ほぼWindows 10に引き継がれていないからだ(本節はあくまでもWindows 10を解説するためにある)。

むしろ痛かったのは「ストア(現Microsoft Store)」と「ストアアプリ(現UWPアプリ)」のスタートダッシュの躓(つまず)きにある。

Windows 8のクソUIを前提とした設計をストアアプリ設計にも強要した結果(全画面表示前提設計&「検索」「設定」はチャームからでなくてはならない等々)、ストアアプリは売れない(開発者が悪いのではなく、設計がダメな結果)→ストア自体が普及しない(アプリを唯一販売しているストアにアクセスされない)→リソースを割いた開発者はペイしない、という負の連鎖が発生した。

結果「デスクトップアプリでよくない?」というごくごく当たり前の結論が導き出され、ストア(現Microsoft Store)は「Google Play」や「App Store」に遠くおよばない存在になり、ストアによる電子書籍販売や楽曲販売は悲惨な状況で終了してしまい存在意義が大きく薄れた。

この躓きは現在のWindows 10にもボディブローのように効いており、Microsoft Storeがアプリ販売等におけるスタンダードなポジションを築けなかったことは、スマートフォン版Windows 10でもある「Windows 10 Mobile」が廃止されるというさらに悲惨な結末の遠因にもなっている。

Windows 8のデスクトップ

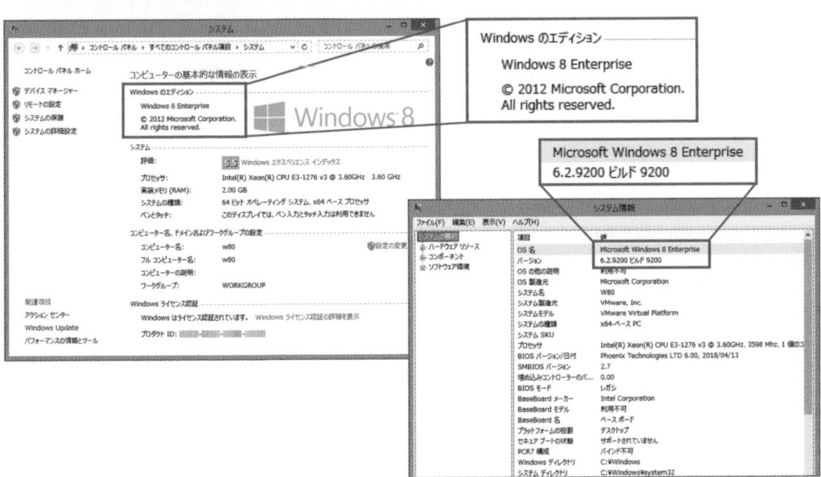

完全廃止されOSアップデートのサポートも終了してしまった「Windows 10 Mobile」……これについても何もいうまい。ただスマートフォン版Windows 10がなくなったこともマルチプラットフォームを前提としたUWP(Universal Windows Platform)アプリの存在意義がいまいち見えなくなっている部分でもあり、盛り上がりに欠ける理由でもある。完成度が高い「ARM版Windows 10」の将来に期待しよう。

ユーザーの意見を取り入れて進化し続けるWindows 10

Windows 10については本編で詳しく語るので、ここでは歴史から見た位置づけを解説しよう。

まず、「システム情報」などから確認できるWindows 10のWindowsバージョンは「10」であるが、これはWindows 10を境にWindows 3.xのようにバージョン表記をそのまま当てはめるようになったからであり、Windows 10のプレビュー時のバージョンは「6.4」であった(レジストリ情報ではなぜか「6.3」が確認できるが)。

つまり、Windows 10は内部的にはWindows Vistaの系譜にあるOSである。

また、Windows 10には「Windows 10という名称のまま機能更新する」という今までのWindows OSにはない特徴があり(一応Windows 8もそれを目指したのだが……)、つまりは同じOSタイトル名であるにもかかわらず、機能・仕様・操作が変化するという点はもはや「今までのWindows OSの歴史の流れでくくれない」ということに留意すべきである。

なお、ここで断言しておきたいのは、今後の進化するWindows 10において「Windows 8のような失敗は絶対にない」ということだ。

これは少し内部的な話になるが、Windows 8リリースまでにおいてはAppleの「発表当日まで内部リークさえしないでサプライズ」に憧れたのか(タッチUI前提操作も含めて明らかにiPadを意識していた、iPadはそれだけMicrosoftにインパクトを与えたのだ)、いきなり秘密主義になり、筆者のようなInsiderにさえまともなプレビュービルドが降りてこないのでフィードバックもできず、「まさかこのクソUIのまま出荷しませんよね……まさかねぇ……」という状態でWindows 8がリリースされてしまった。

しかし、Windows 10はユーザーの意見が取り入れられる傾向が極めて強く、またWindows 10には「Windows Insider Program」という先行入手してフィードバックできる仕組みがあるため、今後あのWindows 8のような駄作・失敗OSは登場しようがないのである。

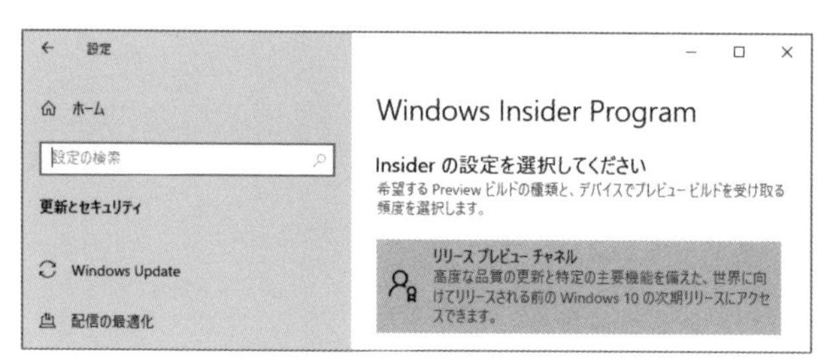

「Windows Insider Program」に参加すれば、誰でもWindows 10の新機能を入手できる。ただし、プレビュービルドであるためバグが存在する可能性があることや、最終的に実装しない機能も含まれることもあるため「自己責任」での適用になる。

● ショートカット起動

■ Windows Insider Program	ms-settings:windowsinsider

Column

ノートPCで増えたCPUバリエーション

Windows搭載「ノートPC」の歴史を俯瞰で眺めた場合、ほんの一時期のみ例外は存在するものの、基本的にはIntel一強状態であったことは明白だ。

しかし、昨今のノートPC市場はAMD CPUやARM64 CPUが盛り返しており、実際にMicrosoft Surfaceも各CPUを搭載したラインナップが存在する。

なお、ARM64 CPU搭載機はWindows 10の構造自体が別物になる（ARM版Windows 10については、P.30 参照）。

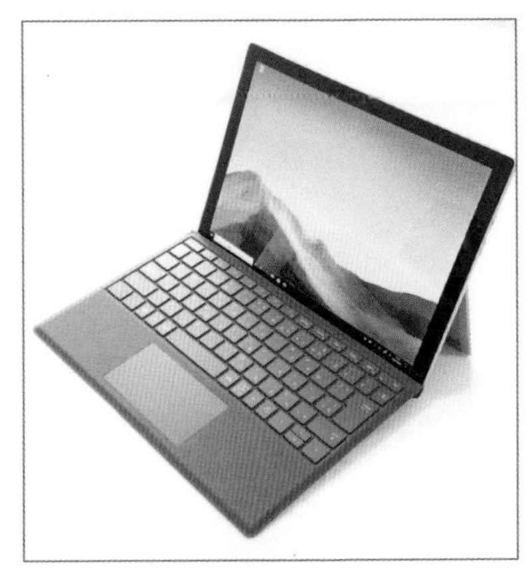

Microsoft製「Surface Pro」。執筆時点ではIntel CPUモデルのみ存在する。他社に模写されたので似たようなモデルはあるが、登場時は「タイプカバー」「キックスタンド」など他のPCにないギミックがウリであり、またこれらの各種特徴をさらに進化させて使いやすくなっている現行モデルは隙がないほどの完成度だ。なお、下位モデルはファンレスで静音である点もよい。

認めたくないものだが加齢によって細かい文字が見にくくなる。15インチ（2496×1664ドット）のSurface Laptopは大型モデルにしては軽く、アスペクト比が3対2であることが特徴で、また大型モデルにしてはテンキーがついていないところが珍しい（筆者好み）。執筆時点ではAMD CPUモデルのみ存在する。

1-3 Windows 10のシステムとバージョン

Windows 10のシステム／エディションの確認

Windows 10のシステムやエディション、また基本的なPCスペックを確認したい場合には、「設定」から「システム」−「バージョン情報」と選択すればよく、ショートカットキー⊞+X→Yキーからの起動が素早い。

「デバイスの仕様」でPCスペック全般、「Windowsの仕様」でエディションやWindows 10バージョンを確認できる。

なお、PCスペックの詳細やハードウェア情報を確認したい場合には「システム情報（➡P.28）」や「タスクマネージャー（➡P.49）」も有効だ。

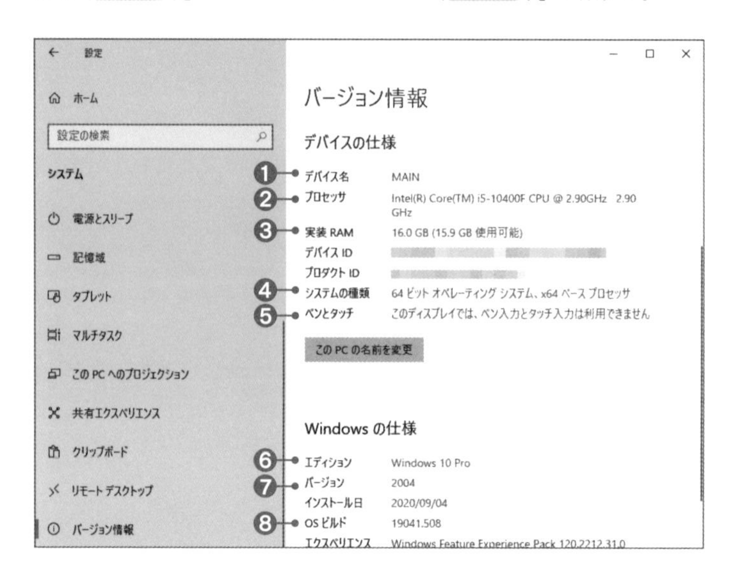

● デバイスの仕様

❶ デバイス名	一般的にいう「コンピューター名」のこと。任意に変更可能だ（➡P.318）。
❷ プロセッサ	CPU型番と動作クロック数が確認できる。
❸ 実装RAM	PCに物理的に搭載している物理メモリ容量が確認できる。なお、搭載物理メモリとWindows 10が利用できるメモリ容量が異なる場合には（ビデオメモリで食われるなど）カッコで「～使用可能」と表記される。
❹ システムの種類	オペレーティングシステムが「64ビット」か「32ビット」かを確認でき、CPUがx64をサポートするかなども確認できる。
❺ ペンとタッチ	マルチタッチにおけるポイント数と、デジタイザーペンをサポートするか否かを確認できる。

● **Windowsの仕様**

❻ エディション	Windows 10のエディションを確認できる。
❼ バージョン	Windows 10のバージョンを確認できる。なお、Windows 10のバージョンは「年・月」で表記され、公開された時点のMicrosoftの呼称と同じではない（➡P.26）。
❽ OSビルド	OSのビルド番号を確認できる。

Windows 10のエディションと機能

Windows 10のエディションには一般入手できる「Home（コンシューマー向け）」と「Pro（ビジネス&コンシューマー向け）」のほか、「Enterprise（企業向け）」「Education（教育機関向け）」が存在する。

従来のWindows OSにおいて「Home」と「Pro」の間にはかなりの機能差があったが、Windows 10においては大きな機能差はなく、またHomeで不足を感じる場合には「エディションアップグレード（➡P.349）」を実行すればよい。

なお、本書では「Pro」「Enterprise」「Education」のみしか対応しないグループポリシー設定（➡P.45）なども解説するが、本書はこれらのHome以外のエディションを「上位エディション」と呼称している。

Windows 10には「Home」「Pro」のほかに「Enterprise」「Education」などが存在するが、全般的な機能は「Home」と「それ以外の上位エディション」に分類できる。

● **各エディションの機能**

機能	Home	Pro	Enterprise	Education
Windows Update	○	○	○	○
Windows Update for Business	×	○	○	○
BitLockerドライブ暗号化/BitLocker To Go	△	○	○	○
グループポリシー	×	○	○	○
リモートデスクトップ（ホスト）	×	○	○	○
リモートデスクトップ（クライアント）	○	○	○	○
Hyper-V（64ビット版のみ）	×	○	○	○
Windowsサンドボックス（64ビット版のみ）	×	○	○	○
VHDブート	×	○	○	○
Azure Active Directory	×	○	○	○
ドメイン参加	×	○	○	○
AppLocker	×	×	○	○
PCの初期化	○	○	○	○

機能	Home	Pro	Enterprise	Education
Microsoftアカウントによるサインイン	○	○	○	○
デスクトップアプリの導入・利用	○	○	○	○
UWPアプリの導入・利用	○	○	○	○
Windows Hello	○	○	○	○
他言語への切替(マルチランゲージ)	○	○	○	○
記憶域(Storage Spaces)	○	○	○	○
Microsoft Defender	○	○	○	○

Windows 10のバージョンと呼び名/サポート期限

Windows 10は「機能更新するOS」であるため、いわゆるWindows VistaがWindows 7になるような機能進化を「Windows 10」という名称のまま行う。

ちなみにこのような機能進化におけるバージョンの更新は「バージョン情報」の「Windowsの仕様」欄、「バージョン」で確認できる(ショートカットキー[Windows]+[X]→[Y]キー)。

注意したいのはMicrosoftが公にしている呼称で、最初のころは「Anniversary Update」「Creators Update」などまあ頑張って名前をつけていたのだが、Microsoftのいつもの悪い癖で(とにかくMicrosoftは自分の製品名や機能名の呼び名を変える、メトロアプリ→ストアアプリ→Windows 8アプリ等々)結局途中で特徴的な名前設定をあきらめて「November 2019 Update」などとやや投げやりな名称になってしまったのだが、この名称は「バージョン情報の年・月で示すバージョン表記」とズレており、例えばMicrosoftのいう「May 2019 Update(2019年5月のアップデート)」のWindows 10バージョンは「1903(2019年3月)」である。

これは開発完了月と公開月が異なるためだが、全般的にMicrosoftの呼称である「うんちゃらかんちゃらアップデート」という名前は無視してよく(覚えきれない)、「Windows 10バージョン(年・月)」で確認するようにしたい。

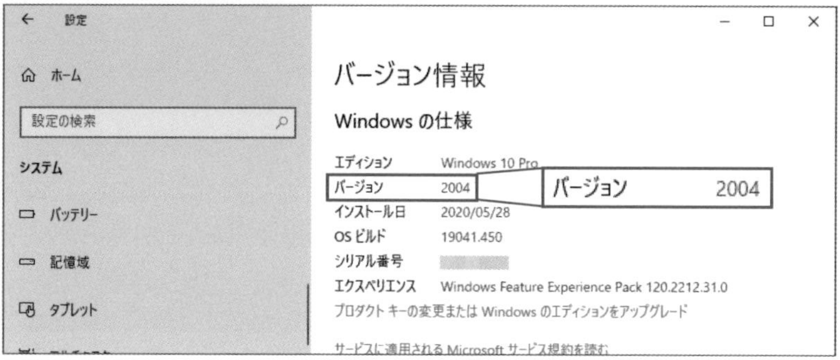

「Windows 10 May 2020 Update」というアップデートを適用すると、Windows 10 バージョンは「2004」になり、May(5月)と合わない。全般的に Windows 10 のバージョンを人に伝達する場面などでは、「Windows の仕様」における「バージョン」で統一するとよい。

Windows 10のサポート期限

Windows 7のサポートは2020年1月に終了した。よってWindows 7においてはセキュリティアップデートが行われず、マルウェアにいつ侵されてもおかしくないOSであるため利用してはならない。

ちなみに、Windows 10の一部のバージョンもすでに「サポート終了」しており、サポートが終了したWindows 10バージョンは、Windows 7と同様でセキュリティリスクがあるため絶対に利用し続けてはならず、アップグレードを行う必要がある(Windows Updateによる機能更新プログラムの適用(➡P.148)や、Windows 10の強制更新(➡P.375)など)。

Windows 10のバージョンとサポート期限は、具体的には下表のようになり、該当バージョンが登場して「Home」「Pro」は18か月(1年半)、「Enterprise」「Education」の特定のバージョンは30か月(2年半)サポートされ、それ以上経過したバージョンはサポートが終了する。

● Windows 10のバージョン提供日とサポート終了日

Windows 10のバージョン履歴	提供日	Home／Proのサポート終了日	Enterprise／Educationのサポート終了日
Windows 10バージョン1909	2019年11月12日	2021年5月11日	2022年5月10日
Windows 10バージョン1903	2019年5月21日	2020年12月8日	2020年12月8日
Windows 10バージョン1809	2018年11月13日	2020年11月10日*	2021年5月11日
Windows 10バージョン1803	2018年4月30日	2019年11月12日	2020年11月10日
Windows 10バージョン1709	2017年10月17日	2019年4月9日	2020年10月13日*
Windows 10バージョン1703	2017年4月5日	2018年10月9日	2019年10月8日
Windows 10バージョン1607	2016年8月2日	2018年4月10日	2019年4月9日
Windows 10バージョン1511	2015年11月10日	2017年10月10日	2017年10月10日
Windows 10バージョン1507	2015年7月29日	2017年5月9日	2017年5月9日

＊：本来のサポート終了日が公衆衛生上の問題によって延長されたもの。今後も社会情勢などにより変更される可能性はある。

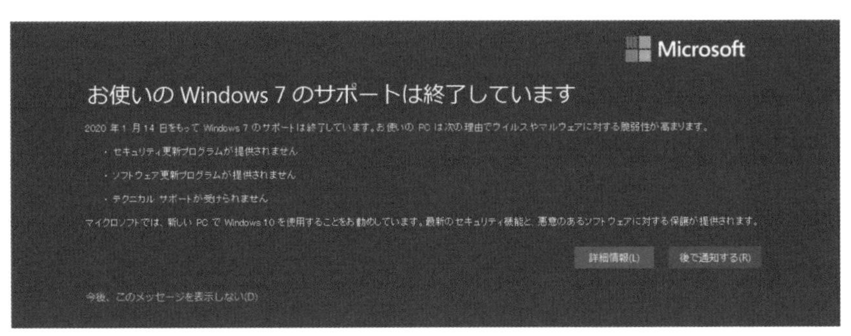

Windows 7のサポートは終了した。Windows 7をPCに導入しているだけでマルウェアに侵される可能性があるのだが、サポートが終了したWindows 10バージョンも同様であり、絶対にそのまま利用してはならない。サポート期間内のOSを利用することは、セキュリティ対策における基本中の基本だ(セキュリティとWindows Updateの設定については P.147 で解説)。

システム情報による詳細確認

Windows 10の大まかなシステムは「バージョン情報」で確認可能だが、詳細なシステムを確認したければ「システム情報」がよい。

「システム情報」は「ファイル名を指定して実行(➡P.42)」から「MSINFO32」と入力実行することで起動できる。

システムモデルの詳細とシステム種類(x64/x86/ARM64)の確認

システム製造元/システムモデル/システムの種類/システムSKU/プロセッサ(CPU)などが確認できる。新しいWindows 10においてはx64/x86だけではなく「ARM64」をサポートしたことも特徴だ(➡P.30)。

システム情報
ファイル(F) 編集(E) 表示(V) ヘルプ(H)

システムの要約
- ハードウェア リソース
- コンポーネント
- ソフトウェア環境

項目	値
OS 名	Microsoft Windows 10 Home
バージョン	10.0.19041 ビルド 19041
OS の他の説明	利用不可
OS 製造元	Microsoft Corporation
システム名	ARMSURX
システム製造元	Microsoft Corporation
システムモデル	Surface Pro X
システムの種類	ARM64-based PC
システム SKU	Surface_Pro_X_1876
プロセッサ	Microsoft SQ1 @ 3.0 GHz、2995 Mhz、8 個のコア、8 個のロジカル プロセッサ
BIOS バージョン/日付	Microsoft Corporation 3.462.140, 2020/03/03

ARM64-based PC

BIOSモードとプラットフォームの役割

BIOSモード(「UEFI」か「レガシ(BIOS)」か)やベースボード製品(自作PCやBTOなどの場合にはマザーボードの型番)、またプラットフォームの役割(「モバイル(ノートPC)」「スレート(タブレット)」「デスクトップ」)を確認できる。

システム情報

ファイル(F) 編集(E) 表示(V) ヘルプ(H)

システムの要約
⊞ ハードウェア リソース
⊞ コンポーネント
⊞ ソフトウェア環境

項目	値
OS 名	Microsoft Windows 10 Pro
バージョン	10.0.18363 ビルド 18363
OS の他の説明	利用不可
埋め込みコントローラーのバージョン	1.12
BIOS モード	UEFI
ベースボード製造元	LENOVO
ベースボード製品	LNVNB161216
ベースボード バージョン	SDK0J40700 WIN
プラットフォームの役割	モバイル
セキュア ブートの状態	有効

項目	値
埋め込みコントローラーのバージョン	255.255
BIOS モード	UEFI
ベースボード製造元	Microsoft Corporation
ベースボード製品	Surface Pro 7
ベースボード バージョン	利用不可
プラットフォームの役割	スレート
セキュア ブートの状態	有効

項目	値
埋め込みコントローラーのバージョン	255.255
BIOS モード	UEFI
ベースボード製造元	ASUSTeK COMPUTER INC.
ベースボード製品	TUF GAMING H470-PRO (WI-FI)
ベースボード バージョン	Rev 1.xx
プラットフォームの役割	デスクトップ
セキュア ブートの状態	無効

□ Hyper-V／Windowsサンドボックスのサポート

仮想マシン関連機能のサポートが表示され、Hyper-VおよびWindowsサンドボックスが利用できるかを確認できる。なお、該当機能を利用している場合には、「ハイパーバイザーが検出～」という表示になる(仮想マシンの種類による)。

システム情報

ファイル(F) 編集(E) 表示(V) ヘルプ(H)

システムの要約
⊞ ハードウェア リソース
⊞ コンポーネント
⊞ ソフトウェア環境

項目	値
OS 名	Microsoft Windows 10 Pr
バージョン	10.0.19041 ビルド 19041
OS の他の説明	利用不可
仮想化ベースのセキュリティ	無効
デバイス暗号化のサポート	表示するためには昇格が必要
Hyper-V - VM モニター モード拡張機能	はい
Hyper-V - 第 2 レベル アドレス変換拡張機能	はい
Hyper-V - ファームウェアで仮想化が有効	はい
Hyper-V - データ実行防止	はい

1-4 ARM版Windows 10 (Windows 10 on ARM)

ARM版Windows 10とは

Windows OSの歴史をさかのぼると、かつては非x86系CPUを多数サポートしていたものの(Alpha/MIPS、PowerPC等)、俯瞰で見た場合「x86系一強(「x86系」とはx86の系譜にあるx64や互換プロセッサを含む)」であり、Intelが市場をほぼ独占してきた。

ちなみにIntelのライバルといえるAMDや、かつて一瞬だけ輝いたTransmeta CrusoeやCyrixもx86系CPUである。

これはx86系アーキテクチャをサポートしたWindows OS以外は、該当CPUに対応した新たなWindows OSを作り直してサポートし続けなければならず、しかも売れない、普及しないでは結局採算がとれないからである。

©Intel Corporation

過去に登場したARM版Windows OS「Windows RT」

一瞬だけARM CPUをサポートしたWindows OSの話をしないと先に進まないため、簡単に「Windows RT」について触れておこう。

Windows 8は野望を持って登場し見事に大失敗したOSだが、実はWindows 8とほぼ同時期に登場したOSに「Windows RT」がある。

Microsoft製品でいえば、初代Surface Proの少し前に登場したのが「ARM CPUを搭載したSurface RT」であり(日本での発売はProより後)、非x86系CPU搭載Windows PCとしてごくごく一部のマニアにだけ注目された。

しかし、「デスクトップアプリが動作しない」という致命的な制限があったため、市場からひっそり消えていった(いや、国内ではそもそも登場していたことさえほとんど認識されていなかった)。

ちなみに「Surface RT」の次モデル「Surface 2」まではARM CPUだったが、「Surface 3」はIntel ATOM(x86)であり……相変わらずMicrosoftらしい一貫性のない名称だが、シリーズの途中でCPUアーキテクチャもWindows OSの種類さえも変わったのに、誰も異を唱えないぐらい市場に浸透していなかった。

一言でいえば、ARM版Windows OS「Windows RT(Windows on ARM)」は失敗作である。

ARM系プロセッサNVIDIA TEGRA搭載「Surface RT」。写真は当時アメリカから直輸入したものを引っ張り出してきて撮影している。キーボードもタイプカバーではなく「タッチカバー(キーストロークなしのキー)」である。実は筆者、これはこれで結構好きだったので、使い込んでタッチパッドはすり減っている。

□新たに登場したARM版Windows 10 (Windows 10 on ARM)

Microsoftは「ARM CPUで動くWindows OS」をあきらめていなかった。

それがARM64 CPUで動作する「ARM版Windows 10」である。失敗作「Windows RT(Windows on ARM)」と「ARM版Windows 10(Windows 10 on ARM)」の大きな違いは、後者は「デスクトップアプリ(x86向けに作られた32ビットアプリ)」をサポートする点にある。

ちなみにARM版Windows 10においてデスクトップアプリは変換層を挟んでの動作になるため「本当にまともに動くの？」と思うかもしれないが、モバイル用途のアプリであれば通常PCとまったくそん色ない。

例えば「動画プレーヤー」や「3Dゲーム」のようなアプリでも「32ビットアプリ」や「対応UWPアプリ」であれば問題なくグリグリ動く。

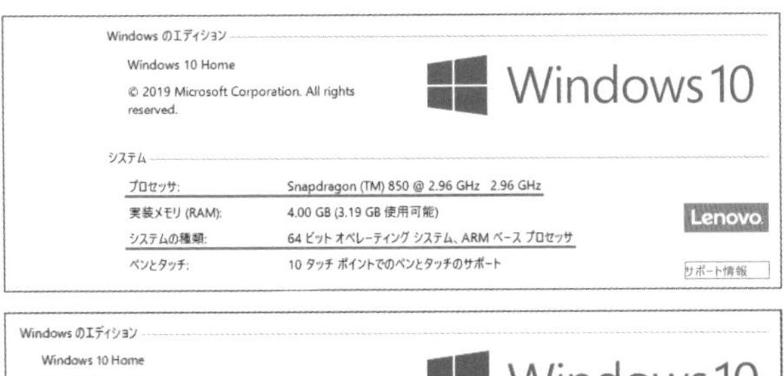

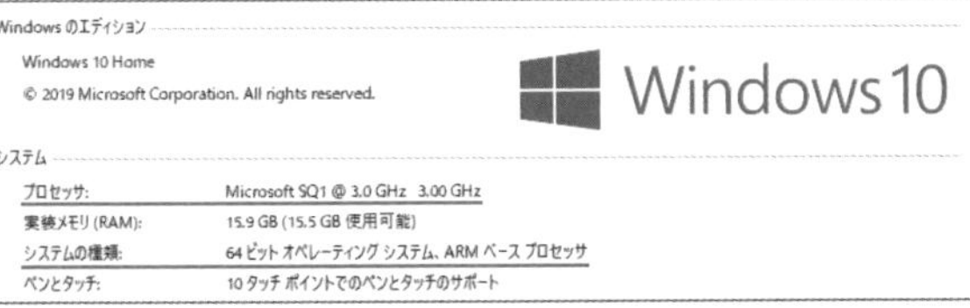

「Windows 10 on ARM」はシステムとしては「64ビット版Windows 10」である。ただし、x86向けに作られた32ビットアプリは動作可能だが、x64向けに作られた64ビットアプリは動作しない点に注意だ。

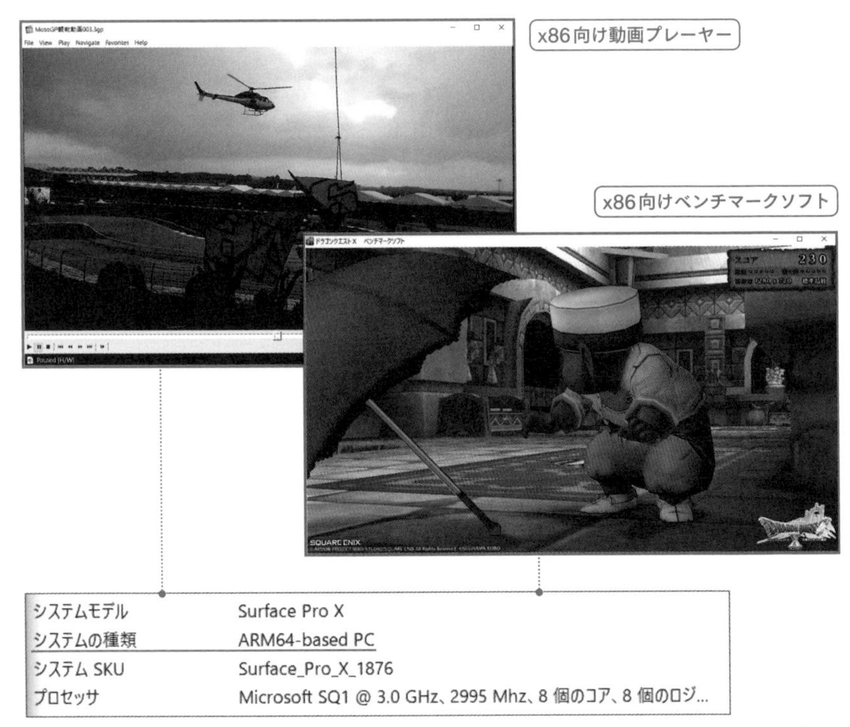

ARM版Windows 10で「Media Player Classic Homecinema (32ビット版)」を利用して動画再生。また「ドラゴンクエストX」でベンチマーク。ARM64 CPUでも普通にサクサク&グリグリ動作する。ちょっとした感動ものだ。

ARM版Windows 10を搭載するPC

ARM版Windows 10搭載PCは「Always Connected PC(常時通信接続)」でありモダンスタンバイ対応機(➡P.89)なので、スリープ中にもアプリ動作を維持できるという特徴がある。

またSIMスロットやeSIMを搭載するモデルが多くデータ通信に対応するほか(➡P.324)、ARM版Windows 10搭載PCを親機としたテザリング(モバイルホットスポット、➡P.327)を行うことも可能だ。

Snapdragonを搭載するLenovo Yoga C630。SIMスロット&指紋センサーを内蔵するほか、一般的なヨガタイプPC同様に360度回転させてタブレット的な活用もできる。デジタイザーペンにも対応しており、Active Penが付属するなど機能性も高い。なお、外部接続端子はUSB Type-Cのみだ。

ARM64 CPUをPC向けに改良した「Microsoft SQ1」を搭載するSurface Pro X。専用のタイプカバーには専用のデジタイザーペンを収納することができる。Microsoftは「エッジツーエッジ」と表現するが、狭額縁で丸みを帯びた筐体(きょうたい)であり、手に持ったときの高質感はSurface Proを超える。外部接続端子はUSB Type-Cのみ対応、SIMスロットを搭載するほかeSIMも内蔵している。

ARM版Windows 10の制限と実用性

ARM版Windows 10は32ビットアプリと対応UWPアプリしか動作しないという制限がある。つまり64ビットアプリ（64ビット版デスクトップアプリ）は動作させることはできない。

また、32ビットアプリの動作はエミュレーションであり、変換層を挟んでの動作になるため理論上はオーバーヘッドが発生して動作は遅くなる。

そして、CPUアーキテクチャがそもそもx86系とは異なるため、一般的なx64／x86向けに作られたデバイスドライバーやシステムに食い込んで動作するアプリ全般（サードパーティ製仮想化ソフト等）とは互換性がないことに注意したい。

ちなみに、モバイル用途において、上記の制限はほとんど気になることはない（そもそもARM自体がモバイルに特化したCPUだ）。

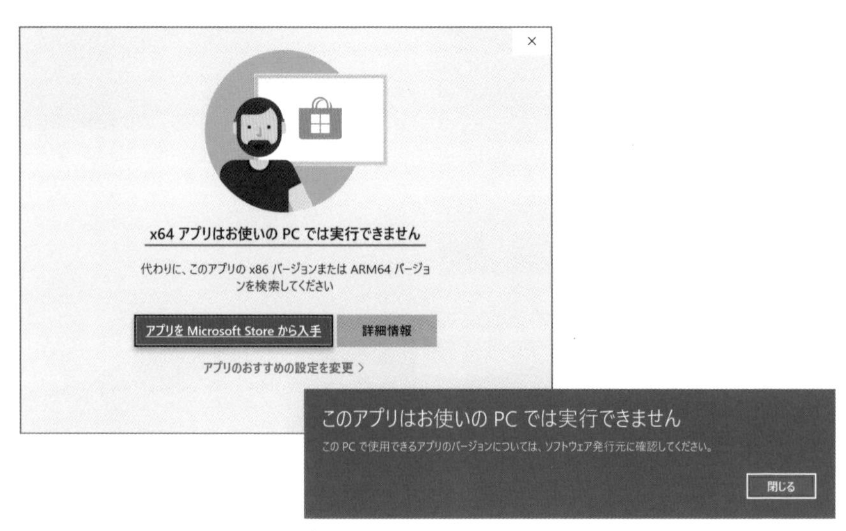

ARM版Windows 10で「64ビットアプリ」は動作させることはできない。この点が気になるようであればARM版Windows 10を利用してはならない。ちなみに一般的なアプリのほとんどは32ビット版も用意されている。

問題のないデスクトップアプリの互換性と動作速度

ARM版Windows 10において32ビットアプリの動作がエミュレーションであることには、互換性の側面と動作速度の側面で不安があるかもしれない。しかし、システムに食い込んで動作するアプリを除けば、オフィス系アプリやテキストエディター等々「単機能系のプログラム」は問題なく普通に動作する。

また、動作速度も動き始めてしまえば（起動から実行まで多少時間を要することがある）、下手な低スペックPCよりも快適に動作するため、速度面が不満になることもない。

64ビットアプリが動作しないことに不安を覚えるかもしれないが、そもそもWindows OSは進化の過程でOSが64ビット化しても「32ビットアプリがそのまま動く」という構造を維持したため(iOSとは違うのだ)、フリーウェア系では「32ビット版」「64ビット版」双方が用意されていることが多く、またPC利用に欠かせないOfficeスイートも32ビット版と64ビット版の双方に対応している。

「ファイラー」「テキストエディター」「メーラー」「Webブラウザー」「動画プレーヤー」「画像加工(簡易)」「ゲーム」などの32ビットアプリを動作させてみたが、問題なく、またストレスなく駆動した。

モバイル用途において何でもかんでも求めないのであれば、ARM版Windows 10でも問題はない。

また、デバイスドライバーの互換性はないといっても、標準的なデバイスはARM版Windows 10がサポートしているため、USB Type-CポートからのLANやディスプレイの利用も問題はない(もちろん、最終的にはデバイスのチップセットによる)。

ARM版Windows 10をどう捉えるかは比較対象次第だ。他OSのタブレットと比較すれば、それこそ「何でもできる」の部類に入り、ウィンドウでアプリを多数同時に開いて編集作業をすることもできれば、USBポートからのディスプレイ出力や有線LAN接続などを利用することもできる。

ARM版Windows 10搭載PCの使いどころ

ARM64 CPUを搭載するPCのメリットは、Windows OSでありながらスマートフォンと同様の利点を享受できることにある。

格安SIMやeSIMを利用してデータ通信を行えるほか、「Always Connected PC(常時通信接続)」であるためすぐに作業を再開できる、スリープ中でも対応アプリをバックグラウンド動作できる点などが特徴になる(全般的なモダンスタンバイ対応機の特徴と特有操作についてはP.89参照)。

また、ARM64 CPUはもともとモバイル用途を想定しているため、ファンレスでかつロングライフバッテリーで丸一日電源を気にせず活用できることは、想像以上に快適でフットワークが軽い。

メインで利用できるしっかりとしたデスクトップPCなりノートPCなりを所有しており、外出時などにWi-Fi環境やバッテリー残量を気にせずにOneDriveなどのクラウドストレージでメインPCと連携しながらサクサク作業したい、Webブラウザーや Officeスイートをスマートフォンのような手軽さで、スマートフォンよりも大きい画面で操作したい人向けのPCだ。

ちなみに本書では「マルチPCテクニック(➡P.10)」を解説しているが、一人で複数台のPCを場面によって使い分けるという活用方法にこそ、このARM版Windows 10搭載PCの利点を見出すことができる。

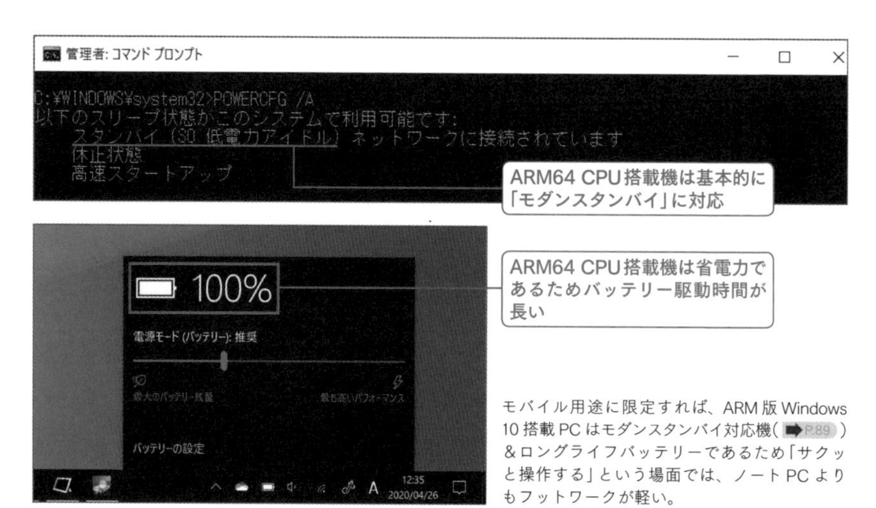

モバイル用途に限定すれば、ARM版Windows 10搭載PCはモダンスタンバイ対応機(➡P.89)&ロングライフバッテリーであるため「サクッと操作する」という場面では、ノートPCよりもフットワークが軽い。

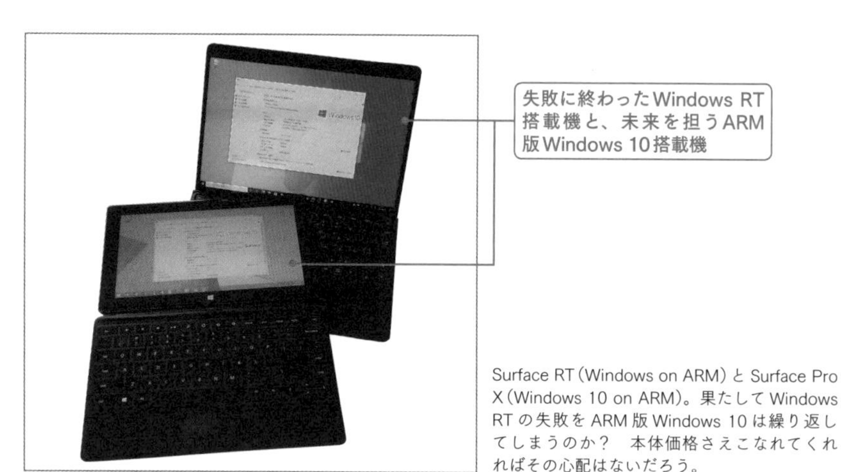

Surface RT(Windows on ARM)とSurface Pro X(Windows 10 on ARM)。果たしてWindows RTの失敗をARM版Windows 10は繰り返してしまうのか? 本体価格さえこなれてくればその心配はないだろう。

1-5 カスタマイズツールと設定

Windows 10の「設定」を開く

Windows 10において基本設定コンソールにはそのままな名前の「設定」と「コントロールパネル」の2種類が存在する。進化するWindows 10においては、各種設定項目は「設定」側に移行しているのだが、まだまだ突っ込んだ設定は「コントロールパネル」や「レジストリエディター(➡P.54)」などが必要である。

「設定」

「設定」は[スタート]メニューからでも起動することができるが、ショートカットキー[Windows]+[I]キーからの起動を基本としたい。

なお、該当設定項目にアクセスしたのち、ショートカットキー[Alt]+[←]キーや[Back Space]キーで一つ上の階層に戻ることができる。

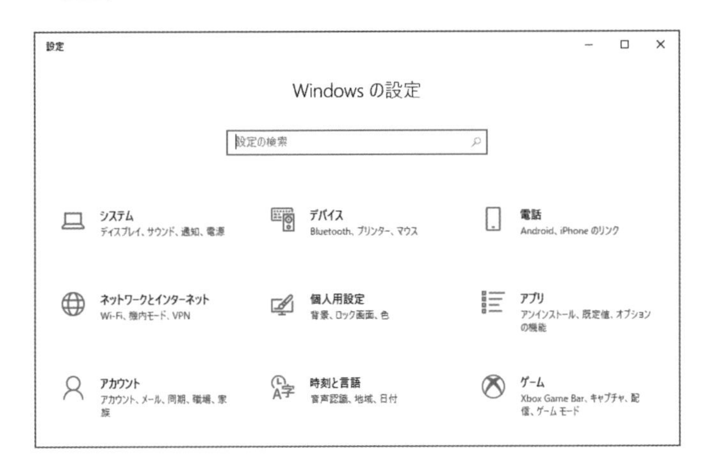

設定項目へのダイレクトアクセス(ms-settings)

「設定」の該当項目へのアクセスは奥深いものだとなかなか面倒だが、「ms-settings:[対応項目名]」コマンドでダイレクトアクセスも可能だ。

例えば、「システム」−「バージョン情報」であれば、「ファイル名を指定して実行(➡P.42)」から「ms-settings:about」と入力実行することで素早くアクセスできる。

なお、以下ではよく利用するものだけをピックアップして掲載するが、「設定項目」へのアクセス一覧はP.418に掲載している。

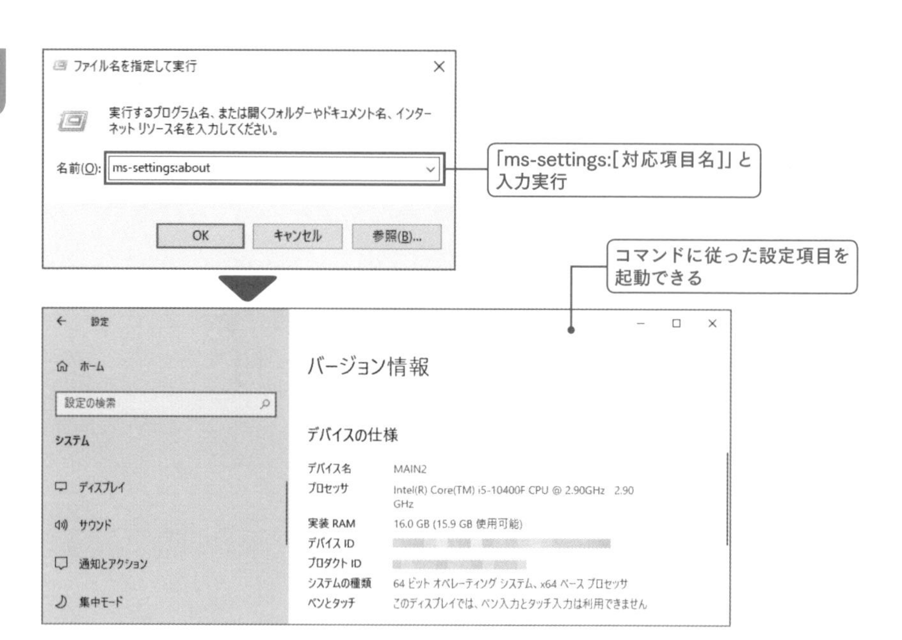

● **コマンドによる「設定項目」へのダイレクトアクセス(抜粋、全コマンド一覧は P.418 参照)**

設定名	コマンド
ディスプレイ	ms-settings:display
表示スケールの詳細設定	ms-settings:display-advanced
通知とアクション	ms-settings:notifications
電源とスリープ	ms-settings:powersleep
マルチタスク	ms-settings:multitasking
このPCへのプロジェクション	ms-settings:project
クリップボード	ms-settings:clipboard
バージョン情報	ms-settings:about
状態(ネットワークとインターネット)	ms-settings:network / ms-settings:network-status
背景	ms-settings:personalization
オプション機能(アプリと機能)	ms-settings:optionalfeatures
スタートアップアプリ	ms-settings:startupapps
サインイン オプション	ms-settings:signinoptions
テキストカーソル(簡単操作)	ms-settings:easeofaccess-cursor
全般(プライバシー)	ms-settings:privacy
バックグラウンド アプリ(プライバシー)	ms-settings:privacy-backgroundapps
Windows Update	ms-settings:windowsupdate
Windows セキュリティ	ms-settings:windowsdefender

コントロールパネルとショートカットコマンド

「コントロールパネル」は[スタート]メニューから「Windowsシステムツール」−「コントロールパネル」で開くことができるが実に面倒くさい。

よって、タスクバーにピン留めしておくか、「検索(➡P.42)」を活用してショートカットキー⊞→「CON(入力)」の検索結果からの選択起動が素早くてよい。

なお、本書のコントロールパネルは目的の設定項目まで素早く到達できる「アイコン表示」が前提になる。コントロールパネルのアイコン表示は、「表示方法：」のドロップダウンから「大きいアイコン」または「小さいアイコン」を選択すればよい。

ショートカットキー⊞→「CON(入力)」の検索結果から「コントロールパネル」を選択すれば素早く起動できる。なお、検索履歴や環境によって検索結果の順位や内容は異なる(➡P.42)。

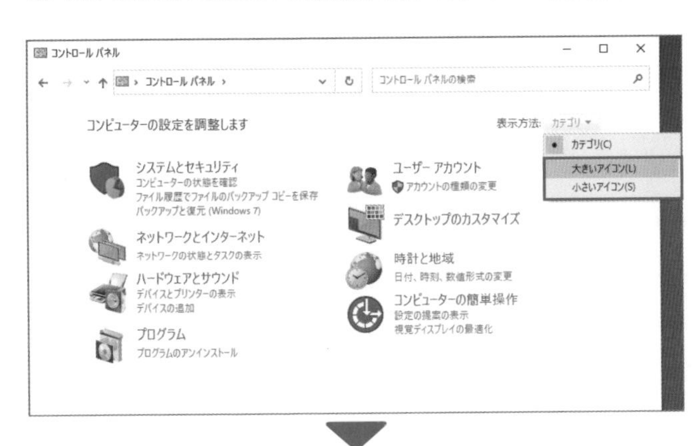

本書のコントロールパネル設定は「アイコン表示」前提

本書解説はコントロールパネル設定が「アイコン表示」であることが前提だ。アイコン表示にしておけば、設定項目まで素早く到達できる。

設定各項目への直接アクセス

「ファイル名を指定して実行(➡P.42)」から以下のコマンドを入力することで、コントロールパネル項目にダイレクトアクセスできる。

利用頻度が高い設定項目はコマンドを覚えてしまうとよく、あるいはコマンドに従ったショートカットアイコンを任意の場所に作成しておいてもよい。

以下ではよく利用するものだけをピックアップして掲載するが、「コントロールパネル設定項目」へのアクセス一覧はP.425に掲載している。

● コマンドによるコントロールパネル関連設定項目へのダイレクトアクセス(抜粋、全一覧はP.425参照)

項目名	コマンド
サービス	SERVICES.MSC
ディスクの管理	DISKMGMT.MSC
プログラムと機能	APPWIZ.CPL
パフォーマンスオプション	SYSTEMPROPERTIESPERFORMANCE
電源オプション	POWERCFG.CPL
電源オプションの詳細設定	POWERCFG.CPL ,1
ローカルセキュリティポリシー	SECPOL.MSC
システム構成	MSCONFIG
ネットワーク接続	NCPA.CPL
Windowsの機能(Windowsの機能の有効化または無効化)	OPTIONALFEATURES
スクリーンセーバーの設定	CONTROL DESK.CPL ,1
イベントビューアー	EVENTVWR.MSC
管理ツール(一覧)	CONTROL ADMINTOOLS
システムのプロパティ(「詳細設定」タブ)	SYSTEMPROPERTIESADVANCED

Column

目的別コントロールパネルの作成

コントロールパネル項目を一覧表示できる「目的別コントロールパネル」を作成したい場合には、デスクトップでショートカットキー Ctrl + Shift + N キーを入力。フォルダー名の入力で「CPN.{ED7BA470-8E54-465E-825C-99712043E01C}」と入力すればよい。

ショートカットアイコン「CPN」が作成され、以後この「CPN」アイコンをダブルクリックすることでコントロールパネルの項目を一覧表示したうえで各項目にアクセスできる。

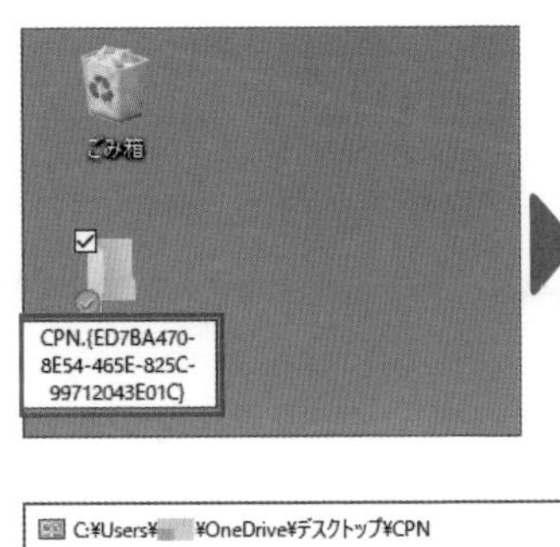

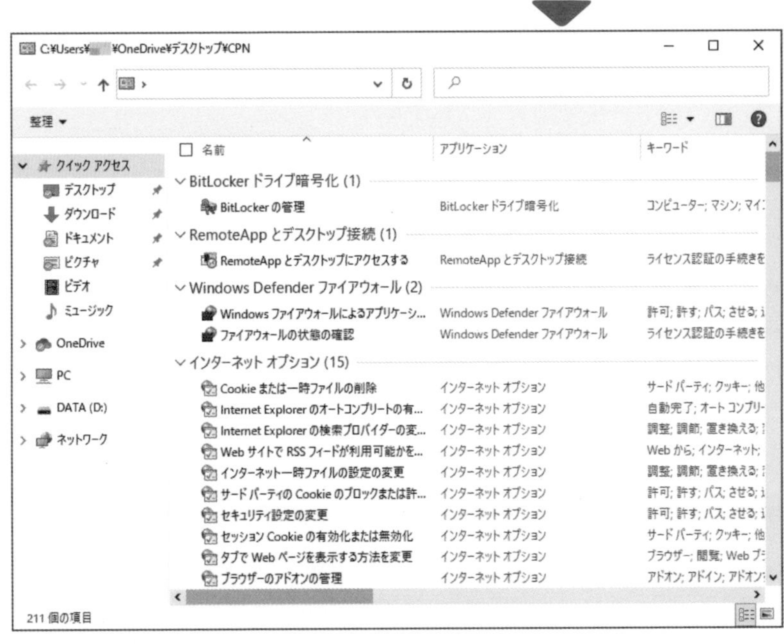

「ファイル名を指定して実行」によるコマンド実行

コマンド実行で目的に素早くアクセスできるのが、「ファイル名を指定して実行」ダイアログである。

「ファイル名を指定して実行」はショートカットキー ⊞ + R キーで起動できる。

なお、本書における各種設定操作において、『●ショートカット起動』にて表記されているコマンドは、すべて「ファイル名を指定して実行」からダイレクトアクセスすることが可能だ。

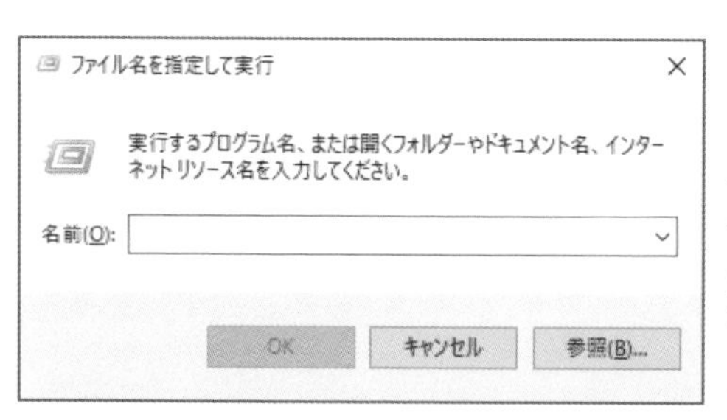

ショートカットキー ⊞ + R キーで「ファイル名を指定して実行」を起動。任意のコマンドを入力すれば、Windows 10の各種設定やアプリを素早く起動できる。なお、「橋情ランチャー」を活用すれば、よく利用するアプリをアルファベット1〜2文字で起動することが可能だ（➡P.159）。

検索を活用したカスタマイズアプローチ

Windows 10の機能の中でも秀逸といえるのが「検索」である。「検索」とは、デスクトップ上の表示としては「タスクバーの検索ボックス」のことなのだが、本書では単に「検索」と示す（なぜなら、検索を行ううえで「タスクバーの検索ボックス」である必要はないからだ、次項参照）。

蛇足だが、従来のWindows 10では「検索ボックス」において、ほぼ誰も利用していない「音声アシスタントCortana」が一体化しており使いにくかったが、新しいWindows 10では完全分離して別機能にするという素晴らしい改善を行った点は評価に値する。

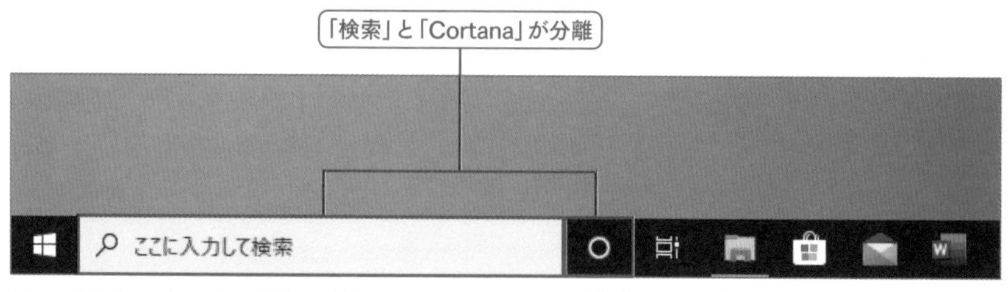

新しいWindows 10では、邪魔だった「コルタナ(Cortana)」が、「検索」から分離した。Windows 10はユーザーの意見を柔軟に取り入れてくれるOSであり、この点はユーザー側の勝利ともいえよう。

「検索」へのアプローチ

「検索」へのアプローチはショートカットキー⊞＋Sキーと示されることがあるが、実は⊞キーのみでよい。

これは[スタート]メニューへのアクセスと同じショートカットキーだが、実は⊞キー入力の後に任意のキー入力を行えば自動的に「検索」に移行する。

また、インクリメントサーチであるため、入力に従って検索結果が絞り込まれていく構造であり、「設定名の一部」を入力すれば検索結果に目的の設定が一覧に表示される。

例えば、⊞→「CON(入力)」の検索結果から「コントロールパネル(Control Panel)」を起動することができ、⊞→「SEC(入力)」の検索結果で「セキュリティ(Security)関連の設定(「セキュリティとメンテナンス」や「ローカルセキュリティポリシー」、ただし検索結果は検索履歴やPC環境がサポートする機能によって異なる)」を起動することができる。

なお、高性能タッチパッドであれば、タッチパッドに3本指タップで「検索」にアクセスすることも可能だ。

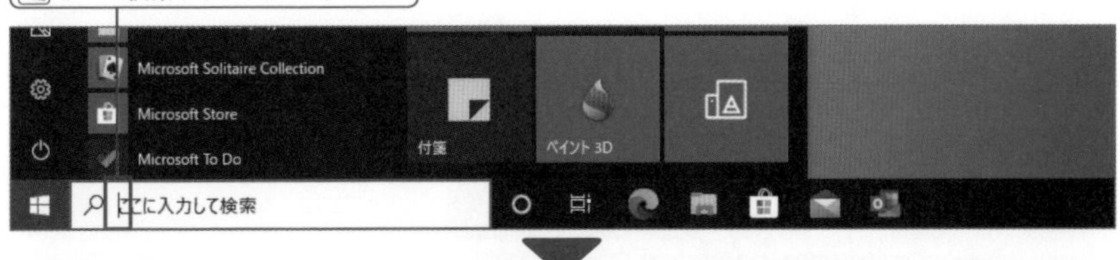

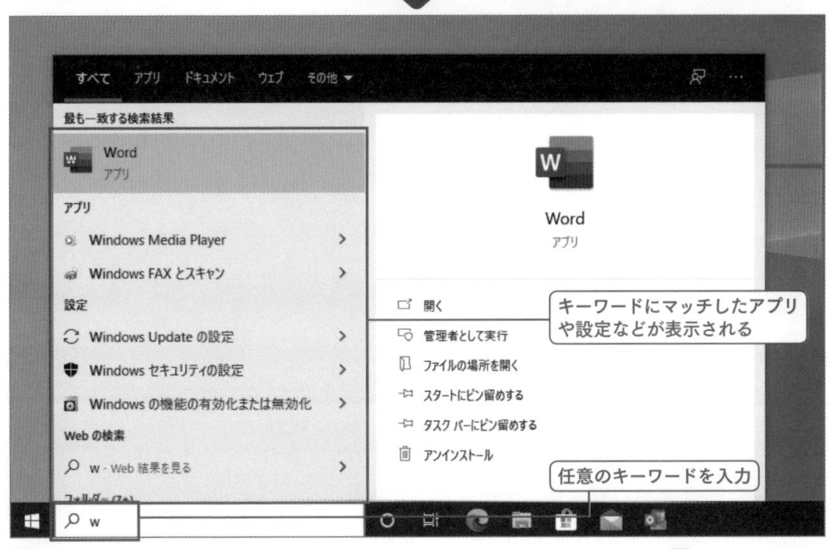

⊞キーで「検索」にアクセスできる。ちなみに検索ボックスを非表示にしている場合でも⊞→[キーワード入力]で検索に自動移行する。

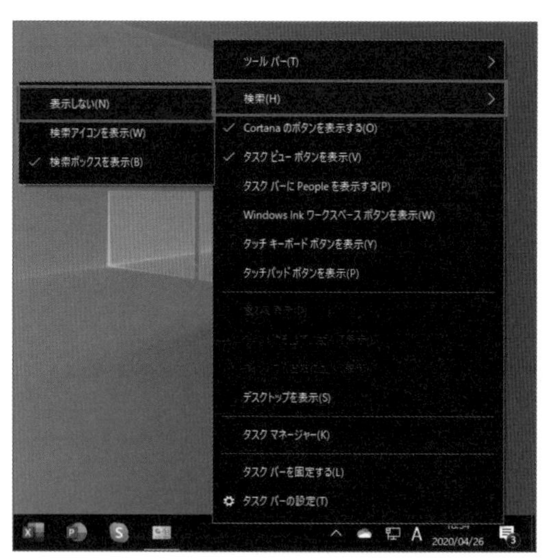

タスクバーの検索ボックスを非表示にしていても、「検索」へは問題なくアクセスできる。タスクバーを広く使いたいならタスクバーを右クリックして、ショートカットメニューから「検索」－「表示しない」を選択して非表示にしてしまってもよいだろう。

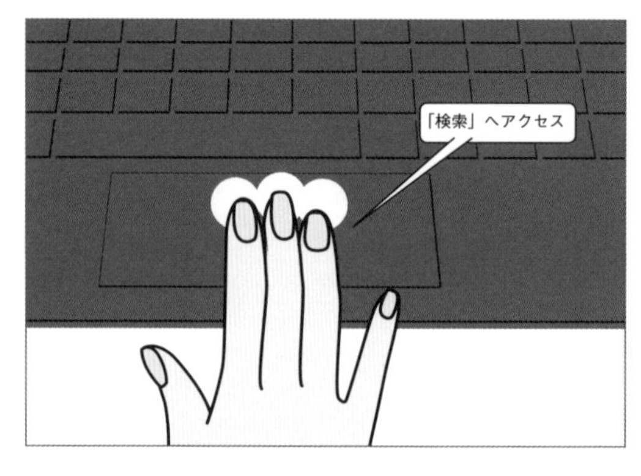

高性能タッチパッドであれば、「3本指タップ」で「検索」にアクセスできる。

「検索」機能の深掘り

「検索」は、日本人にとってありがたい「ローマ字入力」にもある程度対応している。

例えば、「マウス」関連設定であれば通常の検索キーワードは「まうす／マウス(日本語入力)」か「MOUSE」だが、「MAU(マウ…)」でも検索することができる。

残念ながらすべてのローマ字をトレースできるわけではなく、またローマ字も単語をすべて入力してしまうと逆に検索結果に表示されない場合もあるのだが(例えば、「アカウント(ACCOUNT)管理」であれば「AKA(アカ…)」までなら検索できるが「AKAUNTO」まで入力してしまうとNG)、とりあえずローマ字入力の前半部分であればかなりの設定項目を検索することが可能であり、「システム(SYSTEM)」であれば「SIS(シス…)」で検索結果として表示してアクセス可能だ。

ローマ字入力にもある程度対応していることを知っておくと、「この設定を素早く表示したい」という場合に意外と役立つ。

設定項目名の本来のスペルとは異なる「ローマ字入力(スペルの頭付近のみ)」でもある程度目的の項目を検索結果として表示してくれる。なおカーソルキーで任意の検索結果にフォーカスでき、Enter キーで起動可能だ。

Windows PowerShellによるコマンドの実行

コマンドを素早く実行するには「ファイル名を指定して実行」がよいが、コマンド実行の結果を表示したい場合などは「Windows PowerShell」を利用する。

Windows PowerShellはショートカットキー ⊞ + X → A キーで素早く起動できる。

なお、コマンドにおいては「コマンドプロンプト」でなければならないというものもごく一部存在するのだが、「コマンドプロンプト」は「ファイル名を指定して実行」から「CMD」で素早く起動することができる。

なお、本書のコマンド操作は全般的に「管理者」であることが前提だ。

ショートカットキー ⊞ + X → A キーで Windows PowerShell を起動。「ファイル名を指定して実行」とは異なり、コマンド実行の結果をテキスト表示できるほか、Windows PowerShell 上でしか実行できないコマンドもある。

グループポリシーによるカスタマイズ(上位エディションのみ)

Windows 10の上位エディションである「Pro」「Enterprise」「Education」のみに許されるのが「ローカルグループポリシーエディター(以下、「グループポリシー」)」によるカスタマイズアプローチだ。

グループポリシーは「ファイル名を指定して実行」から「GPEDIT.MSC」と入力実

行することで起動できる。

なお、グループポリシー設定のほとんどは「レジストリカスタマイズの代用」であるため、本書ではレジストリカスタマイズも併記している（レジストリエディターの使い方については P.54 参照）。

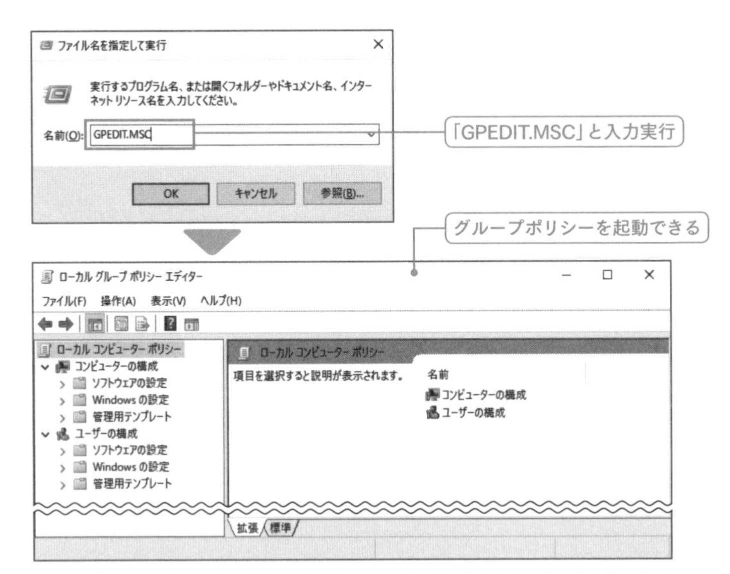

グループポリシー（ローカルグループポリシーエディター）は「ファイル名を指定して実行」から「GPEDIT.MSC」で起動できる。なお、Windows 10 Homeではグループポリシーを利用することはできない。

グループポリシーで「設定適用した項目」を表示する

グループポリシー設定を適用したのち、「この前設定したあの項目はどこだ？」となった場合には、フィルターを利用すればよい。

グループポリシーのメニューバーから「表示」－「フィルターオプション」と選択。「構成」のドロップダウンから「はい」を指定すれば、「グループポリシー設定において任意に設定適用した項目」のみを絞り込み表示できる。

なお、絞り込む表示を解除したい場合には、メニューバーから「表示」－「フィルター有効」のチェックを外せばよい。

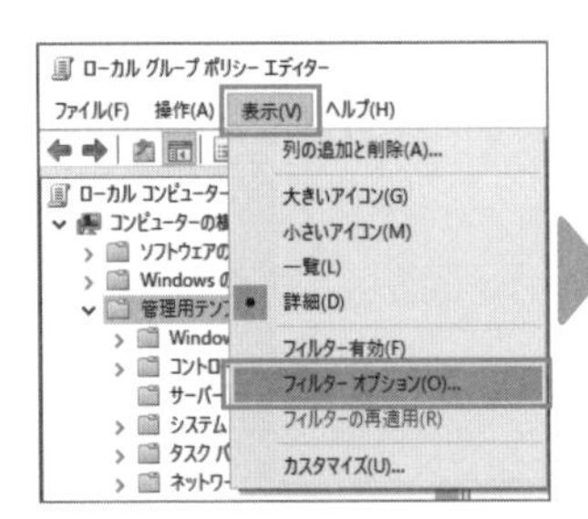

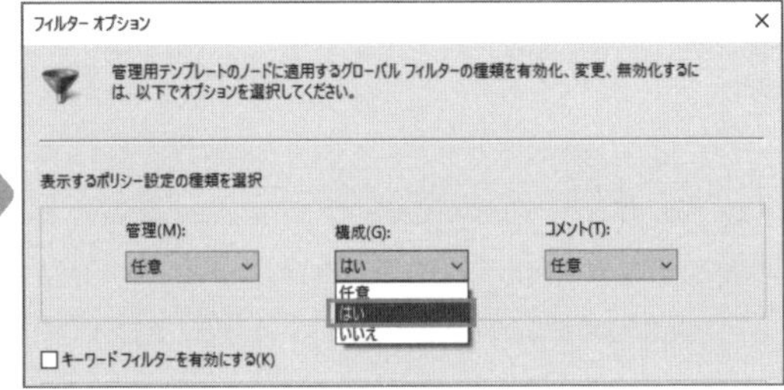

エクスプローラーの起動と拡張子の表示設定

エクスプローラーはショートカットキー[Windows]+[E]キーで起動できる。

ちなみにWindows 10のデフォルト設定は「拡張子が非表示」だが、ファイルの種類を確実に認識できる拡張子を表示しておくことは、ファイルを開く際の目安になるほか、セキュリティ的な効能も大きい(例えば、メールに添付されてきたファイルが「*.EXE」であればマルウェアプログラムであろうことが認識できる)。

Windows 10でファイルの拡張子を表示するには、「表示」タブの「表示/非表示」内、「ファイル名拡張子」をチェックすればよい。

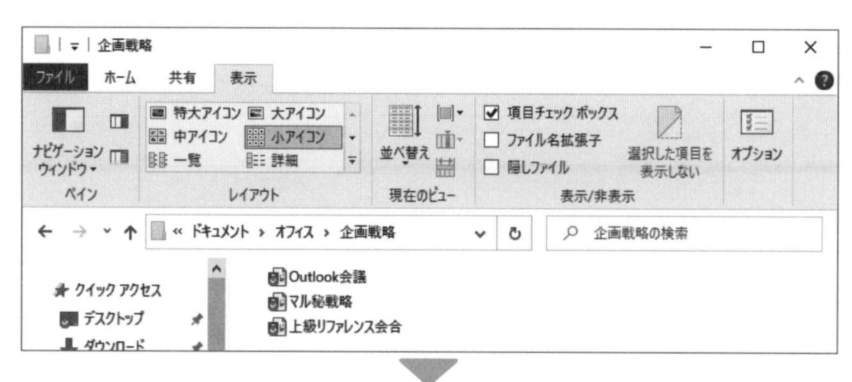

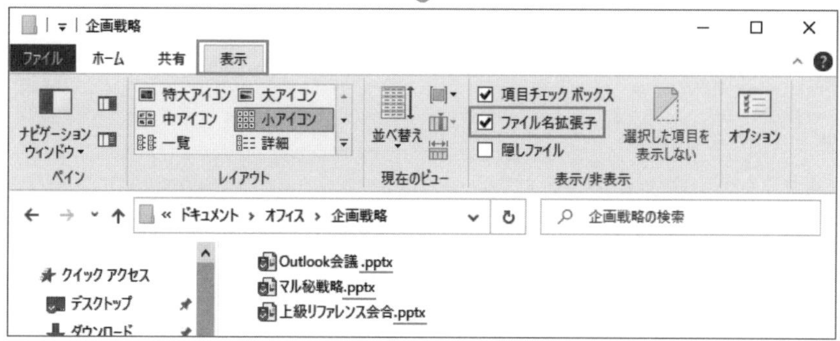

エクスプローラーの「表示」タブ「表示/非表示」内、「ファイル名拡張子」をチェックすれば、ファイルの「拡張子」が表示されるようになる。なおアイコン画像は偽装できてしまうため、アイコン画像でファイルの種類を判断するのは危険だ。

システムファイルの表示

カスタマイズ適用前後で状態確認を行いたいなどの場面では、システムファイルを表示しておきたい。

エクスプローラーでシステム系のファイルを表示したい場合には、コントロールパネル(アイコン表示)から「エクスプローラーのオプション(フォルダーオプション)」を選択して、「表示」タブ内、「隠しファイル、隠しフォルダー、および隠しドライブを表示する」をチェック、また「保護されたオペレーティングシステムファイルを表示しない(推奨)」のチェックを外せばよい。

なお、この設定を適用するとデスクトップ上に「desktop.ini」が表示されるなど結構邪魔な場面もあるので(デスクトップもフォルダーの一つだ)、システムファイル表示は必要な場面でのみ適用するとよい。

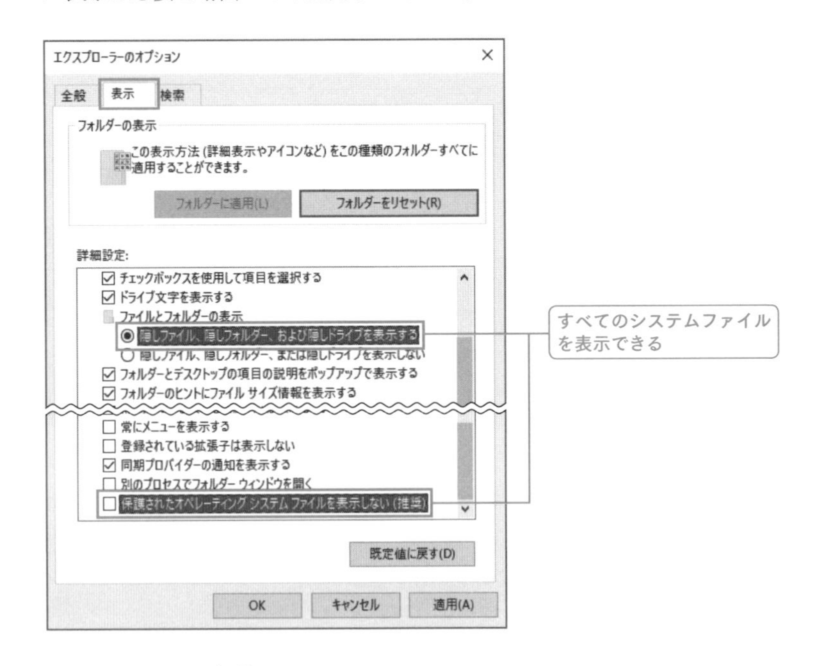

● **ショートカット起動**

■ フォルダーオプション(エクスプローラーのオプション)　CONTROL FOLDERS

クイックアクセスメニューによる主要設定項目へのアクセス

クイックアクセスメニューへはショートカットキー[Windows]+[X]キーでアクセスすることができる。ここには主要設定項目が並んでおり、割り当てられた任意のキーを続けて入力することで、該当設定にアクセスできる。

次ページの表でクイックアクセスメニューからアクセスできる設定を示すが、一部はクイックアクセスメニューに頼らないほうが素早く起動できる項目があるので(正直クイックアクセスメニューになぜ含めたのか疑問のある項目も存在する)、該当する項目のショートカットキーも併記しておく。

● クイックアクセスメニュー

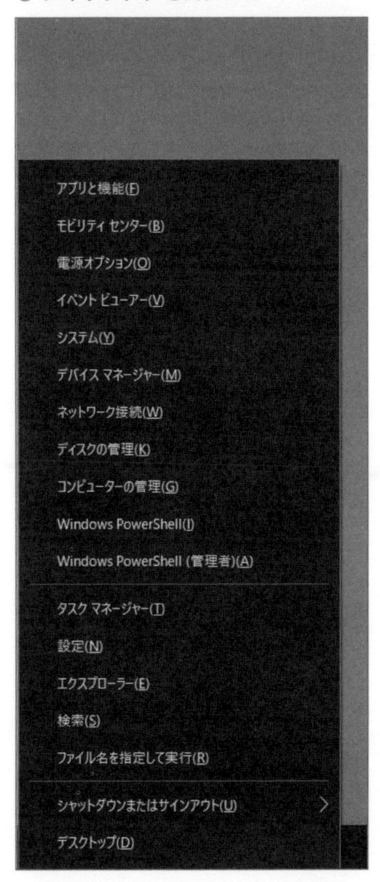

● ショートカットキー

アプリと機能	Win + X → F キー
モビリティセンター（バッテリー搭載機のみ）	Win + X → B キー
電源オプション	Win + X → O キー
イベントビューアー	Win + X → V キー
システム	Win + X → Y キー
デバイスマネージャー	Win + X → M キー
ネットワーク接続	Win + X → W キー
ディスクの管理	Win + X → K キー
コンピューターの管理	Win + X → G キー
Windows PowerShel	Win + X → I キー
Windows PowerShell（管理者）	Win + X → A キー
タスクマネージャー	Win + X → T キー （Ctrl + Shift + Esc キー）
設定	Win + X → N キー （Win + I キー）
エクスプローラー	Win + X → E キー （Win + E キー）
検索	Win + X → S キー （Win + S キー）
ファイル名を指定して実行	Win + X → R キー （Win + R キー）
シャットダウンまたはサインアウト	Win + X → U キー
デスクトップ	Win + X → D キー （Win + D キー）

タスクマネージャーの表示と応用操作

タスクマネージャーはタスクの状態を確認できるほか、システム情報の確認やカスタマイズツールとして活用することができるなど、かなりの優れものツールだ。

タスクマネージャーはショートカットキー Ctrl + Shift + Esc キーで起動できる。

なお、本書はタスクマネージャーの「詳細表示」であることを前提に解説を進めているので、詳細表示になっていない場合には、タスクマネージャー下部の「詳細」をクリックする。

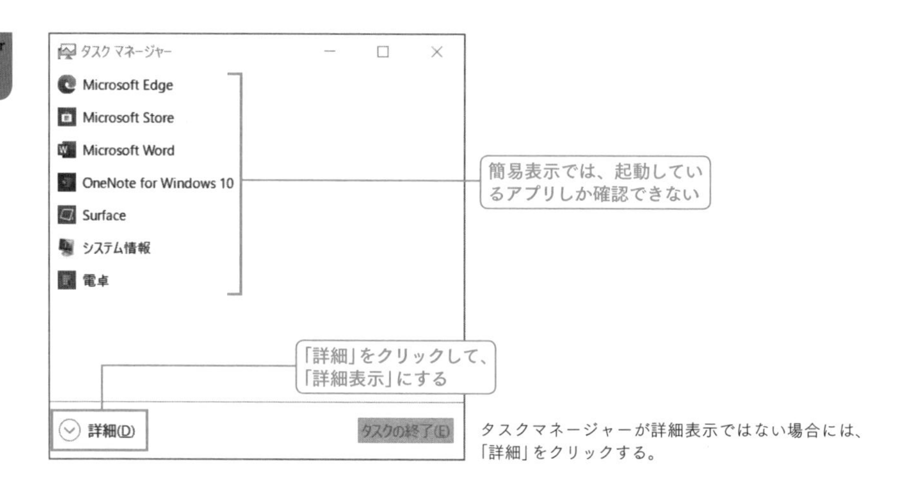

タスクマネージャーが詳細表示ではない場合には、「詳細」をクリックする。

プロセスの詳細情報の確認

タスクマネージャーの「詳細」タブでは一部の重要な情報が非表示になっているのだが、あらかじめ表示設定しておけばプロセスの詳細をより知ることができる。

現在表示されている「列要素」以外のプロセス情報を確認したい場合には、「詳細」タブの「項目名(「名前」など)」を右クリックして、ショートカットメニューから「列の選択」を選択。

「列の選択」で表示したい情報を任意にチェックすればよい。ちなみに「基本優先度」ではCPU優先度の確認(任意のCPU優先度設定は P.157 参照)、「コマンドライン」ではコマンドとそのオプション、「プラットフォーム」では64ビット/32ビットの確認、「電源調整」では電源モードによる調整が入っているか否か(➡P.92)などを確認できる。

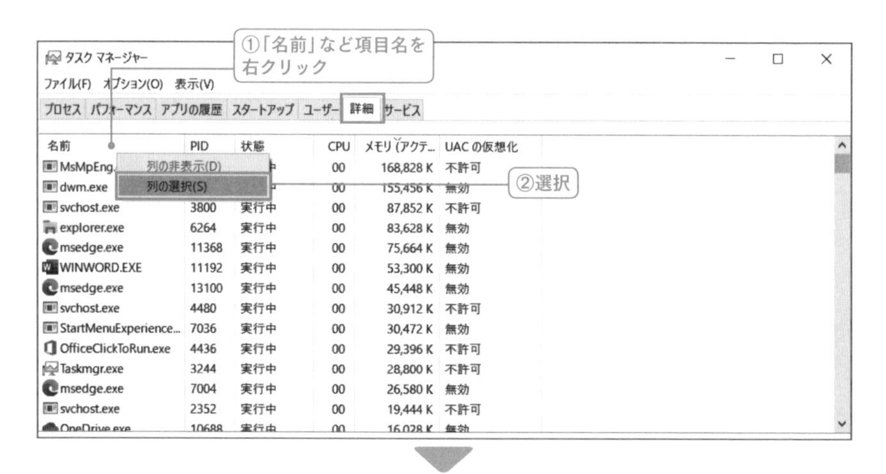

名前	PID	状態	CPU	メモリ(アクテ...	UAC の仮想化
MsMpEng...		中	00	168,828 K	不許可
dwm.exe		中	00	155,456 K	無効
svchost.exe	3800	実行中	00	87,852 K	不許可
explorer.exe	6264	実行中	00	83,628 K	無効
msedge.exe	11368	実行中	00	75,664 K	無効
WINWORD.EXE	11192	実行中	00	53,300 K	無効
msedge.exe	13100	実行中	00	45,448 K	無効
svchost.exe	4480	実行中	00	30,912 K	不許可
StartMenuExperience...	7036	実行中	00	30,472 K	無効
OfficeClickToRun.exe	4436	実行中	00	29,396 K	不許可
Taskmgr.exe	3244	実行中	00	28,800 K	不許可
msedge.exe	7004	実行中	00	26,580 K	無効
svchost.exe	2352	実行中	00	19,444 K	不許可
OneDrive.exe	10688	実行中	00	16,028 K	無効

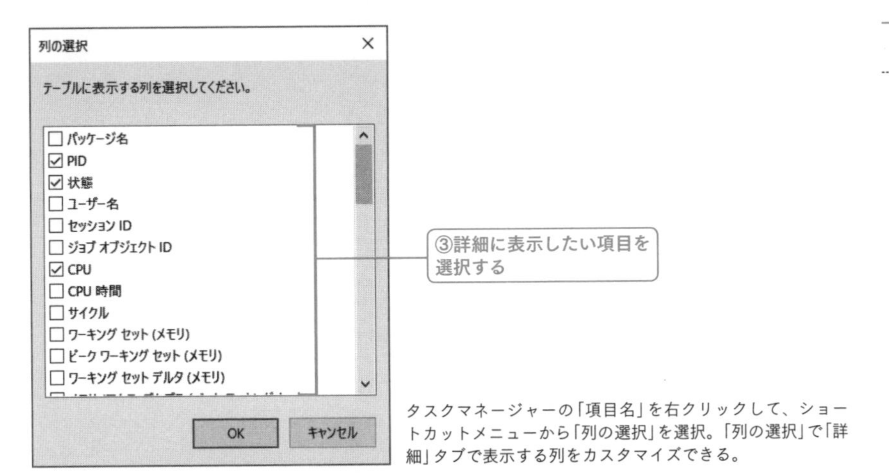

タスクマネージャーの「項目名」を右クリックして、ショートカットメニューから「列の選択」を選択。「列の選択」で「詳細」タブで表示する列をカスタマイズできる。

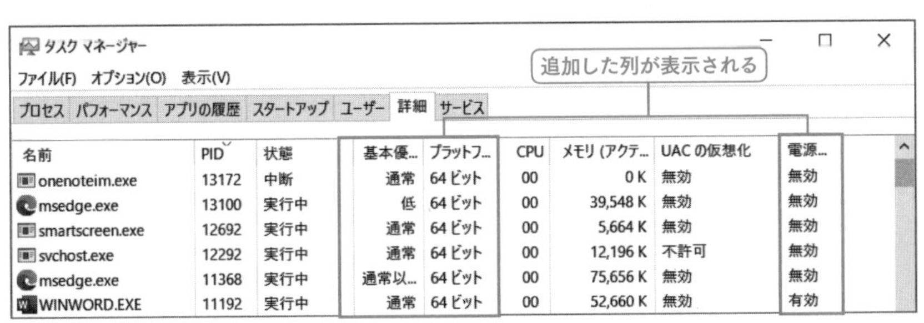

タスク マネージャー

ファイル(F) オプション(O) 表示(V)

プロセス パフォーマンス アプリの履歴 スタートアップ ユーザー 詳細 サービス

名前	PID	状態	基本優...	プラットフ...	CPU	メモリ (アクテ...	UAC の仮想化	電源...
onenoteim.exe	13172	中断	通常	64 ビット	00	0 K	無効	無効
msedge.exe	13100	実行中	低	64 ビット	00	39,548 K	無効	無効
smartscreen.exe	12692	実行中	通常	64 ビット	00	5,664 K	無効	無効
svchost.exe	12292	実行中	通常	64 ビット	00	12,196 K	不許可	無効
msedge.exe	11368	実行中	通常以...	64 ビット	00	75,656 K	無効	無効
WINWORD.EXE	11192	実行中	通常	64 ビット	00	52,660 K	無効	有効

「基本優先度」や「プラットフォーム」などを表示。ちなみに列をドロップすることで任意の表示順序を変更できるほか、項目名を右クリックして、ショートカットメニューから「列の非表示」を選択すれば不要なものを非表示にできる。

プロセスの「怪しさ」を確認する

タスクマネージャーを眺めていると「あれ？」と思われるプロセスを発見してしまうことがあり、マルウェアの疑いを拭いきれないことがある。

そんなときには該当プロセスを右クリックして、ショートカットメニューから「オンライン検索」を選択すればよい。

該当プロセスを文字通りオンライン検索して、Webサイト上の情報で「何ものであるかの参考情報」を確認することができる。

なお、Web情報というのはそもそもフェイクが含まれている可能性があるため、あくまでも「参考情報」として認識するようにして、「マルウェアだ！」的な記述には疑いを持つようにする。

Webサイト上で何らかのダウンロード誘導、例えば「このプログラムで問題を解決」的なツールが表示された場合、該当プログラムはほぼ間違いなく不安に乗じて悪意を実行するマルウェアであるため、絶対に導入してはならない。

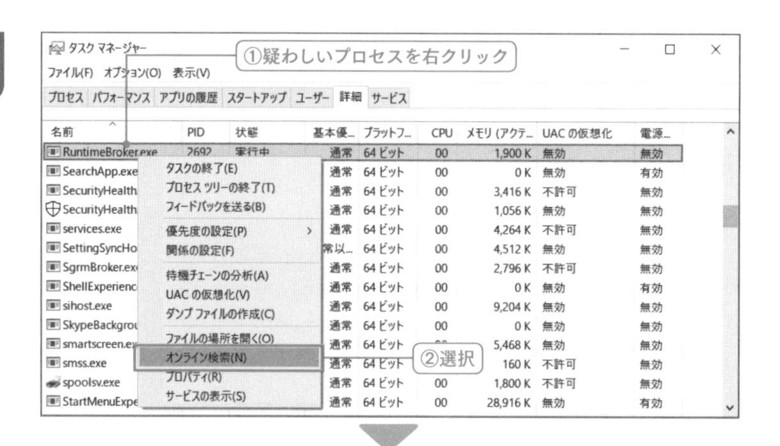

Web情報全般にいえることだが、記述内容を真に受けてはいけない。ちなみに最近のWebは正しい情報を示しつつフェイクを混ぜてくることもあるので、記述内容自体が正しくても、マルウェアに誘導されないように注意したい(広告表示がマルウェアに連動していることもある)。なお、プロセスへの疑いは「Microsoft Defender」でウィルススキャンを行って確認することが基本だ(➡P.220)。

「パフォーマンス」タブでPC負荷を確認

タスクマネージャーの「パフォーマンス」タブでは、「CPU」「メモリ」「ディスク(SSD／ハードディスク)」「イーサネット(有線LAN)」「Wi-Fi」「GPU」などの各詳細情報や負荷を確認することができる。

CPUであれば「型番」「クロック数」「コア数」「キャッシュ容量」等、メモリであれば「メモリ使用量(OSで実際利用できるメモリ容量)」「フォームファクター(メモリ形状)」「スロットの使用(メモリスロット数と利用しているスロットの数)」などを確認できる。

なお、タスクマネージャーの「パフォーマンス」タブを表示している状態で、ショートカットキー Ctrl ＋ C キーを入力すれば、記述内容をテキストデータ取得することも可能だ。

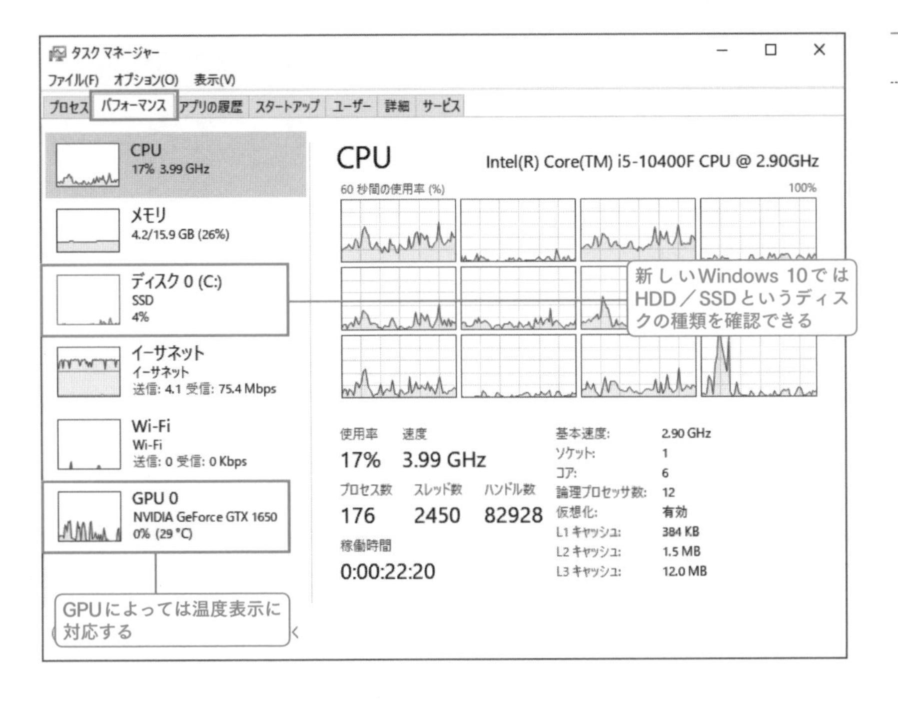

不要なプロセスを終了する

動作が不安定なアプリや終了できなくなったWebブラウザーを強制的に終了したい場合には、「プロセス」タブ内の該当アプリを選択して、「タスクの終了」ボタンをクリックすればよい。

また「詳細」タブの該当プロセスを右クリックして、ショートカットメニューから「プロセスツリーの終了」を選択することで、関連するプロセスをまとめて終了することができる。

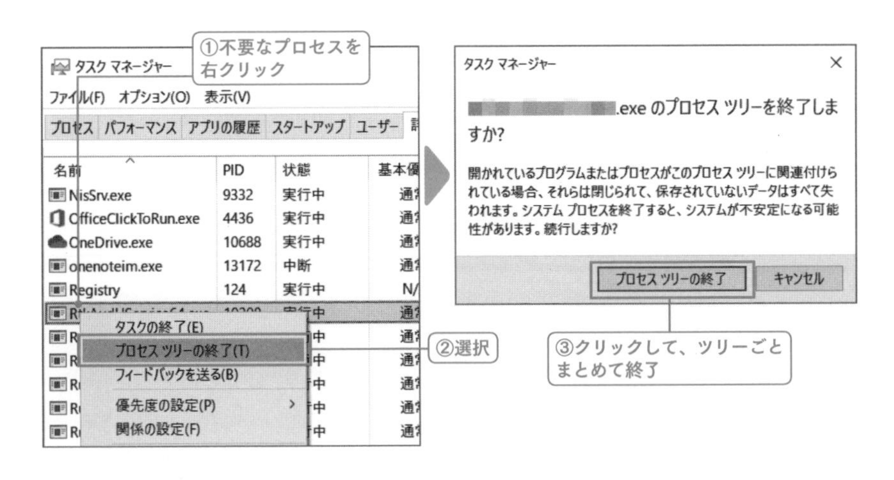

1-6 レジストリエディターによるレジストリカスタマイズと応用

レジストリカスタマイズとは

レジストリは設定の集合体であり、Windows 10の各種設定が記述されている。

このレジストリ内容を直接参照・編集できるレジストリエディターは「ファイル名を指定して実行」から「REGEDIT」と入力実行することで起動できる。

レジストリエディターではレジストリ内容をエクスプローラーのようなツリー構造で表示するが、このツリーにおけるエクスプローラーではフォルダーにあたる部分をレジストリでは「キー（レジストリキー）」という。

またレジストリキーの中には通常複数の設定項目が存在し、設定項目における名前を「値」、データ欄にある値の設定内容を「値のデータ」という。

なお、カスタマイズにおいて着目すべきルートキーは「HKEY_CURRENT_USER（HKCU）」と「HKEY_LOCAL_MACHINE（HKLM）」であり、ほとんどのカスタマイズはこの配下のレジストリキー内の値のデータの改変で行える。

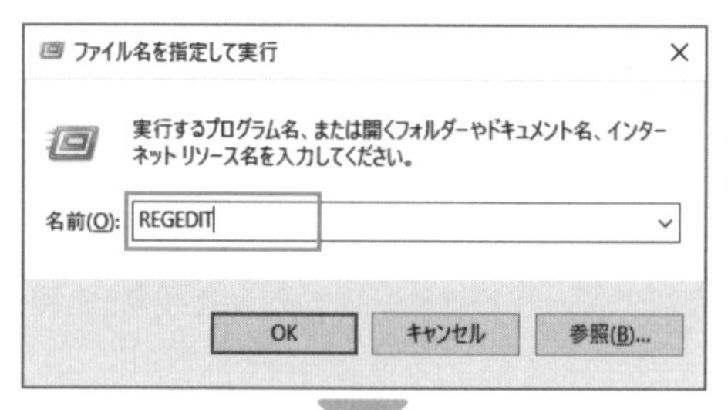

「ファイル名を指定して実行」から「REGEDIT」でレジストリエディターを起動できる。なお、いちいち表示される「ユーザーアカウント制御」がうっとおしい場合には、UAC（User Account Control）のレベルを下げればよい（P.215）。

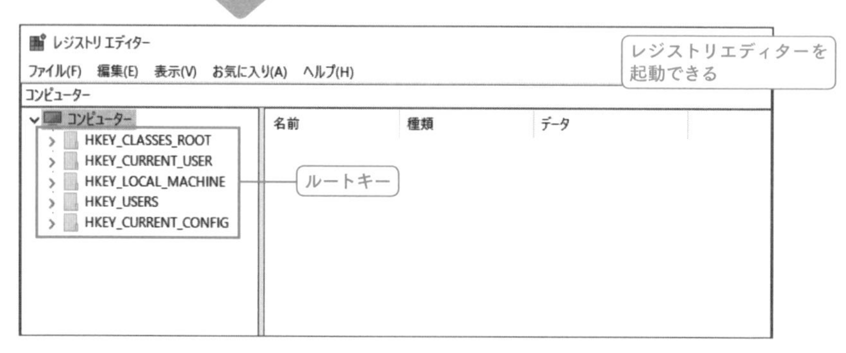

● カスタマイズにおいて着目すべきルートキー

HKEY_CURRENT_USER	現在サインインしているユーザーアカウントの設定が記述されている。「HKCU」と略記できる。レジストリカスタマイズはサインアウト→サインインで有効化できる(即設定反映される項目もある)。
HKEY_LOCAL_MACHINE	主にWindows 10のシステム設定が記述されている。「HKLM」と略記できる。レジストリカスタマイズにおいては基本的に再起動で設定を有効化できる。なお、ここでの記述を間違えるとOS動作に問題が起こることがあるため要注意だ。

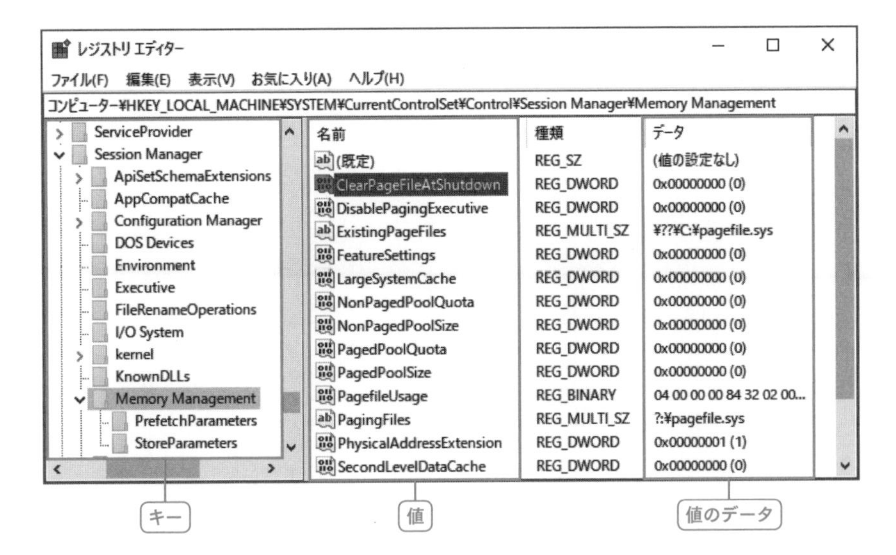

● レジストリキーの略記

- HKEY_CURRENT_USER = HKCU
- HKEY_LOCAL_MACHINE = HKLM
- HKEY_CLASSES_ROOT = HKCR
- HKEY_USERS = HKU

Column

64ビット版Windows 10で32ビット版レジストリエディターを起動する

64ビット版Windows 10においてレジストリエディターを起動すると、当たり前だが64ビット版レジストリエディターが起動する。ちなみに、64ビット版Windows 10において32ビット版レジストリエディターを起動したければ、「ファイル名を指定して実行」から「C:¥Windows¥SysWOW64¥REGEDIT.EXE -M」で起動することができる。

32ビット版レジストリエディターで見えるレジストリ情報は、「32ビットアプリ(32ビットプログラム)」から見える景色であり、32ビットアプリが「HKEY_LOCAL_MACHINE¥SOFTWARE」を参照しているつもりでも、実際は「HKEY_LOCAL_MACHINE¥SOFTWARE¥WOW6432Node」の内容であるなどWindows-On-Windows64(WOW64)より置き換えを行っていることが確認できる。

64ビットOSでは本来動作させることができない32ビットプログラムを上手に動作させている構造の一つであり、32ビットアプリから見て「32ビットOS」で動作させているように錯覚させてパフォーマンスロスをなくしている64ビット版Windows 10の優れた構造の一つだ。

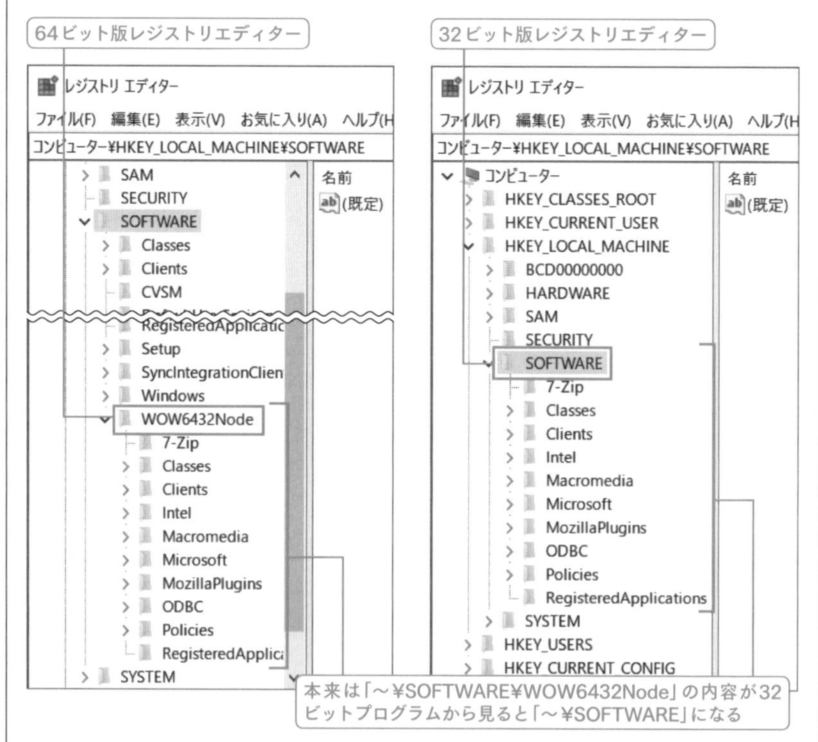

64ビット版／32ビット版の違い。32ビット版レジストリエディターでは「32ビットプログラムからの景色」を確認することができ、64ビット版における「WOW6432Node」の内容が「HKEY_LOCAL_MACHINE¥SOFTWARE」にマウントしていることがわかる。

レジストリエディターによるレジストリ操作

レジストリカスタマイズの基本は「値」における「値のデータ」を改変することであり、任意のレジストリキー内にある「値(値の名前)」をダブルクリックすることで、「値のデータ」を変更することができる。

ちなみにレジストリカスタマイズにおいて「値のデータ」は数値(DWORD値)であることが多く、対象機能のオン(有効)として「1」を指定、対象機能のオフ(無効)として「0」を指定することが多い。

なお、値の名前が「Disable～」「No～」などの場合には、『該当機能を無効にする』という設定になるので機能有効が「0」、機能無効が「1」になる点に注意だ。

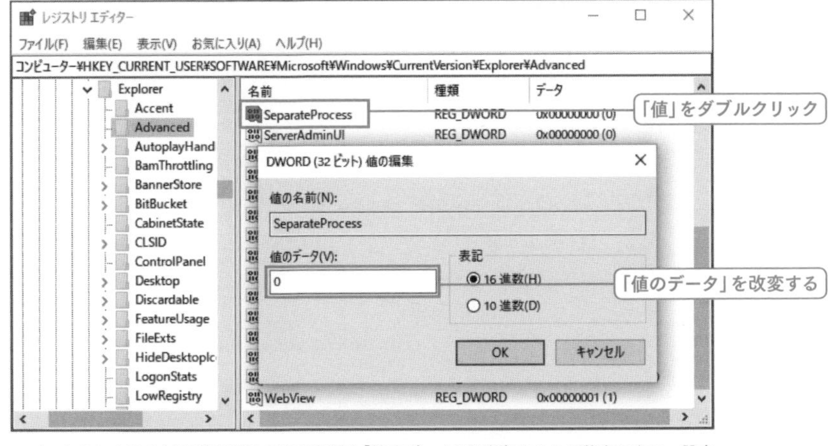

レジストリにおける対象設定項目の設定変更は「値のデータ」を改変するのが基本になる。設定項目である「値」をダブルクリックして、「値のデータ」に任意のデータを入力すれば、設定を変更できる。

☐アドレスバーによる直接指定

本書記述のレジストリカスタマイズを行う場合に、該当レジストリキーを探してツリー移動するのは面倒だが、そんな場面で活用できるのがレジストリエディターの「アドレスバー」だ。

アドレスバーにはショートカットキー Ctrl ＋ L キーで移動でき、「レジストリキー」を入力すれば直接目的のキーにジャンプすることができる（ルートキーは略記入力にも対応）。

また、パス入力時に「¥」を入力すれば、その配下のキーが自動的に選択肢として表示され選択ジャンプできるようになったほか、ショートカットキー Alt ＋ ↑ キーで一階層上のキーに移動できるなど、レジストリカスタマイズを多用するユーザーにはありがたい機能改善が行われた。

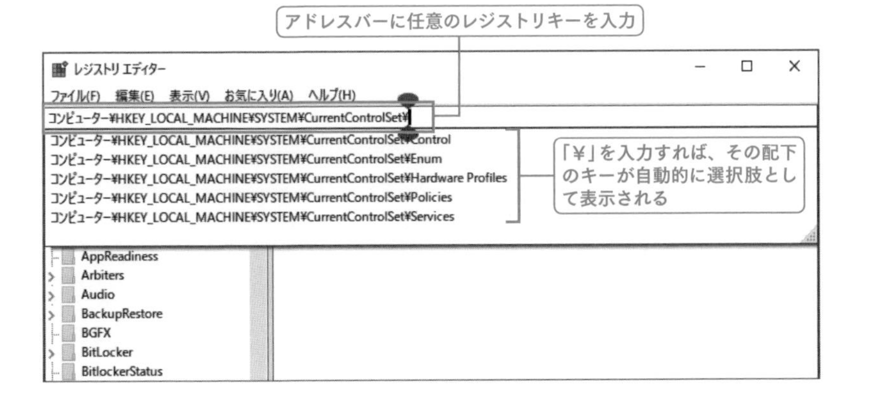

HKCUとHKLM間の移動

「HKEY_CURRENT_USER」と「HKEY_LOCAL_MACHINE」の配下において同一のレジストリキーが存在する場合には、右クリックしてショートカットメニューから「～に移動」で直接該当レジストリキーにジャンプすることができる。地味だが便利な機能だ。

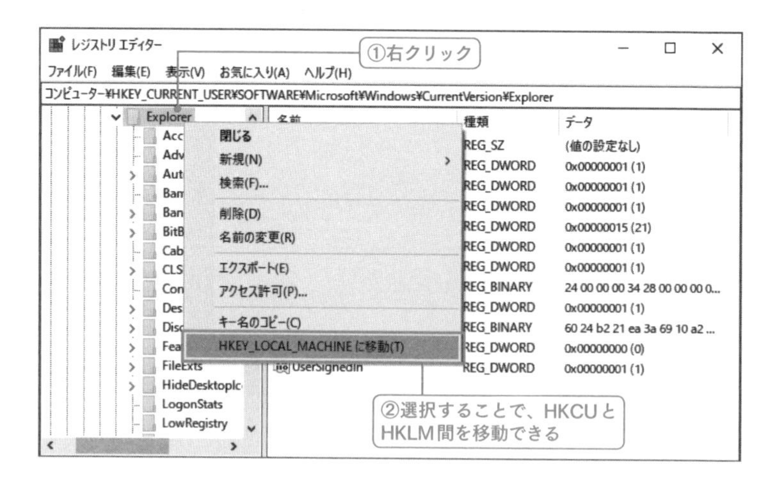

キーや値の名前の検索

レジストリエディターで特定の「キー」や「値(値の名前)」を見つけたい場合には「検索」を活用する。

ショートカットキー Ctrl + F キーを入力したのちに「検索する値」に検索キーワードを入力して検索対象を指定すれば、目的の位置にジャンプすることができる。なお、次検索は F3 キーだ。

「検索」はカスタマイズ目的で活用できるほか、「データ」を検索することで該当設定がどこに保存されているかなどの設定場所の逆引きにも応用できる。

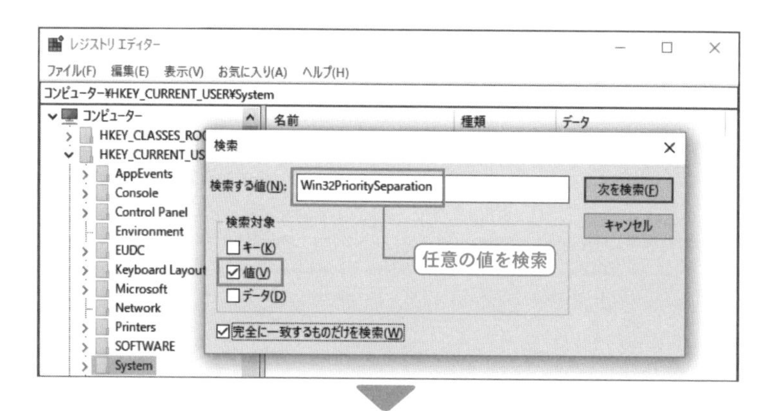

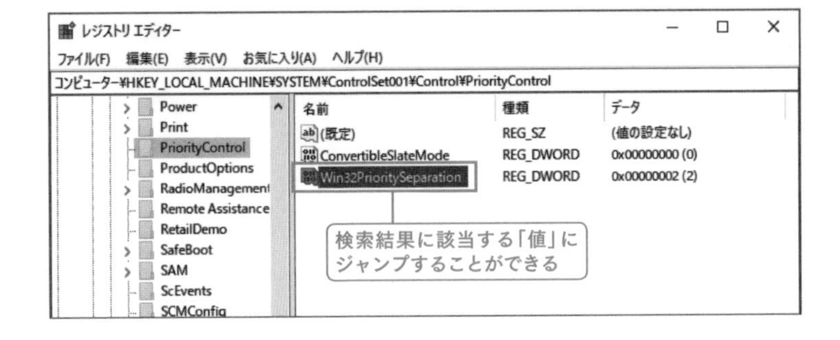

「キー」や「値」の作成

レジストリカスタマイズにおいて該当する「キー」や「値」が存在しない場合には、自身で作成する必要がある。

「キー」や「値」の作成は、作成したい位置で右クリックして、ショートカットメニューから「新規」－[作成アイテム（下表参照）]と選択して、名称を入力すればよい。

なお、名前を間違えてしまった場合でも F2 キーで修正可能だ。

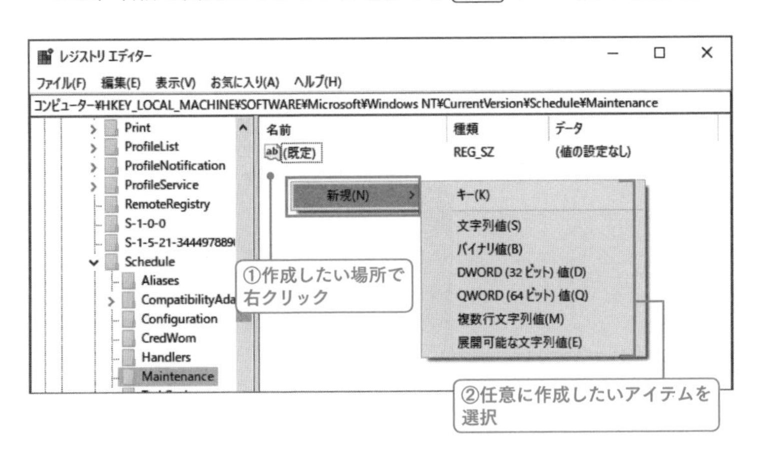

● レジストリエディターにおける「値の種類」の表記

作成できる値	レジストリエディター上の表記
文字列値	REG_SZ
バイナリ値	REG_BINARY
DWORD（32ビット）値	REG_DWORD
QWORD（64ビット）値	REG_QWORD
複数行文字列値	REG_MULTI_SZ
展開可能な文字列値	REG_EXPAND_SZ

設定の無効化／値の削除

レジストリカスタマイズにおいて任意の設定を無効にしたい場合には、「値のデータ」をデフォルト値に戻せばよい（デフォルト値をメモしておきたい場合には該当レジストリキーをエクスポートしておくのも手だ ➡P.62）。

また、「値」を作成したカスタマイズにおいては「値」を Delete キーで削除すれば設定を無効化できる。

なお、少々特殊な方法だが「値」を作成したカスタマイズにおいては、値の名前を変えてしまえば、結果的に無効化できる（値の名前の先頭に「_（アンダーバー）」を入力するなど）。

これは「値の名前」が異なるものは、設定として反映されないからだ。

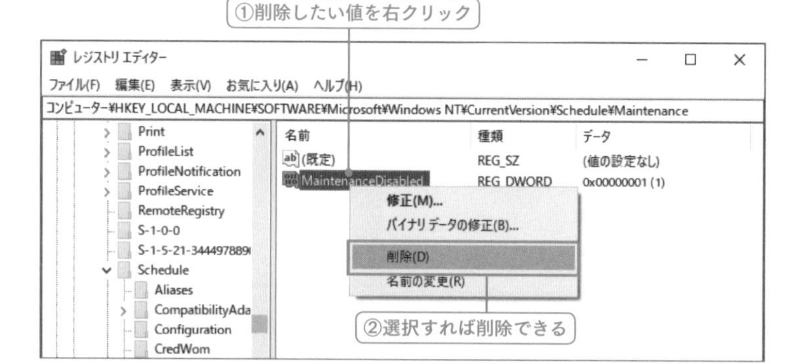

● レジストリエディターのショートカットキー

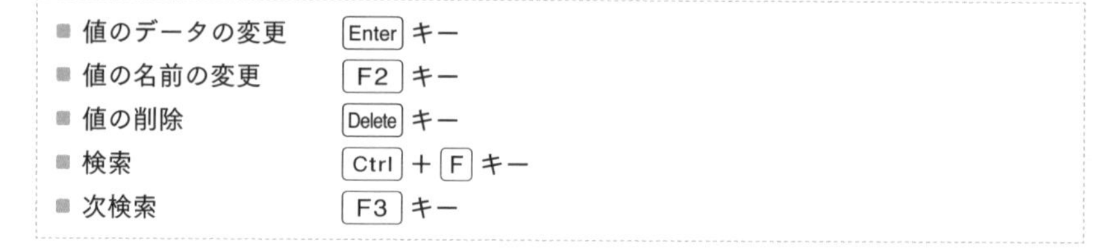

■ 値のデータの変更	Enter キー
■ 値の名前の変更	F2 キー
■ 値の削除	Delete キー
■ 検索	Ctrl ＋ F キー
■ 次検索	F3 キー

レジストリカスタマイズの管理

レジストリカスタマイズでよく利用するレジストリキーは、該当キーを表示した状態でメニューバーから「お気に入り」－「お気に入りに追加」を選択して、レジストリエディターの「お気に入り」に登録してしまえばよい。

「お気に入り」の登録項目名は日本語文字列も可能なので、設定を意味するわかりやすい名前をつけておくと、後にレジストリカスタマイズに役立つ。

なお、登録したお気に入りはメニューバーから「お気に入り」を選択することで一覧を表示して該当キーにジャンプすることができる。

レジストリエディターにおいてよく使うレジストリキーは「お気に入り」に登録しておく。わかりやすい名前で登録しておくと、再設定時にすぐに目的のキーにジャンプできてよい。

登録したお気に入りの改変

レジストリエディターにおける「お気に入り」の設定内容は、レジストリキー「HKEY_CURRENT_USER¥SOFTWARE¥Microsoft¥Windows¥CurrentVersion¥Applets¥Regedit¥Favorites」に保存されている。

お気に入りの項目名を編集したければ、このレジストリキー内の「値」の名前を直接編集、削除したければ「値」を削除してしまえばよい。

なお、「お気に入り」そのものを保存しておきたければ、該当キーをエクスポートしてファイルにしておくと、別環境などでも再利用できる。

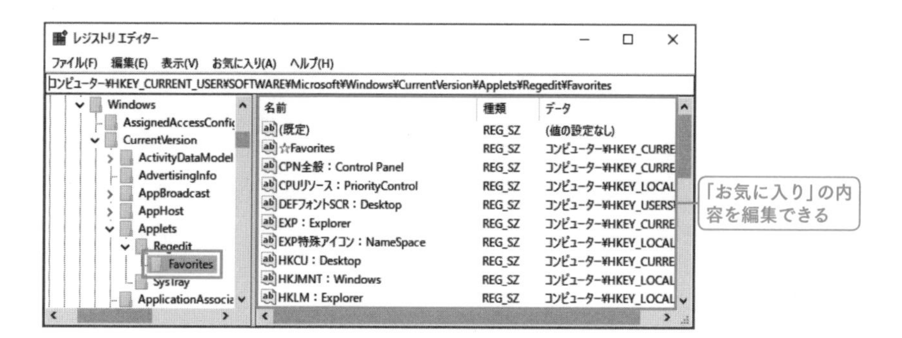

レジストリキーをテキストとして取得する方法

レジストリカスタマイズ情報をメモして保存しておきたいなどの場合には、レジストリキーにフォーカスした状態で右クリックして、ショートカットメニューから「キー名のコピー」を選択すればよい。

後は付箋なりOneNoteなりに Ctrl + V キーでペーストすれば、文字列化することができる。

新しいレジストリエディターはアドレスバーに直接入力でキー移動が可能なため、レジストリキーをテキストで保持しておくことは意外と正しいアプローチになる。

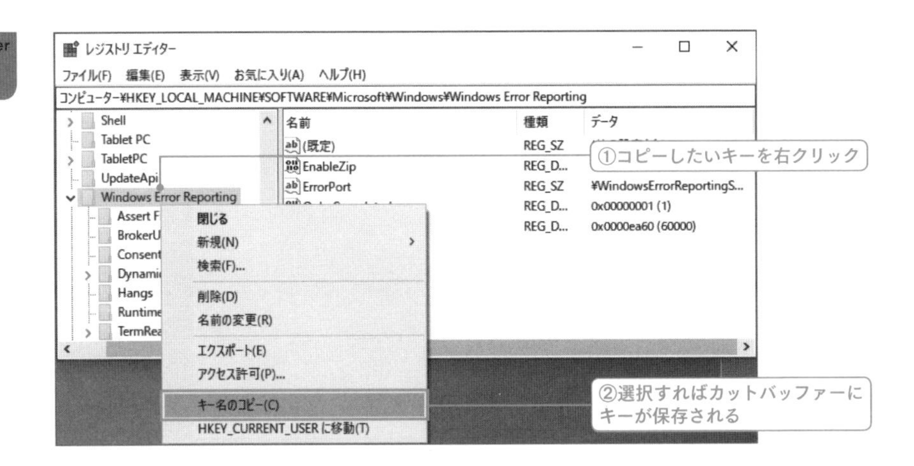

レジストリカスタマイズの応用

レジストリキーの内容はファイルに保存することができ、またファイルに保存したレジストリ設定は再利用可能だ。

しかし、管理に気をつけないと思わぬトラブルになることがあるため、ここではレジストリキーの保存方法と再利用方法について解説しよう。

□ レジストリのエクスポート

レジストリ内容の保存は、保存したいレジストリキーを選択したのち、メニューバーから「ファイル」－「エクスポート」を選択。ダイアログで任意のファイル名を命名すれば、レジストリ内容をレジストリファイル(「*.REG」)に保存することができる。

なお、レジストリファイルに保存されるのは「対象レジストリキー内容のすべて(配下のすべての「値」、配下に「キー」が存在する場合にはさらにその配下の内容もすべて含む)」である点に注意が必要だ。

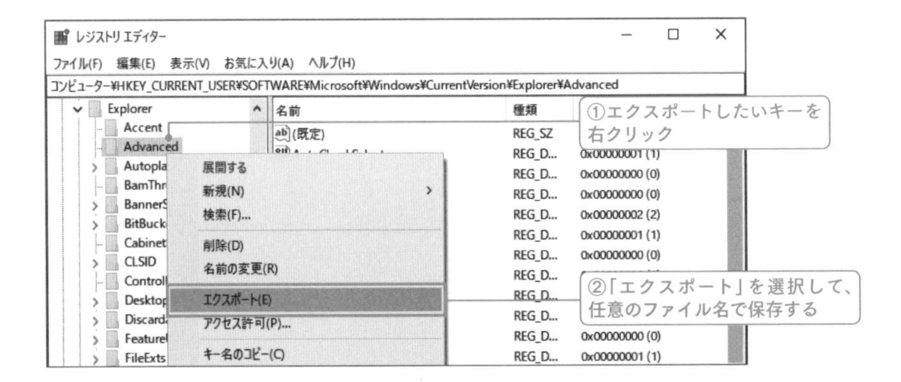

レジストリの改変と書き戻し

「レジストリファイル(「*.REG」)」はダブルクリックすることで設定を書き戻すことができるが、エクスポートしたレジストリ設定は該当レジストリキーの**すべての内容を含む**ため、そのまま書き戻すと不要な値まで追加・書き換えられてしまい、不具合を起こす可能性がある。

よって、エクスポートしたレジストリファイルは、必ずテキストエディター(メモ帳など)で開いて、「必要な設定情報のみ」に改変しておく必要がある。

例えば、レジストリキー「HKEY_CURRENT_USER¥SOFTWARE¥Microsoft¥Windows¥CurrentVersion¥Explorer¥Advanced」では、「エクスプローラーのオプション」の設定全般が保存されているが、「拡張子を表示する」と「エクスプローラーをクイックアクセスではなくPCで開く」の設定のみを残したい場合には、該当設定である「HideFileExt」と「LaunchTo」の行および、レジストリキー指定だけを残して削除したのち保存してしまえばよい。

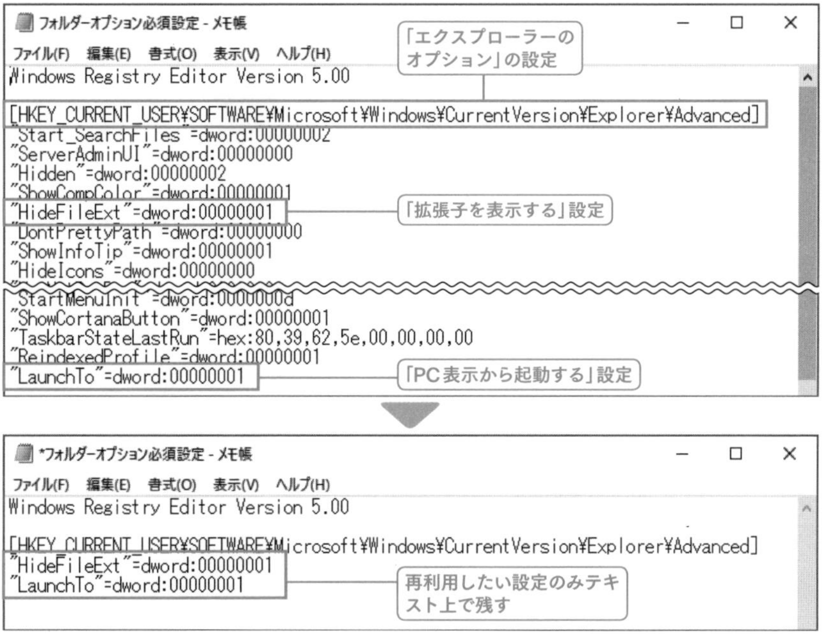

フォルダーオプション必須設定 - メモ帳

ファイル(F) 編集(E) 書式(O) 表示(V) ヘルプ(H)

```
Windows Registry Editor Version 5.00

[HKEY_CURRENT_USER¥SOFTWARE¥Microsoft¥Windows¥CurrentVersion¥Explorer¥Advanced]
"Start_SearchFiles"=dword:00000002
"ServerAdminUI"=dword:00000000
"Hidden"=dword:00000002
"ShowCompColor"=dword:00000001
"HideFileExt"=dword:00000001
"DontPrettyPath"=dword:00000000
"ShowInfoTip"=dword:00000001
"HideIcons"=dword:00000000
"StartMenuInit"=dword:0000000d
"ShowCortanaButton"=dword:00000001
"TaskbarStateLastRun"=hex:80,39,62,5e,00,00,00,00
"ReindexedProfile"=dword:00000001
"LaunchTo"=dword:00000001
```

「エクスプローラーのオプション」の設定
「拡張子を表示する」設定
「PC表示から起動する」設定

*フォルダーオプション必須設定 - メモ帳

ファイル(F) 編集(E) 書式(O) 表示(V) ヘルプ(H)

```
Windows Registry Editor Version 5.00

[HKEY_CURRENT_USER¥SOFTWARE¥Microsoft¥Windows¥CurrentVersion¥Explorer¥Advanced]
"HideFileExt"=dword:00000001
"LaunchTo"=dword:00000001
```

再利用したい設定のみテキスト上で残す

Column

自分専用レジストリカスタマイズツールの作成

レジストリファイルはダブルクリックするだけで、記述内容に従ったレジストリ設定をOSに反映することができる。この特性をうまく利用すれば「自分専用のカスタマイズツール」を作成することも可能だ。

例えば、フォルダーを表示した際にネットワークドライブのサムネイル作成を停止にしたいと考えた場合には該当レジストリキーをエクスポート（➡P.62）して、「"DisableThumbnailsOnNetworkFolders"=dword:00000001（停止）」と「"DisableThumbnailsOnNetworkFolders"=dword:0000000（作成）」の両方のファイルを作成しておけば、ダブルクリックするだけで設定のオン／オフを切り替えることができる。

「"DisableThumbnailsOnNetworkFolders"=dword:00000001」が記述されたレジストリファイルをダブルクリックすれば「非表示」になる

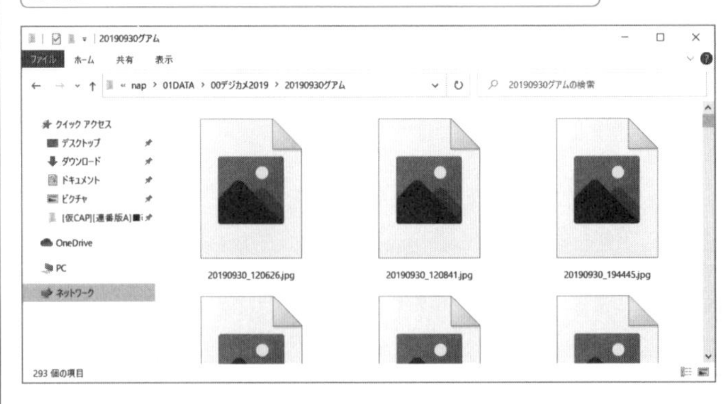

「"DisableThumbnailsOnNetworkFolders"=dword:0000000」が記述されたレジストリファイルをダブルクリックすれば「表示」になる

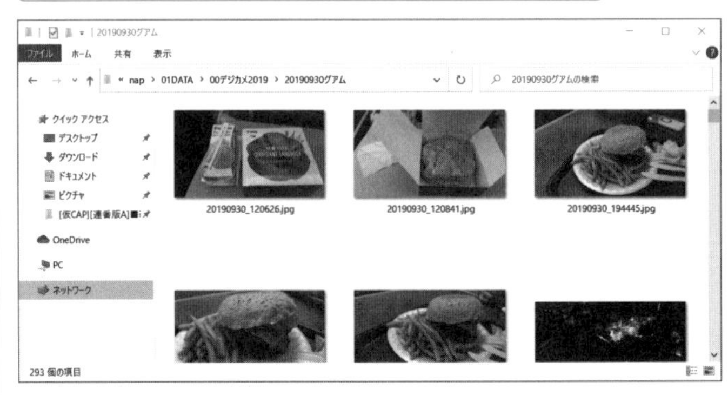

1-7 Windows 10のカスタマイズ前に知っておくべき事柄

環境変数の意味と活用

環境変数とはWindowsの各種情報が代入されている変数であり、コマンドプロンプトから「SET」と入力実行することで確認できる（コマンドプロンプトは「ファイル名を指定して実行」から「CMD」と入力実行することで起動できる）。

レジストリカスタマイズやエクスプローラーで利用されている代表的な環境変数は、下表のようになる。

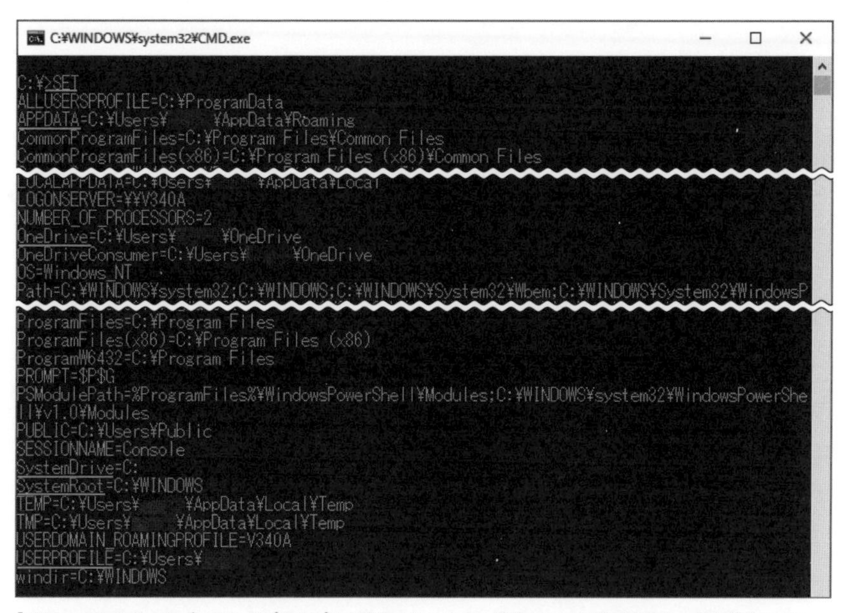

「SET」コマンドは、必ずコマンドプロンプトで実行する。自身の環境における環境変数の一覧を確認できる。

● 環境変数の抜粋

SystemDrive	システムドライブのドライブ文字
SystemRoot	システムフォルダーのパス
USERNAME	ユーザー名
USERPROFILE	ユーザーフォルダーのパス
APPDATA	アプリのデータ（設定）のパス
OneDrive	OneDriveのローカルキャッシュのパス

環境変数の活用

環境変数は随所で活用できる。例えば、「USERPROFILE=C:¥Users¥[ユーザー名]」という形になっているが、前後に「%」をつけて「%USERPROFILE%」と指定することでレジストリカスタマイズやエクスプローラーでのパス指定として活用できる。

例えば自分のユーザーフォルダーを表示したい場合には、エクスプローラーのアドレスバーに「%USERPROFILE%」と入力することで素早く「C:¥Users¥[ユーザー名]」にアクセスできる。

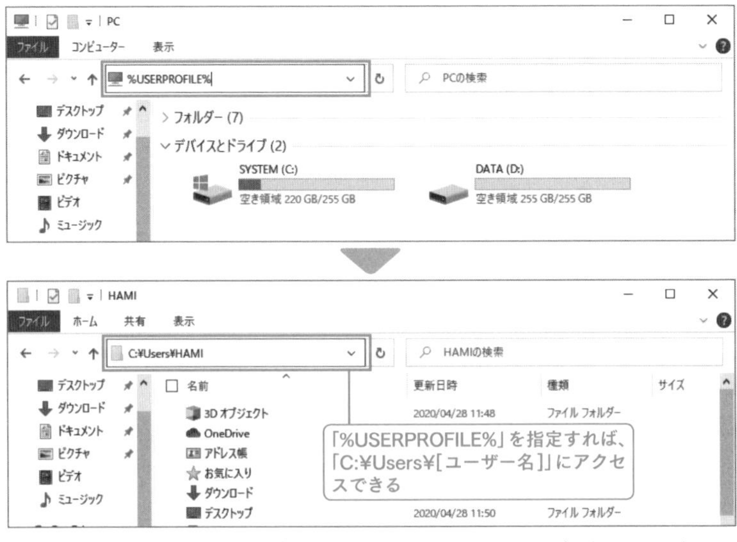

エクスプローラーのアドレスバーに「%USERPROFILE%」と入力実行すれば、素早くユーザーフォルダーにアクセスできる。

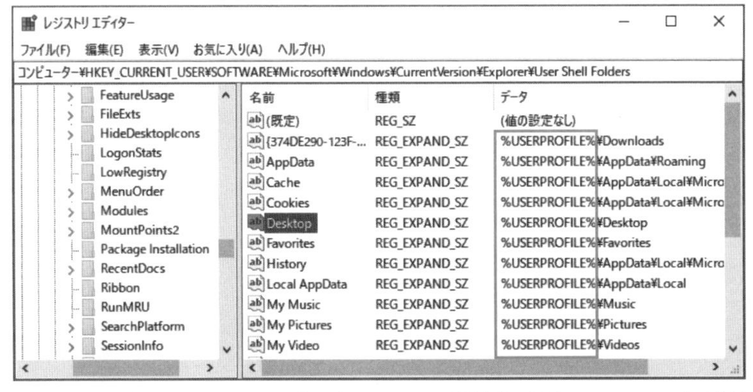

レジストリの設定でもパスなどを示す値のデータとして、環境変数が活用されている。これは絶対パス指定ではなく、変数であれば環境の変化に柔軟に対応できるからだ。

生まれ持った性格と暗黙の禁止事項

Windows OSはその長い歴史と互換性を維持してきたがゆえの「生まれ持った性格」というものがある。暗黙の禁止事項が存在し、設定上許可されているにもかかわらず「実際やってはいけない」という物事があるのだ。

それがローカルアカウントにおける「2バイト文字列のユーザー名」と「ユーザー名の変更」である。

なお、サインインアカウントがMicrosoftアカウントである場合、下記のような問題は発生しない。これはそもそもアカウントが1バイト文字列に限定されるため、ユーザーフォルダー名が1バイト文字列になるためだ。

▢ 2バイト文字を苦手とするWindows OS

ローカルアカウントを作成する際、ユーザー名に「2バイト文字(漢字やひらがな)」を入力することができるが、絶対に1バイト文字で命名するようにする。

これはWindows OSは「1バイト文字」での管理を前提としているからであり、ユーザー名に2バイト文字を利用した場合、結果的にユーザーフォルダー名に「2バイト文字」が含まれてしまう。

例えばユーザー名が「橋本　はみ」であれば、「C:¥Users¥橋本　はみ」配下でユーザーのデータを管理するのであるが、これはWindows OSの管理としてNGであり、テンポラリフォルダーにおける一時ファイルの展開などに問題が生じて、任意のプログラムがうまく動作できないなどのトラブルが起こる可能性がある。

ちなみにこの「ユーザーフォルダー名に2バイト文字が含まれることを苦手とする」という特性は、Windows OSの構造や過去との互換性などの事情により、未来永劫(えいごう)解決できない問題でもある。

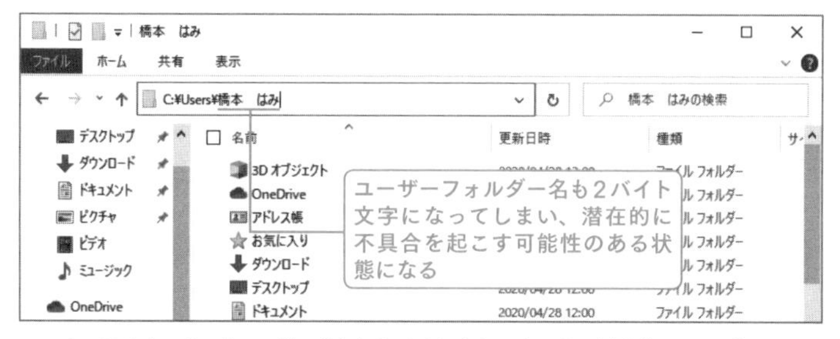

ローカルアカウントの「ユーザー名」を2バイト文字にすると、結果的にユーザーフォルダー名も2バイトになってしまい、配下で展開する一時ファイルなどにおいて問題が発生するほか、Windows Updateの更新プログラムが適用できないなどの事例も発生している。なお、「許可されてるのになぜダメなの？」はWindows OSにおける禁則事項である。

ユーザー名の変更はできるが「してはいけない」

ローカルアカウントのユーザー名は任意に変更できるのだが、ユーザー名を変更しても表面的な変更にとどまり、「ユーザーフォルダー名」も更新されなければ、内部的なユーザー名の情報も更新されない。

つまり、ユーザー名を変更してしまうと、表面的に確認できるユーザー名と内部的なユーザー名が異なる形になり、ネットワーク認証やカスタマイズ等で混乱が生じるのでNGなのである。

パスワードの設定

ローカルアカウントにおいて「パスワード」は必須になるため必ず設定する。

ローカルアカウント作成時において「空パスワード」は許可されているのだが、Windows OSのネットワーク機能の多くは空パスワードを許可せず、またそもそもセキュリティとしてサインインアカウントにパスワードがないのはNGであるためだ。

変移するMicrosoft用語と曖昧なIT用語

IT用語の中には曖昧なまま誤用されて一般用語になっている場合もある。

例えば、「ウィルス」とは本来プログラム寄生したうえで悪意を実行することを意味するため（ウィルスはひとりでは生きていけない……）、プログラム本体そのものが悪意を実行する場合はウィルスと呼ぶのは正しくない（悪意の総称としては「マルウェア（malware）」と呼ぶのが正しい）。

しかし悪意を除去するための「アンチ・ウィルス」などの用語はもはや一般的であり、実際にWindows 10内の表記でも「Microsoft Defenderウィルス対策」と呼称したりする。

このようにIT用語全般は、本来の正確な意味だけで捉えず、「言葉の本質（いわんとしていること）」を読み解いて理解する必要があるのだ。

Microsoft用語の変移

Windows OSは歴史を眺めると、極めて重要な「機能名」「サービス名」が平気で改称されていることに気づく。

例えばOneDriveは当初「SkyDrive」と呼ばれており、またWindows 8のUIやストアアプリ（現UWPアプリ）もリリース前には「メトロ（Metro）スタイル〜」と呼ばれていた。これらは商標権訴訟などを踏まえて慌てて改称したものである（それぞれ英国のBSkyB、独国のMetro AG、命名する前に商標権ぐらい確認しておけと……）。

また、ただ改称しただけならまだ混乱せずに済むものの、中には明確な正式名称を示さずに突き進んだ例もあり、Microsoftの公式サポート情報でも用語が揺れてしまっているものもある（OneNoteにおける「ストア版OneNote」「OneNote for Windows 10」「UWP版OneNote」、Win32アプリにおける「デスクトップアプリ」「クラシックアプリ」等々）。

このように、「Microsoftの機能名は改称されることがよくある」「曖昧なものもある」という点を踏まえて、Windows 10の全般の操作や設定に臨みたい。

一番近いところでいえば、「Windows Defender」と呼ばれていたセキュリティ機能は「Microsoft Defender」に改称されている。

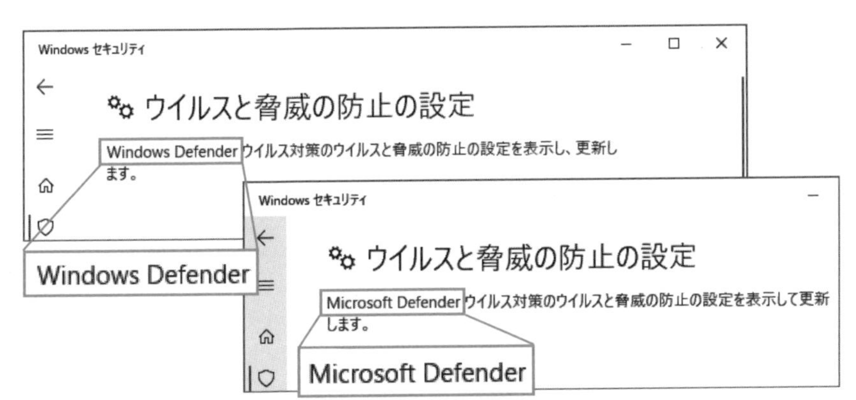

Microsoft用語は頻繁に改称される。また、そもそも名称が曖昧なアイテムも多いため（ローカライズにおいて要所で揺れているなど）、機能やサービスにおいては名称で判断するのではなく内容で判断するようにしたい。

Windows 10のセキュリティの考え方

本書でセキュリティの詳細を語るスペースはないのだが（語り始めると1冊の本になってしまう、筆者は翔泳社から「先輩がやさしく教えるセキュリティの知識と実務」という本も出している）、Windows 10を設定・管理・操作するうえでのセキュリティの考え方をコンパクトに解説しよう。

なお、以下の記述は初心者向けではなく（初心者の場合には何でもかんでもOK

してしまうので危険）、本書読者である「理論とリスクが理解できる人向け」の考え方である。

世の中で騒がれるPCのセキュリティリスク

一般報道される「○○社で情報漏えいが起こった！」などは「Webサービス」での話であり、24時間365日さまざまな場所からアクセスを受けるインターネット上に公開されているサーバーの話だ。一般的なWindows 10搭載PCの話ではない。

もちろん、私たちが日常的に利用するWindows 10でも「踏み台となって他者を攻撃する」「ランサムウェアに感染してデスクトップがロックする」「ローカル上のファイルが情報漏えいする」などセキュリティが侵される場面がある。

しかし、その多くは「Webサイトから誘導されてマルウェアをダウンロード・インストールした」「メールの添付ファイル・リンクを開いたらマルウェアに侵された」「安全と思って導入したアプリやアプリのアップデートプログラムがマルウェアだった」など、実は操作上で自らがマルウェアプログラムを許可・導入した結果であることがほとんどだ。

つまり、Windows 10が外部から攻撃されて侵されたのではなく、内部から悪意を許可した結果なのである。

日常的なセキュリティ対策

前述の通りWindows 10におけるセキュリティリスクは、何らかの形でユーザー自らが悪意の含まれるプログラムの実行や導入を許可した結果であることがほとんどなのだが、この「悪意の含まれる」という部分が見抜けないところに問題がある。

信じてしまうのが人間だが、信じず動じないことが実は重要なセキュリティ対策なのだ。

ちなみに、Web閲覧時やメールやSNSなどのリンクを開いた際に、「iPadが当選しました」「この動画を見たければ～」などのメッセージが表示されたらすべてウソであり、世の中にはタダのものなどない、何かを得るには必ず何らかの対価を払わなければならないという意識が必要だ。

また、「あなたのPCのセキュリティは危ないから～」「このPCを修復したければ～」などと表示された場合、相手はこちらを動揺させて誘導しているということを見抜く必要がある。

全般的に日常的なセキュリティ対策としては、Windows Updateにおける更新プログラムの適用を適宜行うほか（➡P.147）、「不必要なもの（必然性がないもの）は開かない」という心がけが必要である。

なお、環境によっては「Windows 10のシステムに対する設定や操作を制限する」という対策も有効で、特に本書読者以外のITリテラシーが低いものに対しては、アプリの導入制限や、アカウントの種類として「標準ユーザー」を割り当てるなどの各種制限設定も積極的に活用すべきだ。

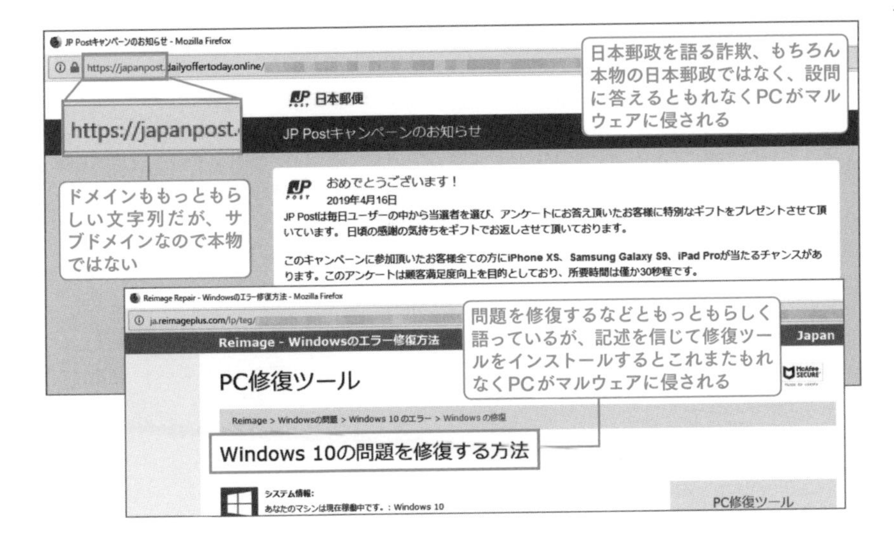

Column

本書の読み方

本書を読み進めるうえでの環境と注意点をここに記しておこう。

なお、Windows 10は過去の技術を積み重ねて熟成してきた部分と、技術革新やセキュリティ的な事情で今までとは違う考え方を採り入れた部分がある。

つまり、時事によって最適な設定は異なることになるのだが、本書記述はそのような未来もある程度配慮したうえで各種操作やカスタマイズを記述している。

アカウントの種類

システムに影響を与える操作・設定はサインインアカウントの「アカウントの種類(➡P.137)」が「管理者」である必要がある。

本書はシステムカスタマイズの記述が多いため、全般的に「管理者」であることを前提に操作や設定の解説を行っている。

ショートカットキーの入力方法

ショートカットキーの入力方法は以下に従う。

なお、新しいWindows 10は機能更新によりショートカットキーが追加され、変化していることにも着目だ(ショートカットキー一覧は、P.410 参照)。

- 「α」+「β」キー
  αキーを押しながらβキーを入力。
- 「α」→「β」キー
  αキーを押した後αキーを離して、βキーを入力。

デフォルト設定とWindows 10の機能変化

Windows 10においては進化の過程で「デフォルト設定(標準設定)」さえも変化する。つまり、自分がWindows 10を利用し始めたときの標準設定と、現在のWindows 10の標準設定は同じとは限らないわけだ。

また、Windows 10は環境に合わせて機能を最適化する仕様にあるため、PCのフォームファクターやハードウェア構成によって機能の有無が異なる場合があるほか、カスタマイズの方向性さえも環境によって異なる場合がある(特に電源関連設定とネットワーク関連設定、レジストリのデフォルト値も異なる場合がある)。

なお、本書が「〜の設定は存在しない」と記述している項目においても、今後のフィードバックとWindows 10の進化により任意に設定できるようになる未来も考えられる。

Windows 10上の一部の表記(機能名や設定項目名など)は、ハードウェア環境や導入したタイミング、あるいはバージョンによって、同じ設定であるにも関わらず変化が起こることがある点にも注意されたい(Windows 10は常に改善を行い、またInsiderからのフィードバックも反映されるため、わかりにくい表記は違う表記に差し替えられることもある)。

エディションの違い

本書は基本的にWindows 10の全エディションに対応するが、一部のカスタマイズ記述は上位エディション(「Pro」「Enterprise」「Education」)のみの対応になる。

具体的には、「グループポリシー」や「ローカルセキュリティポリシー」などは上位エディションでしか対応しない(起動できない)ので注意されたい。

なお、全般的な記述は「64ビット版Windows 10」であることを前提としている。

フリーウェアとセキュリティリスク

セキュリティを重んじる時代において、フリーウェアなどのデスクトップアプリを安易に導入することは「即マルウェアに侵される」危険性がある。

セキュリティを重んじる場合にはなるべく「Windows 10標準機能」を利用すべきなのだが、一部にはやはり「フリーウェアや市販アプリを活用したほうが便利かつ利便性が高い物事」というものが存在する。

本書では、フリーウェアを利用したほうが標準機能よりも確実にアドバンテージがある、あるいは標準機能では実現できない物事に限って、フリーウェア系のアプリ活用を紹介している。

なお、ベンダーが買収されるなどで「突然クオリティが落ちる／変な機能が追加される／マルウェアに誘導される」などの問題が将来起こる可能性は否定できない(実際にそういうツールもある)。

よって、ダウンロードサイトのURLは本書では明記しない。

カスタマイズにおける全般的な注意点

いうまでもないが「カスタマイズ」自体が全般的に自己責任だ。

特に、Windows 10は「Windows 10というタイトルのまま、機能更新により仕様や設定が変更される」ため(場合によっては機能削除も起こりうる)、本書のカスタマイズ記述が将来にわたってそのまま適用できるとは限らない。

なお、本書では、「デスクトップPC」「ノートPC」「タブレットPC」、「Intel CPU」「AMD CPU」「ARM64 CPU」等の異なるスペック、かつ、新旧デバイス18台で検証を行ったうえで記述を行っており、執筆時点での安全性と有用性は確認している。

Chapter 2

究める!!
Windows 10の進化とシステムカスタマイズ

2-1 システムとデバイスのカスタマイズ

UEFIによるパフォーマンス設定

重要なのに意外と見逃されがちなのが「UEFI設定によるパフォーマンスの最適化」だ。UEFI設定はハードウェアコントロールの直接カスタマイズであり、環境によっては非常に効果的である。

UEFI設定へのアプローチは、Windows 10搭載PC（Windows 10をあらかじめ搭載して出荷されたPC）であれば、ショートカットキー［Windows］+［X］→［U］→［Shift］+［R］キーから（あるいは「設定」から「更新とセキュリティ」－「回復」の「今すぐ再起動」ボタンから）、「トラブルシューティング」－「詳細オプション」－「UEFIファームウェアの設定」でUEFI設定にアプローチできる。

なお、PCによってキーアサインは異なるが、PC起動時に任意のキー（［F2］キー／［Delete］キー等）を入力することでUEFI設定にアプローチすることも可能だ。

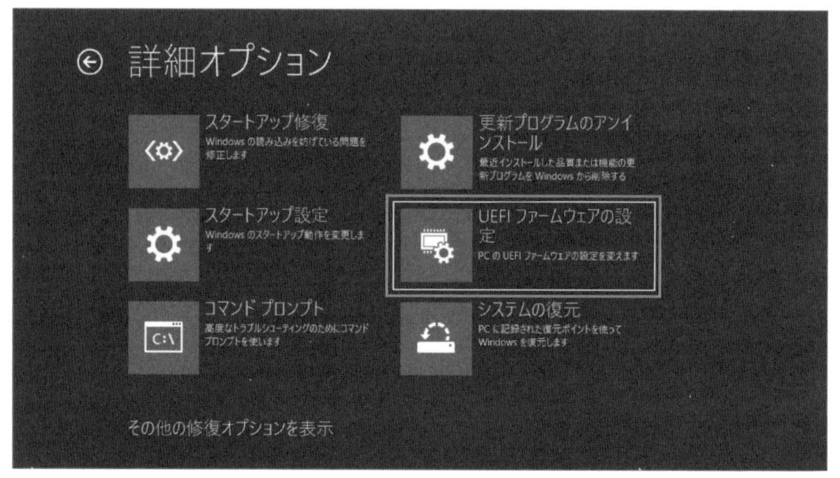

「トラブルシューティングの詳細オプション（➡P.361）」から、「UEFIファームウェアの設定」を選択することで、UEFI設定にアクセスできる。なお、自作PC等の一部はこのアプローチに対応しないこともあり、その場合にはPC起動時にUEFIセットアップに割り当てられた任意のキーを押す必要がある。

● ショートカット起動

■ 回復　ms-settings:recovery

システムパフォーマンスモード

システムパフォーマンスというと「CPU」が基本になるのが一般的だが、実は現在では「熱設計」がシステム全般のパフォーマンスを決める。

例えば、あるメーカーのノートPCでは「同一筐体設計の同一モデルにおいてCore i5のほうがCore i7より速い」という珍現象を確認できる。これはCore i7の高TDP(Thermal Design Power:熱設計電力)が結果的にCPU温度を上げてしまい、筐体の排熱処理が追い付かないためにサーマルスロットリングが発生してしまいCPUがクロックダウンするゆえの逆転現象である。

さて、UEFI設定ではこの「排熱処理を静かに実行するか／排熱処理をアグレッシブに実行するか」という選択を行えるモデルもある。排熱処理によるファンのうるささに目をつぶってもパフォーマンスを優先したいのであれば「Turbo／Performance」などの設定にすればよい。

ちなみに、物理的にCPUファンを変更することができるデスクトップPCでは、この設定うんぬんよりも排熱処理が高いファンなり水冷なりに変更したほうが効果的であることはいうまでもない。

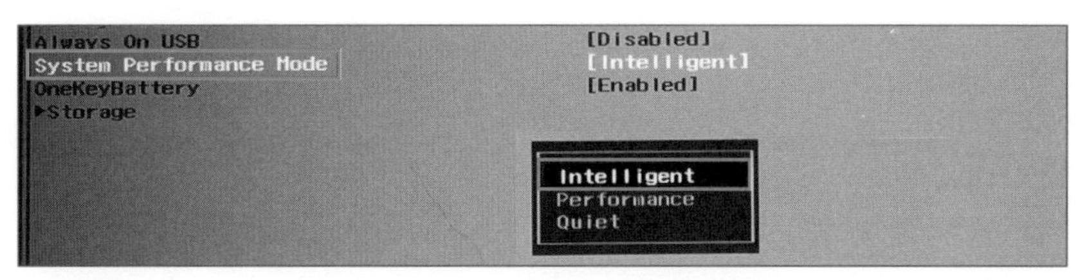

システムパフォーマンスモードの変更。「Turbo／Performance」などにすればファン動作はうるさくなるが、システムパフォーマンスは高まる。なお、UEFIの内部的な調整にもよるが高設定が必ずしもハイパフォーマンスにつながらない場合もある。

不要なデバイスの停止

Windows 10において余計なデバイスを管理するということは、結果的に余計な処理を増やしているということに他ならない。

デバイスによってはかなりCPUを占有するものもあるため(デバイスドライバーの設計にもよる)、利用しないデバイスは積極的にUEFI設定で「Disabled／Off」を指定して、デバイスそのものをつぶしてしまうとよい。

具体的には、「各種ポート(ドッキングポート／拡張SATAポート／拡張USBポート等)」「メモリカードスロット(SD Card等)」「ネットワーク機能(内蔵SIM／モデム／有線LAN等)」など、とにかく自身が確実に利用しないデバイスは積極的に機能停止にすると、結果的にシステムで管理する項目が減るためパフォーマンスアップとともに安定性向上さえも期待できる。

なお、将来的に「使うか使わないかわからないデバイス」はUEFI上ではつぶさず、デバイスマネージャーで無効にするとよい(➡P.76)。

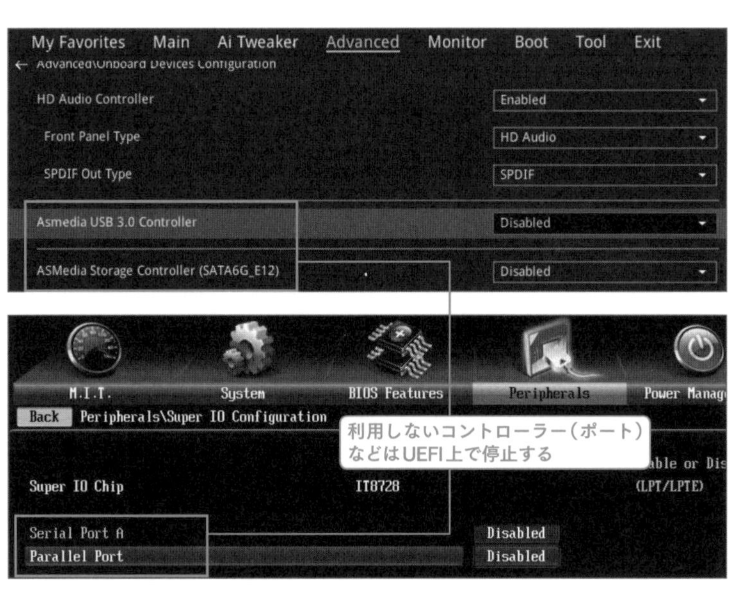

利用しないデバイスはUEFI設定で積極的につぶす。デバイスを制御する「デバイスドライバー」はシステムの安定性とパフォーマンスに大きく影響するため、デバイスを不使用にする効果は意外と大きい。

Windows 10上でのデバイスの有効／無効設定の活用

システムにおいてデバイス停止を行いたければ、基本的に「UEFI設定でデバイスを無効にする」か、そもそも取り外せるパーツであれば物理的に対象デバイスを外してしまうのが基本だ。

しかし、UEFIで該当設定が存在しない場合や、普段は利用しないもののある場面でだけ利用するというデバイスは、デバイスマネージャー(ショートカットキー Windows + X → M キー)による管理がよい。

デバイスの無効化は、任意のデバイスを「デバイスマネージャー」で右クリックして、ショートカットメニューから「デバイスを無効にする」を選択すればよい。

フロントカメラ

最近のノートPCはフロントカメラを装備しているモデルがほとんどで、Skypeなどのビデオチャットで活用できるが、このフロントカメラによるプライバシー漏えいを防ぎたい場合には、「フロントカメラに付箋を貼ってふさぐ」というアナログ的な手段のほかに、デバイスマネージャーから「カメラ」-[任意のカメラ]を右クリックして、ショートカットメニューから「デバイスを無効にする」を選択すればよい。

デバイス無効になったカメラは機能しないという意味でプライバシー対策として

完ぺきであり、Skypeなどでカメラが必要になった際は同様の手順で「デバイスを有効にする」を選択すればよい。

なお、PCによってはデバイスとしてフロントとリア、IR（顔認証）が一つの管理になっている場合があるので、Windows Hello顔認証（➡P.141）を利用している場合の無効化設定には注意されたい。

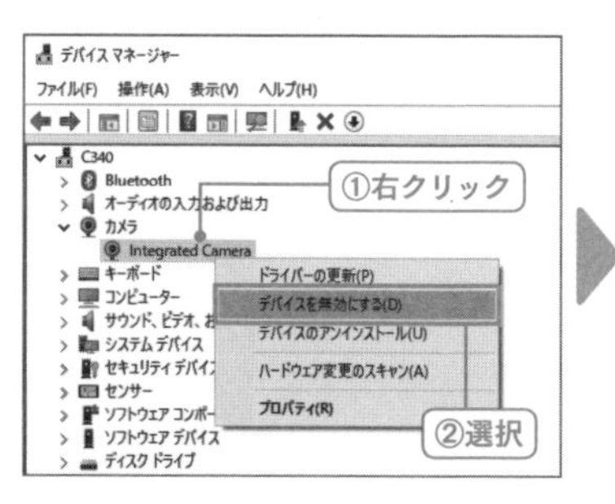

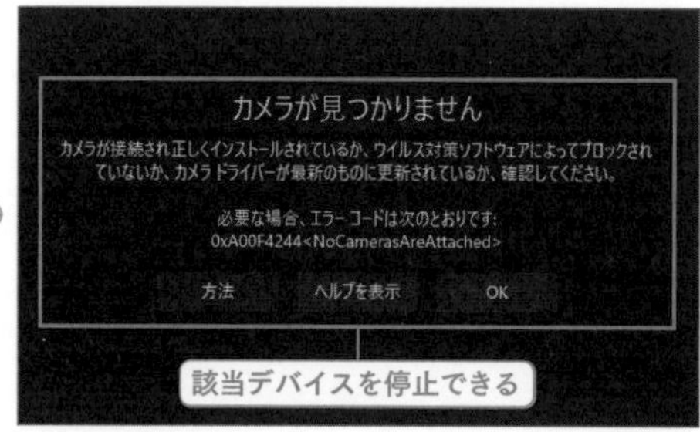

光学ドライブ

ノートPC等で光学ドライブを標準搭載しているものの、もはや利用していないという場合には、デバイスマネージャーから該当光学ドライブを無効にしてしまえばよい。

エクスプローラーから見えなくなるだけではなく、管理そのものを行わなくなるためパフォーマンスアップにも貢献する。

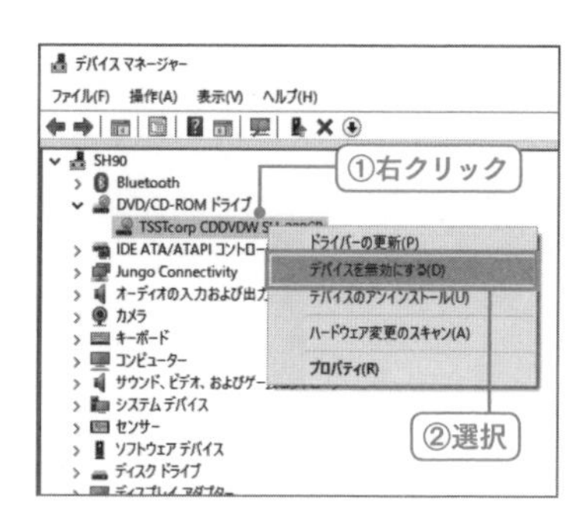

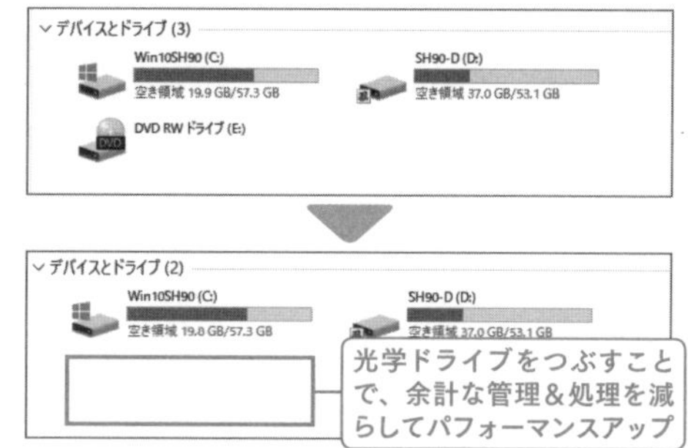

画面のタッチ機能

タッチ対応PCの特有の機能や操作については P.276 で解説しているが、不意に触って（触られて）しまい困るという場合には、デバイスマネージャーから「〜タッチスクリーン」「Touch 〜 Processor」などのデバ

タッチ機能を無効にできる

イスを停止するとタッチ非対応PCにできる(この設定はPCによって該当するデバイスが異なることがあるため、設定を見つけ出す必要がある)。

● ショートカット起動

■ デバイスマネージャー　DEVMGMT.MSC

キーバインド変更によるキーボード作業の効率化

キーボードのキー配列などが気に入らないという場合、デスクトップPCであればとっとと新しい物理キーボードを新調して交換すればよいが、ノートPCの場合にはそうはいかない。

もちろんノートPCに別途物理キーボードを接続して利用するという手もないわけではないが(次項参照)、配置などを考えても決してスマートな解決方法とはいえないだろう。

そこでこのような「キー配列が気に入らない」という場面で活用したいのが、「キーボードのキー機能(キーバインド)の変更」だ。

キーバインド(ないしはキーアサイン)を変更して、自身が好みの機能や配列に変更してしまおうというものである。

制限のあるレジストリカスタマイズ

キーバインドの変更はレジストリカスタマイズで実現できなくもないのだが(レジストリキー「HKEY_LOCAL_MACHINE¥SYSTEM¥CurrentControlSet¥Control¥Keyboard Layout」内の値「Scancode Map(バイナリ値)」を作成して設定できる)、このカスタマイズはバイナリ値でキーコードを入力しなければならないため難易度が高いほか、『Shiftキーを交えた場合は別のキーとして認識させたい』などの細かい要求を満たすことはできない。

レジストリキーもHKLMということで、カスタマイズ後いちいち再起動してキー動作を確認しなければならないのも面倒であり、正直お勧めしない。

「↑(上カーソル)」キーを割り当てたいが、Shiftを交えた場合には「_(アンダーバー)」を入力したい

筆者はほかのPCでの入力環境と互換性を保ちたいので「ろ」に「↑(上カーソル)」キーを割り当てたい(よく押し間違える)。しかし、Shift＋ろキーでは「_(アンダーバー)」を入力したいので、レジストリカスタマイズは向かない。

「AutoHotkey」の活用

キーバインド変更に活用したいのが「AutoHotkey」だ。「AutoHotkey」であればキーアサインを任意に変更できるだけではなく、特定の修飾キーと組み合わせた場合には別の動作を行うなどを比較的簡単に指定することができる。

ちなみにキーバインドの変更はスクリプトファイルに「[物理入力キー]::[動作]」という形で記述すればよく、『Shift を交えた場合』なども比較的指定しやすいほか、キーマクロなども可能である。

AutoHotkeyによる物理キーの入れ替えは、本体プログラムを常駐させることで実現できる。よって、該当プログラムのショートカットアイコンを「スタートアップ」にあらかじめ登録しておく（P.158）。なお、システムを直接侵すプログラムではないものの、キーの機能を置き換えるプログラムであるため、設定や管理を含めてやや上級者向けである。

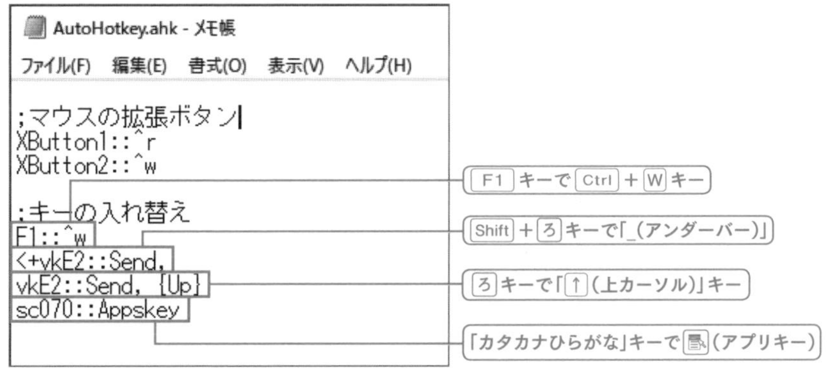

筆者の要求をAutoHotkeyのスクリプトに記述。筆者は (アプリキー) も多用するので、ほぼ使うことがない「カタカナひらがな」キーを置き換えている。

自分に必要な物理キーボードを再考する

自分に必要なキーボードをあらかじめ詳細に認識しておくことは、PC選びや物理キーボード選びに非常に重要だ。

筆者のメイン業務は書籍執筆であり、まさしく文字を入力することが仕事であるため、先の「AutoHotkey」による解決だけではなく、ノートPC選びにおいては「あらかじめ好みのキーボードを搭載していること」に加えて、万が一を考えて「ヨガタイプPC」か「ドッキングタイプPC」を選ぶようにしている。

この双方であれば、最悪「テントモード」や「キーボードを物理的に外す」ことにより、別の物理キーボードを違和感なく利用できるからだ。

ノートPCにおいて「自分の好みのキーボードを利用できる」ことは、根本的な作業効率やストレスに大きく影響する。ヨガタイプPCをテントモードにすれば、任意の物理キーボードを自由に選択できる。

Column

こだわりと物理キーボード選択

『Enter キーの右真横に隣接したキーが存在しない』『↑(上カーソル)の左右に隣接したキーが存在しない』『全長が短いキーボードを好む』『Print Screen Home Page Up キーなどは独立していること』などなど、人によって物理キーボードの好みは異なるが、「キーボードにおいてどこにこだわり、何を妥協するか」は意外と重要である。

特にノートPCと組み合わせる物理キーボードは、結果的にコンパクトサイズであることが理想になるため、意外と製品選択は限られることになる。

フルキーボードのレイアウトのままテンキーレスにしたエレコム製「TK-FDM109TBK」。Home End キーなどのほか ≣(アプリキー)なども独立しており、筆者のわがままをほぼ満たす。

コンパクトでありながら『一つのキーボードを他デバイスでも使いまわしたい』『テンキーも欲しい』などを満たすエレコム製「TK-FBP101BK」。Bluetoothでペアリングした3台のデバイスをショートカットキーで瞬時に切り替えることができるという特徴を持つ。

効果音とパフォーマンスの最適化

Windows 10では通知や警告、あるいは操作ミスした際に音声を再生するが、これはそもそも割り込みが発生するほか、マルチメディア処理を優先するWindows 10

の構造上、実はシステム動作にもかなり負荷をかけている。

パフォーマンスを優先して、「警告音などいらん！」という場合には、コントロールパネル（アイコン表示）から「サウンド」を選択して、「サウンド」タブ内、「サウンド設定」欄のドロップダウンから「サウンドなし」を選択すればよい。

ことあるごとにPCがピンピン鳴らなくなるため気分もスッキリするほか、パフォーマンスにもプラスになる最適な設定である。

なお、そもそも音声再生が必要ないという環境であれば、「ファイル名を指定して実行」から「SERVICES.MSC」と入力実行。サービス一覧内にある「Windows Audio」をダブルクリックして、設定ダイアログの「全般」タブ内、スタートアップの種類を「無効」に設定したうえで、「停止」ボタンをクリックすればWindows 10の機能として音声を完全停止できる。

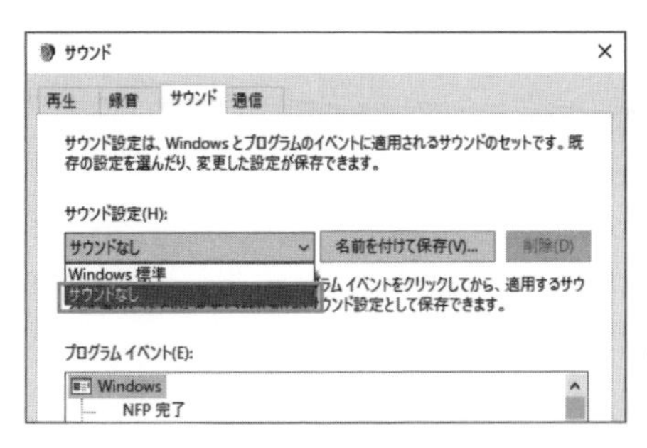

サウンドの設定。警告音などを必要としない環境であれば、「サウンドなし」がパフォーマンス的にも最適な設定だ。

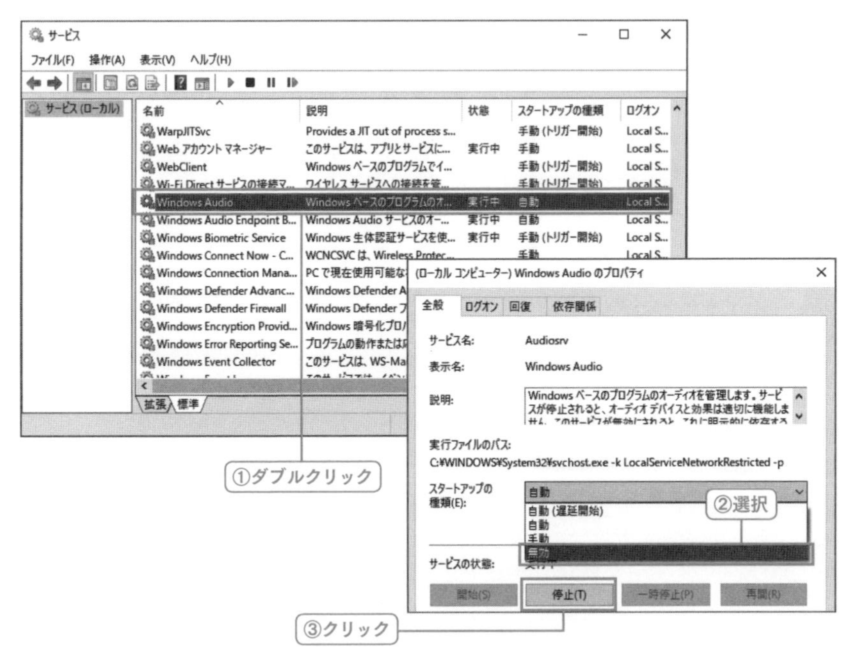

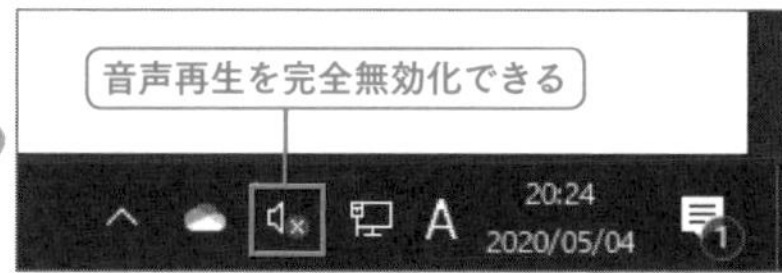

音声再生自体が完全に不要だという場合には「サービス」から「Windows Audio」を停止してしまえばよい。また UEFI に該当設定が存在するのであれば(「AC97 Audio」「Onboard Audio」等々)「Disabled／Off」を指定してもよい。なお、完全にオーディオ機能がなくなる設定なのでもちろん適用は任意だ。

● ショートカット起動

■ サウンド　MMSYS.CPL

「問題の報告」を無効にする

「問題の報告」とは文字通りWindows OSの問題を報告する機能であり、トラブルが起こった際にMicrosoftに問題の内容を自動的に送信する機能だ。

「コントロールパネル」から「セキュリティとメンテナンス」を選択して「メンテナンス」欄の「問題の報告」でこの機能が有効であることを確認できる。

ちなみに以前のWindows OSではこの機能の有効／無効をユーザーが任意に設定できたのだが、新しいWindows 10では任意設定できない。問題が発生すると、利用しているアプリなどの情報も送信されるため、あんな怪しいアプリを起動していたことや、こんなアプリを操作していたことも勝手にMicrosoftに送信されることになり、通信負荷などを考えても特にユーザー側に直接利益がある機能ではない。

この「問題の報告」を無効にしたい場合には、レジストリエディターから「HKEY_LOCAL_MACHINE¥SOFTWARE¥Microsoft¥Windows¥Windows Error Reporting」を選択して、「DWORD値」で値「Disabled」を作成して値のデータを「1」に設定すればよい。

また、グループポリシーであれば「コンピューターの構成」−「管理用テンプレート」−「Windowsコンポーネント」−「Windows エラー報告」から「Windows エラー報告を無効にする」を有効に設定すればよい。

Windows 10のデフォルトでは「問題の報告」が有効になっており、しかも「無効」に設定する選択肢が存在しない。

カスタマイズを適用すれば Microsoft に問題を報告せずに済む。プライバシーにかかわる設定でもあるため、意外に重要なカスタマイズだ。

● ショートカット起動

■ セキュリティとメンテナンス（コントロールパネル）　WSCUI.CPL

2-2 電源管理とパフォーマンス

Windows 10パフォーマンス確保のための電源管理

Windows 10において日常的なパフォーマンスを確保したければ「PCの電源を切らない(シャットダウンしない)」という管理を徹底することだ。

こんな単純な管理を心がけるだけで、デスクトップ作業時に不意に動作が重くなることが少なくなり、またWindows 10自身が勝手にパフォーマンスダウンを防いでくれるのだ。

Windows 10は非作業時に自動的にメンテナンスを行う

Windows 10のシステムはかなり高度な管理を行っており、ユーザーがデスクトップで作業を行っている際には「なるべくCPUやメモリ、ストレージや通信に負担をかけない」という配慮を行う。

具体的には、検索インデックスの作成やデフラグ(トリム)、Windows Updateにおける更新プログラムのダウンロードやインストール、不要なテンポラリファイルの削除やウィルススキャンなどは、Windows 10においてユーザーがデスクトップに触れている間は本格的な処理は行わないように配慮している。

では、このようなメンテナンスがいつ行われているのかといえば、それはユーザーがPCに触れていない非作業時間帯であり、デスクトップにおける作業負荷が少ないと判断されたタイミングや、一部のメンテナンスにおいては夜中などにスリープ(あるいは休止状態、違いは P.87 参照)から勝手に復帰したうえで自動的に実行される。

特にWindows Updateにおける更新プログラムのダウンロードやインストールは、デスクトップ作業時間に行われるとCPUやストレージ負荷が高いばかりか、場合によっては作業さえままならないときがあるが、夜中に勝手に作業をしてもらえば、日常的な作業時間にPC動作が阻害されないという大きなメリットがある。

朝イチで電源を入れたら突然のメンテ攻撃

朝イチで電源を入れたらいきなりブルーバックで「更新プログラムを構成～」等のメッセージが表示され、数十分～数時間デスクトップ作業ができない……という問題や、「デスクトップ作業中にストレージへのアクセスが激しくて作業が重くなる」などの問題は、実は「PCに自己メンテナンスする余裕を与えていない」からこそ起こる問題だ。

昼休みにPCの電源を落として出かける、就業時間が終了したらPCをシャットダウン……これではWindows 10はいつ自身のメンテナンスを行えばよいのだろうか？

労働者に「労働時間以外は完全にベッドに直行して寝ろ、ほかのことは絶対にやるな」といっているようなもので、余裕を与えないでただ労働だけさせていると、健康状態やメンタル面が崩れていき、結局最後は日常作業に影響するのと同様、Windows 10にもある意味「自分の時間」が必要なのだ。

ちなみにWindows 10に自己メンテナンスする時間を与えたいのであれば、一時的な非作業時間帯にはデスクトップの「ロック（➡P.139）」を心がけ、またPCを完全に利用しない時間帯であっても電源を切らず「スリープ」を実行しておけばよい。Windows 10は非作業時間帯に勝手にシコシコメンテ作業をしてくれ、私たちには快適なデスクトップ環境を提供してくれる。

なお、PCがサポートするパワーマネジメント（スリープ／休止状態／ハイブリッドスリープなど）によって「電源を切らない状態での特性」が異なるが、この点についてはP.87で解説する。

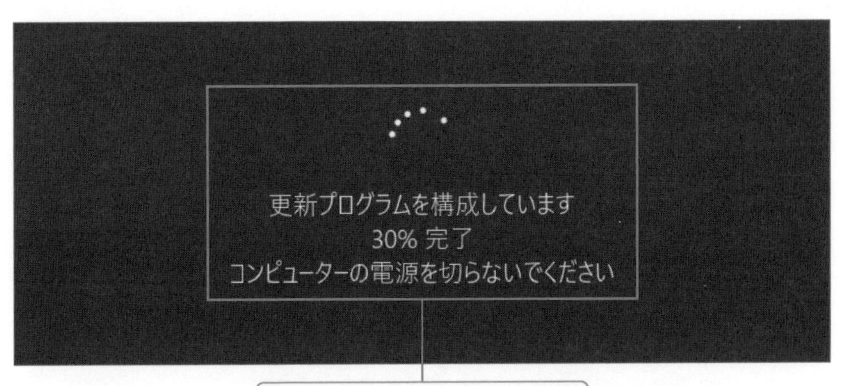

朝イチからPCがこんな表示になるのは
「PCの電源を切っている」ことが原因だ

新規購入したPCが遅い……ゾと

PCを新規購入したものの、喜び勇んで電源を入れるとなんか動作が遅い……という場合も、いわゆる「長時間電源が切れていてメンテナンスが行われていなかった」ことが原因である。

通信可能状態になるとWindows Updateにおける更新プログラムのダウンロード・インストールや各種最適化がいっぺんに行われるため「遅く」なるのだ。

新規購入したPCや、数週間〜数か月ぶりに起動するPCは、必要に応じてWindows Updateを実行したうえで「半日放置」すれば、本来のパフォーマンスを発揮できるようになる。

Column

PCの作業利便性を考えても「スリープ」

PCを起動した際、いつも利用するアプリやウィンドウを立ち上げ直して、データもいちいち探して開き直すのはいうまでもなく非効率だ。

ちなみにそもそも電源を切らずに「スリープ」にすれば、デスクトップ作業状態をそのまま保持&即再開できるという利便性も忘れてはいけない。

ちなみに、デスクトップ上でアプリを開いたままスリープを実行することに抵抗があり、「万が一スリープ中に停電が起こったらどうすんだ！」と思う人もいるかもしれないが、そのような万が一にもWindows 10はきちんと配慮しており、ノートPCであればバッテリーがあるのでそもそも問題はなく、デスクトップPCの場合には「ハイブリッドスリープ(➡P.87)」が適用されるため、実はスリープ中に停電が起ころうが復活できる仕組みにある。

Windows 10の電源操作とスリープの特性

Windows 10の電源操作は[スタート]メニューからも実行できるが、クイックアクセスメニューを応用した、ショートカットキー⊞+X→Uキーからの操作が素早い(下表参照)。

なお、Windows 10において「シャットダウン」は、OS状態を完全にリセットしない特性がある点に注意だ。

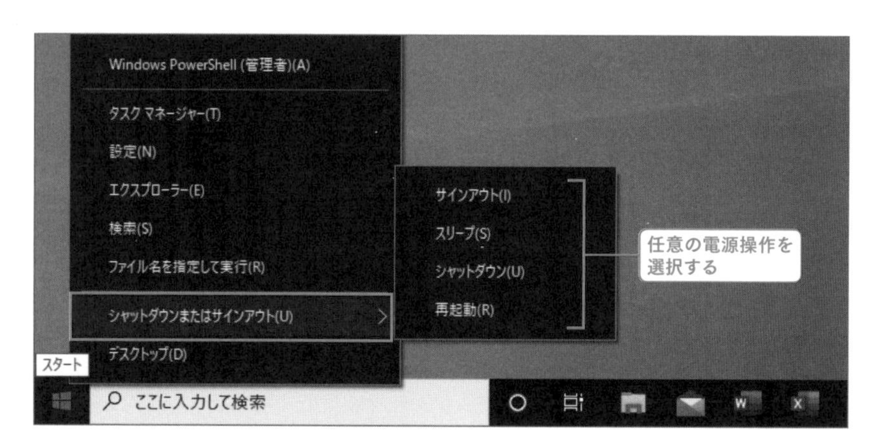

● ショートカットキー

- シャットダウン　⊞+X→U→Uキー
- 再起動　⊞+X→U→Rキー
- スリープ　⊞+X→U→Sキー

環境をリセットする「再起動」

Windows 10のシャットダウンは「ハイブリッドブート（➡P.91）」というほぼ無意味な機能が適用されているため、起動時に「前回OS状態を復元する」というおかしな特性を持つ。

よって、PCが不安定な場合などは、その不安定さを再現する可能性がある「シャットダウン（前回起動システムの復元）」ではなく、システムをきちんとゼロから読み込んで起動を行う「再起動」を実行する。

なお、シャットダウンにおいても環境をリセットして素直に起動したい場合には「ハイブリッドブート」を停止すればよい。

スリープとは限らない「スリープ」

Windows 10の操作上では「スリープ」という言葉にまとめられてしまっているが、実はスリープを実行したとしても、一般的にいう「スリープ（低電力状態）」とは限らない点に、Windows 10の特徴というか面白さがある。

「スリープ（スタンバイ）」とは一般的にメモリ内容を保持したまま省電力化している状態を示すが、Windows 10の場合にはハードウェア構成や経過時間によって特性を変化させる仕様にある。メモリ内容を保持したままメモリ上の内容をストレージにも保存する「ハイブリッドスリープ」である場合や、一定時間経過後にメモリ上の内容をストレージに保存して電源を完全に切る「休止状態」に移行するなどの特徴を持つ。

なお、このような動作の詳細はハードウェアがサポートする「パワーマネジメント機能（➡P.88）」で決定され、詳細な動作は「電源オプションの詳細設定（➡P.88）」で確認することができる。

● スリープ／休止状態／ハイブリッドスリープの違い

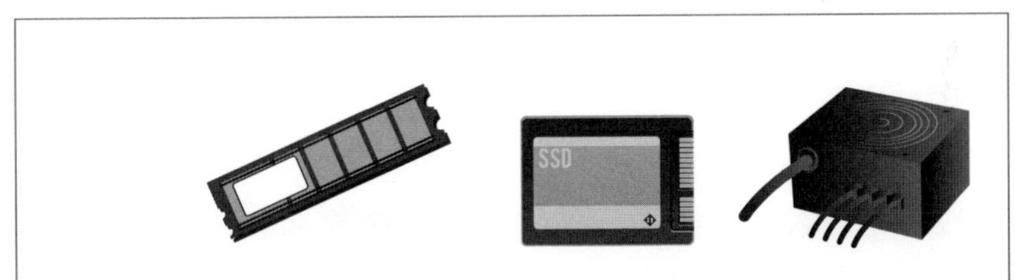

	メモリ	ストレージ	電源状態
スリープ（スタンバイ）	情報あり	情報なし	省電力
休止状態	情報なし	情報あり	電源オフ
ハイブリッドスリープ	情報あり	情報あり	省電力（電源が失われてもストレージ上に情報は残る）

PCのパワーマネジメント機能とスリープ時の動作の確認

PCのパワーマネジメント機能を確認したければ、Windows PowerShell(ショートカットキー[Windows]+[X]→[A]キー)から「POWERCFG /A」と入力実行すればよい。

PCがサポートするスリープ状態を確認することができる。ちなみに一般的なPCは「スタンバイ(S3)」なのだが、「スタンバイ(S0 低電力アイドル)」と表示された場合は「モダンスタンバイ対応機」であり電源特性が大幅に異なる(次項参照)。

また、実際にPCが操作としての「スリープ」を実行した際に、どのような電源管理を行うかは、コントロールパネル(アイコン表示)から「電源オプション」を選択して、「選択されたプラン」欄から「プランの変更」をクリックすることで「電源オプションの詳細設定」を表示して確認することができる。

ちなみに「電源オプションの詳細設定」の表示はメニューが非常に深くて面倒くさいが、素早く表示したい場合には「ファイル名を指定して実行」から「POWERCFG.CPL ,1」と入力実行すればよい。

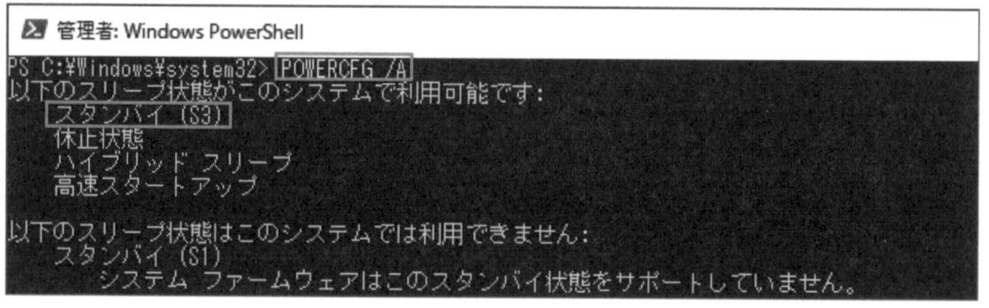

「POWERCFG /A」と入力実行。一般的なPCでは「スタンバイ(S3)」であり、現在有効なスリープ状態のほか、「～利用できません」の表示で「サポートしていないスリープ状態・停止しているスリープ状態」を確認できる。

ノートPC(バッテリー搭載機)での電源オプション

一般的なノートPC(非モダンスタンバイ対応機)の場合。一定時間経過後に「休止状態」に移行する設定があらかじめ適用されている。逆の言い方をすると、ある程度時間が経過しないと「休止状態」は適用されない(最初から明示的に休止状態を実行したい場合には P.125 参照)。

また、ハイブリッドスリープが「オフ」であることも特徴だが、これは「バッテリーを搭載している」からであり、ストレージとメモリの双方にデータを保存しておく理由がないためだ。

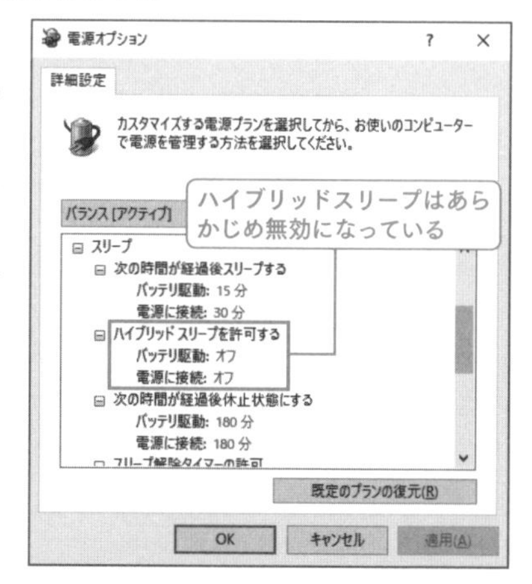

デスクトップPC(バッテリー非搭載機)での電源オプション

一般的なデスクトップPC(非モダンスタンバイ対応機)の場合。「ハイブリッドスリープ」が「オン」でありあらかじめ適用されている。これはバッテリーを非搭載であるがゆえ、電源が失われても(電源が失われるとメモリ上のデータは消滅する)復帰できるように配慮しているためだ。

なお、「〜経過後休止状態にする」はノートPCとは異なり、そもそも休止状態を兼ねるハイブリッドスリープが適用されているため「なし」になる。

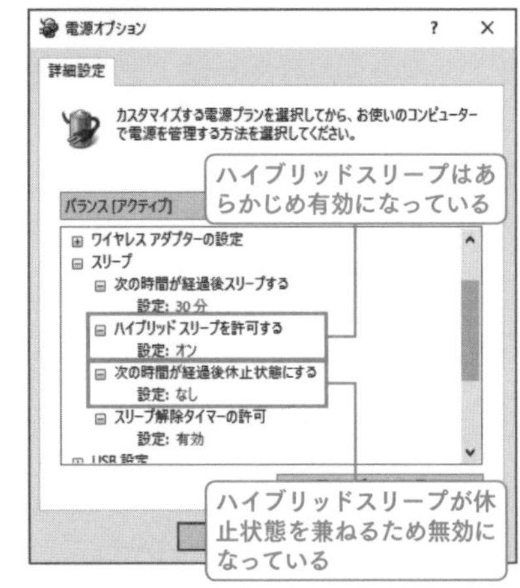

モダンスタンバイ対応機でのPC特性

「POWERCFG /A」コマンドで「スタンバイ(S0 低電力アイドル)」と表示されるPCは「モダンスタンバイ対応機」であり、一般的なPCとは異なる特性と操作を持つ。

モダンスタンバイ対応機の特性を一言でいってしまえばスマートフォンと似た管理であり、スリープ中であっても「最小限のシステム」「通信」「対応アプリ」の動作は継続され、日常運用として「シャットダウン」されることを前提としていない(スマートフォンを完全に電源を切って日々管理する人がいないのと同様だ)。

例えば、音楽を再生したままスリープを実行しても音声再生を継続することができるのが特徴で(要対応アプリ)、またモバイルホットスポット(PC側を親機としたテザリング)もスリープ中であっても継続可能である(一部機種を除く)。

管理者: Windows PowerShell

```
PS C:¥WINDOWS¥system32> POWERCFG /A
以下のスリープ状態がこのシステムで利用可能です:
    スタンバイ (S0 低電力アイドル) ネットワークに接続されています
    休止状態
    高速スタートアップ

以下のスリープ状態はこのシステムでは利用できません:
    スタンバイ (S1)
        システム ファームウェアはこのスタンバイ状態をサポートしていません。
        S0 低消費電力アイドルがサポートされている場合、このスタンバイ状態は無
```

「POWERCFG /A」と入力実行。「S0 低電力アイドル」という表示であればモダンスタンバイ対応機である。なお、Surfaceのほか ARM64 CPU 搭載機(➡P.33)もモダンスタンバイ対応機であり、SIMスロット/eSIMを内蔵してデータ通信の常時接続を実現しているモデルもある(データ通信についてはP.324参照)。

モダンスタンバイ対応機の電源特性

モダンスタンバイ対応機は、スリープ中でも動作継続する仕様にあるため、ハイブリッドスリープなどの設定は存在しない。また一般的にロングライフバッテリーであるため休止状態への移行時間も長めに設定されている。

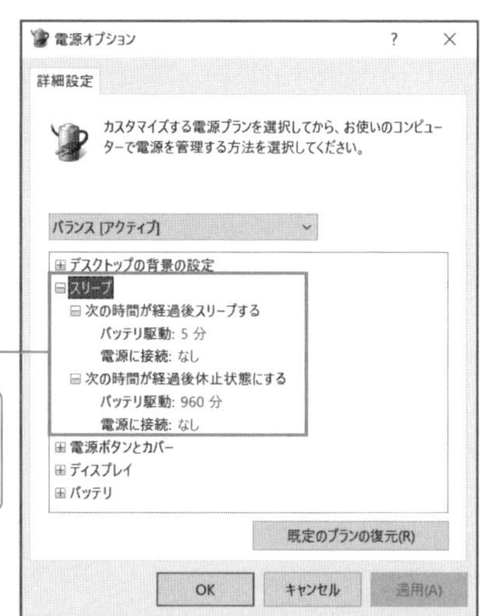

モダンスタンバイ対応機では根本的な電源特性が異なるため、設定項目も少ない(電源つけっぱなし運用が基本)

サインインを求める猶予

モダンスタンバイ対応機ではサインインを求める猶予の時間を任意に設定可能だ。なお、この設定はWindows Hello顔認証/指紋認証などのサインインオプション(P.141)を設定した場合には無効化される。

Windows Hello顔認証/指紋認証「無効」の場合

Windows Hello顔認証/指紋認証「有効」の場合

モダンスタンバイ対応機のシャットダウン操作

［スタート］メニューから任意に電源操作が行えるほか、モダンスタンバイ対応機&タッチ操作対応機ならではの操作として「電源ボタン4秒以上長押し」からの、「スライドしてPCをシャットダウン」を行うことができる。

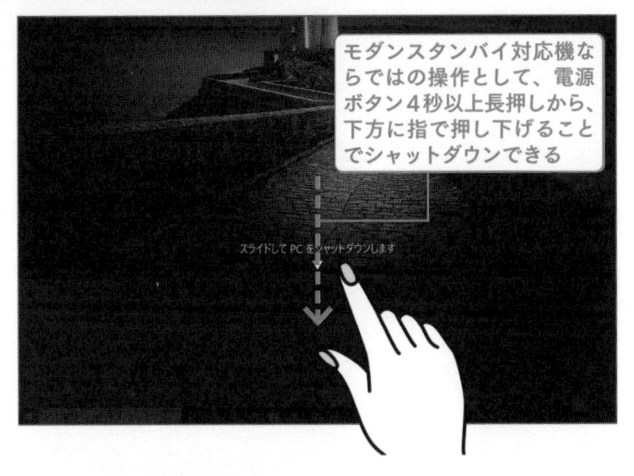

ハイブリッドブートによる高速起動の無効化

Windows 10の起動を高速化する機能として「ハイブリッドブート」が存在する。

このハイブリッドブートは「高速スタートアップ」とも呼ばれ、メモリ上のデータをストレージに保持しておくことで、シャットダウンからの次回起動時にストレージからデータを読み込んでシステムを高速に起動しようというもので「休止状態」の応用機能である。

……さて、ここまでの説明で理解できたかもしれないが、そもそも現在のストレージ(SSD)は高速であり、メモリクリアな状態からシステムを読み込んでもWindows 10はすぐに起動する。

また、休止状態の応用でもあるため「前回起動状態のシステムのみを復元して起動する」という構造は比較的トラブルに陥りやすく、実は無効にしたほうが動作が安定するという機能でもある。

「ハイブリッドブート」を無効化したい場合には、コントロールパネル(アイコン表示)から「電源オプション」を選択して、タスクペインから「電源ボタンの動作の選択」をクリック。

「現在利用可能ではない設定を変更します」をクリックしたうえで、「シャットダウン設定」欄にある「高速スタートアップを有効にする」のチェックを外せばよい。

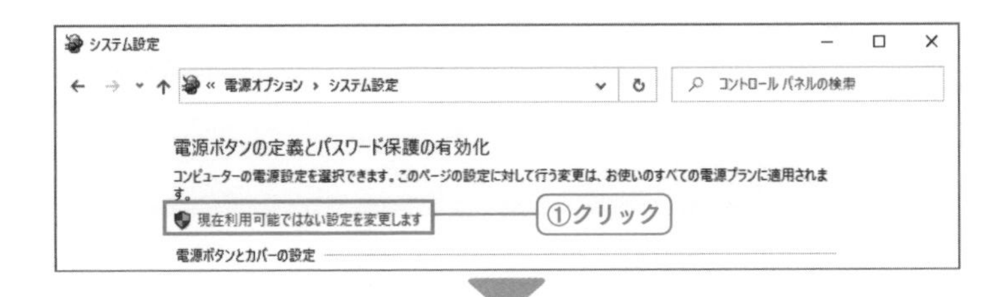

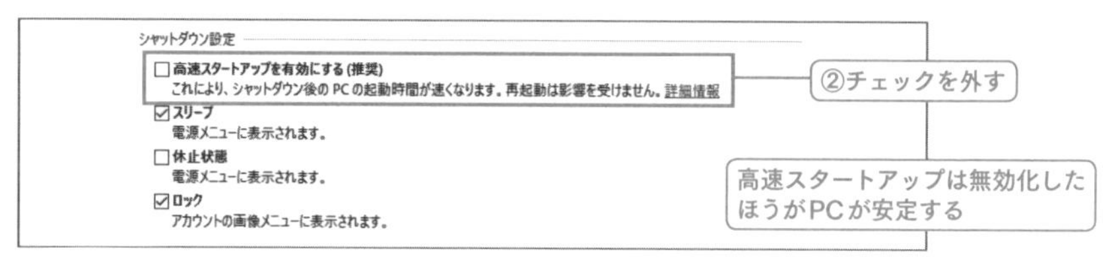

「ハイブリッドブート」を無効にしたければ、「高速スタートアップを有効にする」のチェックを外せばよい。よほど古いハードウェアでもない限り高速化は誤差の範囲であり、機能を無効化したほうがシステムとして安定するというメリットがある。

● ショートカット起動

■ 電源オプション(コントロールパネル)
POWERCFG.CPL

電源モードとパフォーマンスの調整

ノートPCでは「電源モード」によるパフォーマンス調整を行うことができる。

電源モードの調整は、タスクバーの通知領域から「バッテリー」アイコンをクリック。電源モードを調整するスライダーが表示されるので、パフォーマンスを優先させたい場合にはスライダーを一番右側に調整すればよい。

ちなみにこの電源モードは、バッテリー駆動状態(電源アダプター非接続状態)においては「プロセスの調整」を行っているが、これを確認したい場合にはタスクマネージャーの「詳細」タブで「電源調整」に着目しながら(表示方法は P.50 参照)、電源モードのスライダーを動かしてみるとよい。電源モードによっていくつかのプロセスの電源調整が有効/無効になり、Windows 10が細かいプロセス調整を行っていることが目視できる。

なお、この調整は「バックグラウンドアプリ」の設定も関係する(➡P.109)。

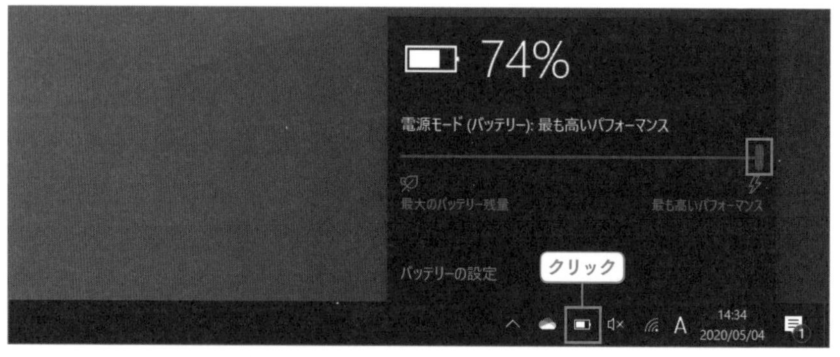

パフォーマンス優先であれば、電源モードをパフォーマンス側に調整すればよい。ただし、バッテリー消費が激しくなり、PCの使い方によってはサーマルスロットリング(CPU温度の上昇によるクロックダウン)によって逆にパフォーマンスが落ちることもあることに注意だ(PCによってはUEFI設定も重要だ ➡P.74)。

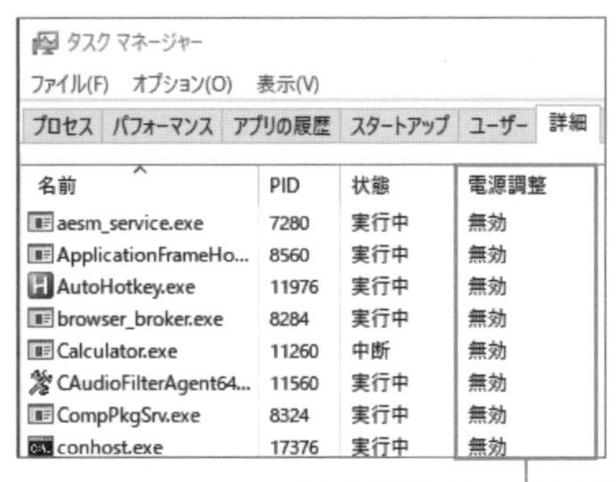

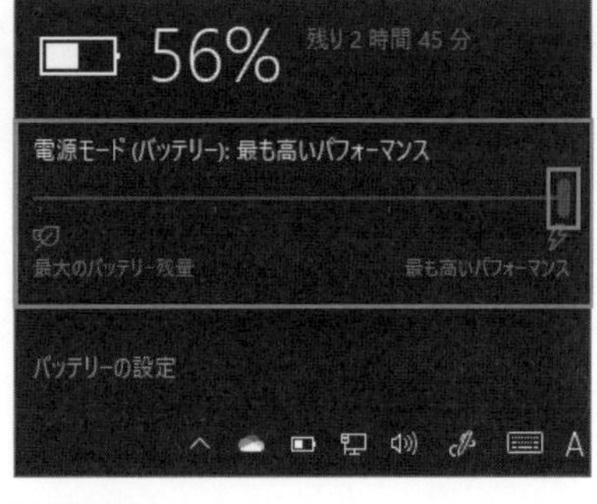

パフォーマンスモードではすべて「無効」

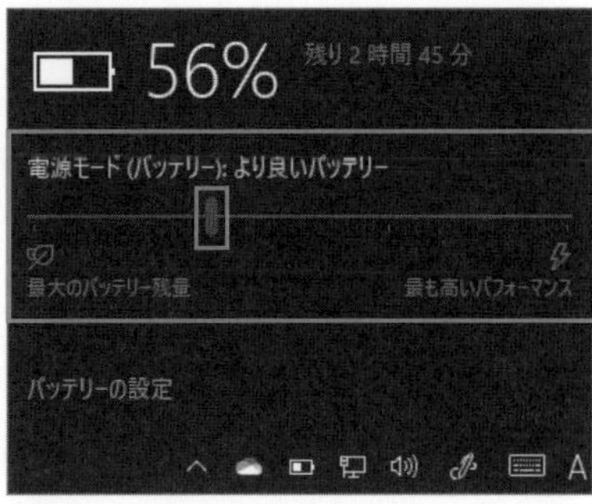

バッテリー優先モードでは、プロセスの一部で「電源調整」が有効になる

電源モードのスライダーを調整すると、単に CPU 処理としてのパフォーマンスを落とすだけではなく、一部のアプリは電源調整を行っていることをタスクマネージャーで確認することができる。

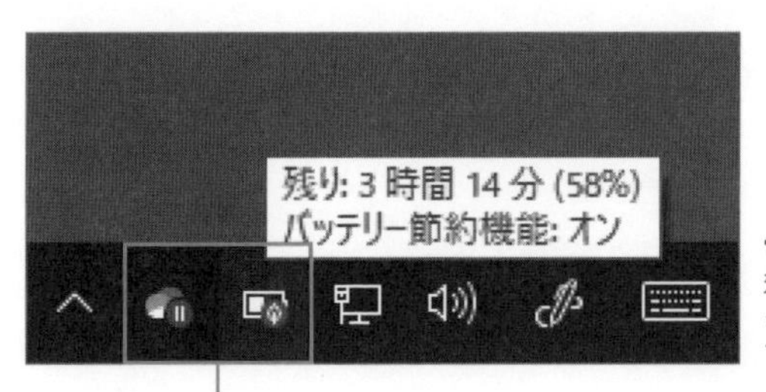

一部の機能が省電力化して停止する

電源モードにおいてバッテリー節約機能が有効になると、バッテリーアイコンにエコマークが表示され、また OneDrive の同期が停止するなど一部の動作が制限される。

2-3 ストレージ管理とパフォーマンス

SSD／ハードディスクにおけるドライブの最適化

ハードディスクにおいて、長期にファイルの読み書きを繰り返すとフラグメンテーション（ファイルが分断してばらばらの場所に書き込まれる現象）が起こるため、読み書きのパフォーマンスが低下し、安定性にも影響する。

また、SSDにおいてはランダムアクセスが速いためファイルの分断はパフォーマンスに影響しないものの、フラッシュメモリは「データを直接上書きできない（消去後の書き込みが必要）」「ブロック単位でしか書き込みができない（現在書き込まれているデータを読み込んで、新規に書き込むデータをマージしたうえでそのブロックを消去して書き込む）」という特性があるため、やはり読み書きを繰り返すと特に書き込みにおいて余計な工程が増えてしまうためパフォーマンスが低下する。

「ドライブの最適化ツール」による最適化

Windows 10においては「ドライブの最適化」というツールが存在し、ハードディスクに対しては「デフラグ」を実行してフラグメンテーションの解消を行い、SSDに対しては「トリム」を実行してフラッシュメモリに残る残骸を消去してパフォーマンスの低下を防ぐ。

ちなみに「ドライブの最適化」はWindows 10のデフォルト設定では、スケジュールで自動実行される仕組みになっており毎週自動的に最適化が行われるが、特にスピンドルメディアに対するフラグメンテーションの解消処理（デフラグ）は負荷が大きく、また寿命を縮めるため任意の実行がよい。

「ドライブの最適化」は、エクスプローラーから任意のドライブを右クリックして、ショートカットメニューから「プロパティ」を選択。プロパティダイアログの「ツール」タブ内の「最適化」ボタンをクリックすると表示できる。

任意にドライブの最適化を実行したい場合には、該当ドライブを選択の後「最適化」ボタン、また最適化スケジュールを停止したければ、「スケジュールされた最適化」欄内、「設定の変更」ボタンをクリックして、「スケジュールに従って実行する（推奨）」のチェックを外せばよい。

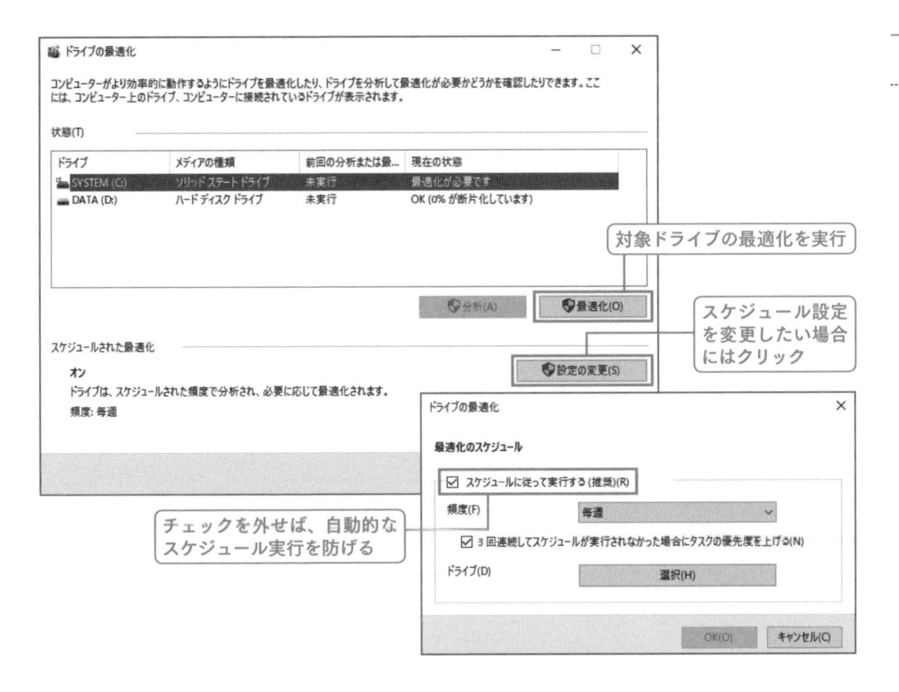

「自分デフラグ」によるハードディスクの最適化

システムドライブ以外でかつ別の物理ストレージが存在することが前提だが、ハードディスクにおいては読み書きを繰り返してファイルを整頓する「ドライブの最適化によるデフラグ」よりも、筆者が提唱している「自分デフラグ」のほうがストレージを傷めずにフラグメンテーションを解消できる。

方法は簡単、該当ドライブ(パーティション)の内容を任意のストレージにコピー。確実にコピーされたことを確認したら、該当ドライブをフォーマットしたうえで、先にコピーしたストレージから書き戻せばよい。

特にフラグメンテーションが進行したハードディスクにおいては、ちまちまと処理を進めるデフラグよりも効果的だ。

●「自分デフラグ」によるフラグメンテーションの解消

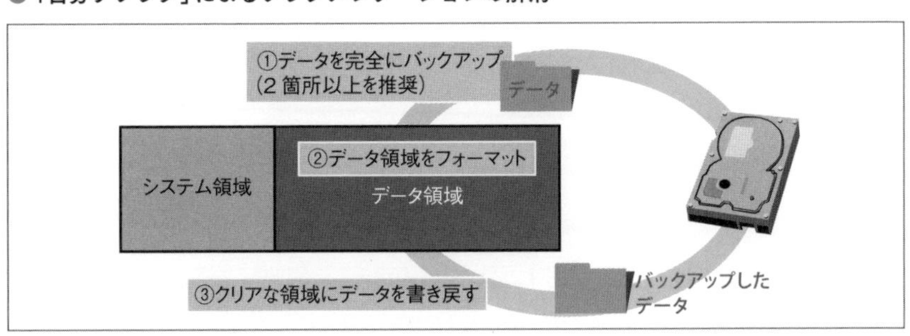

メーカー製専用ツールによるSSDの最適化

メーカー製専用ツールが存在する場合には、該当ツールを用いてトリムを実行するのも手だ。

なお、この手のメーカー製専用ツールにおいてはなぜかシステムに常駐しようとするものが多いが、基本的に常駐させずに必要に応じて任意実行すればよい。

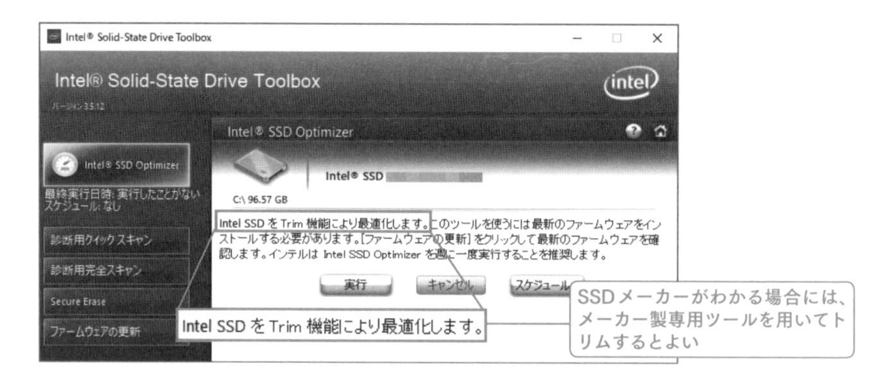

Windows 10の自動メンテナンスの設定と無効化

Windows 10は自動的に自身のメンテナンスを行う。ちなみにPCが夜中に勝手に起動するという怪現象の一つがこの自動メンテナンスであり、動作タイミングはコントロールパネル(アイコン表示)から「セキュリティとメンテナンス」を選択して「メンテナンス」欄の「自動メンテナンス」で確認できる。

また、「メンテナンス設定の変更」をクリックすれば、自動メンテナンス実行時刻の任意設定が可能なので、環境によっては「作業が完全に空く時間(例えば「昼休み」など)」に時刻設定しておくと、結果的にWindows 10のパフォーマンスを最適化できる。

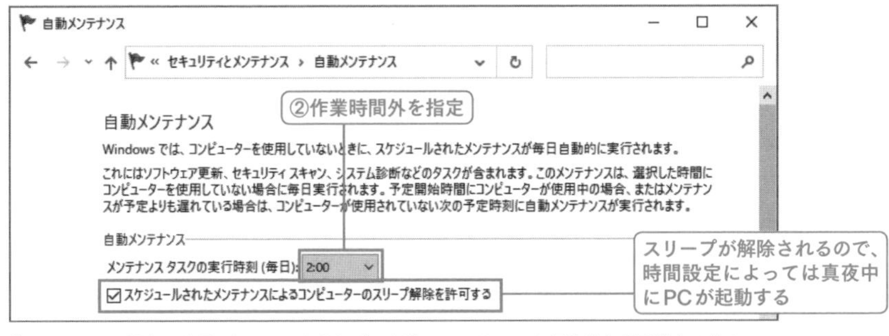

「メンテナンス設定の変更」をクリックすれば、自動メンテナンス実行時刻を任意設定できる。この実行時刻を「PC作業していない時刻」にするとよい。ビジネス環境などにおいてどうしても就業時間終了後はシャットダウンしなければならないという場合には、「昼休み」などに設定すると自動メンテナンス実行を最適化できてよい。

自動メンテナンスの無効化

自動メンテナンスは「無効化」の設定が存在しないが、レジストリエディターから「HKEY_LOCAL_MACHINE¥SOFTWARE¥Microsoft¥Windows NT¥CurrentVersion¥Schedule¥Maintenance」を選択して、「DWORD値」で値「MaintenanceDisabled」を作成して値のデータを「1」に設定すれば自動メンテナンスを無効にできる。

なお、自動メンテナンスで実行される内容は多岐にわたり、ウィルススキャンによるマルウェアの検出、更新プログラムの適用などさまざまな項目が実行されているため、本設定の適用は推奨できない。

寝室にあるPCなどで夜中の起動音がどうしても耐えられないなどの場合には、時刻を変更するなどの対処を行うほうが妥当だ。

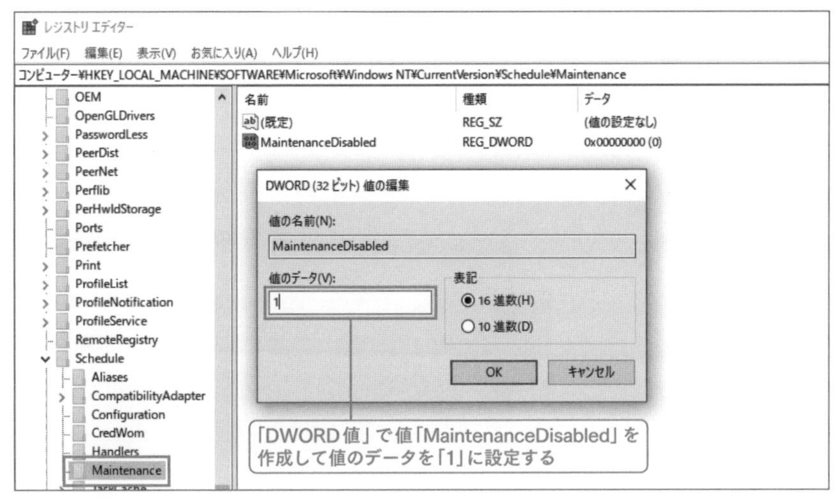

どうしても自動メンテナンスを無効にしたいという場合のみ、レジストリカスタマイズを適用すればよい。なお、本設定適用後は自動メンテナンスの任意実行もできなくなる点に留意したい。

● ショートカット起動

■ セキュリティとメンテナンス(コントロールパネル)　WSCUI.CPL

Secure Erase／Format NVMによるSSDの最適化

SSDは読み書きを繰り返すとどんどん遅くなるという特性があり(フラッシュメモリにおけるデータ消去やブロック単位での書き込みによるもの)、これに対処するには「トリム」を実行するとよいが(➡P.94)、根本的な対処という意味では、Secure Erase／Format NVMを行うとよい。

これらはいわゆるSSDの完全消去であり、結果的に出荷時のクリーンな状態・パフォーマンスを取り戻す唯一の手段だ。

方法はいくつかあるのだが、メーカー専用ツール(SSDメーカーが供給している場合が多い)をUSBからブートして、Secure Erase／Format NVMを行うのが比較的簡単な手段になる(ちなみにPCによってはUEFIから実行できる便利なモデルもある)。

なお、「完全消去」なので、システムドライブである場合には、Windows 10のシステムを保持したまま実行できないほか、該当ストレージ上のすべてのデータの完全なバックアップがあらかじめ必要になることはいうまでもない(システムのバックアップについてはP.376参照)。

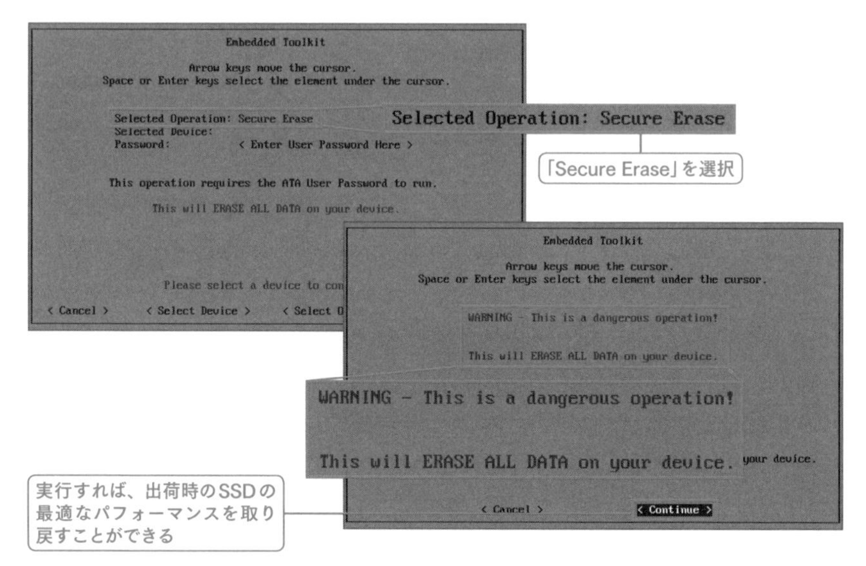

USBブートによるSecure Erase／Format NVMツールを実行して完全消去。SSDのパフォーマンスを完全に取り戻すことができる。なお、警告メッセージの通り「ディスイズアデンジャラスオペレーション」であり該当SSDの内容はすべて消去されるため、事前のバックアップは必須だ。

システムストレージの高速化とカスタマイズ

「システムストレージ(Windows OSを管理するプライマリディスク)の速度」はWindows 10全体的なパフォーマンス確保において最重要ファクターの一つだ。

これは従来のWindows OSであればシステムが起動した後は、アプリ起動とデータの読み書き程度の負荷だったが、Windows 10の場合にはこれに加え「Windows Updateによる更新プログラム(時に数GB)」が定期的に導入されるほか、ローカルドライブとクラウドストレージの同期(OneDriveについては P.329 参照)、検索インデックスの作成、ウィルススキャン等々、ストレージに負荷をかける処理が日常的に行われるためで、CPUのスペックを1〜2ランク上げるよりも、システムストレージを高速なものに換装したほうが、はるかに「Windows 10そのものの動作の快適さ」に直結する。

書き込みキャッシュバッファフラッシュの停止

Windows 10では内蔵ストレージに対しては「書き込みキャッシュ」が有効になっているが、停電などの不測の事態によるデータロストを警戒して「書き込みキャッシュバッファフラッシュ」という機能も有効になっている。

この「書き込みキャッシュバッファフラッシュ」をオフにすると、いわゆる余計な処理であるバッファフラッシュを行わなくなるため高速化が期待できる。

該当設定を適用したい場合には、デバイスマネージャー(ショートカットキー Windows + X → M キー)の「ディスクドライブ」からシステムドライブで利用しているストレージをダブルクリックして、「ポリシー」タブ内、「デバイスでWindowsによる書き込みキャッシュバッファーのフラッシュをオフにする」にチェックすればよい。

なお、安定性よりも高速性をとる設定であり、特にバッテリー非搭載機での適用はお勧めできない。

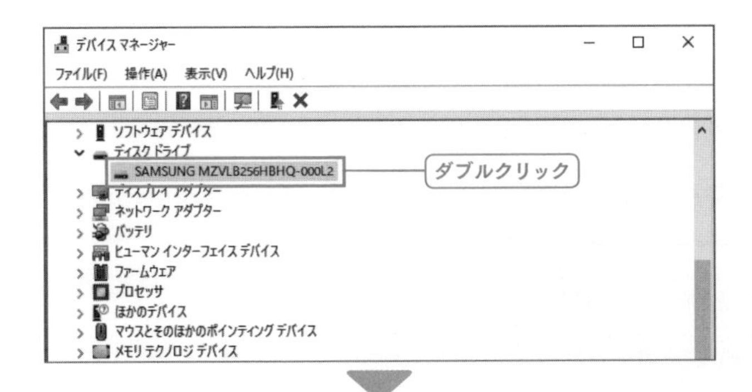

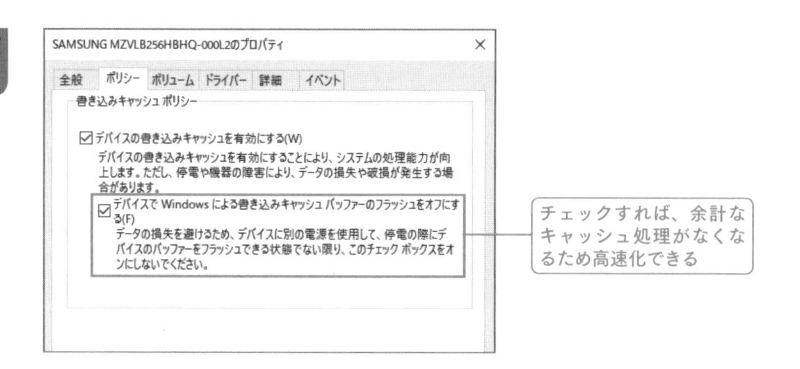

ストレージの省電力機能を停止する

省電力機能が優れている現在のPC環境においては明らかに効果的な設定とはいいにくいが、一般的にストレージの省電力機能が有効であると場面によってパフォーマンスが落ちる。ストレージの省電力機能は「電源オプションの詳細設定(POWERCFG.CPL ,1)」で設定できるほか、ハードウェア構成によってはUEFI上での省電力機能無効化設定も有効だ。

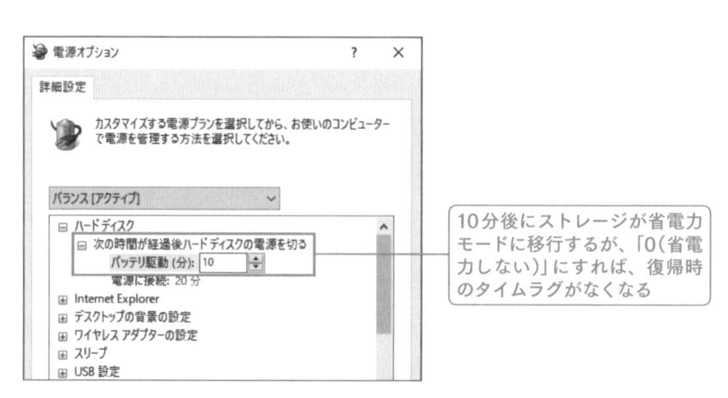

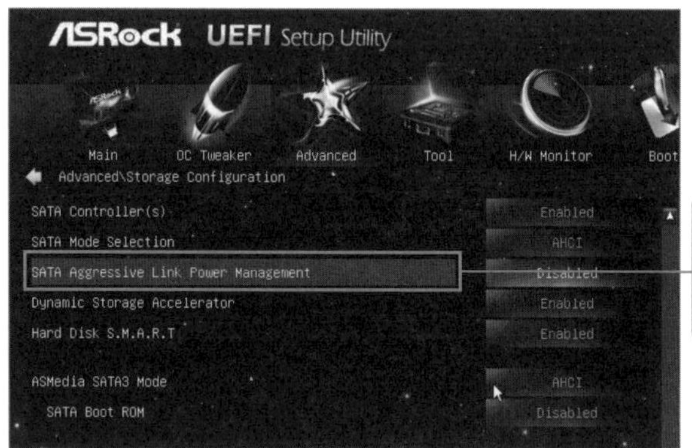

SSDにおける4Kアライメント

SSDは4KB（1024×4＝4096）ごとにデータを扱うという特性があり、逆にいえばパーティションの開始位置が4096で割れる状態でないと、データの読み書き（特に書き込み）においてパフォーマンスが大幅に低下してしまう。

このような「4KBごとに整列されているデータ」を4Kアライメント（alignment：調整）というが、SSD環境でいわゆるパフォーマンスが最適化されているかを確認したければ、「システム情報（MSINFO32）」から「コンポーネント」－「記憶域」－「ディスク」と選択して、該当ドライブの「パーティション開始オフセット」が4096で割れるかを確認する。

なお、パーティションを切っていないクリーンなSSDにWindows 10をクリーンインストールした場合、このようなアライメントがズレるという問題は起こらない。一般的にはハードディスク上にあったシステムをSSD上にコピーするなどで起こる問題だ。

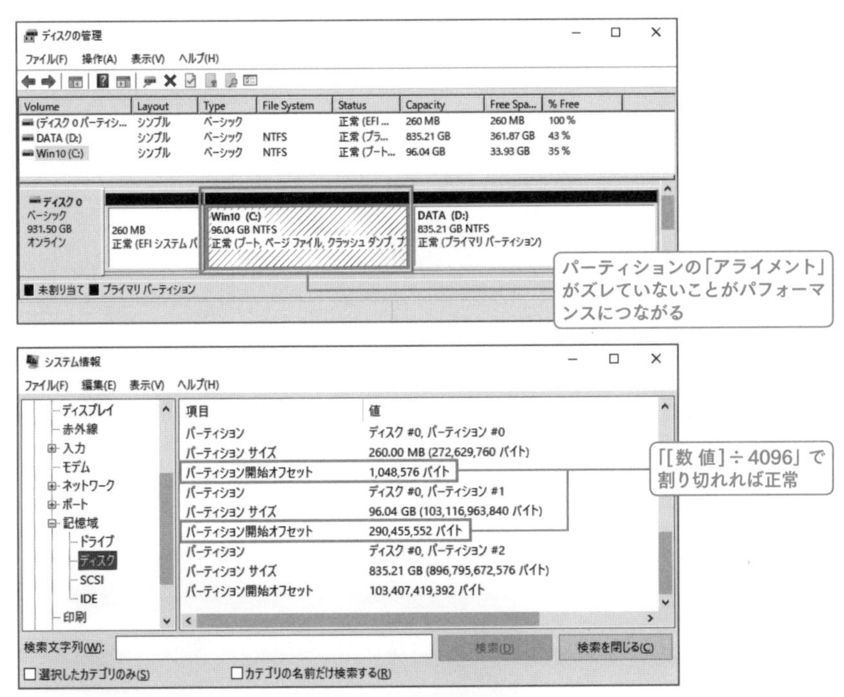

システムドライブ（SSD）のパーティションと「システム情報」によるパーティションオフセット値を確認。

	A	B	C	D
1	オフセット	4K	割算の答	
2	1048576	4096	256.00	
3	290455552	4096	70912.00	
4				

きちんと割り切れる＝アライメント正常

該当SSDでは、どのパーティションオフセット値も4096で割り切れる。つまり、4Kアライメントは正常ということだ。逆に割り切れない場合には、バックアップのうえ、SSDの完全消去（どうせならSecure Erase／Format NVMも実行 ➡P.98）して、Windows 10をクリーンインストールするなどの対処を行うと、環境によっては倍近いパフォーマンスを発揮するようになる。

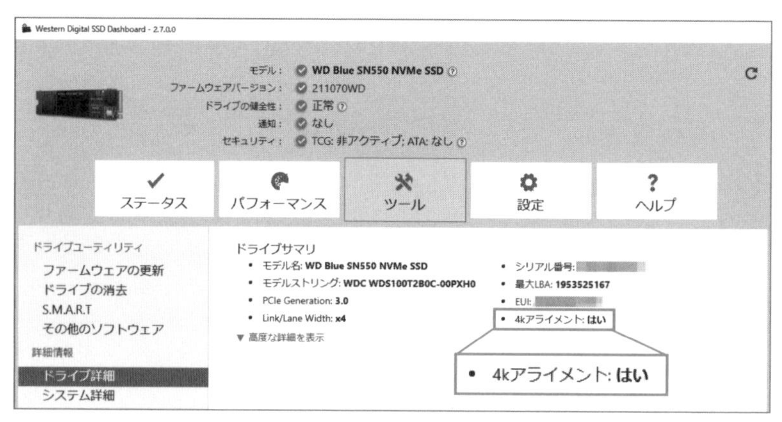

SSDメーカー専用ツールでも4Kアライメントが正常か否かを確認できるものもある。

Column

劇的なパフォーマンスを誇るPCIe接続でのNVMe M.2 SSD

システムストレージにおいて速いのはハードディスクかSSDかといわれれば、もちろん「SSD」なのだが、実は「単なるSSD」というだけではもはや高速とはいえない。

SSDにはSATA接続のもののほかM.2スロット接続のものが存在するが、M.2規格の中でも「PCIe接続のNVMe SSD」は圧倒的なパフォーマンスを誇る。

商品にもよるがSATA接続のSSDの速度が大体500MB/sなのに対して（SATAはもともとハードディスクを想定したインターフェースであるため帯域やSSDのコマンドの扱いに限界がある）、PCIe接続のNVMe SSDであればモデルによって3000MB/sを超えるため、システムストレージとして採用した場合、Windows 10のパフォーマンスやレスポンスに大きく貢献する。

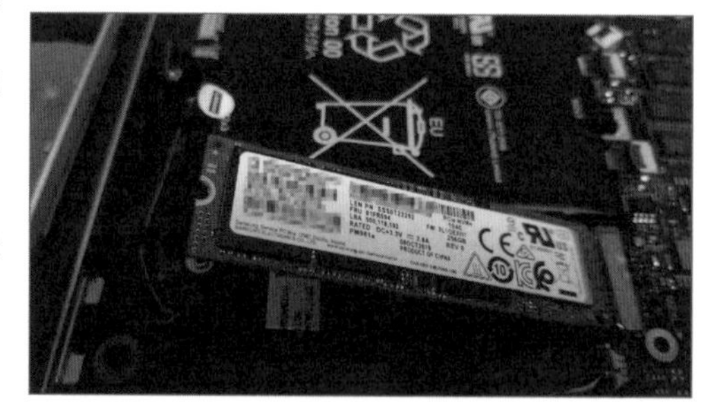

ドライブ上の不要ファイル削除による最適化

Windows 10のシステムストレージでは日常的に数々の読み書きが行われており、その中には一時的な作業にしか利用されないファイル(テンポラリファイル)も多く存在するのだが、このような不要なファイルは基本的に削除されず、そのままドライブに残存する傾向にある。

例えばWindows Updateにおける更新プログラムや、以前のWindows 10バージョンに戻るためのファイル群、インターネット一時ファイル(Webブラウザーのキャッシュ)、各種ログ、アプリの導入時やアップデート時に展開される一時的なセットアップファイルなどだ。

ちなみにこれらの不要なファイルを削除する方法としては、「ストレージセンサー」と「ディスククリーンアップ」があるのだが、一長一短あるため双方とも紹介しよう。

「ストレージセンサー」による不要なファイルの削除

ストレージセンサーは新しいWindows 10の機能であり、「設定」から「システム」−「記憶域」と選択することでドライブの状態を確認できるほか、ストレージセンサーを「オン」にすることにより不要ファイルの削除を自動的に実行してくれる(ただし完ぺきではない)。

ちなみに「ストレージセンサーを構成するか、今すぐ実行する」をクリックすることにより、ストレージセンサーの効果の確認や、各種オプション設定、また「今すぐクリーンアップ」ボタンで不要なファイルの削除を即実行することが可能だ。

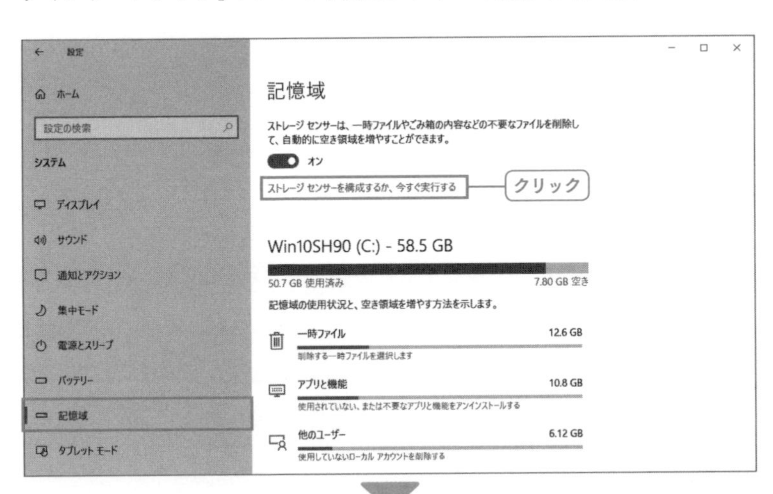

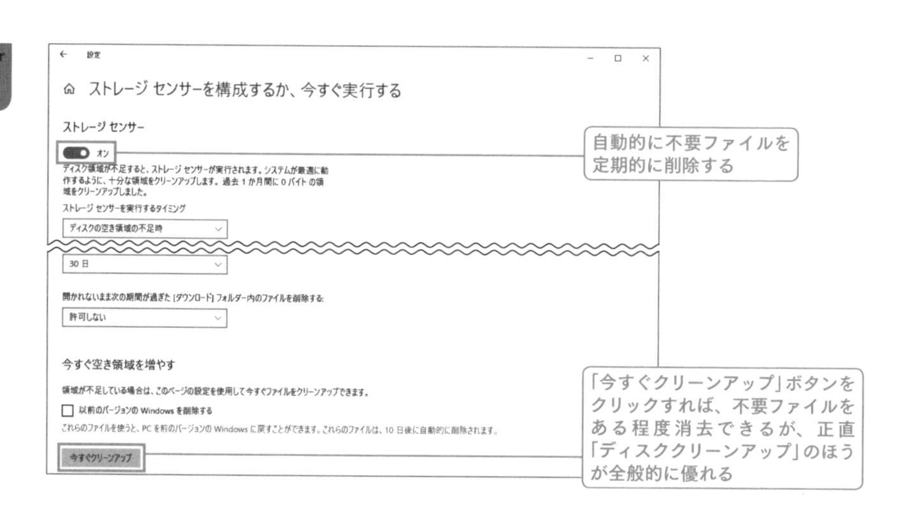

「ディスククリーンアップ」による不要なファイルの削除

「ディスククリーンアップ」は「ファイル名を指定して実行」から「CLEANMGR」と入力実行することで起動できる。任意のドライブを選択すれば、クリーンアップ対象となる不要なファイルの一覧が表示される。

ちなみにこの状態で「システムファイルのクリーンアップ」ボタンをクリックすれば、システムファイル系の不要なファイル一覧も追加することができ、任意の項目をチェックすることで削除可能だ。

なお、この機能は将来先の「ストレージセンサー」に置き換えられるとされるが、現状では任意に項目を選択して削除が行えるという点でも、こちらの「ディスククリーンアップ」のほうが優れている。

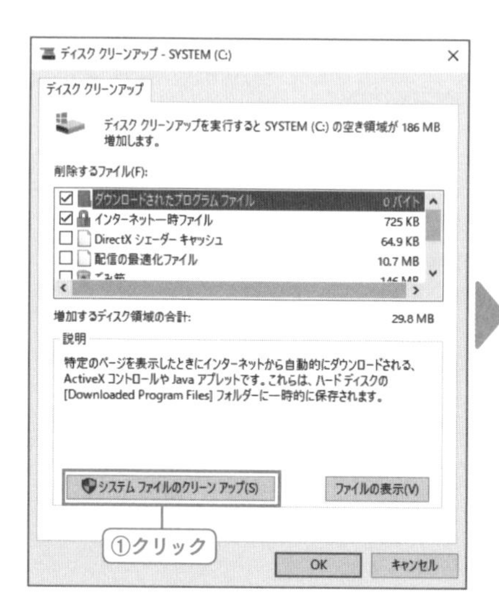

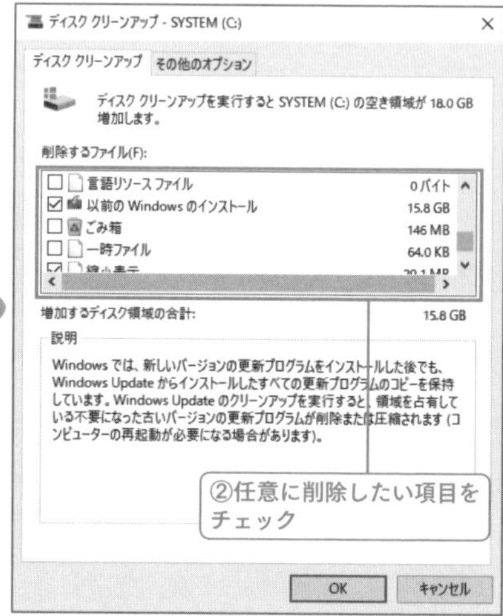

自分で不要なファイルを削除

「ストレージセンサー」にせよ「ディスククリーンアップ」にせよ、なぜかテンポラリロケーションである「C:¥Windows¥Temp（システムテンポラリ）」や「%USERPROFILE%¥AppData¥Local¥Temp（ユーザーテンポラリ）」の一時ファイルを積極的に削除しない。

これらのフォルダー内に残存する不要ファイルの削除は、エクスプローラーで自らアクセスしたうえで、全選択して全削除してしまえばよい。

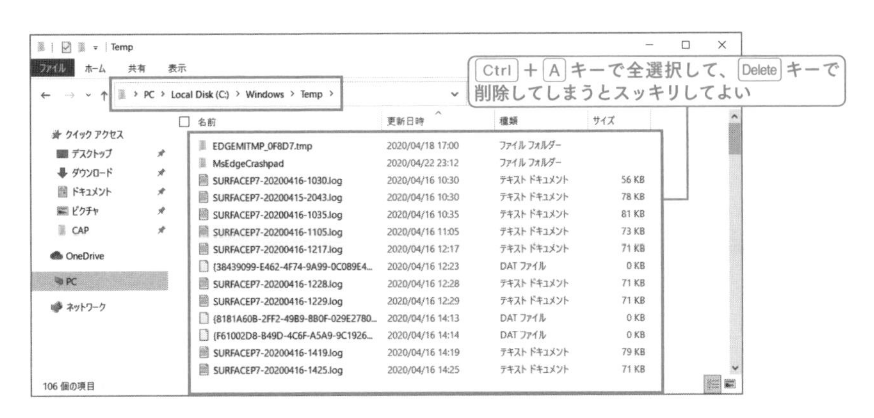

● ショートカット起動

■ 記憶域　ms-settings:storagesense

ローカル／ネットワークでのサムネイル表示カスタマイズ

エクスプローラーにおいては画像や動画ファイル等の特定の種類をサムネイル表示するが、この縮小表示はファイルからデータを抜き出して縮小表示を行うため、実はかなりCPU（サムネイル作成処理）とストレージ（該当ファイルの読み込みとサムネイルデータ保存）に負荷をかけている。

便利な機能ではあるので無理に機能停止する必要はないものの、PC環境によっては無効にすることで結構なパフォーマンス向上が期待できる（読み書きが少なくなる分、ストレージの寿命を延ばすことも期待できる）。

なお、このサムネイル表示の無効化は「ローカルドライブに対する設定」と「ネットワークドライブに対する設定」を別々に設定することが可能だ。

ネットワークドライブのサムネイル表示無効化

ネットワークドライブ上にあるファイルに対するサムネイル表示は先に挙げたCPU・ストレージ負荷のほか、ネットワーク通信にも負荷をかけるため環境によっては無効にすると動作がかなり快適になる。

エクスプローラーによる「ネットワークドライブ」に対するサムネイル表示(作成)を無効化したい場合には、レジストリエディターから「HKEY_CURRENT_USER¥SOFTWARE¥Microsoft¥Windows¥CurrentVersion¥Policies¥Explorer」を選択(キーがない場合は作成)。

「DWORD値」で値「DisableThumbnailsOnNetworkFolders」を作成して値のデータを「1」に設定すればよい。

またグループポリシー設定であれば、「グループポリシー(GPEDIT.MSC)」から「ユーザーの構成」−「管理用テンプレート」−「Windowsコンポーネント」−「エクスプローラー」と選択して、「ネットワークフォルダーで縮小表示を無効にしてアイコンのみを表示する」を有効にすればよい。

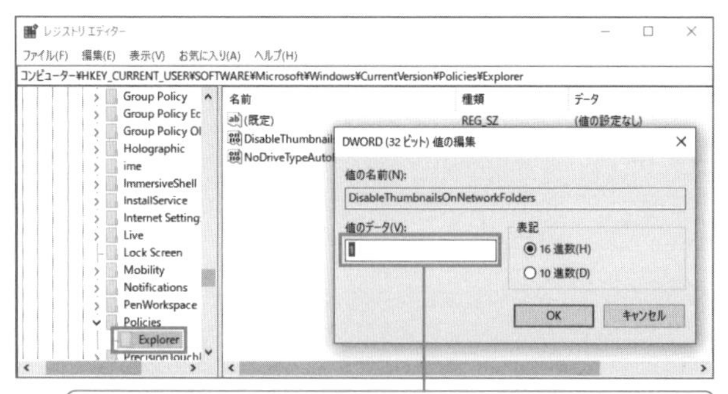

「DWORD値」で値「DisableThumbnailsOnNetworkFolders」を作成して値のデータを「1」に設定する

レジストリキー「HKEY_CURRENT_USER¥SOFTWARE¥Microsoft¥Windows¥CurrentVersion¥Policies¥Explorer」内の値「「DisableThumbnailsOnNetworkFolders(DWORD値)」が該当設定になり、値のデータとして「1」を設定するとネットワークドライブのサムネイル表示を無効化できる。

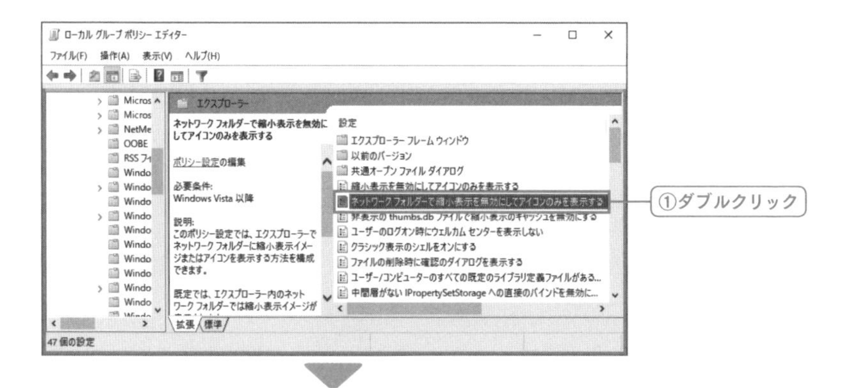

グループポリシー設定であれば、「ユーザーの構成」－「管理用テンプレート」－「Windowsコンポーネント」－「エクスプローラー」と選択して、「ネットワークフォルダーで縮小表示を無効にしてアイコンのみを表示する」を有効にする。

ローカルドライブのサムネイル表示無効化

エクスプローラーによる「ローカルドライブ」に対するサムネイル表示（作成）を無効化したい場合には、レジストリエディターから「HKEY_CURRENT_USER¥SOFTWARE¥Microsoft¥Windows¥CurrentVersion¥Policies¥Explorer」を選択（キーがない場合は作成）。

「DWORD値」で値「DisableThumbnails」を作成して値のデータを「1」に設定すればよい。

またグループポリシー設定であれば、「グループポリシー（GPEDIT.MSC）」から「ユーザーの構成」－「管理用テンプレート」－「Windowsコンポーネント」－「エクスプローラー」と選択して、「縮小表示を無効にしてアイコンのみを表示する」を有効にすればよい。

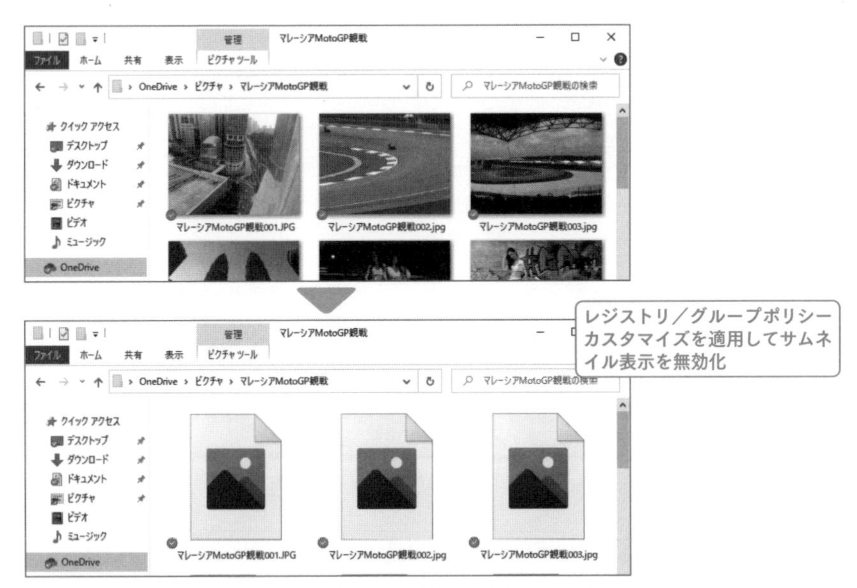

エクスプローラー上でサムネイルの作成を無効化する設定を適用するとかなりさみしくなる。現在のPCであれば各種処理にかなり余裕があるので任意適用でよい。

アイコンキャッシュサイズのカスタマイズ

「エクスプローラー」「デスクトップ」「[スタート]メニュー」などにおいて、ファイルやショートカットには「アイコン画像」が表示されるが、このアイコン画像をいちいちファイルごとに読み込んで処理するのは面倒でストレージにも負担がかかるため、「キャッシュ」されている。

ちなみに、このキャッシュサイズをカスタマイズしたければ、レジストリエディターから「HKEY_LOCAL_MACHINE¥SOFTWARE¥Microsoft¥Windows¥CurrentVersion¥Explorer」を選択して、「文字列値」で値「Max Cached Icons」を作成して値のデータにKB数を指定すればよい。例えば、2MBを指定したければ「2048」を指定する。

なお、アイコンの表示がおかしいなどの場合には、Windows 10を「セーフモード(➡P.367)」で起動するとリフレッシュできる。

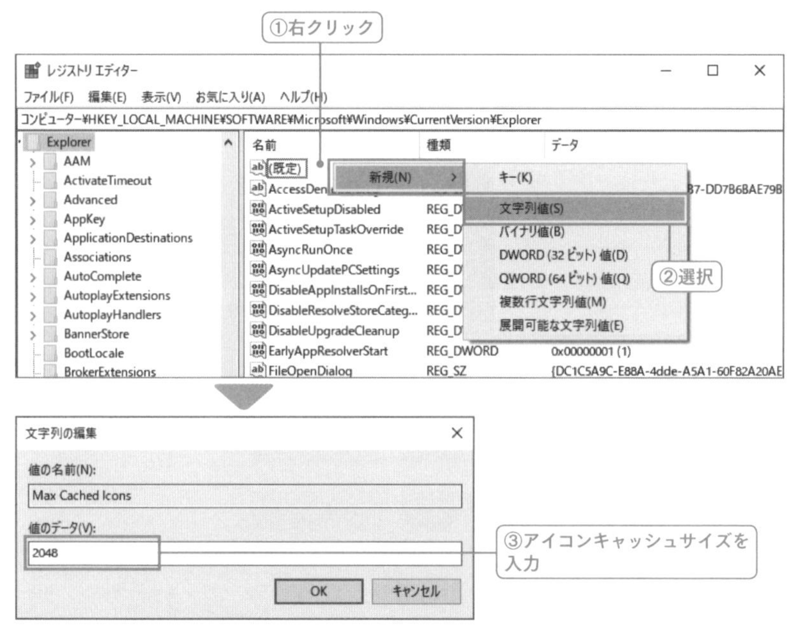

アイコンキャッシュサイズの指定は、レジストリキー「HKEY_LOCAL_MACHINE¥SOFTWARE¥Microsoft¥Windows¥CurrentVersion¥Explorer」内の値「Max Cached Icons(文字列値)」で指定する。あくまでも「文字列値」であることに注意だ。なお、デフォルト値は500KBになる。

2-4 メモリ・CPU関連のカスタマイズ

バックグラウンドアプリ調整とパフォーマンス

バックグラウンドで動作するアプリが少なければ少ないほど、パフォーマンスにプラスであることはいうまでもなく、消費電力減にも貢献する。

ちなみに、Windows 10におけるバックグラウンドアプリの動作設定は、なぜかプライバシー欄に存在し、「設定」から「プライバシー」−「バックグラウンドアプリ」で任意に指定することができる。

「バックグラウンドでの実行を許可するアプリ〜」欄から、必要のないアプリは積極的に「オフ」に設定するとよい。

ちなみに、このバックグラウンドアプリの最適な設定は、「電源モード（➡P.92）」や「PCがサポートするパワーマネジメント機能（➡P.88）」によって異なってくるのだが、「OneNote」「Skype」「付箋」などのクラウド同期するアプリを利用しているのであれば有効にしておくのが基本になる。

また、ここで管理できるのは主にUWPアプリであり、一部のデスクトップアプリにおけるバックグラウンドでの動作は「アプリタイトル側での任意設定」が必要になる。

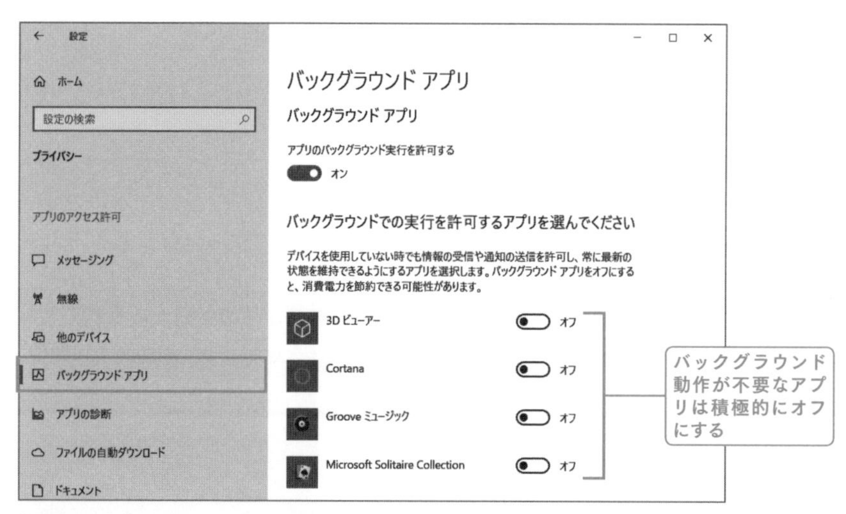

「設定」から「プライバシー」−「バックグラウンドアプリ」を選択すれば、バックグラウンドで動作するアプリを指定できる。使いもしないアプリや、あるいは任意に起動すれば事が足りるアプリはすべて「オフ」だ。

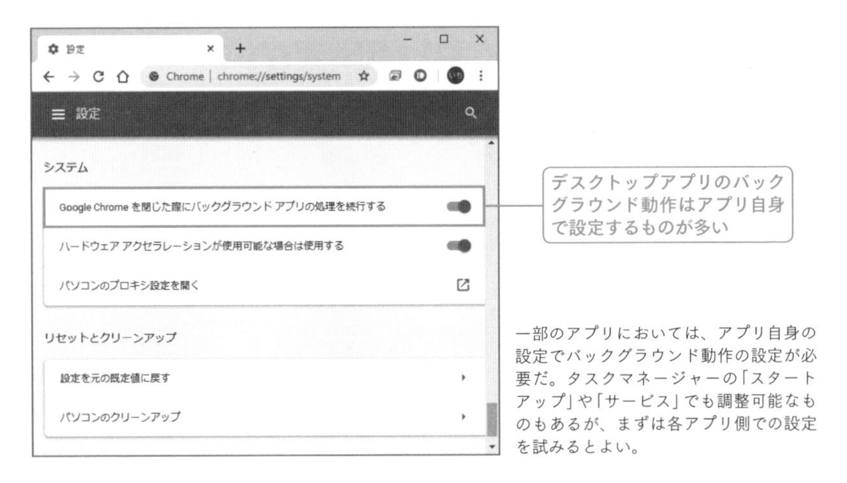

一部のアプリにおいては、アプリ自身の設定でバックグラウンド動作の設定が必要だ。タスクマネージャーの「スタートアップ」や「サービス」でも調整可能なものもあるが、まずは各アプリ側での設定を試みるとよい。

● **ショートカット起動**

■ **バックグラウンドアプリ**　ms-settings:privacy-backgroundapps

アプリに対してCPU優先度とCPUコアを指定する

任意のアプリに対して「CPU優先度」や「利用するCPUコア」を指定したければ、まずアプリに該当する「プロセス」を探る必要がある。

該当アプリに対するプロセスを知りたい場合には、タスクマネージャーの「プロセス」タブから任意のアプリを右クリックして、ショートカットメニューから「詳細の表示」を選択。

タスクマネージャーの「詳細」タブ表示になり、該当アプリのプロセスの詳細を確認できる。

ここから該当プロセス(アプリのプログラムファイル)に対して任意のCPU優先度を指定したい場合には、該当プロセスを右クリックして、ショートカットメニューから「優先度の設定」－[任意CPU優先度]と指定すればよい(「リアルタイム」は完全な占有なので指定は推奨しない)。

また、アプリが利用するCPUコアを指定したければ、該当プロセスを右クリックして、ショートカットメニューから「関係の設定」を選択。「プロセッサの関係」で利用したいCPUコアをチェックすればよい。

双方ともアプリ動作のパフォーマンスを最適化できる。

タスクマネージャーの「プロセス」タブで任意のアプリを右クリックして、ショートカットメニューから「詳細の表示」を選択すれば、アプリに該当するプロセス（プログラムファイル）が確認できる。

アプリに対するCPU優先度指定

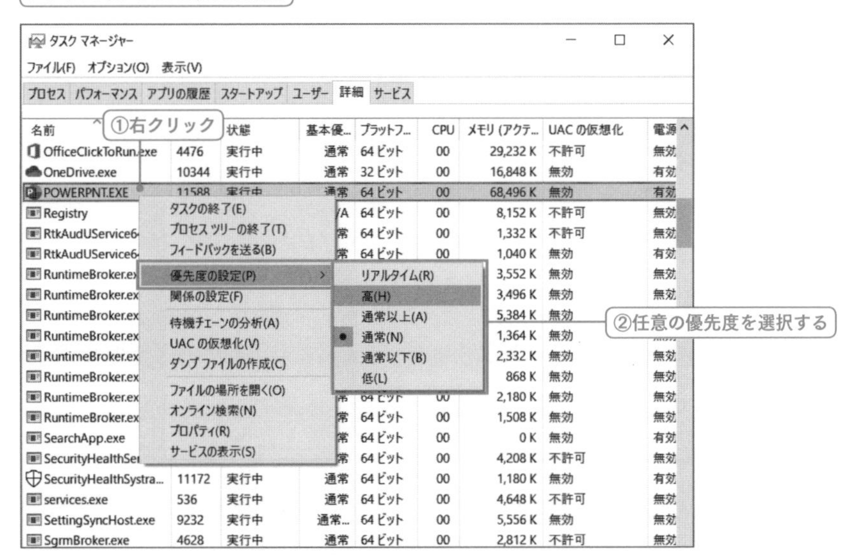

アプリに対して任意のCPU優先度を指定したければ、該当プロセスを右クリックして、ショートカットメニューから「優先度の設定」－［任意CPU優先度］と指定する。

アプリに対する利用CPUコア指定

アプリに対して任意の利用CPUコアを指定したければ、該当プロセスを右クリックして、ショートカットメニューから「関係の設定」を選択。「プロセッサの関係」で任意のCPUコアをチェックする。

CPUコア数やメモリ量をデチューンする

PCにおいてCPUコア数や利用可能メモリ量を確認したければ、タスクマネージャーの「パフォーマンス」タブで確認することができる。

ちなみに自身のPCにおいて、CPUコア数やOSにおける利用可能メモリ量を「デチューン」したいという奇特な人は、BitLockerドライブ暗号化(P.394)やデバイスの暗号化が適用されていない状態で、「ファイル名を指定して実行」から「MSCONFIG」と入力実行。

「システム構成」の「ブート」タブで「詳細オプション」ボタンをクリックして、「ブート詳細オプション」で「プロセッサの数」をチェックしたうえで「任意のCPUコア数」、また「最大メモリ」にチェックしたうえで「メモリ使用量」をボタンで指定する(数値の手入力は認識されないことがあるので注意)。

なお、このデチューンにより最悪システムクラッシュや再アクティベーションが起こる可能性があるので留意したい(適用は自己責任だ)。

8コアCPU／メモリ7.6GB環境のPC

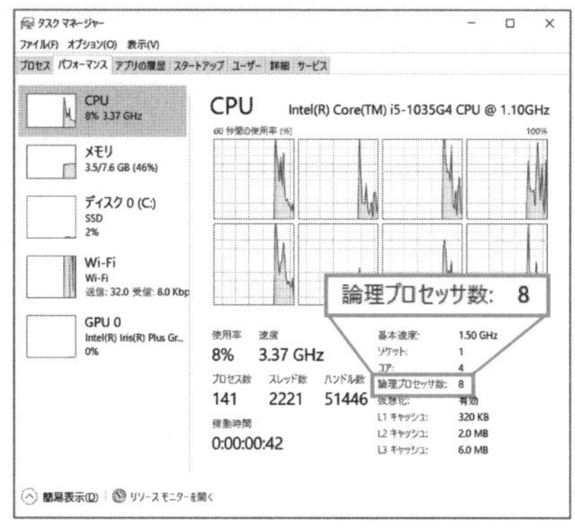

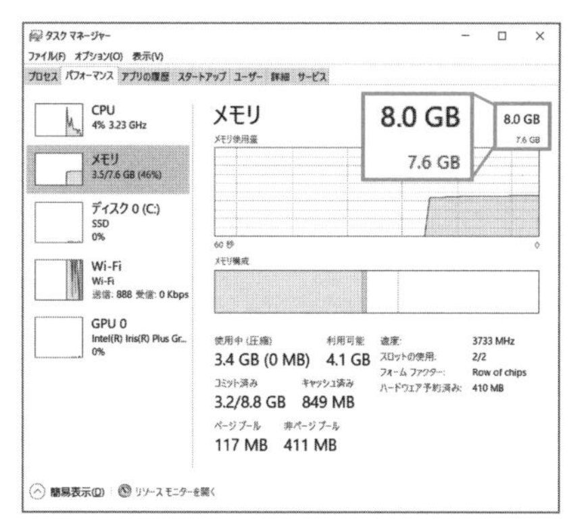

8コアCPUと7.6GBメモリ環境（OSが利用できるメモリ量は「メモリ使用量」欄の確認）。あらかじめ自身の環境を確認しておいたほうがよい。なお、BitLockerドライブ暗号化（デバイスの暗号化）と相性が悪いため、適用環境でのカスタマイズはお勧めできない。

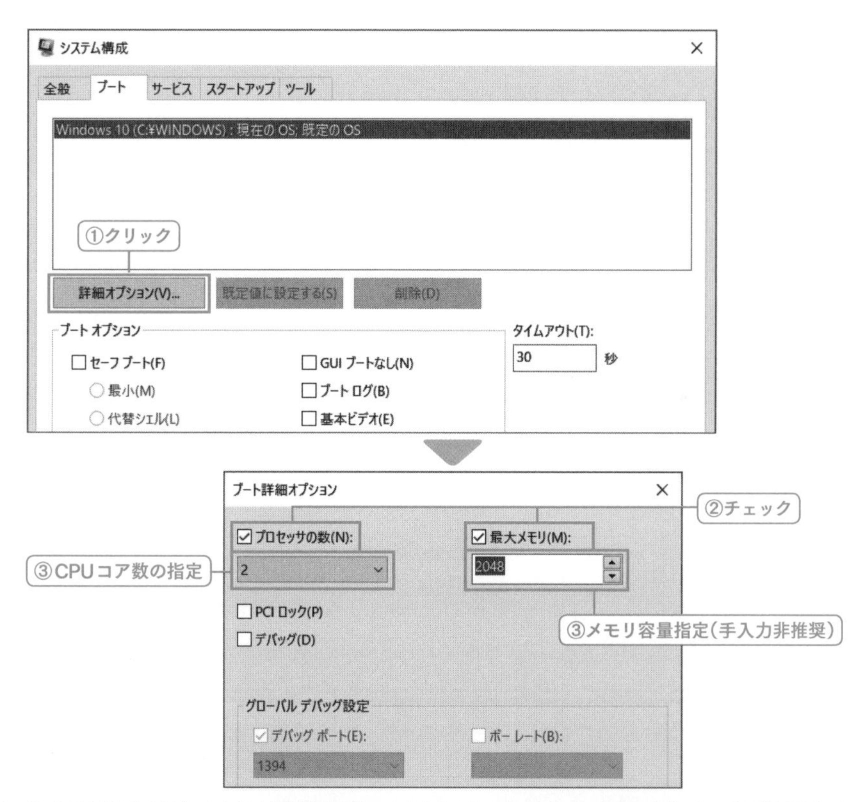

「システム構成」の「ブート」タブで「詳細オプション」ボタンをクリックして、任意の「プロセッサの数」「最大メモリ」を指定する。なお、「最大メモリ」は手入力せずにボタンで容量指定する。こののち「OK」ボタンをクリックしてから、もう一度「詳細オプション」ボタンをクリックして設定に問題がないことを確認したうえで、メッセージに従って再起動を行う。

CPUコア数とメモリ量が減って2コアCPU／メモリ1.9GB環境にデチューンされた

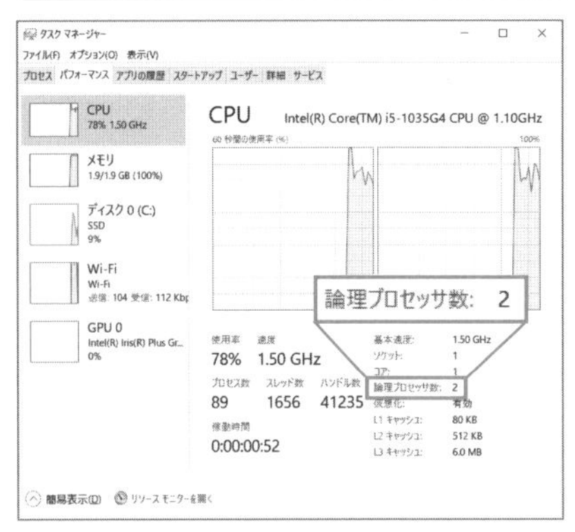

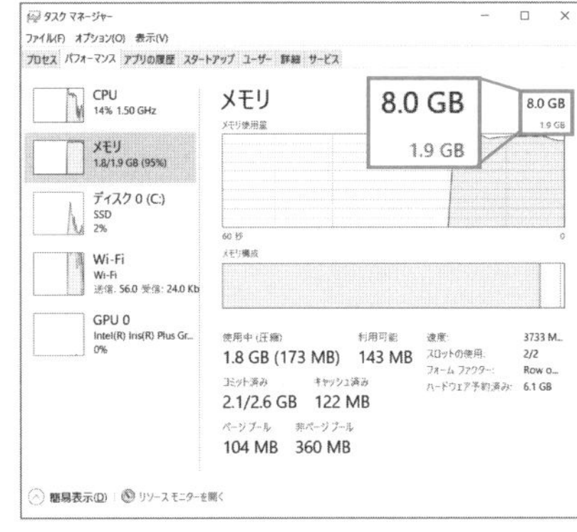

デチューンした設定が反映され、CPUコア数（論理プロセッサ数）とメモリ量（メモリ使用量）が見事に減っている。なお、デチューンしたからといって峠を速く走れるわけでもなく、むしろシステムに問題を起こしかねない本当のマイナス設定であるため、縛りプレイが好きなチャレンジャーのみに許されるカスタマイズだ。

CPUリソースのバックグラウンド優先設定

Windows 10ではアクティブなアプリに対してCPUリソースを優先的に割り当てているのだが、PC環境によってはアクティブなアプリよりバックグラウンド動作のほうを優先させたいという場面がある。

例えば、PCをファイルサーバーにしている場合の主作業はファイルI/Oであるため、デスクトップ上のアプリよりバックグラウンドプロセスを優先させたいなどの場合には、コントロールパネル（アイコン表示）から「システム」を選択して、「システム」のタスクペインで「システムの詳細設定」をクリック。

「システムのプロパティ」が表示されるので、「詳細設定」タブ内、「パフォーマンス」欄にある「設定」ボタンをクリックして、「パフォーマンスオプション」の「詳細設定」タブ内、「プロセッサのスケジュール」欄の「バックグラウンドサービス」にチェックすればよい。

なお、この設定をもっと詳細に設定したい場合には、レジストリエディターから「HKEY_LOCAL_MACHINE¥SYSTEM¥CurrentControlSet¥Control¥PriorityControl」を選択して、値「Win32PrioritySeparation」の値のデータを「10進数」にしたうえで、次ページの表に従って計算した10進数（DEC）の値を入力すればよい。

例えば、「10 10 00」であれば、「電卓」を起動して「プログラマー」から「BIN」を選択して、「101000」と入力すれば、「DEC」で「40」が算出されるので値のデータに「40（10進数）」と入力すればよい。

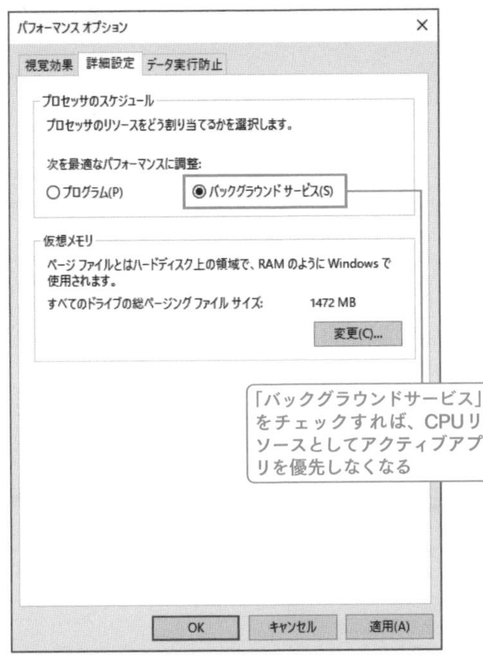

「プロセッサのスケジュール」欄で「バックグラウンドサービス」をチェックすれば、CPU リソースとしてバックグラウンドが優先になる。

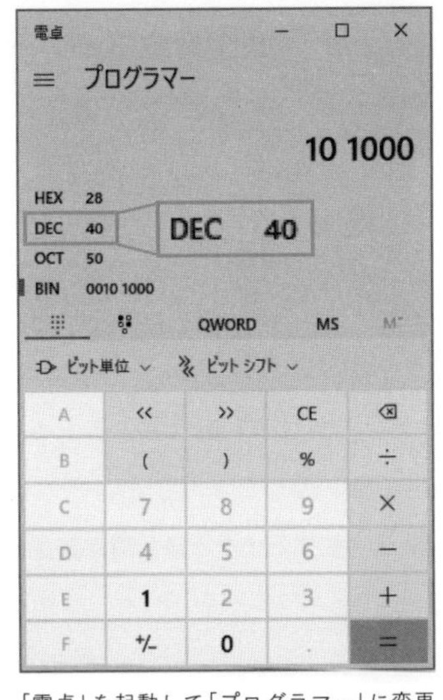

「電卓」を起動して「プログラマー」に変更したうえで、「BIN(2進数)」を選択。下表において「スレッドを切り替える間隔：10」「切り替え時間の可変と固定：10」「フォアグラウンド：バックグラウンドの比率：00」であれば「101000」と入力する。「DEC(10進数)」で表示されている値が、該当レジストリ設定における「値のデータ」に入力すべき10進数の値である。

● 値「Win32PrioritySeparation」設定（2進数）

スレッドを切り替える間隔	切り替え時間の可変と固定	フォアグラウンド：バックグラウンドの比率
00（標準）	00（標準）	00（1:1）
01（長い）	01（可変）	01（2:1）
10（短い）	10（固定）	10（3:1）

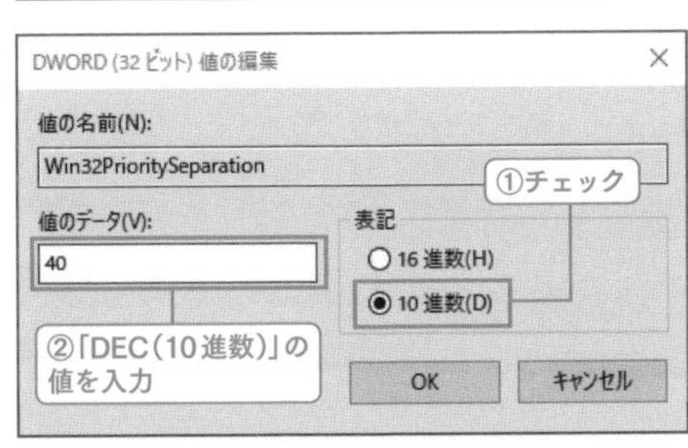

レジストリキー「HKEY_LOCAL_MACHINE¥SYSTEM¥CurrentControlSet¥Control¥PriorityControl」内の値「Win32PrioritySeparation(DWORD値)」に算出した値を「10進数」をチェックのうえで入力する。

● ショートカット起動

■ システムのプロパティ（「詳細設定」タブ）

SYSTEMPROPERTIESADVANCED

プリフェッチとスーパーフェッチ

「プリフェッチ」とはかなり昔のWindows OSからある機能で、起動したアプリ(プログラム)の履歴を「C:¥Windows¥Prefetch」内にガンガン記録したうえで、これらのプログラムを次回から優先的にメモリに読む込む機能であり、ハードディスクにおけるデフラグ実行時には優先的に配置すべきファイルとしてもデータが参照される。

さて、エクスプローラーで実際に「C:¥Windows¥Prefetch」を開いてみるとわかるのだが、二度と起動することなどない「SETUP.EXE」などの無意味な情報をため込んでいることを確認できる。

● **ハードディスクは最外周が線速度の関係で速い**

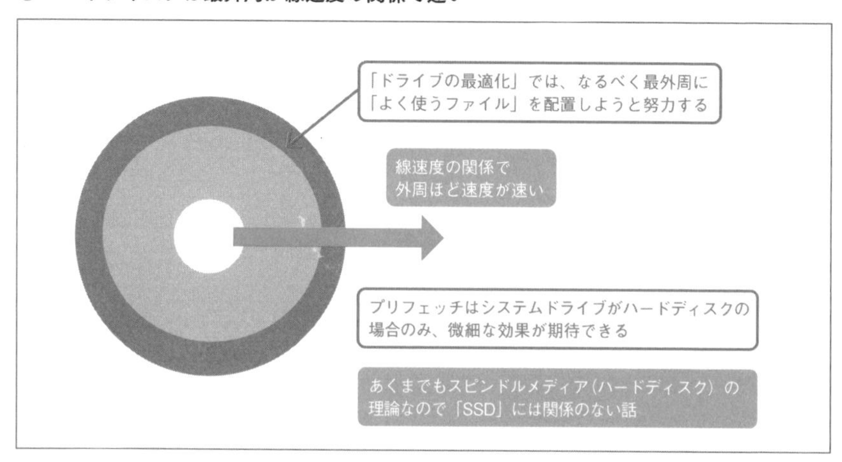

Prefetch
ファイル　ホーム　共有　表示
PC › SYSTEM (C:) › Windows › Prefetch ›
プリフェッチはOS運用上一度しか利用しないはずの各アプリのSETUP.EXEまでため込んでいる

クイック アクセス / デスクトップ / ダウンロード / ドキュメント / ピクチャ / ビデオ / ミュージック / OneDrive / その他 / デスクトップ / ドキュメント

名前	更新日時	種類	サイズ
SECURITYHEALTHSERVICE.EXE-353032...	2020/04/24 11:55	PF ファイル	8 KB
SECURITYHEALTHSYSTRAY.EXE-88A1D...	2020/04/24 11:55	PF ファイル	6 KB
SETTINGSYNCHOST.EXE-DD400067.pf	2020/04/23 23:08	PF ファイル	8 KB
SETUP.EXE-1D144DEF.pf	2020/04/24 12:05	PF ファイル	3 KB
SETUP.EXE-4B5897F2.pf	2020/04/23 23:01	PF ファイル	6 KB
SETUP.EXE-4B5897F9.pf	2020/04/23 23:01	PF ファイル	3 KB
SETUP.EXE-E2BE681B.pf	2020/04/19 14:00	PF ファイル	4 KB
SETUP.EXE-E2BE6814.pf	2020/04/19 14:00	PF ファイル	38 KB
SETUP.EXE-E62B36B0.pf	2020/04/19 14:01	PF ファイル	9 KB
SETUP.EXE-E62B36B7.pf	2020/04/19 14:01	PF ファイル	4 KB
SGRMBROKER.EXE-57ED2310.pf	2020/04/24 11:57	PF ファイル	3 KB
SHELLEXPERIENCEHOST.EXE-38DD710...	2020/04/23 23:18	PF ファイル	38 KB
SIHCLIENT.EXE-89165619.pf	2020/04/19 13:55	PF ファイル	11 KB

プリフェッチフォルダーの中身。「SETUP.EXE」など一度しか利用しない情報もご丁寧にため込んでくれている。

プリフェッチのリフレッシュ

正直、一度しか起動していない&今後利用する予定もないプログラムファイルのデータをプリフェッチとして保持されても困る。

現在のストレージ環境においてはもはやプリフェッチのアーキテクチャ自体が怪しいのだが、とりあえずプリフェッチをリフレッシュしたい場合には、「C:¥Windows¥Prefetch」フォルダー内のファイルを全選択して削除してしまえばよい。

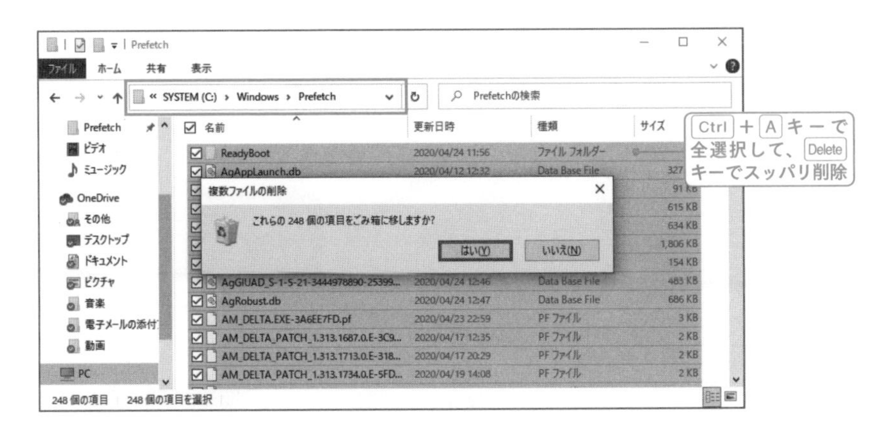

スーパーフェッチ(Windows SuperFetch)を知る

プリフェッチの次は「スーパーフェッチ」の話だ。

スーパーフェッチの正式名称は「Windows SuperFetch」であり、プリフェッチの強化版にあたる。

プリフェッチ機能が単に起動プログラムの優先度を管理しているのに対し、Windows SuperFetchはプログラムの起動を「時間帯(何時ごろ利用しているか)」「週末か平日か」など細かい利用状況を分析・記録したうえで、その行動パターンに従ったスケジュールを作成し、そのスケジュールに従ってこれから起動するであろうプログラムをメモリに読み込んでくれる…という面倒くさそうな機能だが、これはWindows 10を利用するうえで効果的であり、本当に必要な機能だろうか?

まあここまで解説すればわかると思うが、いらない機能の一つだ。

無理がある「Windows ReadyBoost」の機能

Windows Vistaがかつてウリにした「すごい機能」の一つが「Windows ReadyBoost」であり、なんとUSBメモリを利用してストレージの読み書きを高速化しようという素晴らしい技術である。

……まあ、怪しすぎる機能だが、とりあえず構造解説すると「ランダムアクセスが遅いハードディスク」と「ランダムアクセスが理論上では速いUSBメモリ」をうまく組み合わせて、ファイルの読み込みを高速化しようとする機能なのだが(下図参照)、普通に使っていてもクソトロいUSBメモリを媒介して高速化を図ろうなどと無理のある話であり、むしろUSBポートにも負担をかけるため総じてデスクトップ動作が遅くなる「すごい機能」である。

● Windows ReadyBoostの構造

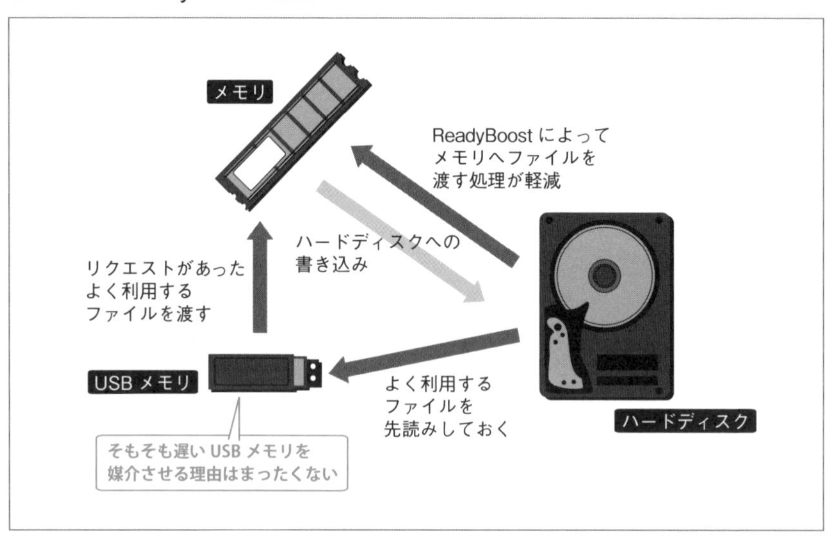

「Windows ReadyBoost」の設定。「遅い」と判定されるシステムストレージであれば、USBメモリのプロパティから「ReadyBoost」タブで任意の環境設定が可能だが……正直、お勧めはしない。

プリフェッチ系機能とWindows ReadyBoostの停止設定

Windows ReadyBoostはあくまでも任意の設定適用だが、プリフェッチ系機能は自動的に有効になっており（➡P.116）、一般的な環境というかWindows 10において総じて邪魔にしかならない機能といってよい。

余計な機能でリソースを食ったうえでシステムストレージを汚す必要などないという場合には、「ファイル名を指定して実行」から「SERVICES.MSC」と入力実行。サービス一覧内にある「SysMain（この項目名はWindows 10バージョンによって異なり「SuperFetch」の場合もある）」をダブルクリックして、設定ダイアログの「全般」タブ内、スタートアップの種類を「無効」に設定したうえで、「停止」ボタンをクリックすればよい。

また、レジストリ設定でも停止しておきたい場合には、レジストリエディターから「HKEY_LOCAL_MACHINE¥SYSTEM¥CurrentControlSet¥Control¥Session Manager¥Memory Management¥PrefetchParameters」を選択して、値「Enable Prefetcher」と値「EnableSuperfetch」の値のデータを双方とも「0」に設定する。

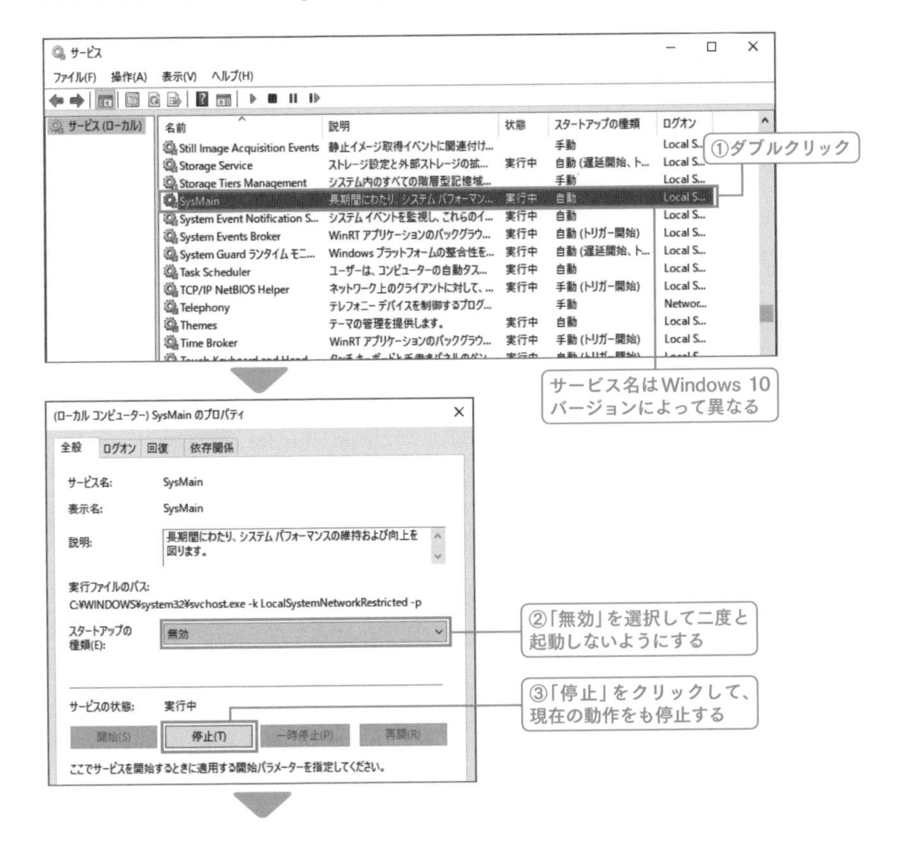

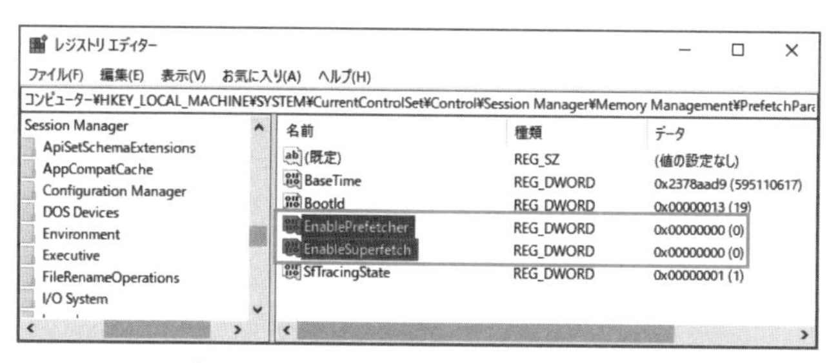

サービスにおける「SysMain」を停止。これだけで機能停止するが、アップグレードなどで復活する可能性も踏まえレジストリカスタマイズも適用しておくとよい。

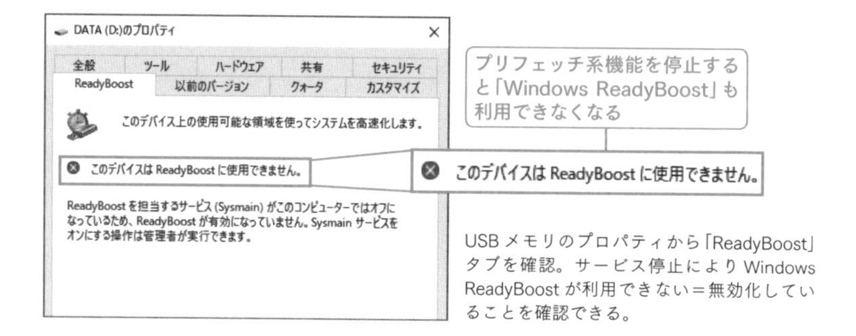

USBメモリのプロパティから「ReadyBoost」タブを確認。サービス停止によりWindows ReadyBoostが利用できない＝無効化していることを確認できる。

プロセス「svchost.exe」のグループ化を調整する

Windows 10はPCの搭載メモリ量によって「サービスのグループ化」を行う。

これはメモリ搭載量が少ないPCにおいてメモリ使用を抑えるための仕組みでかつ、メモリが潤沢なPCにおいてはメモリ空間を活用して各サービスを独立して動かすことで安定化させようというものだ。

この「グループ化を行うしきい値」は、約3.5GB（10進数で3670016）なのだが、これを変更したい場合には、レジストリエディターから「HKEY_LOCAL_MACHINE¥SYSTEM¥CurrentControlSet¥Control」を選択して、値「SvcHostSplitThresholdInKB」の値のデータにしきい値を指定すればよい。

例えばメモリ4GB以上搭載PCでは「サービスのグループ化」は通常行われないのだが、メモリ10GB以下であればサービスのグループ化を行いたいという場合には、「10×1024×1024＝10,485,760（10進数）＝a00000（16進数）」を指定すればよい。

蛇足だが、標準しきい値の約3.5GBとは、ちょうど32ビット版Windows 10(x86)を利用した際の認識メモリ上限付近である（32ビット版Windows OSの場合、メモリアドレスそのものが4GBまでしか利用できず、その中にデバイスのアドレスが侵食するため、OSとしては3.4GB以下程度のメモリ空間しか利用できない）。

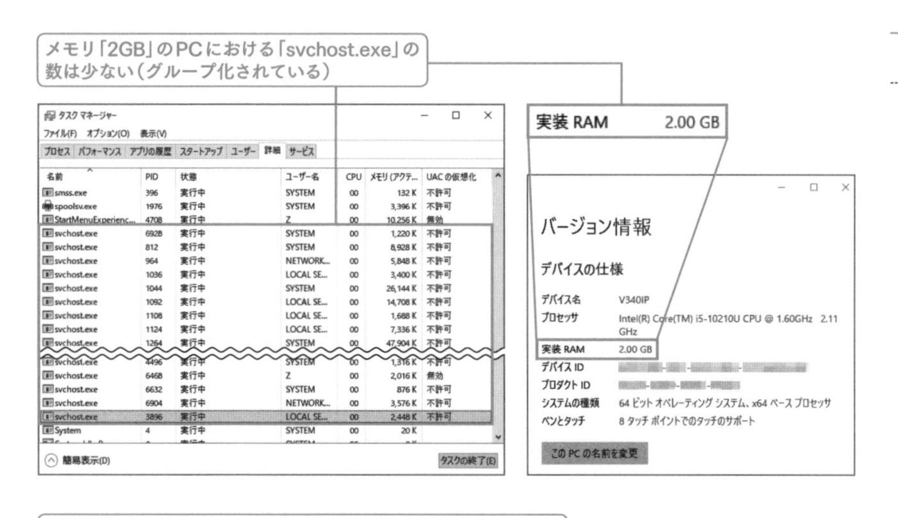

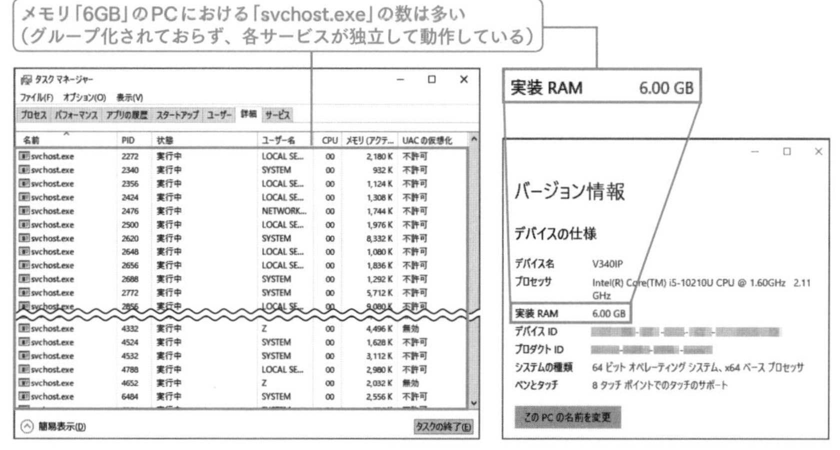

同じ PC におけるメモリ量の違いによる「svchost.exe（サービスを実行するためのプロセス）」の数の違い。3.5GB 以下では「サービスのグループ化」が行われプロセスの数が小さく抑えられている。

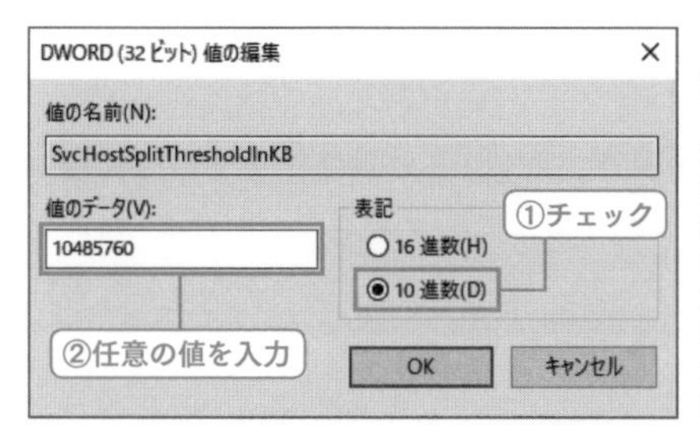

「サービスのグループ化」のしきい値の GB 数を変更したい場合には、レジストリキー「HKEY_LOCAL_MACHINE¥SYSTEM¥CurrentControlSet¥Control」内の値「SvcHostSplitThresholdInKB（DWORD 値）」が該当設定になるので、値のデータとしてグループ化を行いたい場合には該当 PC の搭載メモリ量より大きい値、グループ化を行いたくない場合には該当 PC の搭載メモリ量より小さい値を入力すればよい。デフォルト値が最適なので、このカスタマイズ自体あまりお勧めしない。

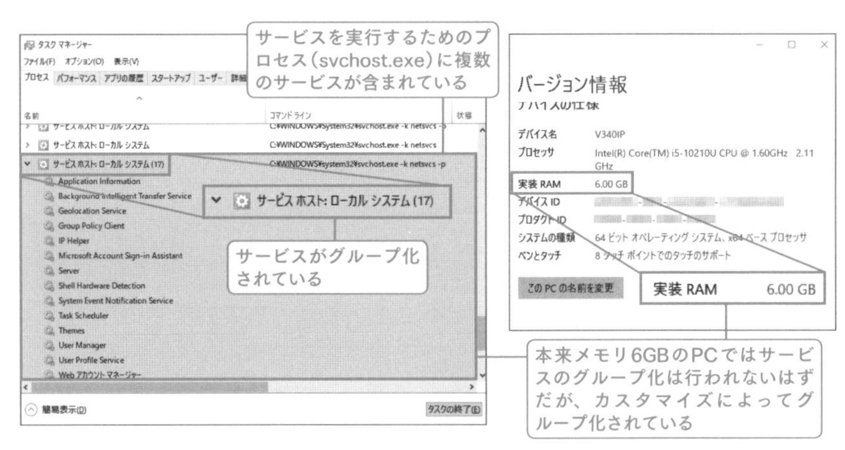

カスタマイズ適用後の搭載メモリ6GBのPC。メモリが潤沢であるにもかかわらず、サービスがグループ化されていることがわかる。

仮想メモリ設定と最適化

仮想メモリとは、「物理メモリ」の延長として利用されるファイルであり、すごく割り切った説明をすると「物理メモリが足りないときに、ストレージ上にあるファイルをメモリの代わりとして利用する」という、まさしくストレージ上に置かれる仮想的なメモリのことだ(「ページングファイル」とも呼ばれる)。

この仮想メモリは、従来はかなり着目された機能であり、またカスタマイズにおいてはある意味OS動作のキモになる設定だったのだが、現在では存在さえ忘れられることもある機能であり、結論からいうと「デフォルト設定のままでOK」なのだが、この辺についても解説しておこう。

□メモリとストレージの比較

過去のPCにおける物理メモリは非常に高価であったとともにハードウェアがサポートするメモリ容量にそもそも上限があったため、ハードディスク上にページングファイルを作成して「仮想メモリを管理する」ことは必須だった。

しかし、現在のPCのメモリ量は潤沢であり、そもそも一般運用上でメモリ量が不足するという事態はあまりない。またメモリ量が不足するようであれば「物理メモリを増設すればよい」だけなので、なおのこと「仮想メモリ」など機能として着目する理由がない状態だ。

なお、物理メモリが潤沢である場合、遅い仮想メモリをあえて利用する必要がないため、64ビット版Windows OSが普及し始めたころには「仮想メモリをなるべく利用しない」という逆の設定が最適化として考えられた。

しかし、現在のシステムストレージであるSSDは、そもそもフラッシュメモリであるため「ランダムアクセスが速い（ハードディスクはスピンドルメディアであるためランダムアクセスが遅い）」という特性があり、実は仮想メモリとして利用されてもハードディスクと比べれば物理メモリとの速度差が少ないのである。

蛇足だが、以前のPCに利用されたメモリであるSDRAM（PC133）は最大転送速度（理論値）が1GB/sなのに対し、NVMe SSDは実測値でReadが3GB/sを超えるモデルもある。役割も構造も違うので単純比較はできないものの、現在のSSDは相当速いことがわかる。

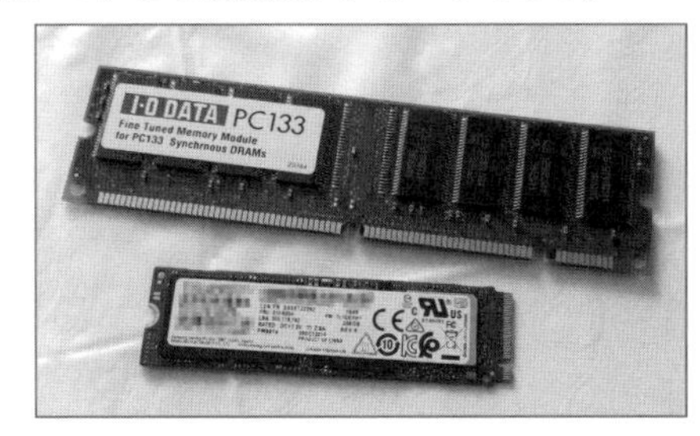

仮想メモリの設定方法

仮想メモリの設定はコントロールパネル（アイコン表示）から「システム」を選択。「システム」のタスクペインで「システムの詳細設定」をクリックして、「システムのプロパティ」ダイアログの「詳細設定」タブを選択。

「パフォーマンス」欄にある「設定」ボタンをクリックして、「パフォーマンスオプション」ダイアログの「詳細設定」タブ、仮想メモリ欄内で「変更」ボタンをクリックする。

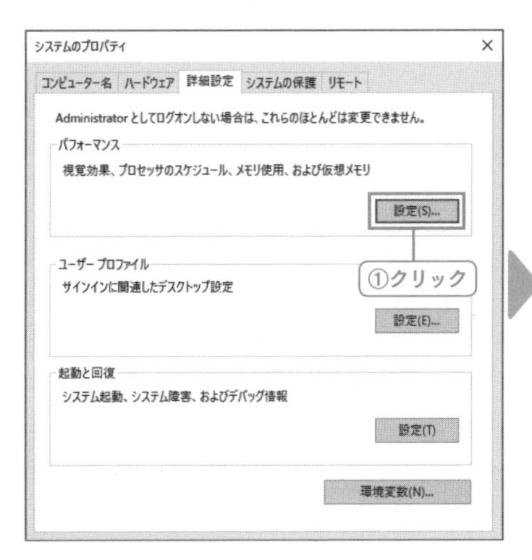

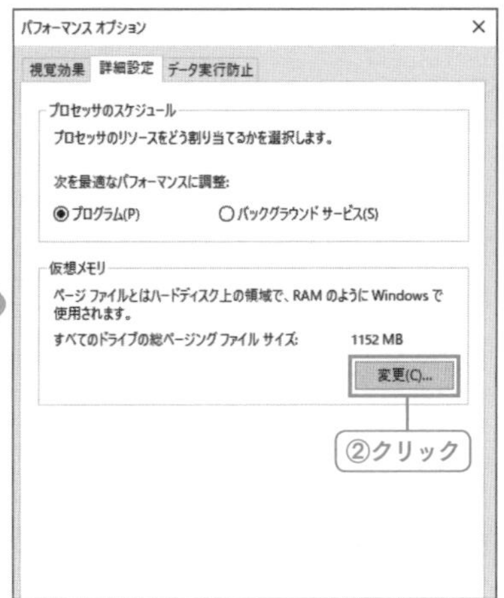

仮想メモリ設定の最適化

「仮想メモリ」ダイアログで任意に仮想メモリを設定したい場合には、「すべてのドライブのページングファイルのサイズを自動的に管理する」のチェックを外して、ドライブ指定と容量指定を行う。

任意設定するのであればページングファイルサイズが可変しないように「カスタ

ムサイズ」を選択して「初期サイズと最大サイズを同容量」に設定することが求められ、また容量としての最適値はメモリが潤沢であることを仮定すれば「ページングファイルなし」なのだが、なぜか仮想メモリを積極的に利用するアプリというのも存在するので(仮想メモリがないと怒るアプリがある)、1024の倍数を目安に「4096(MB)」程度指定しておけばよい。

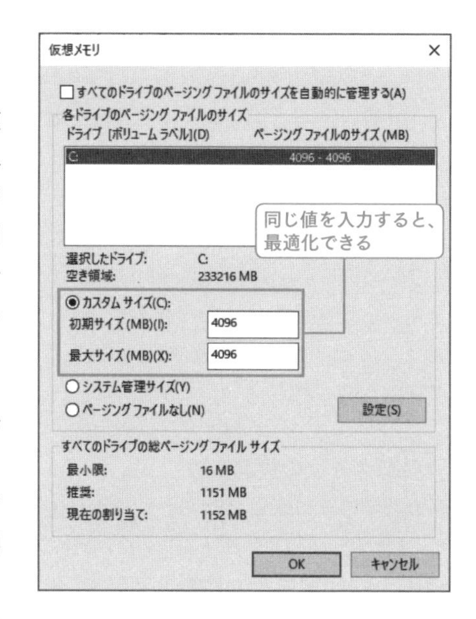

なお、前述の通り一般的には「デフォルト設定」、つまり「すべてのドライブのページングファイルのサイズを自動的に管理する」のチェックで問題はない。正直カスタマイズしたからといって、パフォーマンスの差は誤差の範囲である。

ページングファイルをフォルダー内に配置する

ページングファイルの本体は「pagefile.sys」であり、システムドライブのルートに配置される。この状態で問題はないが、どうしてもドライブのルートにあるのは邪魔だという場合には、レジストリエディターから「HKEY_LOCAL_MACHINE¥SYSTEM¥CurrentControlSet¥Control¥Session Manager¥Memory Management」を選択して、値「PagingFiles」の値のデータで既存に従ってパス指定する形に書き換える形でカスタマイズできる。

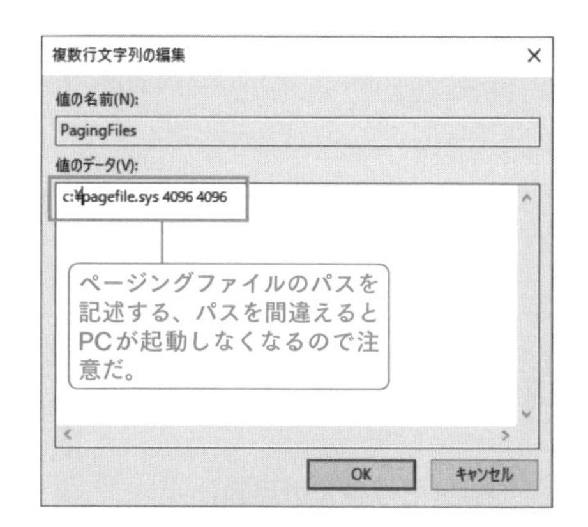

なお、記述を間違えるとシステムごと起動しないなどのトラブルが起こりかねないので、設定適用はお勧めしない。

● ショートカット起動

■ パフォーマンスオプション	SYSTEMPROPERTIESPERFORMANCE

2-5 電源の詳細設定

休止状態の明示的な実行を可能にする設定

「休止状態」は、メモリ上のデータをストレージに退避してPCの電源を完全に切るため、バッテリーライフを延ばすことができるというメリットもあるのだが、Windows 10のデフォルト設定では[スタート]メニューやクイックアクセスメニューから「休止状態」を実行することができない。

ノートPCではスリープ実行後に一定時間経過すると「休止状態」に自動移行するのだが、明示的に「休止状態」を実行したい場合には、コントロールパネル(アイコン表示)から「電源オプション」を選択して、タスクペインから「電源ボタンの動作の選択」をクリック。

「現在利用可能ではない設定を変更します」をクリックしたうえで、「シャットダウン設定」欄にある「休止状態」をチェックすればよい。

この設定を適用することで、[スタート]メニューの電源操作から「休止状態」を選択できるほか、ショートカットキー[Windows]+[X]→[U]→[H]キーで休止状態の実行が可能になる。

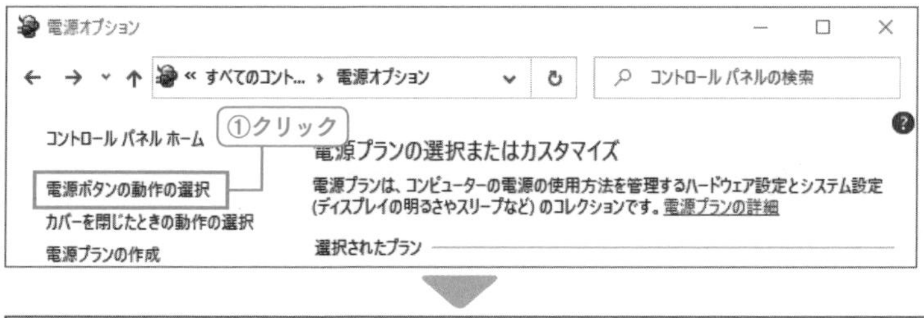

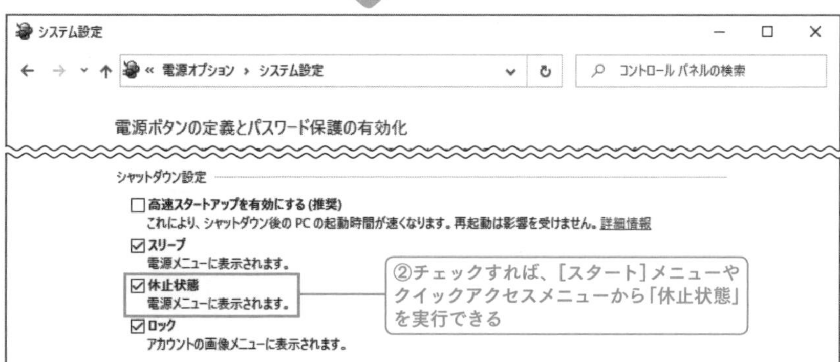

「休止状態」を明示的に実行したければ、「シャットダウン設定」欄にある「休止状態」をチェックする。

[スタート]メニューからの電源操作のほか、クイックアクセスメニューにも「休止状態」が表示されるようになり、ユーザーが明示的に休止状態を実行できるようになる。

休止状態の無効化

Windows 10において「休止状態」は有用な機能である。メモリ内容をストレージにコピーしてスリープ状態を安全に保つほか、「ハイブリッドスリープ」や「ハイブリッドブート」などの機能にも活用されている。

しいて休止状態の欠点を挙げるとすれば、メモリ内容をファイルに保持するゆえにシステムドライブに巨大な「hiberfil.sys」というファイルを生成することだ。

システムドライブ(Cドライブ)の空き容量を確保したい場合や、「休止状態」や「ハイブリッドスリープ」は利用しないという環境において休止状態を無効化したい場合には、Windows PowerShellから「POWERCFG -H OFF」と入力実行すればよい。「休止状態」を無効にしてシステムドライブにある巨大な「hiberfil.sys」を消去することができる(ちなみに休止状態を再び有効化したい場合には「POWERCFG -H ON」だ)。

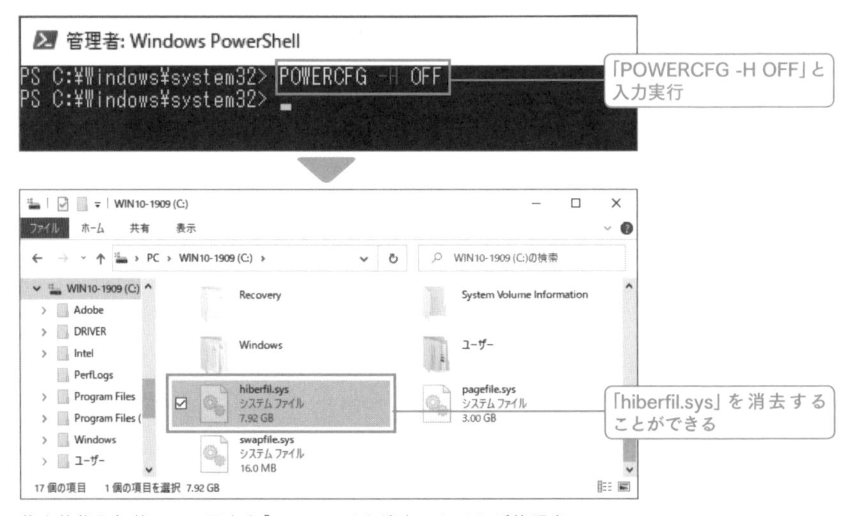

休止状態を無効にして巨大な「hiberfil.sys」を消去したければ管理者Windows PowerShellから「POWERCFG -H OFF」と入力実行する。

休止状態有効時の設定項目

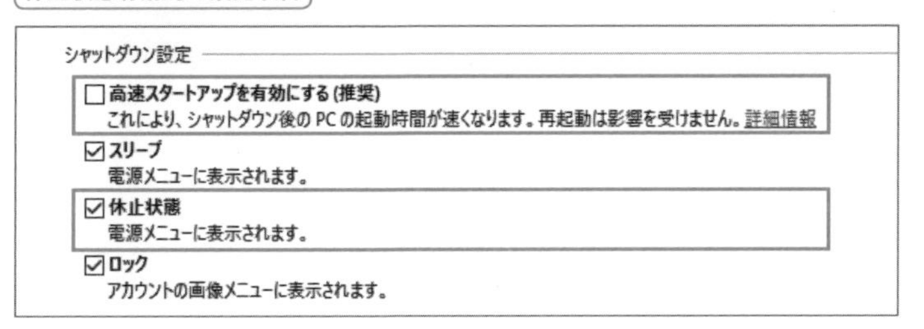

休止状態無効時の設定項目

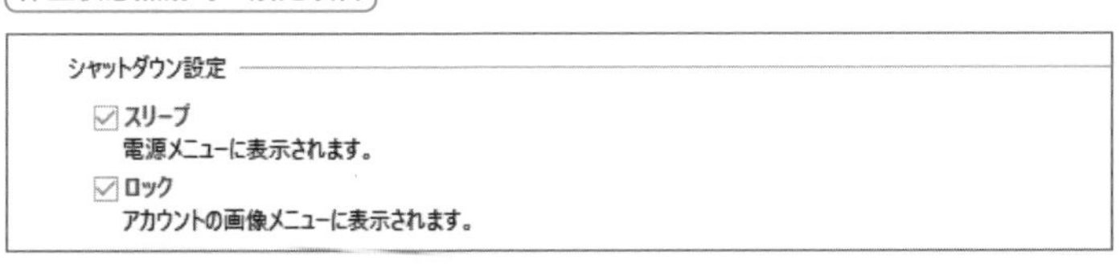

休止状態を無効にすると休止状態関連機能も無効になり、「高速スタートアップを有効にする」や「休止状態」のチェックボックスが消えて設定として有効にできなくなる。

コマンドによる電源操作

コマンドによる電源操作は場面によっては重宝する。通常は[スタート]メニューやクイックアクセスメニューからの電源操作でよいが、コマンドには「制限された環境でも指定操作を実行できる」という特性があるためだ。

コマンドによる電源操作を実行したい場合には、「ファイル名を指定して実行」やWindows PowerShellから「SHUTDOWN /［オプション］」と入力実行すればよい。

オプションは次表に従うが、素早く電源操作を完了したい場合には「/T［指定動作までの待ち時間］」を短めに指定することができ、例えば「SHUTDOWN /R /T 0」と入力実行することで即再起動を実行できる。

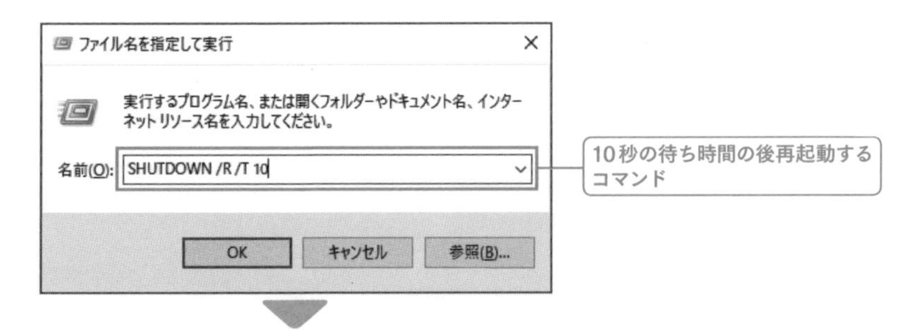

「SHUTDOWN」コマンドによる再起動。ここでは再起動まで10秒の猶予を与えた。ちなみにこののち素早く「SHUTDOWN /A」と入力実行すれば、指定の電源操作をキャンセルすることもできる。

● **コマンドオプション**

/S	シャットダウン
/R	再起動
/L	サインアウト(ログオフ)
/A	指定した電源操作の中止
/M ¥¥[コンピューター名]	対象PCの指定

電源ボタンやカバーに対する電源動作の設定

ノートPCのカバーの開閉(Windows OSでは開閉対象がディスプレイかキーボードかにかかわらず「カバー」という表現をする)や電源ボタンに任意の電源操作を割り当てたい場合には、コントロールパネル(アイコン表示)から「電源オプション」を選択して、タスクペインから「カバーを閉じたときの動作の選択」あるいは「電源ボタンの動作の選択」をクリック。

一覧から任意の動作における任意の電源操作を指定すればよい。

ちなみに「何もしない」という選択は、間違えて電源ボタンを押してしまいがちな環境には有効である(電源ボタン付近を猫が通る、ノートPCを持ち上げた際に電源ボタンを押してしまうなど)。

ノートPCの場合

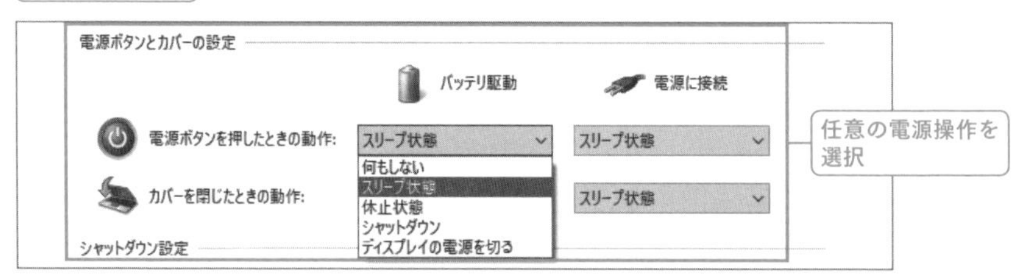

「電源ボタンを押したときの動作」「カバーを閉じたときの動作」から任意の電源動作を選択。[スタート]メニューやショートカットキーを利用せずにボタンやカバーを閉じるだけで指定の電源操作を一発実行できるため意外と有効だ。

デスクトップPCの場合

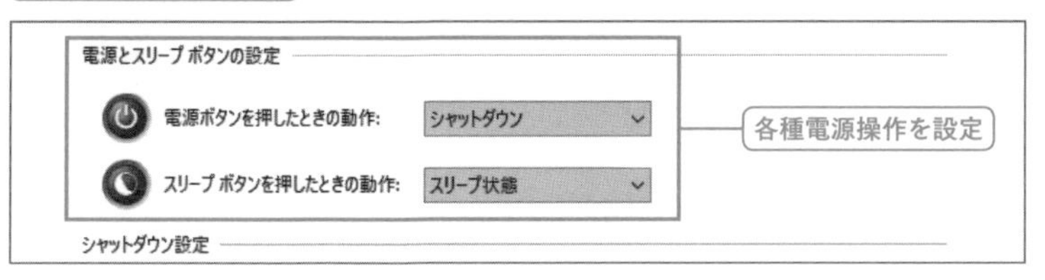

デスクトップPCの場合、当然ながら「バッテリー」の選択肢はない。またハードウェア環境によっては「スリープボタン」に対する任意の電源動作を割り当てることができる。

電源操作を許さない環境設定

ビジネス環境や家庭環境の一部などでは、PC操作は許すものの勝手に電源操作は行われたくないという環境が存在する。

このような環境において、Windows 10による電源操作を抑止したければ、レジストリエディターから「HKEY_CURRENT_USER¥SOFTWARE¥Microsoft¥Windows¥CurrentVersion¥Policies¥Explorer」を選択して、「DWORD値」で値「NoClose」を作成して値のデータを「1」に設定すればよい。

またグループポリシー設定であれば、「ユーザーの構成」−「管理用テンプレート」−「タスクバーと[スタート]メニュー」を選択して、「シャットダウン、再起動、スリープ、休止コマンドを削除してアクセスできないようにする」を有効に設定すればよい。

なお、上記設定を適用しても「SHUTDOWNコマンドによる電源操作(➡P.127)」は可能である。

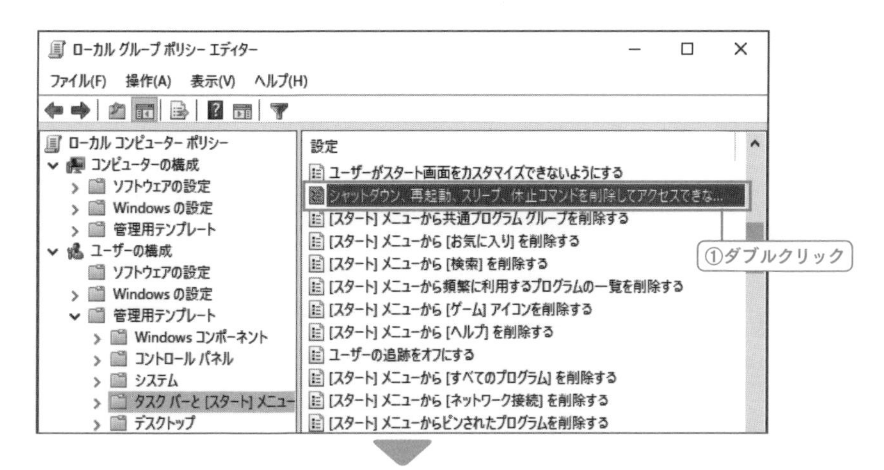

シャットダウン、再起動、スリープ、休止コマンドを削除してアクセスできないようにする

シャットダウン、再起動、スリープ、休止コマンドを削除してアクセスできないようにする　前の設定(P)　次の設定(N)

○未構成(C)　コメント:
◉有効(E)　②有効にする
○無効(D)
サポートされるバージョン:　Windows 2000 以降
オプション:　ヘルプ:

グループポリシー設定で「シャットダウン、再起動、スリープ、休止コマンドを削除してアクセスできないようにする」を有効に設定すると、電源操作が行えないようになる。ちなみにコマンドによる電源操作は、この設定を適用しても許可される。

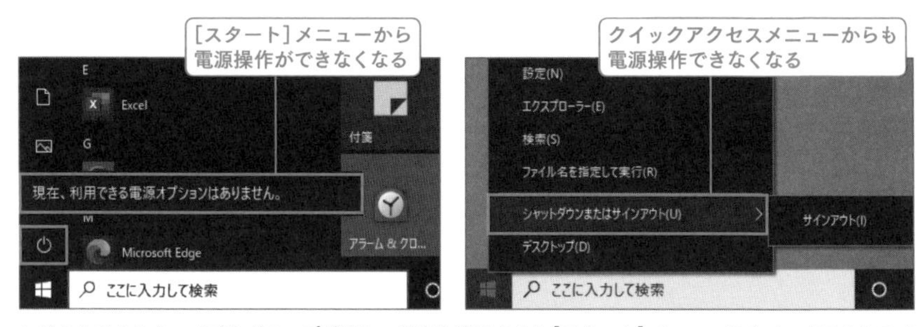

レジストリカスタマイズやグループポリシー設定を適用すると[スタート]メニューやクイックアクセスメニューからの電源操作が許されなくなる。環境によっては使えるカスタマイズであり、また該当するユーザーにはPCを利用し終わったら「サインアウト」あるいは「ロック」を実行するように指導するとよい。

強制シャットダウンによるシステムの完全放棄

Windows 10ではあまりないが、完全にシステムがフリーズしてしまい操作をまったく受け付けなくなった場合には「強制シャットダウン」を実行する。

なお、強制シャットダウンはいわゆる「電源をいきなり引っこ抜く」に近い操作であるため、デスクトップ上で編集している各種データは保存されないほか、ファイルI/O中などの場合にはシステム&データファイルクラッシュを起こすこともあるので注意したい。

強制シャットダウンは電源ボタンの長押し(10秒以上程度)で行うことができるが、あくまでも各種問題解決手段を講じたのち、万策尽き果てた場合の最終手段だ。

なお、このようなシステムの停止が頻発する場合には、ハードウェアのトラブル(例えば電源ユニットやメモリの劣化)やWindows 10システムそのものの問題も考えられるので、データをバックアップしたうえで、ハードウェアの正常性を確認するとよく(➡P.403)、場合によっては「PCを初期状態に戻す」などの回復を試みてもよいだろう(➡P.359)。

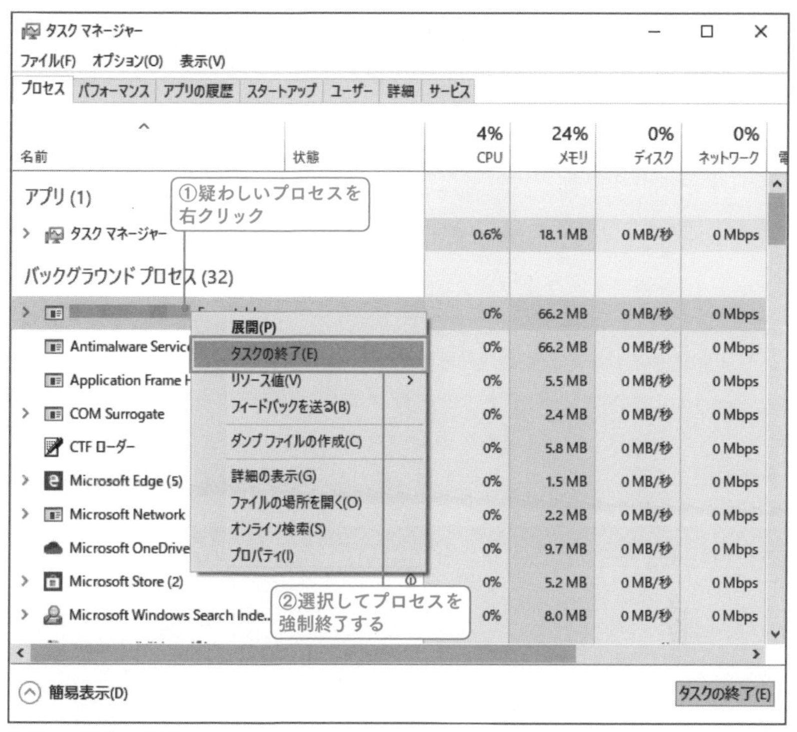

Ctrl + Shift + Esc キーでタスクマネージャーが起動できれば救いがある。疑わしいプロセスを「タスクの終了」ボタンで終了させ回復を試みるほか(該当プログラムの更新データは破棄される)、「ファイル」から「新しいタスクの実行」を選択して「SHUTDOWN」コマンドで正常な電源操作を試みるなどのアプローチを行う。

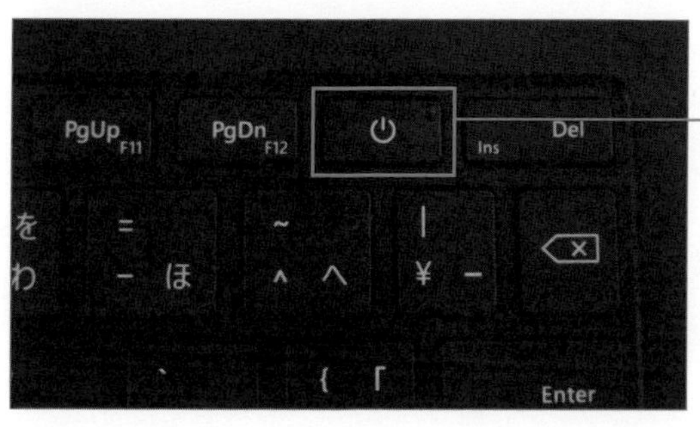

どうしようもなくなった場合には、電源ボタンを10秒以上押して強制終了させる

PCの電源ボタンを10秒以上長押しすると「強制シャットダウン」を行える。なお、データは保存されないほかシステムクラッシュの可能性があるため「どうしてもPC操作ができない」などの場面に限られる。

2-6 サインインアカウントとPC管理

重要な「サインインアカウント」の選択

Windows 10を利用するうえでパフォーマンス的な観点として、あるいは個人情報を含むプライバシー管理として、重要というか「最初の分岐点」となりうるのが、デスクトップにサインインしている「サインインアカウント」の選択である。

Windows 10においては「サインインアカウント」として「Microsoftアカウント」と「ローカルアカウント」の選択肢があるのだが、Microsoftアカウントは「クラウドに各種情報を送信する」という特徴を持つ。

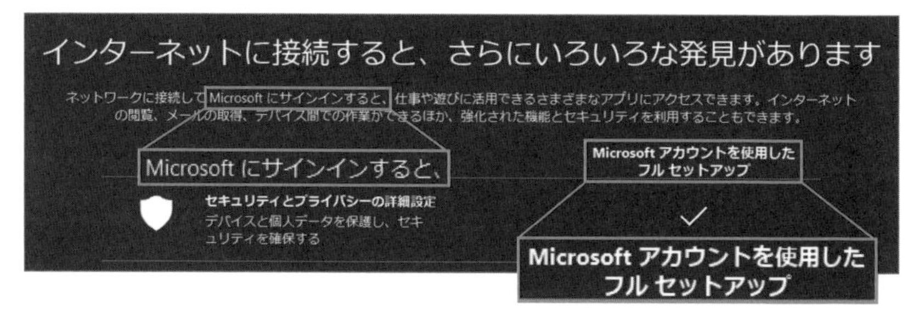

Windows 10ではあらゆる場面で「Microsoftアカウント」がお勧めされる。サインインアカウントとして「Microsoftアカウント」を利用した場合、結果的に各機能がクラウドと連携してアカウントと紐づいた各種情報が送信されることになる。

Microsoftアカウントによる情報送信

スマートフォンを利用する際には最初からクラウドアカウント(Androidスマートフォンであれば Googleアカウント、iPhoneであれば Apple ID)と紐づけるのが基本だが、結果該当端末の情報はクラウドサーバーにガンガン送信されることになる。

「GAFA(ガーファ:Google、Apple、Facebook、Amazon)」という言葉を聞いたことがあると思うが、各社の利用アカウントに紐づけられて送信される情報は膨大であり、広告やeコマースなどに利用されるほか、正直どこの何に利用されているかはITの構造上に客観的に検証する術はない。

GAFAは現代の神ともいわれ、また人類を家畜化しているともいわれるが、この表現は決して大げさではない。

そして、アカウントに紐づけられた情報は故意ではなくても、クラウドサーバーのミスやアカウント管理の不具合によって漏えいが起こる可能性がある(起こったこともある)点にも留意すべきで、これからの未来「思ってもみなかったクラウドアカウントゆえのトラブル」は起こりうるのだ。

……さて、前置きが長くなったが、Windows 10において「サインインアカウントをMicrosoftアカウントにする」ということは、すなわちクラウドアカウントの利用であり、こちらの情報をMicrosoftのサーバーに送信しているに他ならない。

Windows 10では比較的ユーザーにわかりやすいように送信される情報を示してはいるものの、先に示したようなクラウドゆえのトラブルが起こらない保証はないほか、パフォーマンスの側面で考えても「裏で余計な情報処理と通信をしている」点はマイナスである。

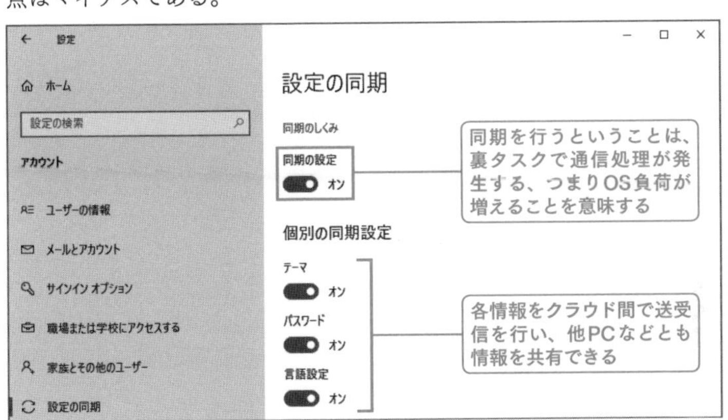

サインインアカウントにおいて「Microsoft アカウント」を選択した場合、「設定の同期」などクラウドならではのPC連携が行える。しかし、逆にいえばこれらの設定をMicrosoftサーバーに逐次送信しているともいえる。なお、当然ここで表示されている項目だけが送信対象ではない。

▢サービスとしてのMicrosoftアカウント利用は「有効」

さて、わかりにくいのは「サインインアカウントとしてMicrosoftアカウントを利用する」ことと「MicrosoftアカウントでMicrosoftサービスを利用すること」は別の話であるということだ。

Windows 10では前述の通りサインインアカウントとして「ローカルアカウント」も選択できるのだが、ローカルアカウントを利用した場合でも「Microsoftアカウントを利用して関連サービスを利用することは可能」であり、OneDriveやOneNote、Microsoft StoreなどのMicrosoftサービスを利用することができる。

つまり、「Microsoftサービスを利用するためにMicrosoftアカウントを取得し利用すること」はお勧めというか、Windows 10を活用するうえで必須条件といってよい。

わかりやすくいってしまえば「サインインアカウントはローカルアカウント」を利用したうえで、「Microsoftアカウントを用いてMicrosoftサービスを利用する」ことが当面正しい選択というか、本書のお勧めの管理方法である。

なお、Microsoftアカウントはアカウント名とパスワードだけでクラウドを含めたすべての関連サービスが利用できてしまうが、この状態は非常に危険であるため、必ず「二段階認証」を設定してセキュアにアカウントを保つべきだ。

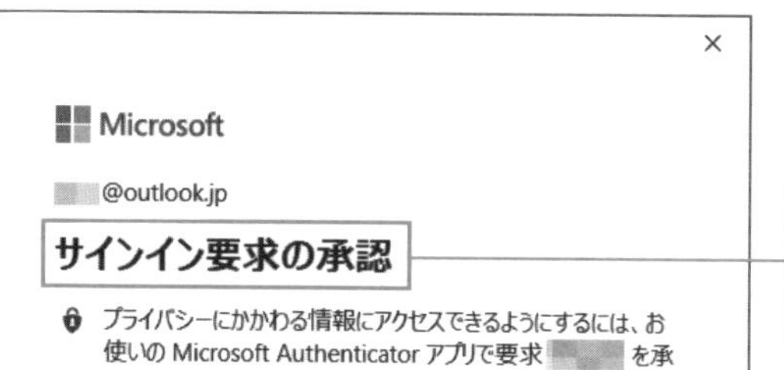

二段階認証を設定しておくと、サインインの際にスマートフォン等の別媒体での承認が必要になるためセキュアだ

Microsoftアカウントでクラウドサービスを利用するなら「二段階認証」は必須だ。スマートフォンアプリ「Microsoft Authenticator」と紐づけておくと、各場面で必要とされる認証をセキュアかつ素早く行えてよい。

ローカルアカウントでMicrosoftアカウント関連サービスを活用する

ローカルアカウントでMicrosoftアカウント関連アプリやサービスを活用する際、注意したいのは「このデバイスではどこでもこのアカウントを使用する」というダイアログであり、そのまま「次へ」ボタンをクリックすると、なんとサインインアカウントが「Microsoftアカウント」に置き換わってしまう(ローカルアカウントのまま運用したいものにとって、これはトラップだ)。

このようなダイアログが表示された際、サインインアカウントをローカルアカウントのまま運用したければ、「Microsoftアプリのみ」をクリックして該当アプリや該当サービスのみ該当Microsoftアカウントを利用する設定にする。

Microsoft

@outlook.jp

このデバイスではどこでもこのアカウントを使用する

アカウントが Windows に記憶され、アプリや Web サイトへのサインインが簡単になります。[次へ] をクリックすると、紛失したデバイスを見つけたり、他のデバイスと設定を同期したり、Cortana に質問したりできるようになります。

Microsoft アプリのみ

次へ

サインインアカウントをローカルアカウントのままMicrosoftアカウントを利用したければここをクリックする

ローカルアカウント作成テクニック

ローカルアカウントの作成は、「設定」から「アカウント」－「家族とその他のユーザー」を選択。「他のユーザー」欄にある「＋その他のユーザーをこのPCに追加」をクリックしたのち、Microsoftアカウントへの誘導を振り切るように「このユーザーのサインイン情報がありません」「Microsoftアカウントを持たないユーザーを追加する」などと選択して、ようやくローカルアカウント作成画面にたどり着ける（Windows 10バージョンによって詳細なステップは異なる）。

なお、ローカルアカウント作成における注意事項は P.67 で解説済みだが、「ユーザー名には1バイト文字列のみを利用すること」「パスワードを設定すること」「作成後のユーザー名変更を行わないこと」が必須である。

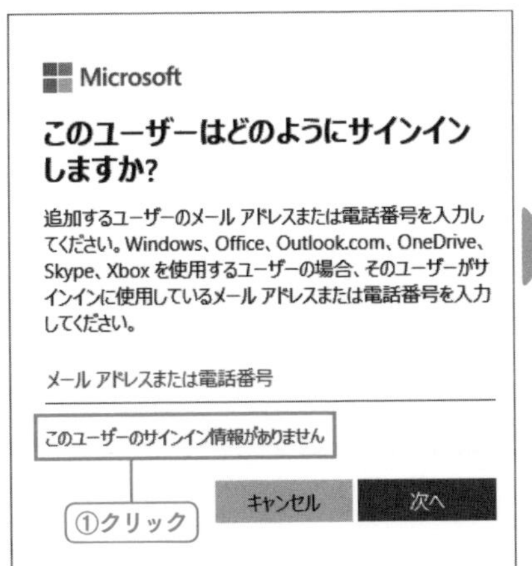

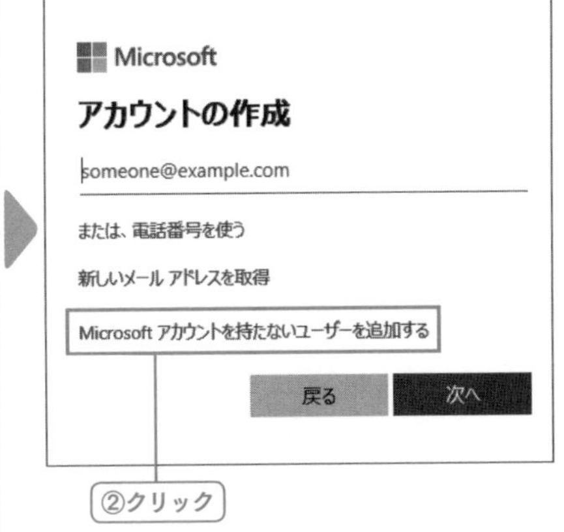

とにかく誘導を振り切れ！　ローカルアカウントの作成は、Microsoft アカウントへの勧誘をことごとく拒否してようやく実現できる。なお、Windows 10 で Microsoft アカウントを利用できないように設定したい場合には P.146 参照だ。

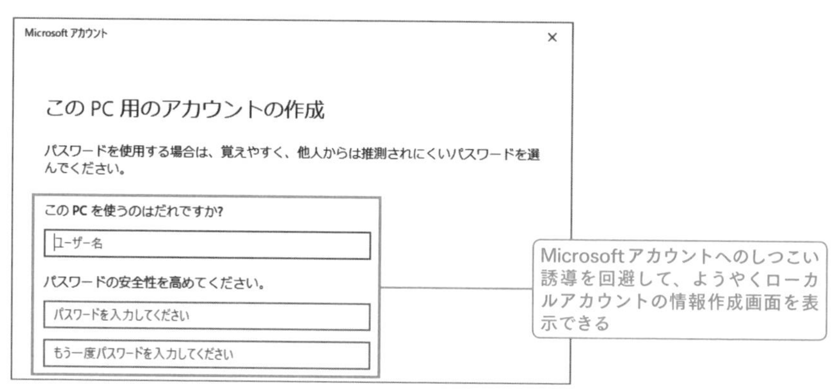

ローカルアカウントの作成。ユーザー名は1バイト文字で命名する。ここで漢字やひらがななどの2バイト文字を使用した場合、将来的に不具合が起こる可能性がある。

「ローカルユーザーとグループ」によるローカルアカウント作成

ローカルアカウントを作成するうえで煩わしい「Microsoftアカウントへの誘導」を回避したい場合には、「ファイル名を指定して実行」から「LUSRMGR.MSC」と入力実行して、「ローカルユーザーとグループ」から「ユーザー」と選択。空欄で右クリックして、ショートカットメニューから「新しいユーザー」を選択すれば直接ローカルアカウントを作成できる。

なお、「ユーザーは次回ログオン時にパスワードの変更が必要」のチェックを外すなど、ある程度内容と特性を理解したうえでローカルアカウントの作成を行う必要がある。

この工程におけるローカルアカウント作成のメリットは「パスワードを忘れた場合」の質問の選択と回答を行わなくてよい点と連続してアカウントを作成できる点にある。

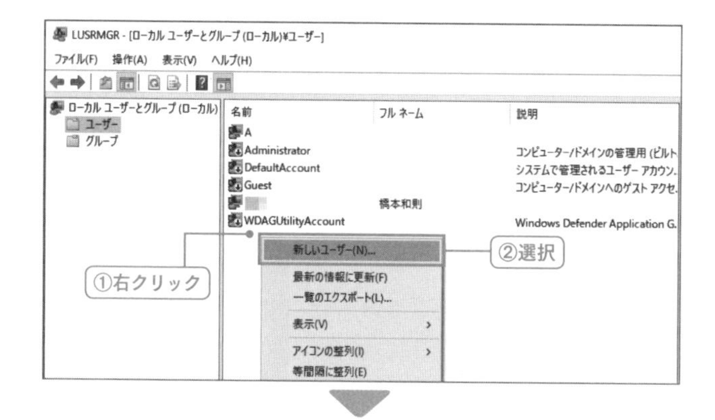

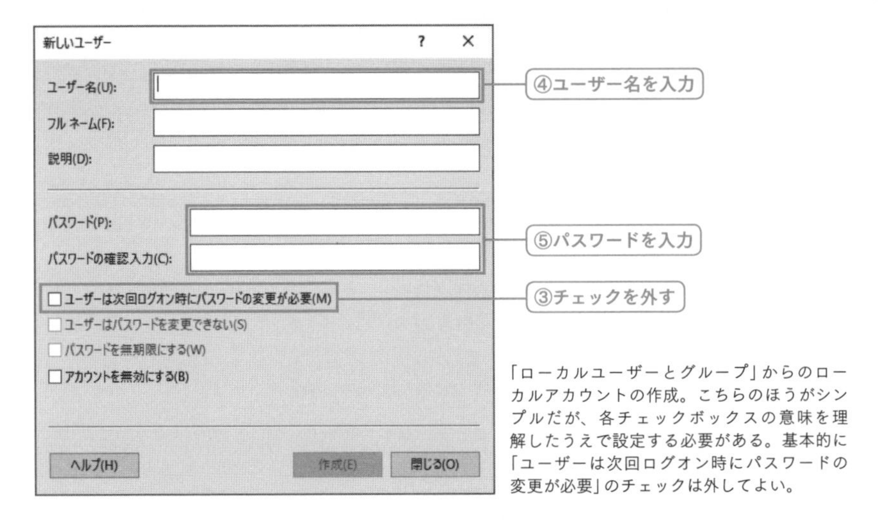

「ローカルユーザーとグループ」からのローカルアカウントの作成。こちらのほうがシンプルだが、各チェックボックスの意味を理解したうえで設定する必要がある。基本的に「ユーザーは次回ログオン時にパスワードの変更が必要」のチェックは外してよい。

● **ショートカット起動**

■ 家族とその他のユーザー	ms-settings:otherusers
■ ローカルユーザーとグループ	LUSRMGR.MSC
■ アカウントの画像	SHELL:ACCOUNTPICTURES

「アカウントの種類」とITリテラシーが低い人への管理

Windows 10において面倒くさいというかわかりにくいのは、サインインアカウントとして「Microsoftアカウント」と「ローカルアカウント」という違いが存在するほかに、ユーザーアカウントに対して「管理者」と「標準ユーザー」という「アカウントの種類」の違いが存在することだ。

個人利用のPCであれば特にアカウントの種類を意識する必要はないが、ビジネス環境のPCでは適切な「アカウントの種類」を割り当てる必要があり、特にITリテラシーが低い者に対しては「標準ユーザー」を割り当てるのが基本になる。

なお、この点もわかりにくい部分だが、「アカウントの種類」はあくまでも該当PCのみで管理されるため、Microsoftアカウントといえどもこの情報はクラウドで管理されない（同じMicrosoftアカウントであっても、「アカウントの種類」はPCごとでの割り当てになる）。

「アカウントの種類」

「管理者」は、Windows OSに対する各種設定を制限なく実行できシステムカスタマイズやWindows OSに変更を加えるプログラムのインストールなどが許可される。

一方「標準ユーザー」はシステムや他のユーザーアカウントに影響をおよぼすよう

な操作や設定、アプリ(プログラム)のインストールなども許可されない。

なお現在「標準ユーザー」と呼ばれるアカウントの種類は、Windows XP時代には「制限」と呼ばれていたものであり、つまりは「制限したいユーザーアカウント」に割り当てるべきアカウントの種類といえる。

管理者	PCへの完全なアクセス権を持ち、システムに対する操作や設定が行える。デスクトップアプリ(プログラム)のインストール・アンインストールを実行することができるほか、ユーザーアカウントの作成・変更・削除や、他のユーザーアカウントに対する「アカウントの種類」の変更なども可能だ。
標準ユーザー	システムに影響するPC設定やデスクトップアプリのインストール・アンインストールなどは許可されない。なお、個人用設定(システムに影響をおよぼさないパーソナルな設定)は可能なほか、Microsoft Storeからのアプリ導入は許可される。

「アカウントの種類」の変更

「アカウントの種類」の指定は、「管理者」が割り当てられたユーザーアカウントでサインインした後、「設定」から「アカウント」-「家族とその他のユーザー」を選択。「他のユーザー」欄でアカウントの種類を変更したい任意のユーザーアカウントをクリックしたのち、「アカウントの種類の変更」ボタンをクリックして任意に設定する。

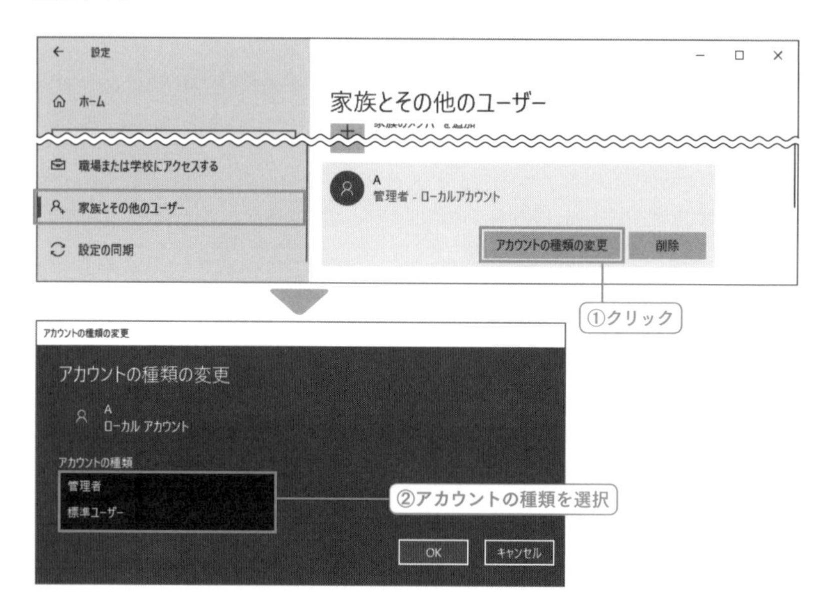

● ショートカット起動

■ 家族とその他のユーザー　ms-settings:otherusers

2-7 サインインオプションとセキュリティ

デスクトップのセキュリティ

PCのセキュリティ機能だけでは情報漏えいを防ぐことはできない。

PCのセキュリティ機能が有効に働いている状態において、セキュリティリスクとして最も気をつけるべきは「アプリの導入（➡P.215）」なのだが、それと同じくらい気をつけるべきなのがデスクトップの覗き見や直接操作による情報漏えいである。

なお、このようなデスクトップのセキュリティでは「会社のPCを家に持ち帰る」「テレワーク」などでも注意すべきであり、あるサラリーマンが自宅でPCを放置した結果、たまたまそのときに自分のPCが壊れていた息子がアダルトサイトを閲覧してマルウェアに感染。会社の情報が漏えいしてしまい会社をクビになったうえで一家は離散、なんていう恐ろしい事例さえある。

逆の言い方をすれば、自分の周りが信頼できる人間であろうがなかろうが、家族であろうがなかろうが、デスクトップのプライバシーは不測の事態に陥らないためにも絶対に確保すべきなのである。

離席時のロック

デスクトップを操作できるまま放置してしまえば、共有フォルダーやクラウド、メールの送受信情報などさまざまな情報にアクセスできてしまう。

よって、離席時に「ロック」を行うのは基本中の基本であり、ショートカットキー［Windows］＋［L］キーですぐにロックを実行できる。

蛇足だが、編集中の文書などにおいて「猫が歩いて改変された」などを防げるのもロックであるため、とにかく離席時に徹底すべきは「デスクトップのロック」である。

サインイン時のセキュリティ

デスクトップにサインインする際にユーザーアカウントのパスワードを盗み見されてしまえば、いつでも該当アカウントでサインインが可能になってしまうため、結果的に重要な情報を盗まれてしまう可能性がある。

このような事態を踏まえて生パスワードでサインインせず、「Windows Hello（➡P.141）」を利用してサインインするのがセキュリティの基本になる。

自動ロックの設定

Windows 10はスリープが実行されると自動的にロックされるため、デフォルト設定であれば一定時間放置した場合デスクトップはロックされる仕組みではあるが、スリープまでの時間を待たずに自動ロックを行いたい場合には、Windows OSが古くからサポートする「スクリーンセーバー」を活用する。

「設定」から「個人用設定」-「ロック画面」と選択して、「スクリーンセーバー設定」をクリック。

「スクリーンセーバーの設定」で「再開時にログオン画面に戻る」をチェックして、「待ち時間」で任意のロックまでの待ち時間(分数)を指定すればよい。

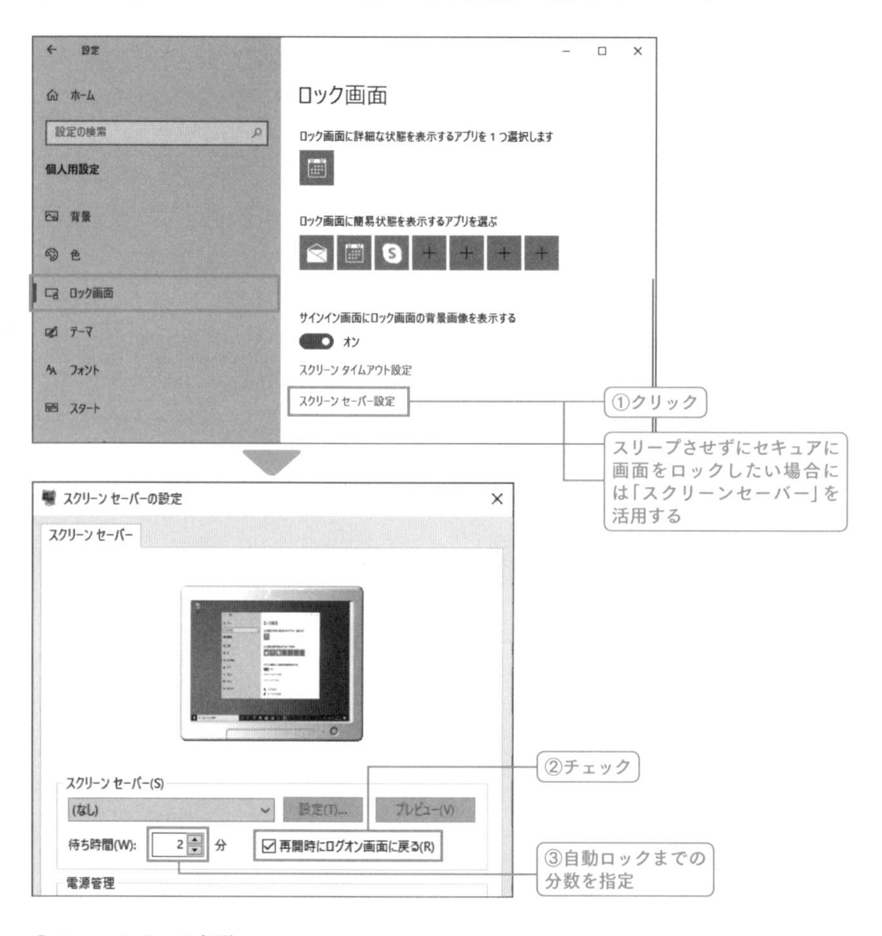

● ショートカット起動

■ ロック画面	ms-settings:lockscreen
■ スクリーンセーバーの設定	DESK.CPL ,1

Column

物理的なデスクトップのプライバシー確保

PCのデスクトッププライバシーに必須なのがデスクトップのロックだが、ノマドワーク(電車内・喫茶店・フードコートなどでの作業)を行う場合には「デスクトップの覗き見対策」にも着目したい。

デスクトップの覗き見を防止するには、そもそも覗かれない場所で作業するなどの手もあるが、PC利用環境によっては「覗き見防止フィルム」や「マグネット式 着脱可能覗き見防止フィルター」などを利用するのも手だ。

なお、あらかじめ覗き見防止機能を備えるPCもあり、例えばHP EliteBook x360であればボタン一発でプライバシーフィルターの有効/無効に切り替えることができる。

HP EliteBook x360 1040 G6。プライバシーフィルター機能を備えるほか、フロントカメラのプライバシーシャッター・指紋認証・顔認証カメラなどを備え、またタッチ対応・モダンスタンバイ対応・ペン対応・SIM対応であるなどビジネスモバイルPCとしてほぼ完ぺきな機能を備える。

サインインオプション「Windows Hello」の設定

Windows Helloなどの「サインインオプション」を設定したい場合には、「設定」から「アカウント」-「サインインオプション」と選択。

ハードウェア構成に従って「Windows Hello顔認証」「Windows Hello指紋認証」などが設定できる。ちなみにわかりにくいが、「Windows Hello暗証番号(PIN)」の設定は、どのPCでも(ハードウェア構成に依存せず)可能でかつ必須設定であり、またよりセキュアな環境を実現したいという場合にはプラスアルファで「顔認証」「指紋認証」のどちらかが求められる。

ちなみに、「セキュリティキー」「ピクチャパスワード」は利便性の側面でお勧めできない。あくまでも「Windows Hello～」がメインと考えてよいだろう。

なお、Windows Hello全般の設定は、Microsoftアカウントであってもクラウドに保存されず、該当PCにしか保存されないというセキュアな側面を持つ。

Windows Hello暗証番号(PIN)の設定

「PIN」はパスワードの代わりとなるサインインオプションの一つであり、サインインが容易になるほか、デスクトッププライバシーにおいて「生のパスワード入力を見られずに済む」というメリットがある。

また。「Windows Hello」に分類される「指紋認証」や「顔認証」を設定するうえでは必要となる設定である。

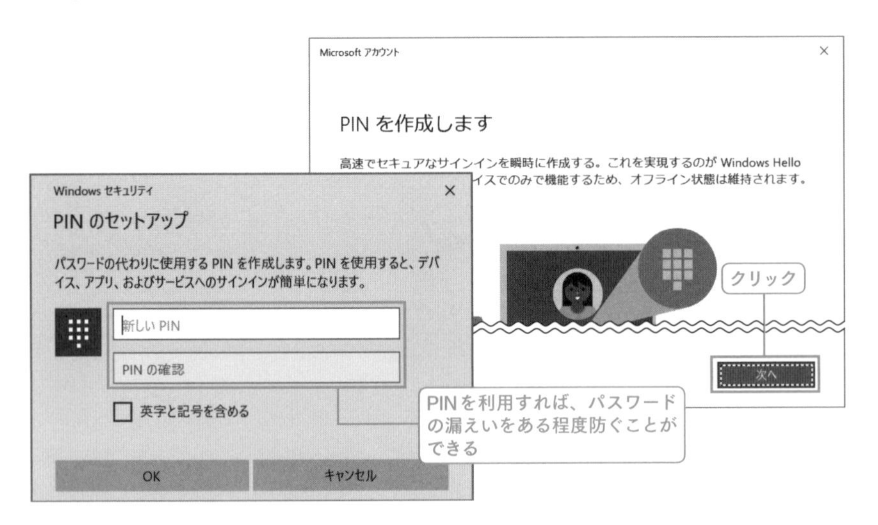

Windows Hello指紋認証のセットアップ

Windows Hello指紋認証は、指紋リーダー搭載機において、指紋をスキャンさせることによりサインインを実現できる。指紋認証はサインイン手順において漏えい(キー入力を後ろで覗き見される/キー入力をカメラで隠し撮りされるなど)の心配がないためセキュアである。

単に指紋リーダーに指で触れるだけでサインインできることは、サインイン手順においても利便性が高いのが特徴だ。

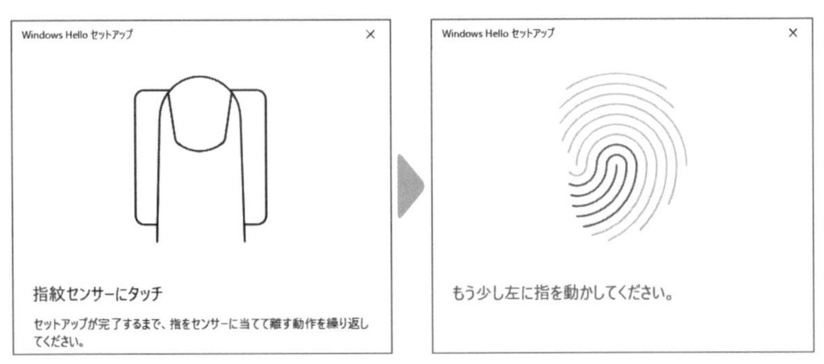

ウィザードに従って指紋を登録。指紋リーダーに指を数回置くだけで(指紋リーダーによっては指で数回スワイプ)セットアップが完了する。

Windows Hello顔認証のセットアップ

「顔認証」などというとフロントカメラによる単純な顔の認証のように思えるかもしれないが、Windows Hello顔認証は「IRカメラ」が必須であり認証精度が高いのが特徴で、暗闇でも顔認証可能である(暗闇での認証はスパイ映画っぽくなる)。

セットアップ後に「認識精度を高める」ボタンをクリックして、「メガネの有無状態」「照度の違う場所」など複数登録しておくと精度を高めることが可能だ。

Windows Hello 顔認証のセットアップ。難しくなくウィザードに従って、該当ユーザーアカウントを利用する者の顔をフロントカメラに映しこめばよい。ちなみに「マスク姿」なども登録してしまえば認証可能だ。

Windows Hello 顔認証によるロック画面でのロック解除。精度はかなり高くセキュリティとして実用に耐える。

● ショートカット起動

■ サインイン オプション　ms-settings:signinoptions

サインインする手前で任意のメッセージを表示する

サインインする直前に任意のメッセージを示したい場合には、ローカルセキュリティポリシー（SECPOL.MSC）から「ローカルポリシー」－「セキュリティオプション」と選択して、「対話型ログオン：ログオン時のユーザーへのメッセージのタイトル」に任意のメッセージタイトル、「対話型ログオン：ログオン時のユーザーへのメッセージのテキスト」に任意のメッセージ内容を記述すればよい。

ビジネスPCやテレワーク用の貸し出しPCなどにおいて明確にしておきたいメッセージを記述しておくと、注意を喚起することなどが可能だ。

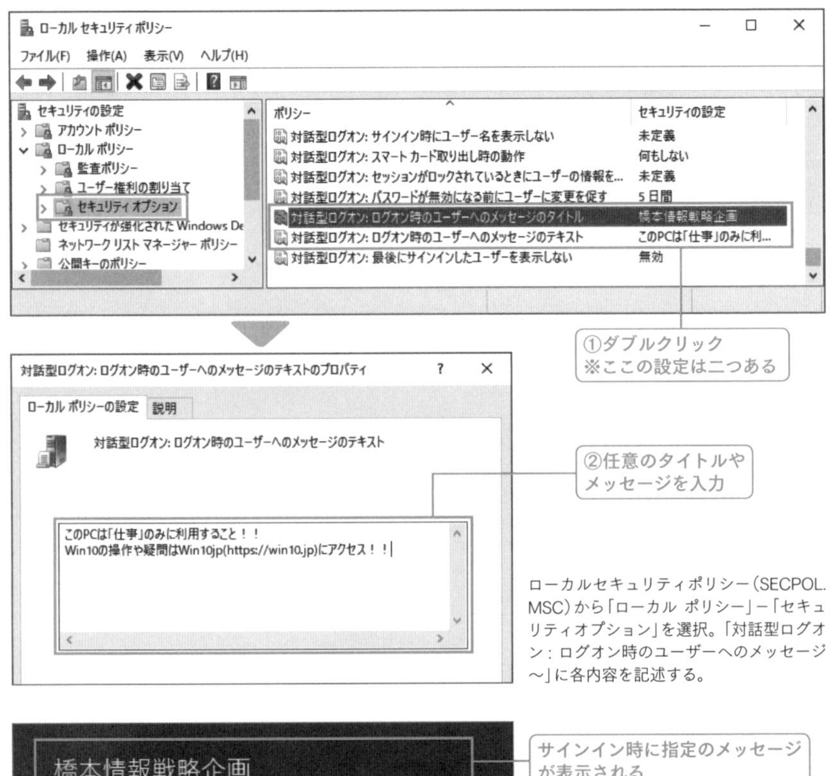

ローカルセキュリティポリシー（SECPOL.MSC）から「ローカル ポリシー」－「セキュリティオプション」を選択。「対話型ログオン：ログオン時のユーザーへのメッセージ～」に各内容を記述する。

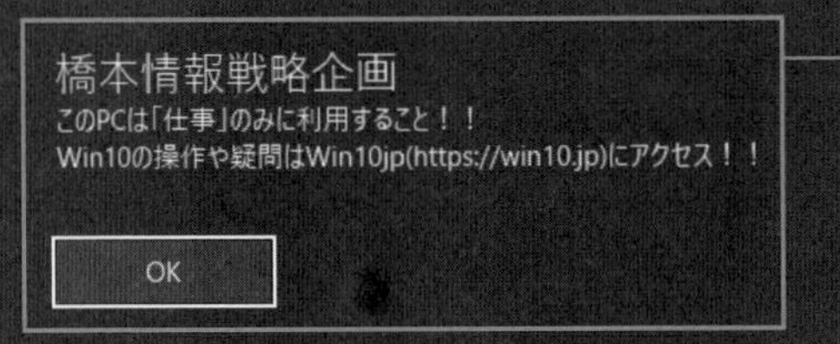

サインイン時に指定のメッセージが表示される

サインインする手前で設定したメッセージが表示される。ビジネスPCであればセキュリティや運用上の注意、家族であれば伝えておきたいメッセージなどを記述しておくとよい。

サインイン・サインアウト時にWindows作業内容を画面表示する

サインインやサインアウト時に沈黙する時間が長く、本当にWindows 10が正常に処理を進めているのか不安になるときがある。

人と人とのコミュニケーションにおいては信頼をしあっている関係であっても、時に「自分は今〜をしている」という確認をとる必要があるのと同様、サインイン・サインアウト時にWindows 10はいったい何を頑張っているのかを確認したければ、レジストリエディターから「HKEY_LOCAL_MACHINE¥SOFTWARE¥Microsoft¥Windows¥CurrentVersion¥Policies¥System」を選択して、「DWORD値」で値「VerboseStatus」を作成して、値のデータを「1」に設定すればよい。サインイン・サインアウト時に何を処理しているのかが表示されるようになる。

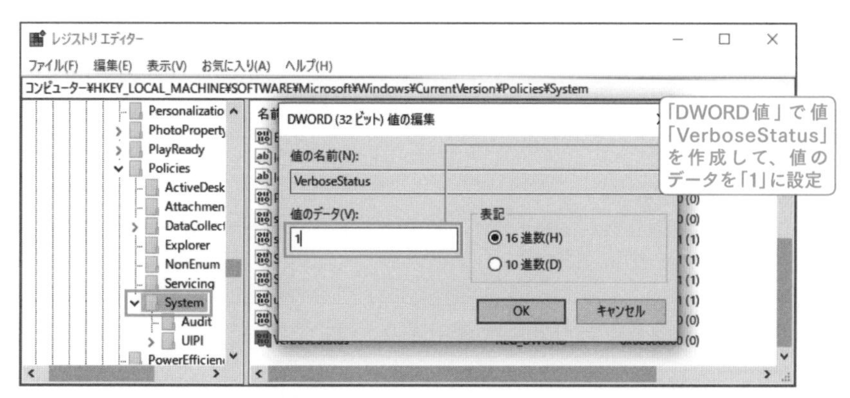

サインインやサインアウト時の作業内容を表示したければ、レジストリキー「HKEY_LOCAL_MACHINE¥SOFTWARE¥Microsoft¥Windows¥CurrentVersion¥Policies¥System」を選択して、「DWORD値」で値「VerboseStatus」を作成して、値のデータを「1」にする。

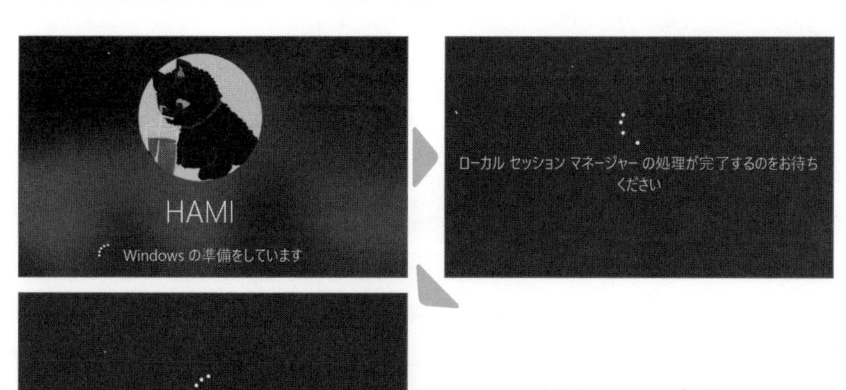

Windows 10は余計なことをいわずに裏でシコシコ作業をしているが、サインイン・サインアウト中に何の作業しているのか洗いざらい表に出せという場合には、本レジストリカスタマイズを適用すればよい。

Microsoft アカウントを追加できないようにする

Windows 10においてMicrosoftアカウントを追加できないようにしたいという場合には、「ローカルセキュリティポリシー(SECPOL.MSC)」から「ローカルポリシー」−「セキュリティオプション」を選択して、「アカウント:Microsoftアカウントをブロックする」から「ユーザーはMicrosoft アカウントを追加できない」を選択すればよい。

なお、「ユーザーはMicrosoftアカウントを追加またはMicrosoftアカウントでログオンできない」を選択すると文字通りMicrosoftアカウントでサインインできなくなるので適用する際には注意したい(推奨しない)。

なお、この設定をレジストリカスタマイズで設定したい場合には、レジストリエディターから「HKEY_LOCAL_MACHINE¥SOFTWARE¥Microsoft¥Windows¥CurrentVersion¥Policies¥System」を選択して、値「NoConnectedUser(DWORD値)」の値のデータを下表に従って設定すればよい。

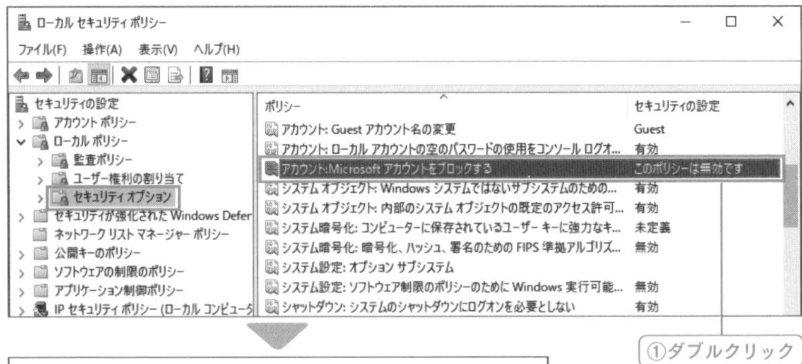

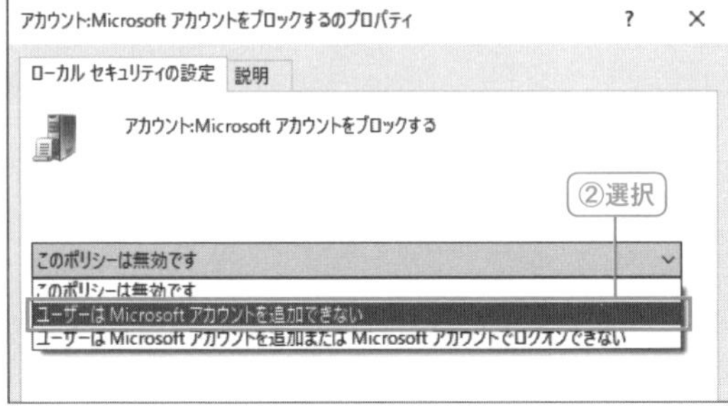

「アカウント:Microsoft アカウントをブロックする」……なんとも小気味よい設定名だが、もちろん設定の適用は任意だ。ちなみに「〜追加またはMicrosoft アカウントでログオンできない」を選択した場合、既存のMicrosoft アカウントでもサインインできなくなるため危険な設定といえる。

● レジストリ「NoConnectedUser」の設定

0	ポリシー無効(標準)
1	Microsoftアカウントの追加不可
3	Microsoftアカウントの追加不可&Microsoftアカウントでのサインインも不可(非推奨)

2-8 Windows Updateの管理とシステムの安定性

Windows Updateと更新プログラムの意味

Windows 10を扱ううえで、最大の難敵の一つが「Windows Update」である。

Windows Updateは自身を更新して仕様を変更する。これが厄介で、前提が覆ることがあれば、実はWindows Updateの制御下にない更新プログラムも存在するなどなかなか複雑怪奇だ。

まず、超大前提として、Windows Updateによる更新プログラムの適用は「最終的に必要」である。

なぜなら、Windows 10には「サポート期限(➡P.26)」が存在するからであり、現在の状態のまま使い続けることはできないほか、もちろんインターネットという悪意が蔓延する空間に常に接続しているPCにおいて、脆弱性対策などは必須だからだ。

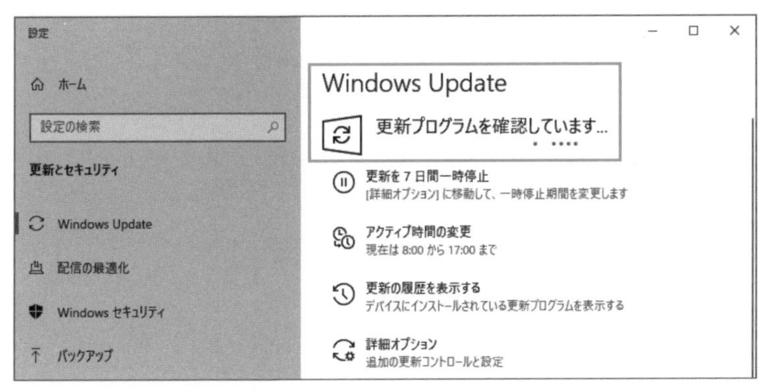

Windows Updateによる更新。「ms-settings:windowsupdate-action」コマンドで一発実行できるが、その前に確認すべき物事がある。

Windows Updateによって起こるWindows 10の数々の問題

「セキュリティ対策のためにWindows 10を常に最新版に更新しよう！」などというメッセージを随所で見かけるが、これはかなり短絡的かつ無責任な解説といってよい。

なぜなら、Windows Updateによる更新によって「データファイルが消去される」「極端にデスクトップ動作が重くなる」「特定のアプリが動作しなくなる」「BSODが発生してPCが起動不能になる」などのクリティカルな問題が過去に実際に発生しているからだ。

つまり、「常に最新版に更新しよう!」をそのまま真に受けて実践した場合、問題を抱えて大切なデータを失うこともありうるのだ。

Windows Updateの更新プログラムの種類

セキュリティ対策を踏まえながら、PCにおけるさまざまなトラブルを生みかねないWindows Updateと上手に付き合うには「更新プログラムの種類」に着目する必要がある。

「更新プログラムの種類」には「機能更新プログラム」「品質更新プログラム」「定義更新プログラム」「ドライバー更新プログラム」「その他の更新プログラム」などが存在するが、この中でも「品質更新プログラム」「機能更新プログラム」の二つに着目する必要がある(次項解説)。

ちなみに、セキュリティ対策として重要なのが「定義更新プログラム」であり、いわゆるマルウェア対策機能そのものの更新(セキュリティインテリジェンスの更新)にあたるのだが、セキュリティインテリジェンスはWindows Updateの設定にかかわらず自動的に更新される仕組みにあり、またユーザーが任意に更新することも可能だ(➡P.221)。

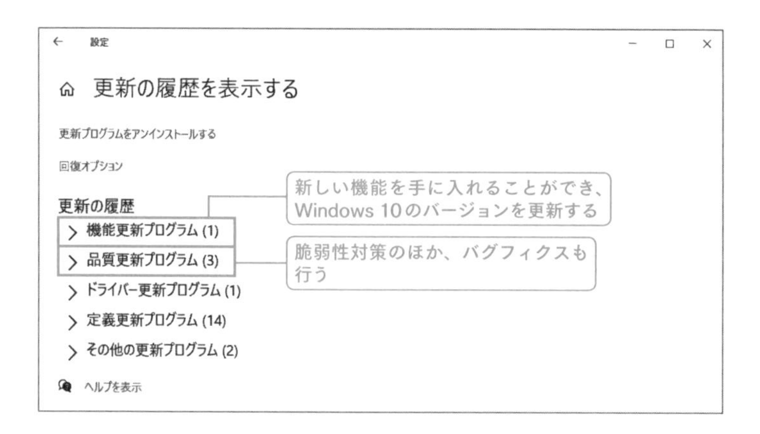

Windows Updateの更新設定の最適化

Windows Updateによる更新プログラムの種類として着目すべきは「機能更新プログラム」と「品質更新プログラム」だ。

「機能更新プログラム」は機能とともにWindows 10の一部の仕様も更新されることがあるため、新機能を手に入れることができる反面、現在のハードウェア・アプリ環境との不整合を起こしてクリティカルな問題が起こることが多い。

また、「品質更新プログラム」はバグフィクスのほか、プログラムの脆弱性対策も含まれるため、セキュリティ対策として適用必須なのだが、プログラムが改変されるという特性上、実はこの更新でもWindows 10の動作がおかしくなるという問題をしばしば起こす。

Windows Updateの最適化

Windows Updateそのものが「更新される機能」の一つであるため、将来的にWindows Updateは仕様が変更される可能性があるが(今までにも何度か仕様は改変されている)、Windows 10の上位エディションとWindows 10 Homeの大きな違いの一つが、任意の更新プログラムの導入を制御できるか否かにある。

「設定」から「更新とセキュリティ」−「Windows Update」と選択して、「詳細オプション」をクリック。

Windows 10の上位エディションであれば、「更新プログラムをいつインストールするかを選択する」から、「機能更新プログラム〜」「品質更新プログラム〜」のドロップダウンからそれぞれ任意の遅延日数を設定することができる(ただし、更新プログラムの配信タイミングによってはこの設定は表示されない)。また、グループポリシー設定から「コンピューターの構成」−「管理用テンプレート」−「Windowsコンポーネント」−「Windows Update」−「Windows Update for Bussiness」内の各項目で遅延日数を任意設定することもできる。

ちなみに遅延日数設定だが、Windows Updateの更新プログラムの多くはごく一般的な環境でしか動作検証が行われないまま公開されるため、公開日近辺での更新はトラブルが起こる可能性が高く、問題が発覚して世の中で騒がれたのち「更新プログラムに修正」が入るパターンが多い。このような過去の特性を踏まえた場合、「品質更新プログラム」は7〜14日程度、「機能更新プログラム」は2か月程度遅延するのがセキュリティとのバランスの目安になるが、最終判断はもちろん環境任意になる。

そしてWindows 10 Homeだが、残念だが機能差により任意の更新プログラムの導入を制御できる仕様にない。

ただし、「更新の一時停止」はできるので、更新遅延したい場合には任意の日付を指定して対処するという方法があるが、更新プログラムを詳細に制御したい場合には、やはりエディションアップグレード(➡P.349)が望まれる。

なお、Windows Updateによる月次更新の公開月日は、米国時間の毎月第二火曜日の翌日(日本ではこのややこしい表現が適切になる。なぜなら、米国時間の毎月第二火曜日の翌日は時差の関係で「日本における第二水曜日」とは限らないためだ)になるため、このタイミングを踏まえて調整を行うのも手だ。

Windows 10の上位エディション

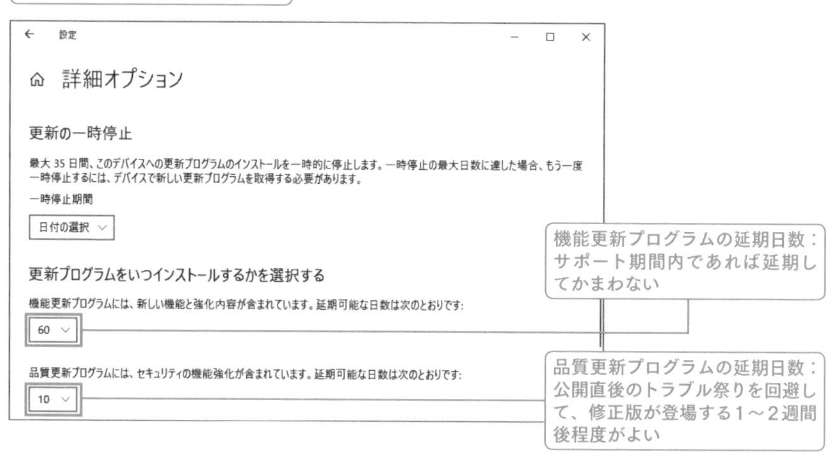

Windows 10の上位エディションにおけるWindows Updateの「機能更新」「品質更新」に対する遅延設定。ちなみに「品質更新」の遅延日数は脆弱性対策とPCの安定動作のバランスを踏まえて設定する。なお、この設定は「詳細オプションを開くタイミング（遅延する対象の有無）」によっては表示されない。

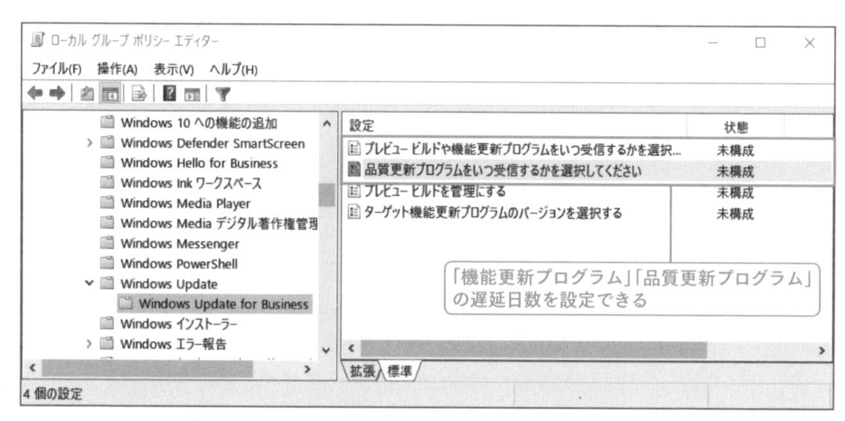

Windows 10の上位エディションであれば「Windows Update for Bussiness」をサポートするためグループポリシー設定における「コンピューターの構成」－「管理用テンプレート」－「Windows コンポーネント」－「Windows Update」－「Windows Update for Bussiness」で各種更新プログラムの制御を行うことも可能だ。

● ショートカット起動

■ Windows Update - 詳細オプション
ms-settings:windowsupdate-options

Chapter 3

究める!!
Windows 10の
アプリ&仮想マシンと
セキュリティ

3-1 アプリ起動の利便性の追求

アプリ起動のバリエーション

アプリを起動する際に[スタート]メニューから起動する方法のほか、下記のようなアプリ起動テクニックが存在する。

最適なアプリ起動方法は環境によって異なり、このほかにも「データからアプリを起動する」という方法もあるが(➡P.192)、ここではまず目的のアプリを素早く起動するための方法を紹介しよう。

「検索」を用いた高速起動

「検索」では、検索キーワードとしてアプリ名を指定して起動できることはもちろん、「英語表記」にも対応しているのでかなり柔軟性がある。

例えば⊞キーを押して「word」と入力すれば、すぐに検索結果から「Word」を起動できるほか、「memo」と入力すると「メモ帳」のほか、メモをとれる「付箋」、またmemo-ryから類推して「Windowsメモリ診断」など「MEMO」にまつわる多彩な候補表示をして素早く起動できる。

いつも使うアプリは「タスクバーにピン留め」が基本だが、たまに利用するアプリは[スタート]メニュー内を探るぐらいなら『⊞キーを入力して[アプリキーワードの一部入力]』による起動のほうが素早い。

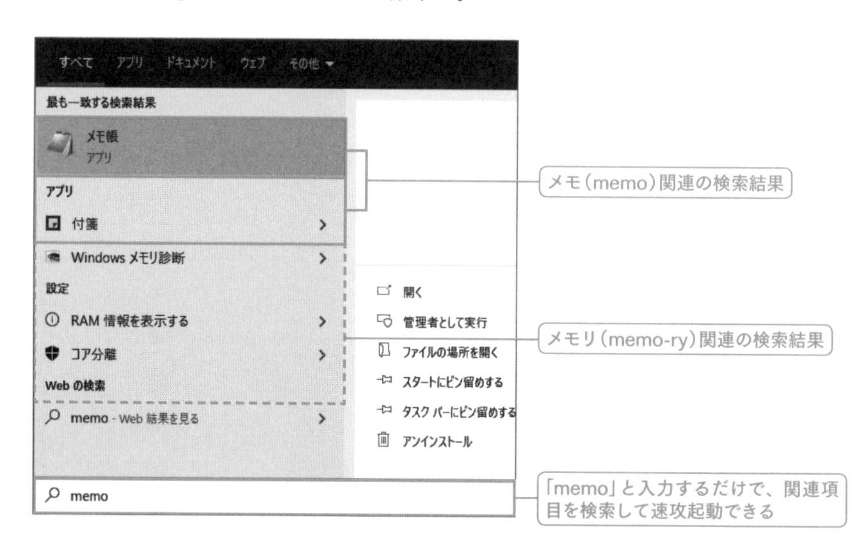

アプリ一覧からの起動

［スタート］メニューは階層構造になっており、いちいち階層をたどって目的の項目にたどり着くのが面倒だ。この［スタート］メニュー項目を一覧表示できるのが、「ファイル名を指定して実行」から「SHELL:APPSFOLDER」である。

エクスプローラーで［スタート］メニュー項目が一覧表示になるので、任意の項目をダブルクリックすれば素早く起動できるほか、デスクトップにドロップすればショートカットアイコンを作成することもできる。

蛇足だが、UWPアプリの多くは「白抜きのアイコン」で構成されているため、白地のエクスプローラーではアイコンが表示されないように見える（フォーカスすれば確認できる）。これを避けたい場合には、「設定」から「個人用設定」－「色」で「既定のアプリモードを選択します」欄から「黒」を選択すればよいが、まあ色設定は自分の好みでよい。

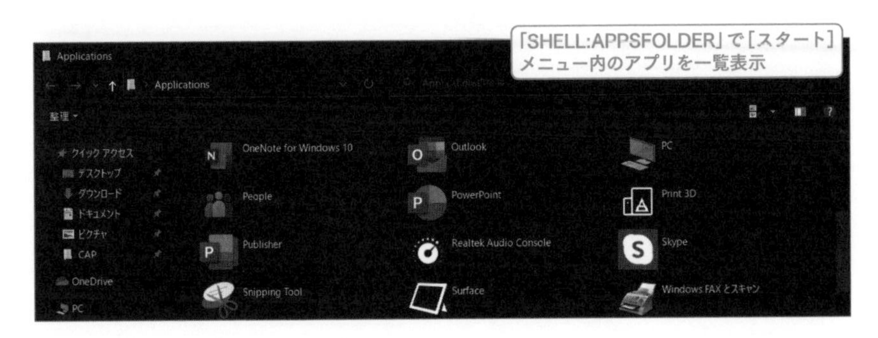

● ショートカット起動

■ 色（個人用設定）	ms-settings:colors

プログラムファイルの直接指定起動

Windows 10は既定でいくつかのフォルダーにPATHが切られている。具体的には「C:¥Windows」や「C:¥Windows¥System32」などなのだが、つまりこれらのフォルダー内の実行ファイルはパス表記なしで直接実行できることを意味する。

また、実行ファイルにおいてプログラムファイルである「*.EXE」はコマンド実行時において「.EXE」を省略可能だ。

具体的には「メモ帳」であれば「NOTEPAD（本体はNOTEPAD.EXE）」、ペイントであれば「MSPAINT」、電卓であれば「CALC」で起動できる（実は本書がよく利用するレジストリエディターも「REGEDIT.EXE」であり同じ理論で呼び出している）。

ちなみに先に「検索」からの起動を説明したが、「検索」はあくまでも検索の結果であるため、表示内容は「PC環境（インストールされているアプリなど）」に左右されるが、「ファイル名を指定して実行」はプログラムファイルの直接指定による起動であるため、対象アプリを確実に起動できる点に差異がある。

なお、このPATHを任意に切って快適にアプリ起動を行おうというテクニックが、「橋情ランチャー」であり、アルファベット1〜2文字で素早く対象アプリを起動することができる(➡P.159)。

複数アプリの同時起動とCPU優先度指定

利用するアプリの組み合わせが決まっているのであれば、「一発で必要なアプリをすべて立ち上げる」というテクニックを活用するとよい。

これは「バッチファイル」を活用すればよく、テキストエディター(メモ帳でもよい)で任意のコマンドを記述したのちに、ファイルを保存する際に「*.BAT」という拡張子で保存すればよい。

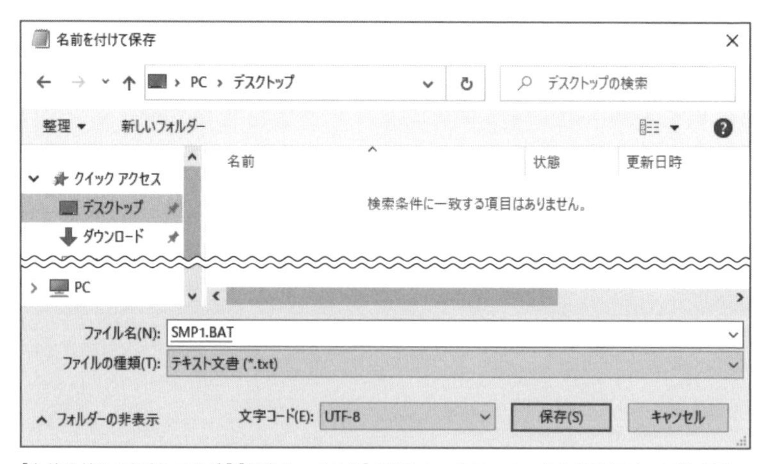

「名前を付けて保存」で必ず「[任意ファイル名].BAT」というファイル名で「*.TXT」にせずに任意の場所に保存する。これがバッチファイルの大前提だ。なお、ここではわかりやすく解説するために「デスクトップ」に「*.BAT」という形でバッチファイルを保存するものとする。

複数プログラムの同時起動

「ワードパッド(WORDPAD.EXE)」と「ペイント(MSPAINT.EXE)」を同時起動したいとしよう。この場合、テキストエディターで「START [プログラムファイル]」という形で記述すればよい。注意したいのは必ず行末に Enter キーを入力する必要があり、バッチファイルでは Enter キーがコマンドの実行を示す形になる。

「*.BAT」でファイル保存したのち、保存したバッチファイルをダブルクリックすれば記述に従ったコマンドを実行することができる。

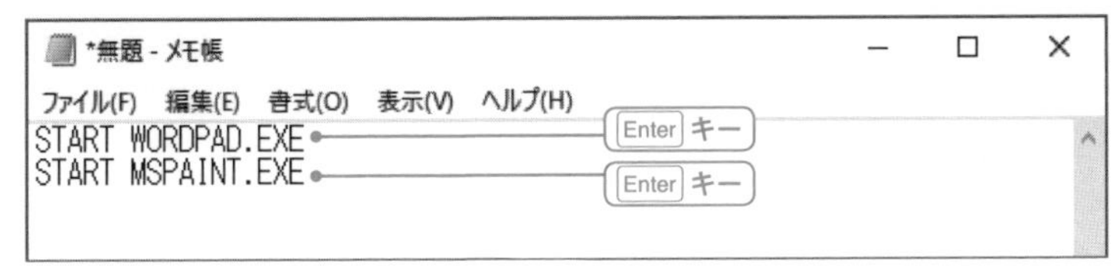

バッチファイルを記述。ここでは「WORDPAD.EXE」と「MSPAINT.EXE」を起動するためにSTARTコマンドでそれぞれを記述。なお、コマンド記述においてのプログラムファイル指定は拡張子を含めて略記しないのが基本だ。

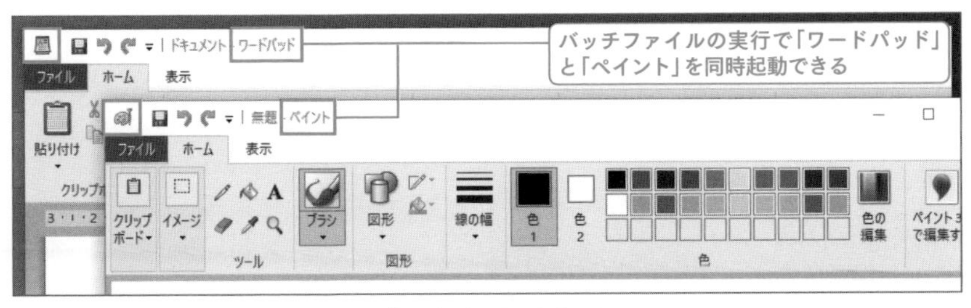

保存したバッチファイルの実行。指定のアプリを複数同時に起動できる。

パスを記述した複数プログラムの起動

先に示したサンプルは、あくまでもPATHが切れているフォルダーの実行ファイルであったため、単に「プログラムファイル指定」で済んだが、一般的なアプリの実行ファイルはPATHが切れていない。

このような場合には、「START /D［プログラムファイルが存在するパス］［プログラムファイル］」という形で指定する。

例えば「Excel」であれば、［スタート］メニューの項目を右クリックして、ショートカットメニューから「ファイルの場所を開く」を選択。開かれたフォルダー内の「Excel（ショートカットアイコン）」を再び右クリックして、ショートカットメニューから「プロパティ」を選択すると「リンク先」で「プログラムファイルが存在するパス＋プログラムファイル」が確認できるので、先の構文に従う。

バッチファイルにしたいデスクトップアプリのリンク先が

「"C:¥Program Files (x86)¥Microsoft Office¥root¥Office16¥EXCEL.EXE"」

であった場合、パスとプログラムファイルを分ける形で

「START /D "C:¥Program Files (x86)¥Microsoft Office¥root¥Office16" EXCEL.EXE」

という形で、スペースを含むパスはダブルクオーテーションで囲んだうえで、スペースを挟んで、プログラムファイルを記述する。

これに従って「Word」「PowerPoint」も共に起動したければ、パス指定はそのまま「WINWORD.EXE」「POWERPNT.EXE」も行を分けて記述すればよい。

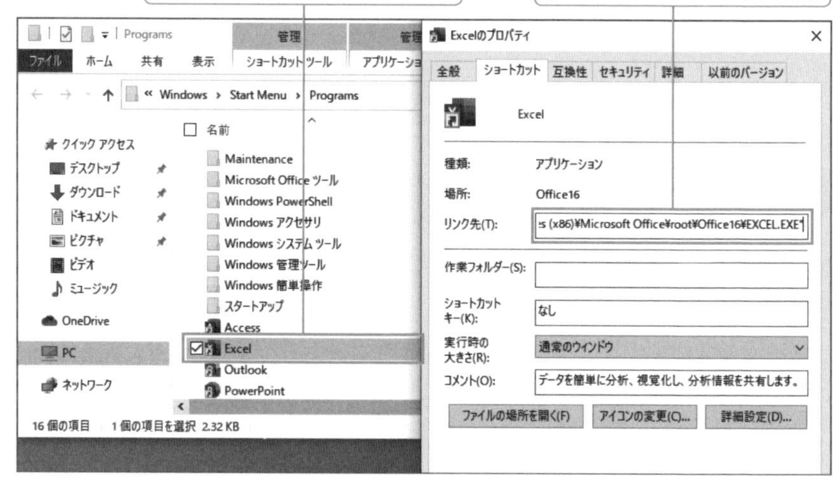

「Excel」のプログラムファイルが存在するパスを確認。蛇足だがOffice 2019をクリーンインストールしても「Office16」フォルダーに格納される。なお、64ビット版Officeスイートを導入した場合のパスはこの限りではない（最近では64ビット版が標準バンドルされていることもある）。

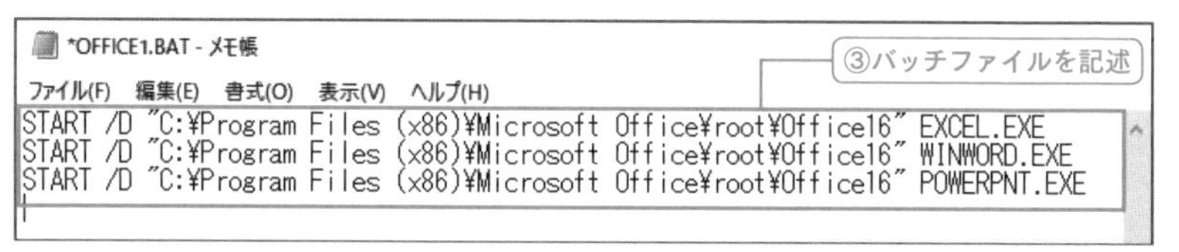

バッチファイルを記述。「/D［スペース］」の後に「プログラムファイルが存在するパス」を指定したうえで、スペースを挟んで「プログラムファイル」を記述する。なお、Windows OSはその歴史上、コマンドにおいてスペースを含むと別の意味になってしまうため、パスにスペースが含まれる場合には「ダブルクオーテーション」でくくる必要がある。

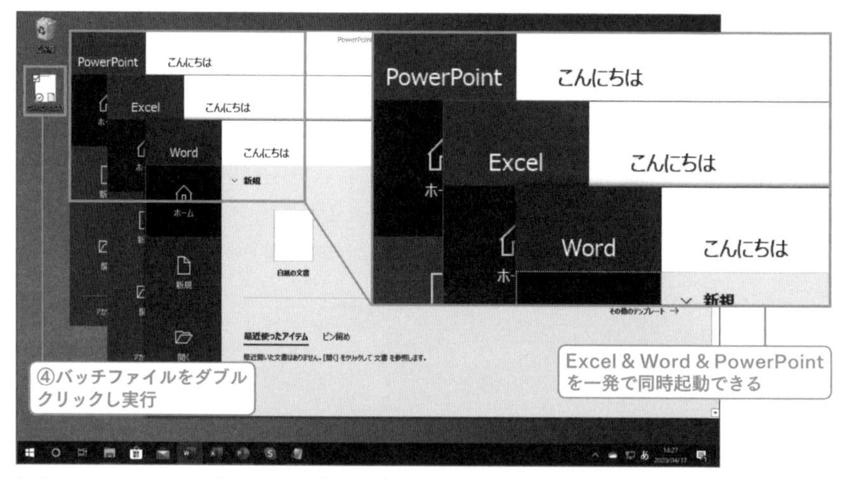

作成したバッチファイルを実行。「Excel」「Word」「PowerPoint」を一発で同時起動できる。

プログラムのCPU優先度の指定

特定のアプリ（実行中のプログラムファイル）に対するCPU優先度を指定する方法は P.110 で解説したが、バッチファイル（コマンド）であればあらかじめ優先度を指定して起動することも可能だ。

CPU優先度を指定するオプションは下表のようになり、コマンドに任意のCPU優先度指定を記述すれば、指定CPU優先度で該当アプリを起動できる。

ただし、現在のアプリは「アプリ側の設定」でCPU優先度をコントロールしているものもあり、このようなアプリではCPU優先度指定は無効になる。

● CPU優先度を指定するオプション

/REALTIME	リアルタイム
/HIGH	高
/ABOVENORMAL	通常以上
/NORMAL	通常
/BELOWNORMAL	通常以下
/LOW	低

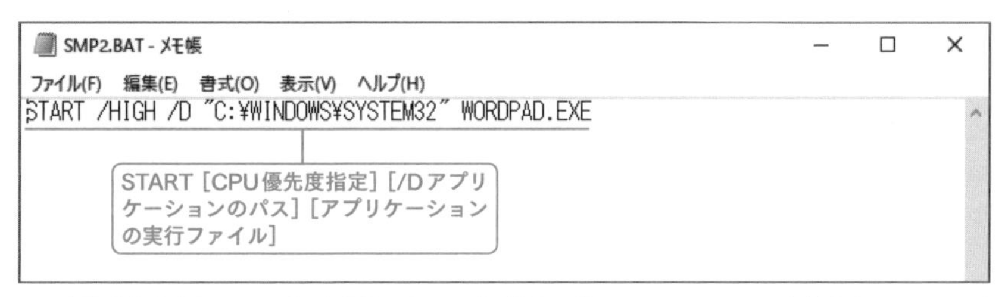

CPU優先度指定を行ってアプリを起動したければ、構文に従ってバッチファイルを作成する。ここでは「WORDPAD.EXE（ワードパッド）」を「/HIGH（高）」指定している。

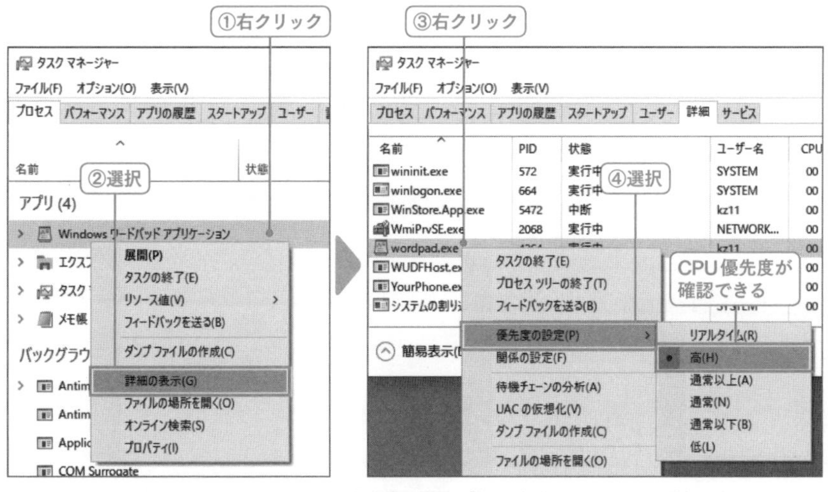

起動後にタスクマネージャーでワードパッドの優先度を確認。「高」で起動していることが確認できる。

サインイン時にアプリを自動起動する

アプリ起動は基本的にアプリのショートカットアイコンからやデータを開く操作から実行するが、サインイン直後からすぐに任意のアプリを起動したいという場合には、「スタートアップ」フォルダーを利用するとよい。

「スタートアップ」フォルダーは従来のWindows OSでは[スタート]メニューに標準で存在したのだが、Windows 10ではなぜか姿を消しているが内部的には存在している。

「スタートアップ」フォルダーは、「ファイル名を指定して実行」から「SHELL:STARTUP」と入力実行。エクスプローラーで開かれた「スタートアップ」フォルダーに、任意のショートカットアイコンを登録すればサインイン時に自動起動する。

なお、[スタート]メニュー内の任意の項目を登録したければ、「ファイル名を指定して実行」から「SHELL:APPSFOLDER」と入力実行して、任意のショートカットアイコンをドロップすればよい。

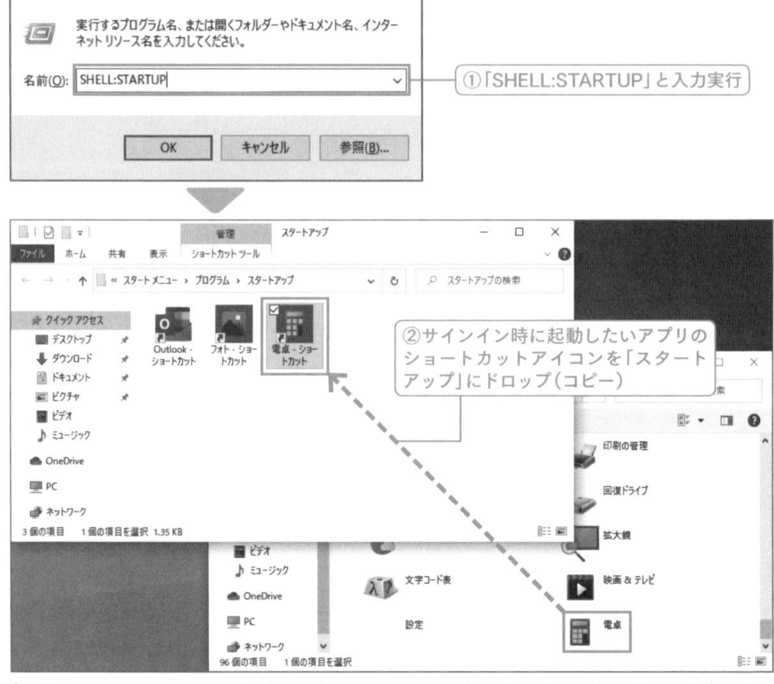

「ファイル名を指定して実行」から「SHELL:STARTUP」と入力実行。開かれた「スタートアップ」フォルダーに任意のアプリのショートカットアイコンを登録すればよい。「スタートアップ」フォルダーに登録したアプリがサインイン時に自動起動する。なお、システムに影響をおよぼすプログラムの自動起動は、セキュリティとしてブロックされることがある。

橋情ランチャーによる1〜2文字でのアプリ起動

「橋情ランチャー」は筆者が勝手に考案した、アルファベットを1〜2文字入力するだけで目的のアプリを素早く起動できるランチャーのことだ。

ちなみにアルファベット1〜2文字と起動する組み合わせは完全任意であり、「W」と入力実行するだけで「Word」、「ON」と入力実行するだけで「OneNote」、ちょっと工夫すれば「[ホストのコンピューター名]」を入力するだけで任意のPCに対するリモートデスクトップ接続などを行える。

ちなみに、システムカスタマイズだけで実現できるためメモリ常駐量ゼロであることも特徴になる。

なお、システムに対するある程度の知識が要求されるため、無理に環境構築することはお勧めしない。

任意のショートカットアイコン保持フォルダーの用意

任意のフォルダー(以後ショートカットフォルダー)に自身がアルファベット1〜2文字で起動したい任意のショートカットアイコンを用意する。なお、ショートカットフォルダーは「パスが深くない単純なフォルダー(例:「C:¥00LNK」)」が理想であり、またショートカットアイコンはあくまでも自分がよく使うアプリに限定して把握しやすい数に留めるとよい。

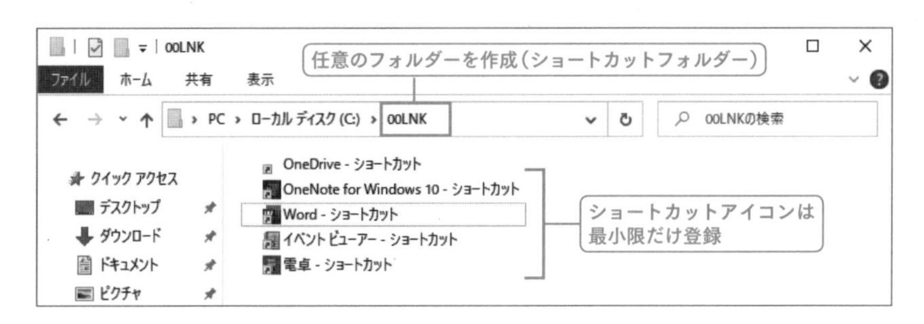

ショートカットアイコンの名前変更

ショートカットフォルダーに登録したショートカットアイコンの名前を「アルファベット1〜2文字」に変更する。この際、「-ショートカットアイコン」も不要だ。

とにかく短くかつ自分にとってわかりやすい名称に変更するとよい。例えば「OneDrive」であれば「OD」、「OneNote」であれば「ON」という形だ。

ちなみに注意したいのはWindows 10があらかじめ持つコマンドとはバッティングできない点だ。具体的には「SET」「NET」「FTP」「REG」などはすでに予約されたコマンドであるため同一名称にしてはならない。

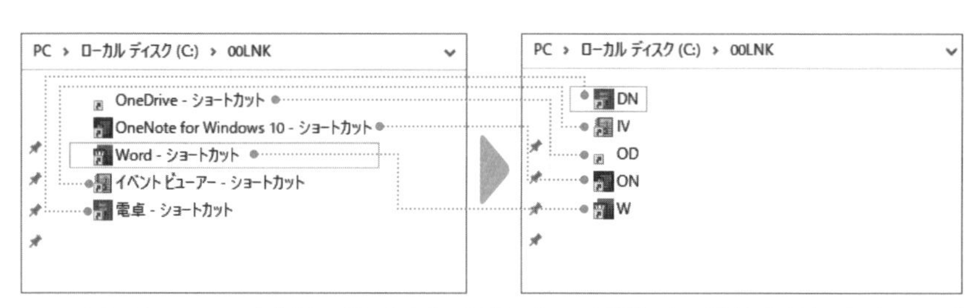

ショートカットアイコンの名前変更の例。あくまでも「後になっても類推できる単純な文字列にする」ことが重要で、また Windows 10 が予約されているコマンドとのバッティングを避ける名前にする。

「PATH」へのショートカットフォルダーの登録

システム環境変数「PATH」にショートカットフォルダーを登録する。コントロールパネル(アイコン表示)から「システム」を選択。「システム」のタスクペインで「システムの詳細設定」をクリックして、「システムのプロパティ」ダイアログの「詳細設定」タブ内、「環境変数」ボタンをクリック。

「システム環境変数」にある「Path」をダブルクリックすると、「環境変数名の編集」が表示されるので「新規」ボタンをクリックして、先に作成したショートカットアイコンのフルパス(例:「C:¥00LNK」)を登録する。

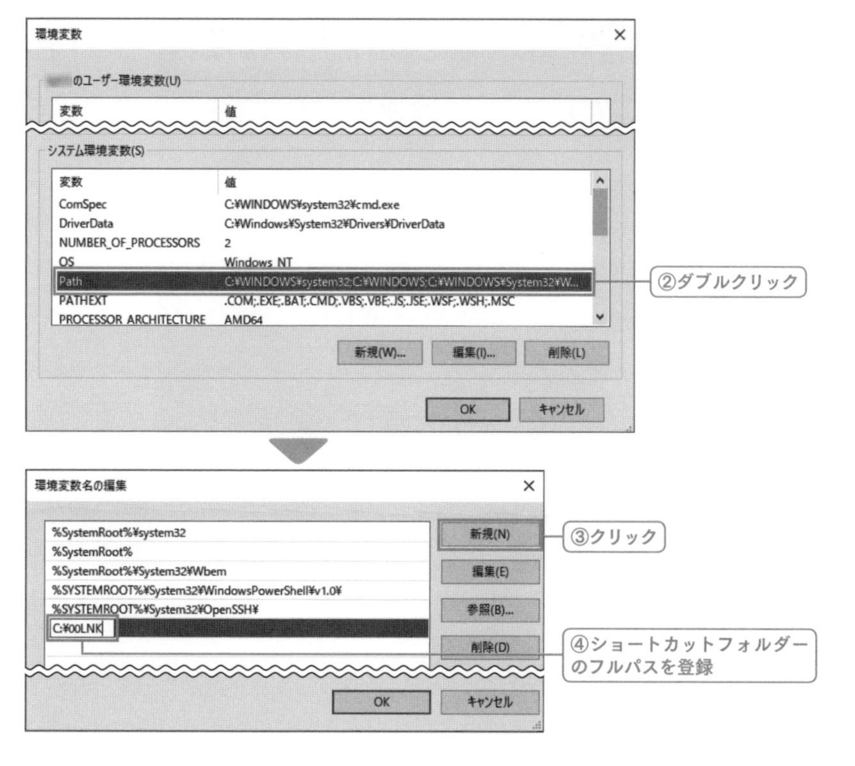

橋情ランチャーによる素早いアプリ起動の実現

ショートカットキー［Windows］＋［R］キーで「ファイル名を指定して実行」から、先に名前変更を行った任意のアルファベット文字列を入力実行すれば、「橋情ランチャー」による素早いアプリ起動が実現できる。

なお、応用として「データファイルのショートカットアイコン」を登録しておくことも可能で、例えばリモートデスクトップ接続(*.RDP)であれば、必ずショートカットアイコンを作成したうえで(同一フォルダー内にRDPファイルを置いてショートカットアイコンを作成することを推奨)、ショートカットアイコンを任意の名前に変更すれば、その名前を入力するだけでリモートデスクトップ接続が可能になる。

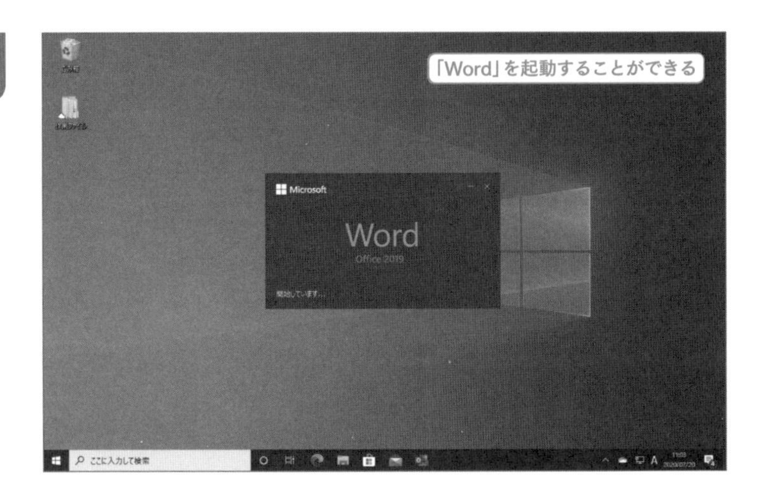

サインイン時に前回起動していたアプリを自動的に復元する

Windows 10では「スリープ」を用いることでデスクトップの作業状態は保持され、そのまま復帰時にデスクトップ作業を再開できるのだが、新しいWindows 10ではなんとサインアウトや再起動を行っても「前回のアプリ起動状態を復元するオプション」が用意されている。

「設定」から「アカウント」−「サインインオプション」を選択。「アプリの再起動」欄、「再起動可能なアプリをサインアウト時に自動保存し、サインイン後に再起動する」をオンにすれば、文字通りの操作を実現してくれる。

なお、この動作はPC指導やプレゼンを実行する際などに、自分の普段のデスクトップ作業を人にさらしてしまう可能性がある恐ろしい機能ともいえるので、いわゆるPCを他人に見せる場面がある人は「オフ」にしておくことを推奨する。

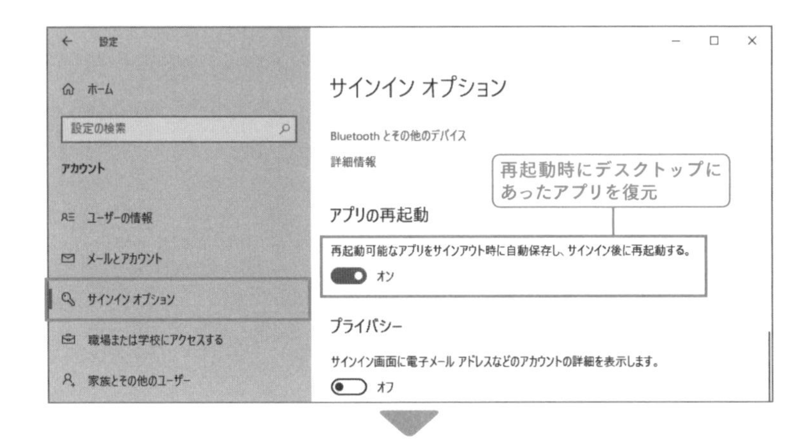

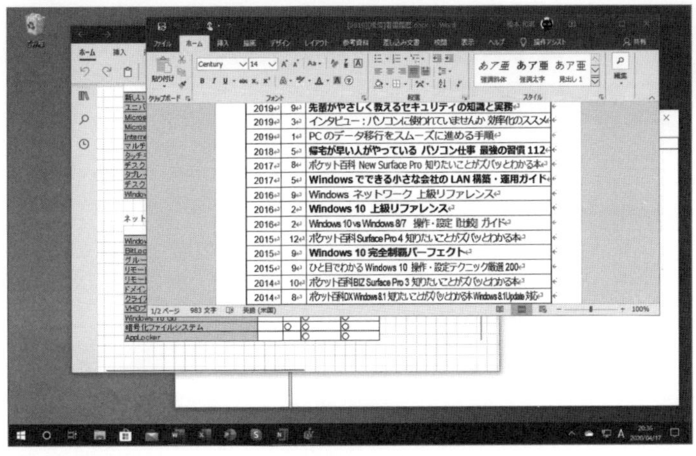

本設定を適用すれば、サインアウトや再起動後もアプリを復元してくれる。

前回開いているフォルダーの復元

　サインアウトや再起動を行っても前回開いていたエクスプローラーのフォルダーロケーションを復元したい場合には、コントロールパネル（アイコン表示）から「フォルダーオプション」を選択して、「フォルダーオプション」の「表示」タブ内「詳細設定」欄、「ログオン時に以前のフォルダーウィンドウを表示する」をチェックすればよい。

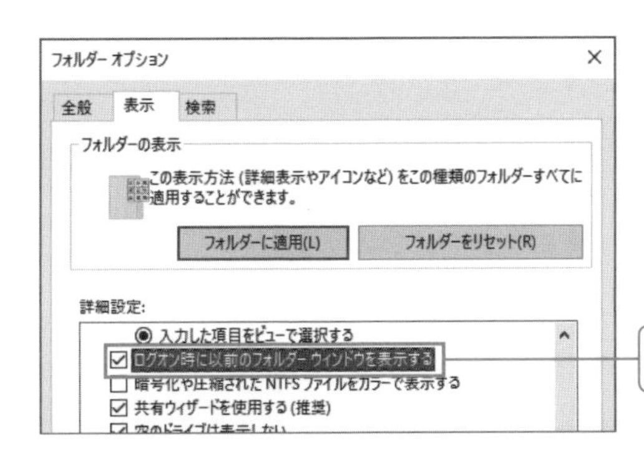

エクスプローラーで開いていたフォルダーを復元できる

● ショートカット起動

- サインイン オプション　ms-settings:signinoptions
- フォルダーオプション（エクスプローラーのオプション）　CONTROL FOLDERS

3-2 アプリ設定情報の管理と互換性設定

アプリの設定情報の再利用

「上級リファレンス」のような書籍スタイルでないと知る機会があまりない事柄なので、「アプリの設定保存と再利用」について解説しよう。

該当アプリに「インポート／エクスポート」などの設定保存機能があればそれをそのまま利用すればよいのだが、設定保存機能がないアプリにおいてアプリの詳細設定を「再利用(再インストール時や、別のPCで利用)」したい場合には「該当アプリの設定がどこに存在するのか」を把握したうえで、該当情報をファイルに保存してしまえばよい。

なお、「アプリの設定情報の再利用」は他のアプリや機能とリレーションするプログラムにおいてはかなりシビアな側面もあるため、全般的に単一機能系アプリでの利用に留めるようにしたい。

レジストリ内に保存されているアプリの設定情報

アプリの設定情報は「レジストリ」か「ファイル」のどちらか、あるいは双方に保存されている。

アプリ設定が「レジストリ」に保存されている場合、一般的なアプリ設定は「HKEY_CURRENT_USER¥SOFTWARE」配下に保存するため、該当レジストリキーを見つけてエクスポートしておくと再利用できる。

なお、「HKEY_LOCAL_MACHINE¥SOFTWARE」配下にも登録情報などが保存されていることもあるが、環境依存項目もあるため保存内容と特性を把握できない限りは再利用するのはお勧めしない。

「HKEY_CURRENT_USER¥SOFTWARE」配下に保存されているアプリの設定情報。大概は「ベンダー名」の配下に「アプリ名」で保存されている。

ファイルに保存されているアプリの設定情報

アプリの設定情報が「ファイル」に保存される場合には主に2パターンあり、「アプリのプログラムフォルダー」に設定を保存するものもあれば(「*.INI」「*.DAT」など)、「C:¥Users¥[ユーザー名]¥AppData¥Roaming」配下に保存するものもある。

ちなみに古い設計のアプリは大胆にも「C:¥Windows」配下にアプリ設定を保存するものもあるのだが(従来のWindows OSはセキュリティが緩かった)、Windows 10ではこのような管理は許可されないため、代わりに「C:¥Users¥[ユーザー名]¥AppData¥Local¥VirtualStore」に置き換えられて情報保存を行っている。

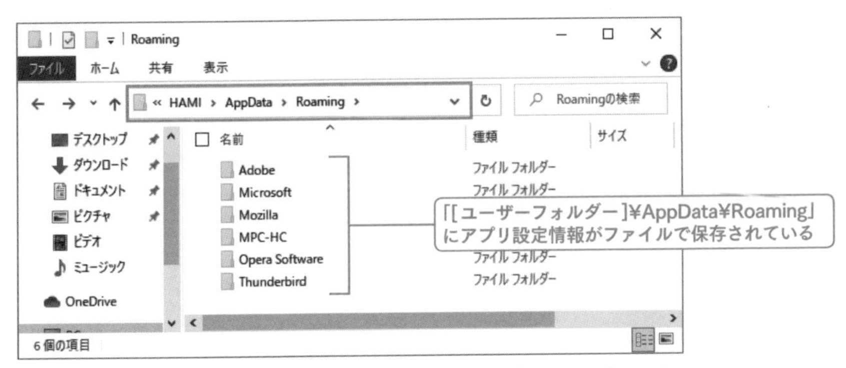

エクスプローラーのアドレスバーに「%APPDATA%」と入力実行。「C:¥Users¥[ユーザー名]¥AppData¥Roaming」配下のフォルダーにアプリの設定情報が保存されている。必要なフォルダーをコピーしておけばよい。

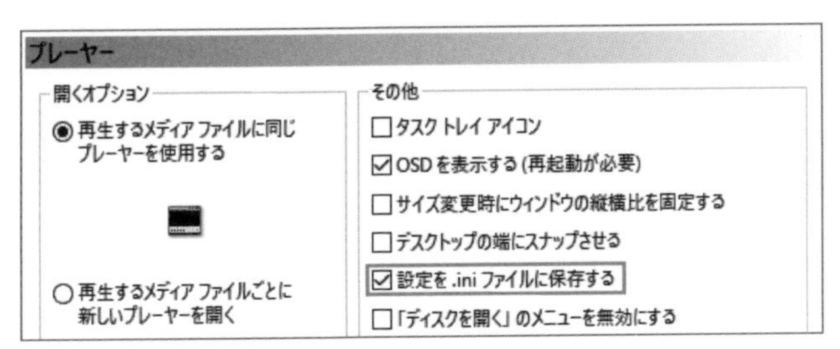

アプリの設定情報の保存(保持)先を任意に選択できるアプリタイトルもある。自身のアプリの利用方法や再利用方法などを踏まえて任意に設定しておく。

アプリ設定の再利用の注意

アプリ設定を保存したのちの再利用にはいくつかの条件があり、その条件を満たせない場合には設定の不整合により動作不良や該当アプリを永遠に起動できないなどのトラブルも起こりうる。

再利用のための条件とはアプリ特性によっても異なるが「同一パス(プログラムフォルダーのパスが完全に一致)」することと「ハードウェアに依存しない設定」であることが大前提になる。

また、「バージョン(アプリバージョンと保存設定の互換性)」と「脆弱性(設定を再利用することで脆弱性に問題はないか)」などを確認してから再利用する。

上記事項が見極められないアプリ、あるいは不安がある場合には、アプリ設定の再利用は控えるようにしたい。

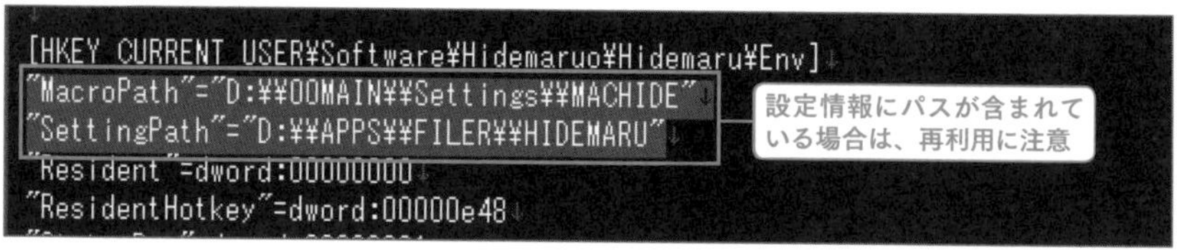

```
[HKEY_CURRENT_USER¥Software¥Hidemaruo¥Hidemaru¥Env]
"MacroPath"="D:¥¥00MAIN¥¥Settings¥¥MACHIDE"
"SettingPath"="D:¥¥APPS¥¥FILER¥¥HIDEMARU"
"Resident"=dword:00000000
"ResidentHotkey"=dword:00000e48
```

設定情報にパスが含まれている場合は、再利用に注意

保存したアプリの設定内容には、プログラムファイルのパスや環境依存する情報の参照先等が含まれている場合もある。このような特性を理解したうえで再利用しないと思いがけないトラブルが起こることもあるため、全般的にアプリ設定の再利用は自己責任だ。

アプリを再導入不要で管理する

単一機能系アプリの多くは、再導入不要で管理することが可能だ。

具体例には「チェックツール」「ファイル操作」「メディアビューアー」「テキスト編集」などのアプリであり、アプリ管理フォルダーは任意に作成したうえで(例えば「D:¥APPS」)ジャンルごとにまとめたフォルダー配下などで各プログラムフォルダーを管理すれば、アプリ管理フォルダーをほかの環境にコピーしてそのまま再利用することも可能だ。

管理に気をつけることを前提とすれば、「パスが崩れないのでレジストリ内に保存されているアプリの設定情報を再利用しやすい」「同じくパスが崩れないのでショートカットアイコンを再利用できる(「橋情ランチャー(➡P.159)」など)」「インストーラーを起動しなくてよいため環境を汚さずに済む(ウィザードでスパイウェアを間違えて導入してしまう心配がない)」などの数多くのメリットがある。

なお、アプリにおいても脆弱性対策として「最新バージョンを利用する」のが基本であるため、同じものを使いまわすだけではなく、定期的に最新版にアップデートするなどの管理は怠らないようにしたい(ただし、最新版が100%安全というわけではないこともフリーウェアを扱ううえで難しい点である)。

蛇足だが、筆者は50タイトルほどのアプリは再導入不要で管理しており(一部のアプリ設定はレジストリファイルからインポート&同期保存している「¥AppData¥Roaming」をコピー)、また再導入が必要なアプリもNASの共有フォルダー内にセットアッププログラムごと管理しているため、新しいまっさらなPCでもWindows 10のインストール込みで1時間ほどで実戦投入することができる。

筆者の「アプリ管理フォルダー」でまとめて管理しているアプリの一例。バージョンや管理によってリスクが異なるため、具体的なアプリ名は挙げないがそのまま「アプリ管理フォルダー」をコピーするだけでほかの環境に利用できるのは、所有するPCが多い者ほどメリットが大きい。

旧設計アプリの動作互換設定

Windows OSの歴史は「ウィンドウズ」と名乗ってよい形になったWindows 3.0から起算してもおよそ30年経過しているが、ほかのOSとは違いWindows OSは「アプリの動作互換性」を大切にしてきた。

Windows 10においても旧アプリを動作させるための互換性設定を持っており、プログラムファイルを右クリックして、ショートカットメニューから「互換性のトラブルシューティング」を選択するとウィザード形式で互換設定を適用できるほか、プロパティダイアログの「互換性」タブで任意に設定することが可能だ。

「互換性」タブでは、互換モードとしてWindows 95～Windows 8を選択できるほか、旧環境と互換性を持たせるためのカラーモードや解像度を設定することもできる。

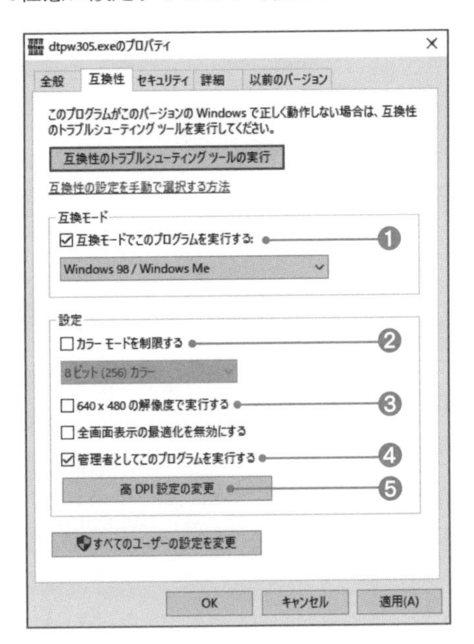

● プロパティダイアログでの互換設定

❶互換モードでこのプログラムを実行する	項目をチェックすることで、ドロップダウンからWindows 95～Windows 8の互換モードを設定できる。
❷カラーモードを制限する	デスクトップを256色／65536色モードにして実行することができる。よほど古いプログラムでもない限り、この設定を利用することはない。
❸640x480の解像度で実行する	デスクトップ解像度を640x480ドットにして実行できる。よほど古いプログラムでもない限り、この設定を利用することはない。
❹管理者としてこのプログラムを実行する	管理者権限でプログラムを実行する。古い設計の一部のプログラムでは管理者権限であることが前提のプログラムがある。
❺高DPI設定の変更	旧設計アプリは本来の解像度（スケーリング設定100%）での動作しか考えていないため、表示が崩れる場合のみボタンをクリックして任意に設定する。

旧設計アプリを上手に動作させるコツ

Windows OSはさまざまな進化を遂げてWindows 10に至っているのだが、過去にはファイル名が「8.3文字（ファイル名8文字＋拡張子3文字）」しか扱えなかった時代や日本語入力の管理と動作が現在と異なっていた時代がある。

このような事実を踏まえると、「インストールパスとしてフォルダー名8文字以内の場所を指定する」「管理者権限で一時的 or 恒久的に実行する（登録情報操作などへの対策、昔は管理者権限が基本だった）」「日本語入力関連の設定を工夫する（アプリウィンドウごとに異なる入力方式を設定する、Microsoft IME以外を利用する）」などの対策が、旧アプリ動作において安定性向上につながる。

仮想マシンで旧Windows OSを利用する

仮想マシンを利用すれば「任意のWindows OS（例えばWindows XP）」を動作させることができるため、旧OS対応アプリについてはプログラムがハードウェアに依存しない構造である限り互換性は完ぺきだ。

ただし、Windows 7以前のOSはサポートが終了しているためセキュリティリスクがあることと、今から「旧OSのセットアップディスク」と「旧OSのライセンス」を入手することはかなり困難である。

なお、仮想マシンの管理と設定については P.209 で解説する。

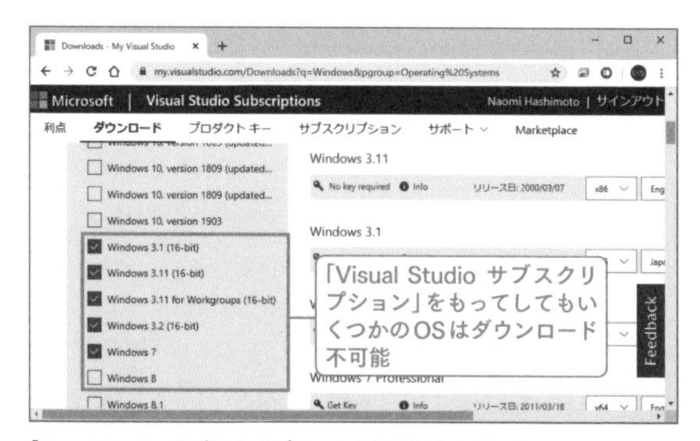

「Visual Studio サブスクリプション」を購入すれば、古いWindows OSも入手可能だ。ただし、「Windows 98」などは、ここでも入手することはできない。これは知る人ぞ知る「Microsoft Java VM問題」であり、簡単にいってしまえば内包するプログラムのライセンス問題で公開が停止されたままになっている。

3-3 アプリ管理とUWPアプリ

アプリを管理するための追加／変更／削除

Windows 10においては「機能の追加と削除」「導入アプリの一覧表示と変更・削除」においてそれぞれ別のコンソールがあり、つまり計4つのコンソールが存在する。

ちなみに「Internet Explorer」「Windows Media Player」はアプリではなく「機能」に分類され、一方「OneDrive」「フィードバックHub」などは機能ではなく「アプリ」に分類されるなど、Microsoftに私たちの一般的な概念は通用しない。

任意の機能を追加あるいは削除したい場合、あるいは任意のアプリのコンポーネントを変更したり削除したい場合、結果的に以下の4か所確認しなければならないということだ。

「アプリと機能」へのアクセス

「設定」から「アプリ」－「アプリと機能」と選択。ここで導入されているアプリの一覧が確認でき、また一部のアプリはクリックすることにより「変更」「アンインストール」などが行える。なお、ここで削除できないアプリをアンインストールする方法は P.174 参照だ。

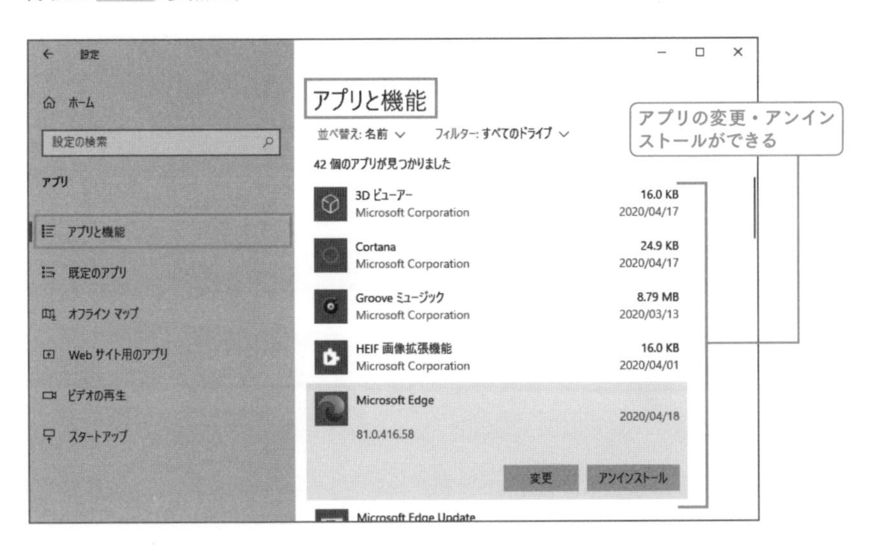

「オプション機能」へのアクセス

「設定」から「アプリ」−「アプリと機能」と選択して、「オプション機能」をクリック。現在導入済みの機能を確認できるほか、「機能の追加」をクリックすれば任意の機能を追加できる。

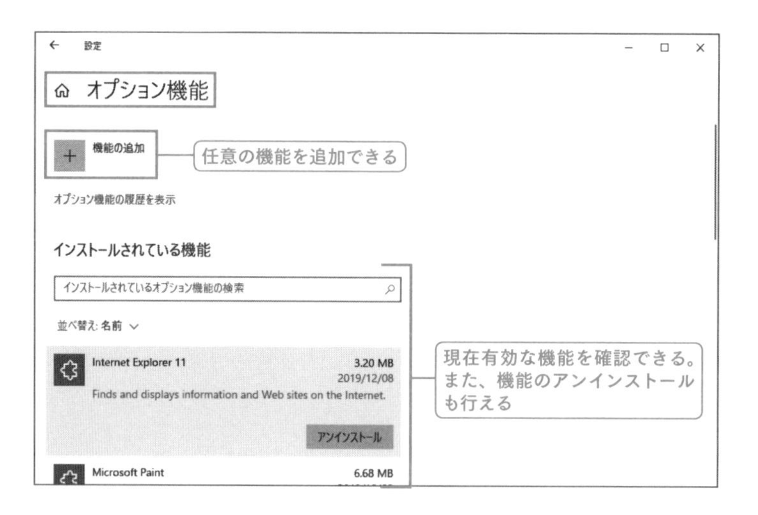

「プログラムと機能」へのアクセス

コントロールパネル(アイコン表示)から「プログラムと機能」を選択すれば、導入されているアプリの一部を確認できる。

また一部のアプリは変更やアンインストールが可能だ。

「Windowsの機能の有効化または無効化」へのアクセス

コントロールパネル(アイコン表示)から「プログラムと機能」を選択して、タスクペインから「Windowsの機能の有効化または無効化」をクリック。

任意の機能を追加したければチェック、任意の項目を削除したければチェックを外せばよい。

● ショートカット起動

- アプリと機能　[Win]+[X]→[F]キー
- アプリと機能のオプション機能　ms-settings:optionalfeatures
- プログラムと機能　APPWIZ.CPL　SHELL:CHANGEREMOVEPROGRAMSFOLDER
- Windowsの機能（Windowsの機能の有効化または無効化）　OPTIONALFEATURES

UWPアプリの特性と理解

最初に述べておかなければならないのは、変遷というかMicrosoftによる仕様変更や名称変更などにより「UWPアプリ」は非常にわかりにくい存在になっているということだ。

非常に簡単に歴史をたどると、Windows 8リリース前の時点では新しいプラットフォーム上で動作するアプリを「メトロ（Metro）アプリ」と呼んでいたのだが、そもそも「メトロ」という名称が登録商標として問題があったため、慌てて「モダンアプリ」という暫定的な名称が与えられ、あるいはWindows 8で動くアプリということで「Windows 8アプリ」という後先を考えないMicrosoftらしい名称(新しいWindowsが出たらどうすんだよ……)が名づけられた。

そして、「ストア(現Microsoft Store)」で公開されるアプリであるため「ストアアプリ」「Microsoft Storeアプリ」とも呼ばれたが(現在も一般的な名称として使われることがある)、Windows 10においては「ストアで公開されているアプリ=新しいプラットフォームで動くアプリ」とは限らないため(Microsoft Storeにはデスクトップアプリも存在する)、ストアアプリという呼び名は誤解を招きかねない。

よって、新しいプラットフォームで動作するアプリはUWP(Universal Windows Platform)アプリと呼ぶのが現状は正しいが、これも当初は「Windows 10 Mobile」を含めてマルチデバイスで動作することを前提としていた名称であり、Windows 10 Mobileが見事にとん挫した今……。

とにかく、Windows 8のUIを前提としたアプリ設計でスタートしたことが災いして、何度も転んで改定と妥協を繰り返した結果、もはや何を目的にしているかわからなくなった感があるのがUWPアプリなのである。

サンドボックス内で実行されるUWPアプリ

デスクトップアプリがシステムに自由にアクセスできるがゆえにやりたい放題であったのに対して(つまりデスクトップアプリにはマルウェアのリスクが存在する)、UWPアプリはサンドボックス内で動作するためマルウェア的な動作を行えないというセキュアな側面がある。

が、これはあくまでも純粋なUWPアプリの基本の話であり、デスクトップブリッジが存在する今となっては完全なサンドボックスとは言い難い側面がある。

● UWPアプリ

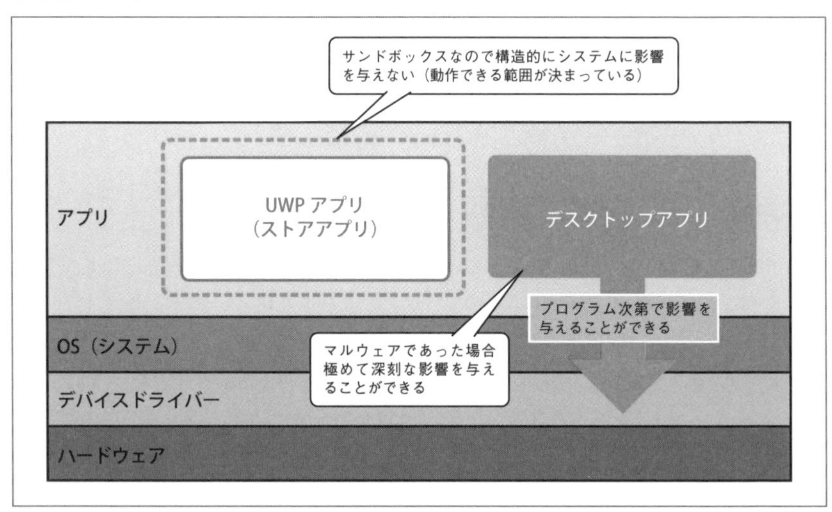

Microsoftアカウントにライセンスが紐づくUWPアプリ

UWPアプリはMicrosoftアカウントにライセンスが紐づく。デスクトップアプリの場合PC本体に紐づくことが多かったが、UWPアプリはいわゆるスマートフォンにおけるストアと同様のライセンス形態であり、一部を除いて同じアカウントを利用する複数デバイスで同じアプリやサービスを利用できる。

Microsoft Storeでのみ入手可能なUWPアプリ

UWPアプリは「Microsoft Store」でのみ入手可能であり、デスクトップアプリにおけるフリーウェアのようにWebサイトから好き勝手にダウンロードしてインストールできないという特徴がある。

ちなみにMicrosoft Storeでの公開には審査を受ける必要があるため、一応Webサイトなどで公開されているアプリなどよりはセキュアである。

ただし以前とは異なり、「Microsoft Storeで公開されているアプリ＝UWPアプリ」とは限らない点に注意が必要だ。

Column

後先も考えてポリシーは決めるべし

新しいプラットフォームで動作する「UWPアプリ（ストアアプリ）」であるが、このプラットフォームのポリシーを策定するのがMicrosoftなら、その自分の決めたポリシーを最初に破ってくるのもMicrosoftアプリだったりする。

Windows 10は本来「デスクトップアプリ全般をUWPアプリに移行する」というテーマがあったはずなのだが、これに逆行し始めたのもMicrosoftアプリであり、Microsoft Edgeの最新版はデスクトップアプリ化しているなど、もはや最初のコンセプトはどこへいった？　何がポリシーとしてまだ継続しているの？　という状態なのである。

ビジネス全般にいえるのだが、最初の設計段階でポリシーを間違えた物事は、後づけで何かを盛ったり変更したりしても「芯の部分がふらふらしている」ので、コンシューマー市場で信頼を得ることはできず、成長は難しい。

そう、それだけWindows 8は罪深い存在なのだ。

UWPアプリの勝手な自動導入を抑止する

Windows 10を利用していると「Candy Crush」などのUWPアプリが勝手にインストールされることがあるが（時事によって勝手に導入されるタイトルは異なる）、この仕様は10000歩譲ってWindows 10 Homeであれば理解できるものの、上位エディションでも「ホビー系のUWPアプリが勝手にインストールされる」というのは耐え難い仕様だ。

このような裏で勝手にダウンロードされ、勝手にインストールされるUWPアプリを抑止したい場合には、レジストリエディターから「HKEY_CURRENT_USER¥SOFTWARE¥Microsoft¥Windows¥CurrentVersion¥ContentDeliveryManager」を選択して、値「SilentInstalledAppsEnabled」の値のデータを「0」に設定すればよい。

将来、こんなレジストリカスタマイズを適用しなくても、このおかしな仕様ごと廃止されることを切に願う。

Windows 10の残念な部分の一つが「勝手なUWPアプリのインストール」であり、ゲームタイトルなどを自動的にダウンロードして導入する。しかも、Homeに限らず上位エディションでも同様であるからたちが悪い。

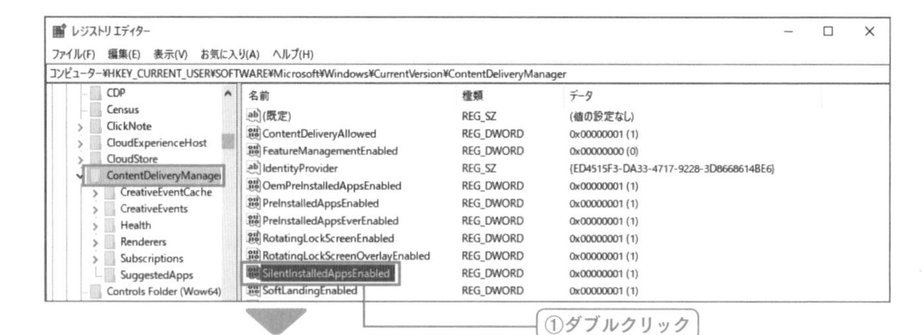

「ContentDeliveryManager(コンテンツ配布管理)」の「SilentInstalledAppsEnabled(黙ってアプリをインストールすることを有効にする)」という何とも不気味な項目……このような項目に対するカスタマイズは当然「無効(0)」だ。

削除できないUWPアプリのアンインストール

Windows 10には「削除できないUWPアプリ」というものが存在し、「アプリと機能」から該当アプリをクリックしても「アンインストール」がグレーアウトしているものがこれにあたる(「People」「アラーム&クロック」等々、なお例によってWindows 10バージョンによって対象アプリは変化する)。

これを削除したければ、まずWindows PowerShellから「Get-AppxPackage | select Name」を入力実行。これでアプリのパッケージ名を取得できるので、後は同

じくWindows PowerShellから(別のプロセスで立ち上げると便利)

「Get-AppxPackage [削除したいアプリのパッケージ名] | Remove-AppxPackage」と入力実行すればよい。

誰もが利用することがないであろう「People」であれば「Get-AppxPackage Microsoft.People | Remove-AppxPackage」、「問い合わせ」であれば「Get-AppxPackage Microsoft.GetHelp | Remove-AppxPackage」と入力実行すれば該当アプリを削除できる。

まずは「設定」-「アプリ」-「アプリと機能」からのアンインストールを試みる。「アンインストール」がグレーアウトしているものが、いわゆる削除できないUWPアプリだ。なお、対象アプリはWindows 10バージョンによって変化する。

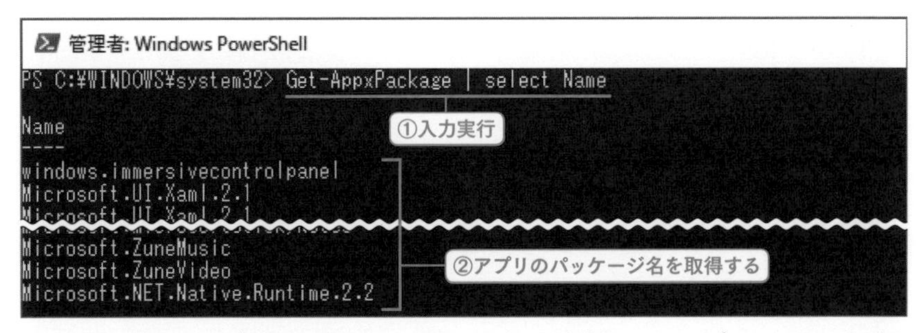

Windows PowerShellから「Get-AppxPackage | select Name」と入力実行。これでアプリのパッケージ一覧を取得できる。なお、All Users側で管理するアプリのパッケージ一覧取得したい場合には「Get-AppxPackage -allusers | select Name」と入力実行する。

対象アプリをアンインストールしたければ、Windows PowerShellから「Get-AppxPackage [削除したいアプリのパッケージ名] | Remove-AppxPackage」と入力実行だ。

● アプリとアプリのパッケージ名の例

People	Microsoft.People
アラーム&クロック	Microsoft.WindowsAlarms
カメラ	Microsoft.WindowsCamera
スマホ同期	Microsoft.YourPhone
マップ	Microsoft.WindowsMaps
問い合わせ	Microsoft.GetHelp

※Windows 10のバージョンによって名称そのものやパッケージ名が異なる場合があるので注意

「Microsoft Storeでアプリを探す」を無効にする

ファイルを開く際に該当するアプリがないとファイルを開く方法として、「Microsoft Storeでアプリを探す」という余計な項目が表示されるが(これもMicrosoft Storeを普及させたい余計な誘導の一つだ)、ファイルを開く方法は自身で導入したアプリを任意に指定すればよい。

この「Microsoft Storeでアプリを探す」を無効にしたい場合にはレジストリエディターから「HKEY_LOCAL_MACHINE¥SOFTWARE¥Policies¥Microsoft¥Windows¥Explorer」を選択して(キーがない場合には作成)、「DWORD値」で値「NoUseStoreOpenWith」を作成して値のデータを「1」に設定すればよい。

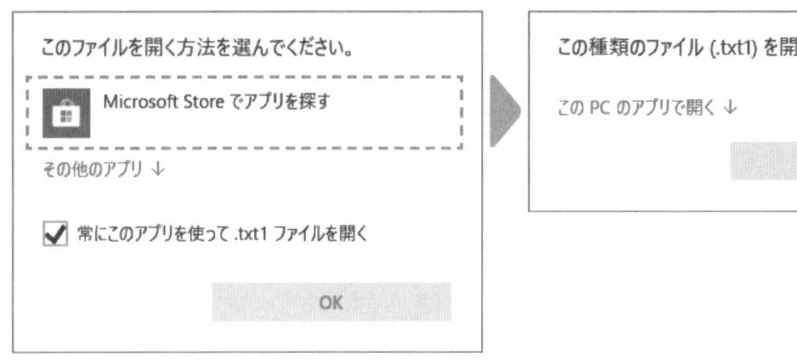

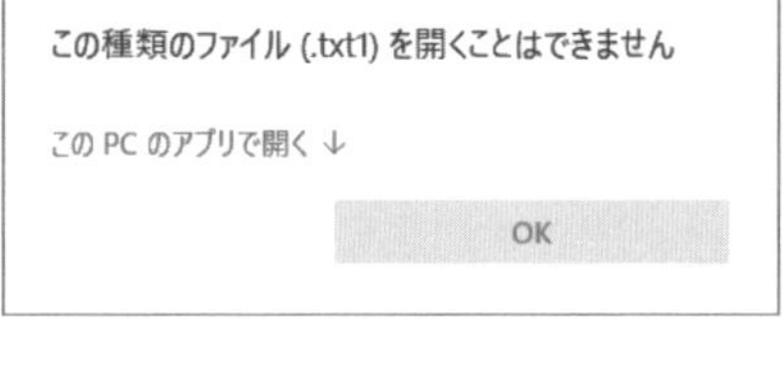

「Microsoft Storeでアプリを探す」はいわゆる「Microsoft Store」を利用させようという誘導だが、不必要な場合にはレジストリカスタマイズで無効にするとよい。というか、一通り使えるアプリをMicrosoft Storeに実装してからこういう誘導を置くべきだ。

3-4 アプリ共通の操作性向上テクニック

コピペとクリップボード履歴の活用

「コピーアンドペースト(通称コピペ)」というテクニックはもはや語るまでもないと思うが、Web情報や参考資料、過去の作成文書などから任意の文章(テキスト等)やオブジェクト(画像等)を選択して、Ctrl+Cキーを入力。任意のアプリでCtrl+Vキーを利用すれば貼り付け(ペースト)を行うことができる。

ちなみに新しいWindows 10であれば「クリップボード履歴」を利用することで、カットバッファーに複数のデータを保持して、履歴から必要なアイテムを選択してペーストすることも可能だ。

クリップボード履歴を利用したいのであれば、「設定」から「システム」－「クリップボード」と選択して、「クリップボードの履歴」をオンにすればよい。

以降、カットバッファーに送信されたデータは「クリップボード履歴」からアクセスできるようになり、任意のアプリでショートカットキー⊞+Vキーを入力することで、クリップボード履歴を表示して任意の履歴データを選択してペーストできる。

なお、このクリップボード履歴はMicrosoftアカウントでサインインすることにより「PC間でクリップボードデータを共有」が可能であり、PC数台を並べて作業している環境などでは簡単にデータの受け渡しを行える。

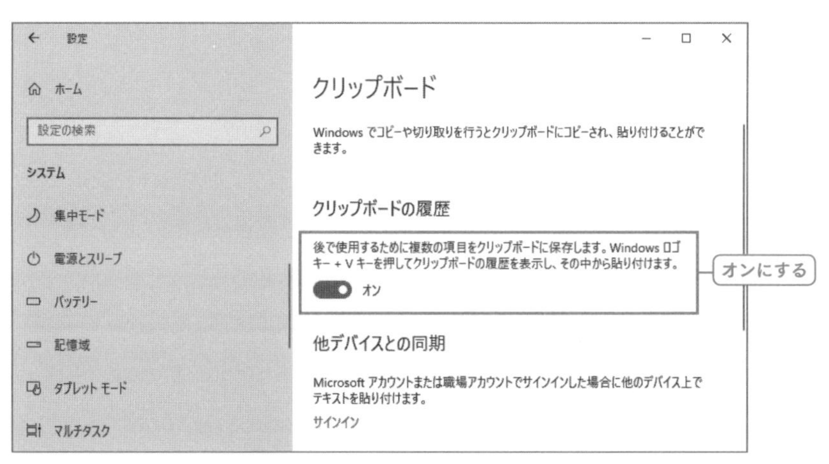

「クリップボードの履歴」を有効にすれば、クリックボード(カットバッファー)に送信されたデータに履歴にアクセスできるようになる。ちなみにコピー操作は通常のCtrl+Cキーでよい。

⊞+V キーでクリップボードの履歴にアクセス

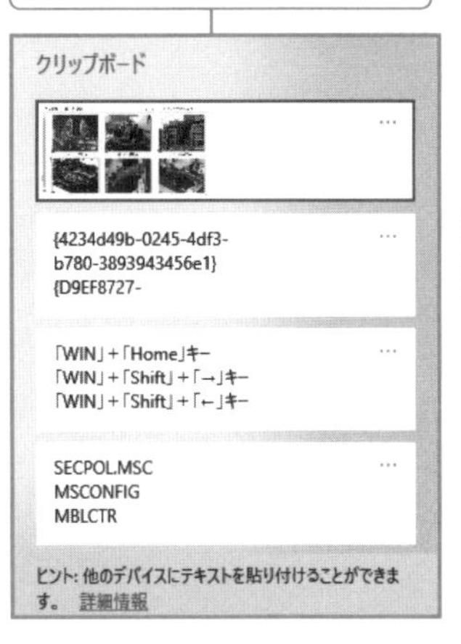

ショートカットキー⊞+V キーでクリップボード履歴にアクセス。任意のデータを選択すれば、目的のデータを任意のアプリに貼り付けることができる。

● ショートカット起動

■ クリップボード(システム)　ms-settings:clipboard

アプリ共通のショートカットキー

アプリ全般で利用できるショートカットキーも紹介しておこう。ちなみに「これはさすがに知っているわ」というショートカットキーも多いかもしれないが、PCを始めた時期によっては知る機会がなかった操作というのもあるので(特にスマートフォン世代、「任意にファイルを保存する」という概念がなかったりする)、ここでまとめて紹介しておこう。

□キャンセル

アプリ操作やメニュー表示、あるいは日本語変換などの場面において、現在の状態をキャンセルしたい場合には Esc キーを入力すればよい。

□アンドゥ

操作実行後の状態を「操作実行前の状態」に戻したい場合には、ショートカットキー Ctrl + Z キーを入力すればよく、この操作を「アンドゥ」という。

なお、一部のアプリでは「アンドゥのやり直し(リドゥ)」に対応しており、ショートカットキー Ctrl + Y キーで実現できる。

□対象項目の変更

対象項目の変更は F2 キーで行う。例えばエクスプローラーにおけるフォルダー／ファイルをフォーカス状態で F2 キーを押せば名前の変更（リネーム）、レジストリエディターであればキー名／値の名前の変更、Excelであればセル内容の変更を行うことができる。

カーソルの移動

行頭位置／行末位置へは Home キー／ End キー、文章の先頭位置／最終位置へは Ctrl ＋ Home キー／ Ctrl ＋ End キーで移動できる。Wordの文字列におけるカーソル移動のほか、Excelにおけるセル移動などにも便利だ。

また、文字列における単語単位移動は Ctrl ＋ ← キー／ Ctrl ＋ → キーで行え、エクスプローラーのファイル名変更時などでも活躍する。

選択範囲

文字列などにおける範囲選択は Shift ＋カーソルキーで行える。アプリによっては先のカーソル移動系のショートカットキーと組み合わせて活用できる（現在の表示位置から Shift ＋ Ctrl ＋ Home キーで先頭まで選択など）。

文字装飾

文字編集系のアプリにおいては、選択文字列においてボールド（Bold）は Ctrl ＋ B キー、イタリック（Italic）は Ctrl ＋ I キー、アンダーライン（Underline） Ctrl ＋ U キーで実現できる（Wordや付箋など）。

またアプリによってサポートは異なるが、選択文字列においてフォントサイズ拡大は Ctrl ＋ Shift ＋ > キー（1ポイントごとは Ctrl ＋] キー）、フォントサイズ縮小は Ctrl ＋ Shift ＋ < キー（1ポイントごとは Ctrl ＋ [キー）で実現できる（WordやPowerPointなど）。

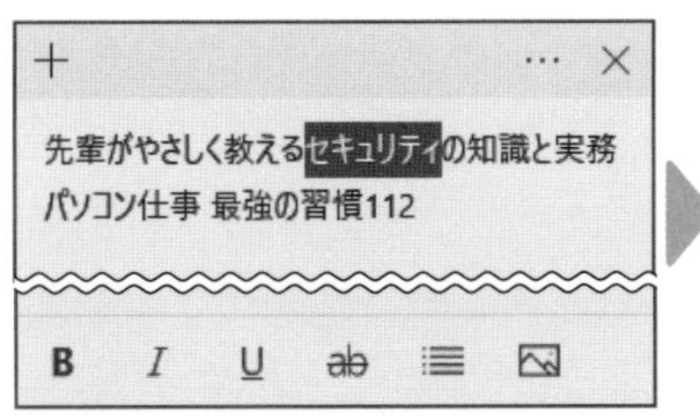

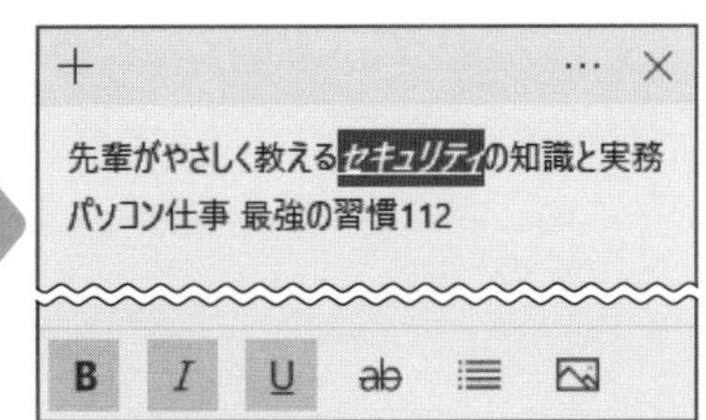

保存

編集系アプリにおいて編集ファイルの上書き保存はショートカットキー Ctrl ＋ S キーで行える。現在のアプリは自動保存機能を備えているため必須ではなくなってきてはいるが、デスクトップアプリなどにおいては重要な操作であり、このショートカットキーを心がけないと頑張って編集した内容を無駄にしかねない。

Column

別の日本語入力システムの選択

Windows 10に標準添付されるMicrosoft IMEは改変を重ねることによりかなり使いやすくなっており特に不満を感じることはない。しかし、PCで日本語入力をよく利用するという場合には、変換効率がよい別の日本語入力システムの導入を検討するのもデスクトップチューニングの一つといえる。

Microsoft IME以外の日本語入力システムには「Google日本語入力」や「ATOK」があるが、特にATOKはMS-DOS時代からの長い歴史と日本産であるというアドバンテージがあるほか、長文変換や業界専門用語（オプションの「医療辞書」等）に強いという特徴がある。

日本語入力システム「ATOK」には月額プラン等が存在するが、買い切りたければパッケージ版「一太郎」を購入するのも手だ。ちなみにワープロ機能としての一太郎は日本語の扱いに優れ、特に文書校正はかゆいところに手が届く。本書も原稿レベルでは一太郎とWordの双方で文書校正している。

クイックアクセスツールバーの最適化

Microsoft系アプリにおいてリボンを利用するアプリ（Officeスイートやエクスプローラーなど）においては、リボンコマンドにアクセスするショートカットキーと、クイックアクセスツールバーを活用すると作業効率を大幅に向上できる。なお、以下の操作はWordを採り上げるが基本的な概念はエクスプローラーでも同様だ。

リボン表示／非表示とリボンタブ

リボン表示／非表示はリボンタブ右端の「∧」「∨」で行えるが、ショートカットキー Ctrl ＋ F1 キーが素早い。また、リボンタブにはショートカットキーが割り当てられている。例えば「ホーム」タブには Alt ＋ H キー（H キーはHomeの「H」）が割り当てられており、このタブへショートカットキーでアクセスすれば、結果的にリボンの表示／非表示操作をせずに各タブ内のリボンコマンドを展開して表示できるので便利だ。

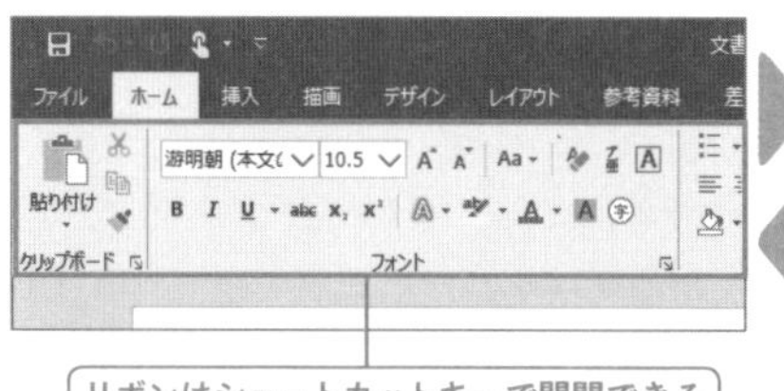

リボンはショートカットキーで開閉できる

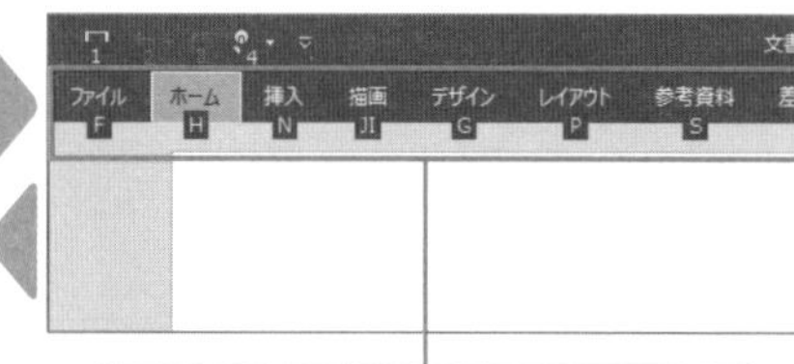

リボンのタブにはショートカットキーが割り当てられており、Alt →［割り当てられているキー］でアクセス可能だ

リボンコマンド

リボンタブだけではなく、リボンコマンドにもショートカットキーが割り当てられている。このリボンコマンドに対するショートカットキーの割り当ては、任意のリボンタブをショートカットキーで表示することで確認できる。

ちなみにこのショートカットキーは2ストロークのものも存在し、例えば「ホーム」タブの「文字の効果と体裁」であれば「FT」なので、文字列を選択ののち Alt → H → F → T キーで目的のコマンドを実現できる。

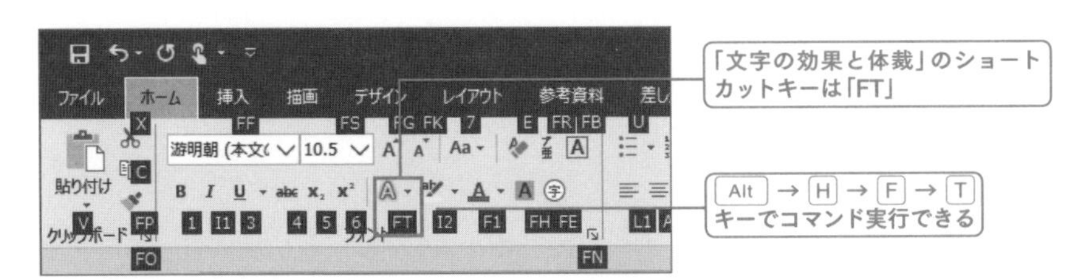

クイックアクセスツールバーにコマンド登録

クイックアクセスツールバーのコマンドであれば、Alt ＋［数字］キーで一発実行可能だ。ちなみにこのクイックアクセスツールバーは任意にカスタマイズを行うことができ、リボンコマンドを右クリックして、ショートカットメニューから「クイックアクセスツールバーに追加」を選択することで任意登録できる。

よく利用するコマンドはクイックアクセスツールバーに登録しておけば、素早く実行可能ということだ。

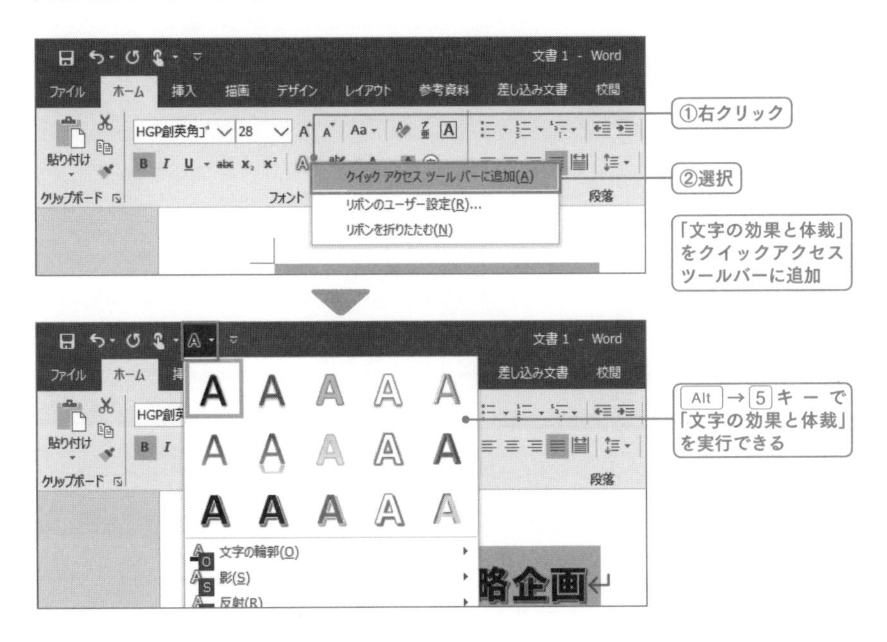

3-5 効率的なウィンドウ操作とスナップ

ウィンドウの素早い操作

デスクトップにアプリなどのウィンドウが散在している際、当面不要なウィンドウを一つ一つタイトルバーの[－]をクリックして最小化するのは手間だ。

そこで活用したいのがウィンドウシェイクであり、タイトルバーを左右にしゃかしゃかとドラッグすることで対象ウィンドウのみの表示(その他のウィンドウの最小化)を実現できる。

ちなみにこの機能はショートカットキー[Windows]+[Home]キーでも実現可能だ。

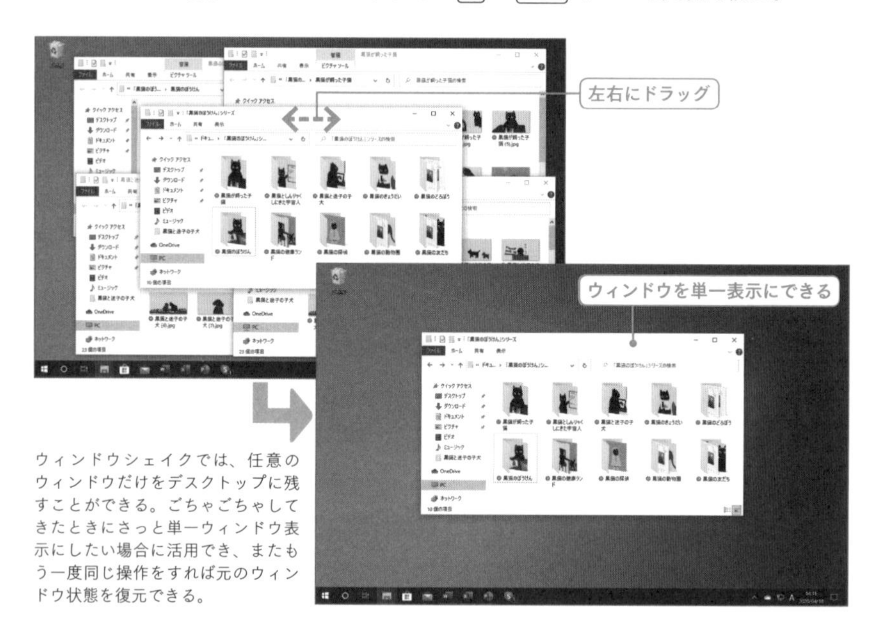

ウィンドウシェイクでは、任意のウィンドウだけをデスクトップに残すことができる。ごちゃごちゃしてきたときにさっと単一ウィンドウ表示にしたい場合に活用でき、またもう一度同じ操作をすれば元のウィンドウ状態を復元できる。

ウィンドウの移動/サイズ変更/最小化/最大化

任意のウィンドウを移動したい場合には、対象ウィンドウにフォーカスがある状態でショートカットキー[Alt]+スペース→[M](Move)キーを入力して、カーソルキーで任意移動すればよい。ちなみに位置決定は[Enter]キーで行える。

同様にウィンドウのサイズ変更を行いたい場合にはショートカットキー[Alt]+スペース→[S](Size)キーで実行できる。

なお、ウィンドウの最小化は[Alt]+スペース→[N]キー、ウィンドウの最大化は[Alt]＋スペース→[X]キーで実現できる。

全般的にぱっとウィンドウを操作したい場合に役立つショートカットキーで、特にドラッグがしにくいタッチパッドでは重宝する(といっても、最近の高性能タッチパッドは2回タップからドラッグできるが)。

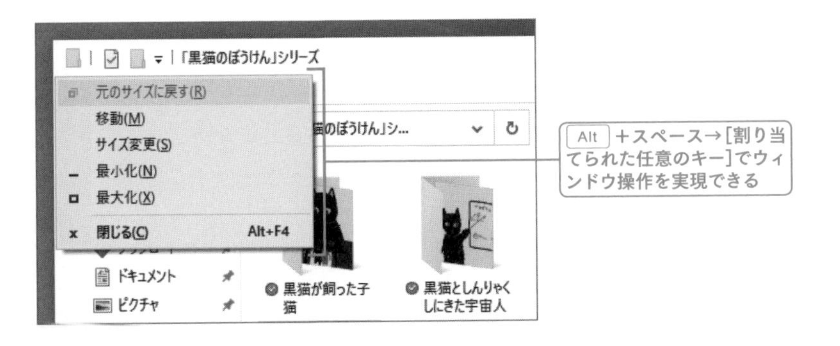

ウィンドウの最大化／最小化

ウィンドウの最大化／最小化は前述の方法でも行えるが、非最大化／非最小化ウィンドウ状態からショートカットキー[⊞]＋[↑]キーでも実現でき、最小化はショートカットキー[⊞]＋[↓]キーでも実現できる。

なお、最小化直後のウィンドウの復元は[⊞]＋[↑]キー、最大化直後の元の大きさのウィンドウ表示は[⊞]＋[↓]キーが担うため、ちょっとクセがある。

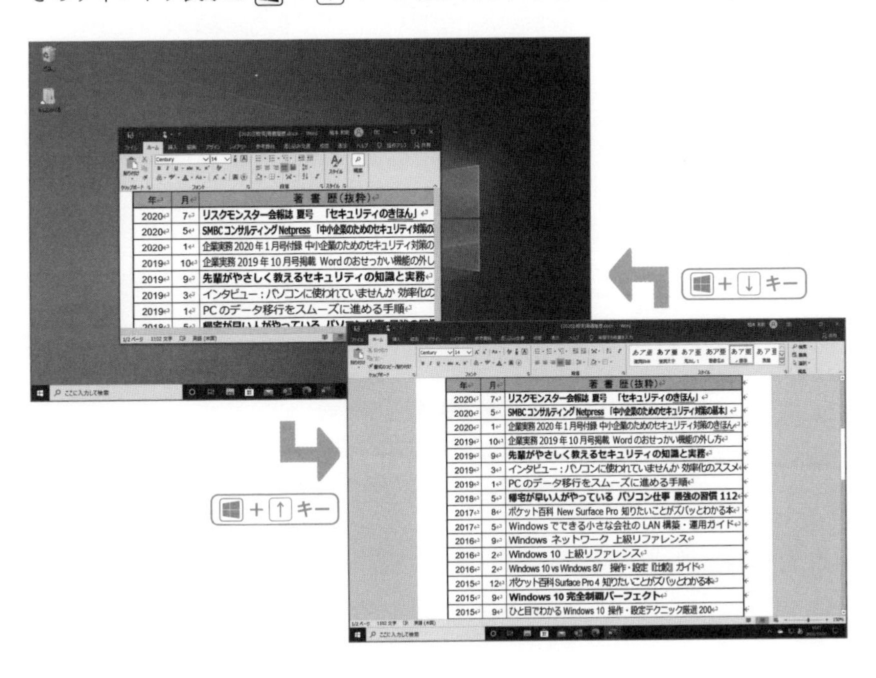

ウィンドウをデスクトップに吸着

Windows 10のデスクトップ機能の一つである「ウィンドウスナップ」はデスクトップにウィンドウを吸着させる機能であり、デスクトップ上でウィンドウをぴっちりと整えて配列したい人はもちろん、マルチディスプレイ環境ではディスプレイを跨いだ素早い移動などの応用にも活用できる。

なお、下記のウィンドウスナップ各種においてはウィンドウタイトルバーをマウスでドラッグして実現する方法もあるが、まどろっこしいのでショートカットキーでテキパキ操作するテクニックを解説する。

ウィンドウをデスクトップ片面に吸着半面表示

デスクトップ半面に吸着させたいウィンドウにフォーカスがある状態で、ショートカットキー ⊞ ＋ → キー(右側)を入力(左側に吸着させたい場合には ⊞ ＋ ← キーを入力)。

該当ウィンドウが右側に吸着したのち、隣に配置するウィンドウ候補が表示されるので、選択して Enter キーを押せば並べて表示することもできれば、 Esc キーで横に並べる候補をキャンセルすることもできる。

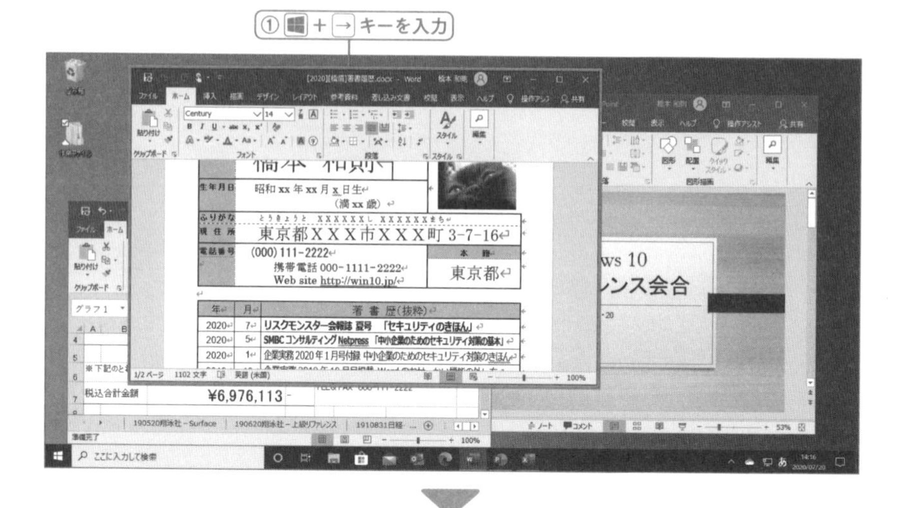

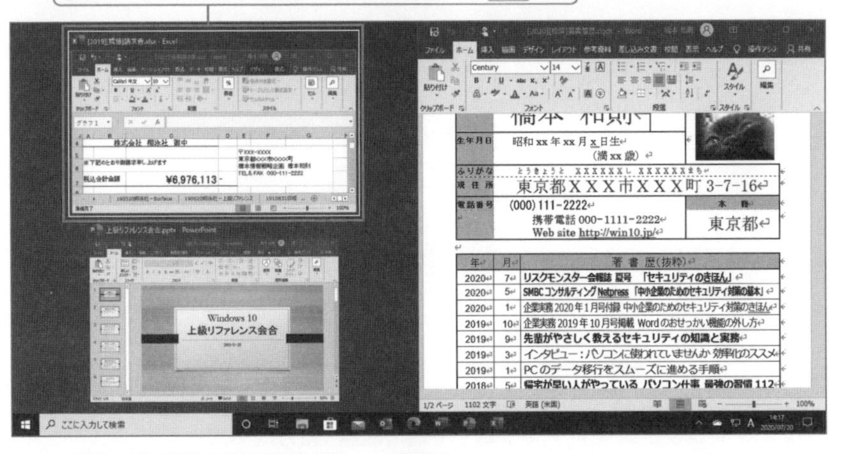

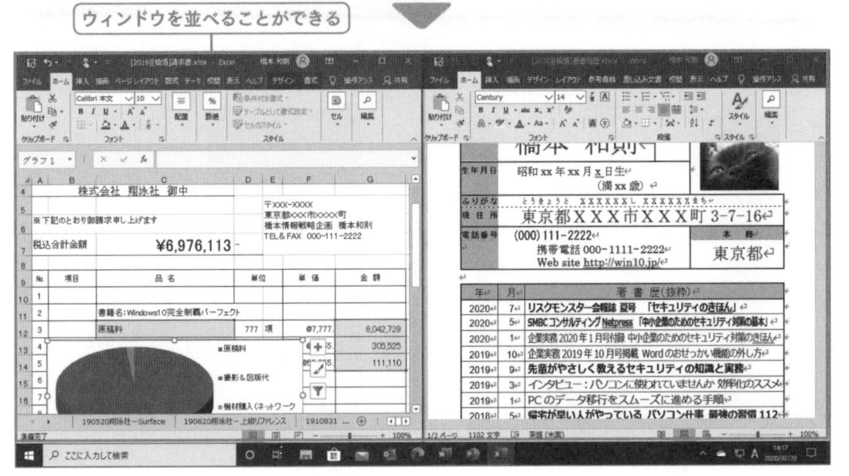

ウィンドウの1/4面表示

デスクトップ四隅に吸着させたいウィンドウにフォーカスがある状態で、ショートカットキー Windows ＋ → → ↑ キーと入力（ Windows キーを押したまま → → ↑ キーと一気に入力）。ウィンドウの1/4面表示が実現できる。

なお、もちろん吸着位置は自在だが、必ず左右吸着（ Windows ＋ ← キー／ Windows ＋ → キー）からショートカットキーを入力する。

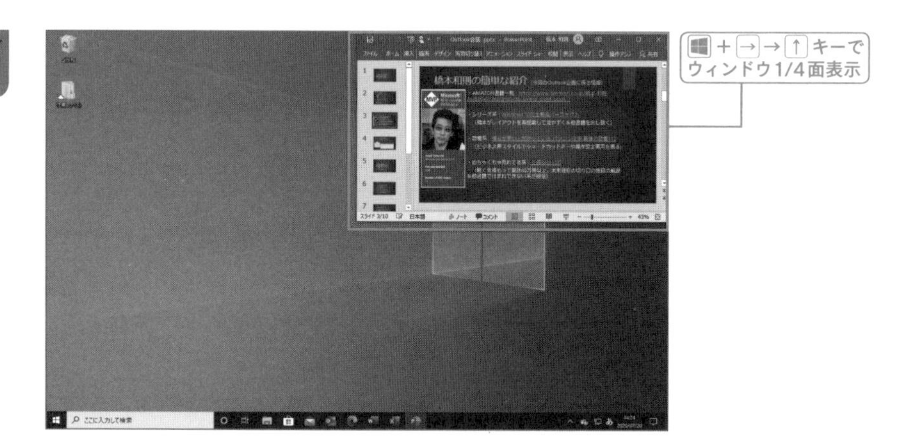

ウィンドウをデスクトップ上端・下端に吸着（縦方向最大）

ウィンドウの上下端をデスクトップに吸着させてウィンドウを縦方向に最大化したい場合には、ショートカットキー[⊞]＋[Shift]＋[↑]キーを入力すればよい。

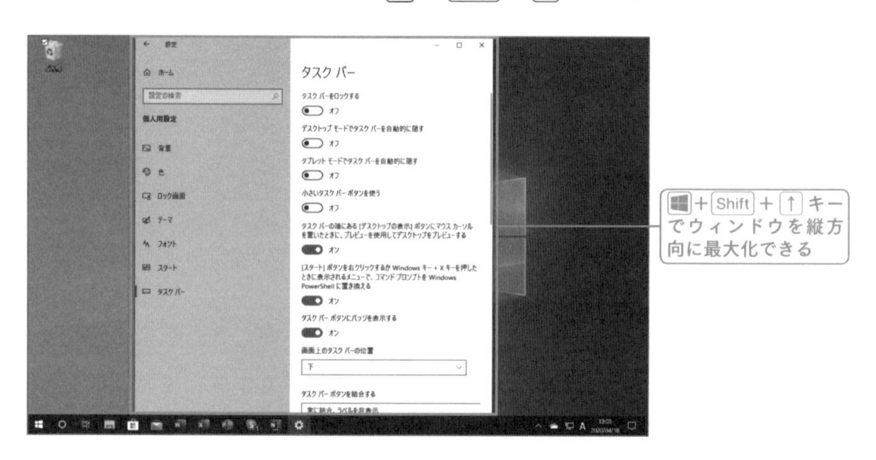

マルチディスプレイでのウィンドウ移動

マルチディスプレイにおいてはショートカットキー[⊞]＋[←]キー／[⊞]＋[→]キーの連打で「吸着→隣接ディスプレイに吸着→隣接ディスプレイで元ウィンドウサイズ」という移動ができる。また、ディスプレイ間を一発移動したい場合には、[⊞]＋[Shift]＋左右カーソルキーだ。

マルチディスプレイ環境では意外と重宝するテクニックで、テレワーク等における画面共有時に、任意のウィンドウをさっと退かしたい場合などに役立つ。

ウィンドウスナップ設定と最適化

ウィンドウスナップはウィンドウのタイトルバーをドラッグした状態でデスクトップ外にマウスポインターを移動することでも実現できるが、この特性ゆえにウィンドウスナップ機能が邪魔だという場合がある。

そのようなときは、「設定」から「システム」－「マルチタスク」と選択。「ウィンドウのスナップ」をオフにすればウィンドウスナップが行われなくなる。

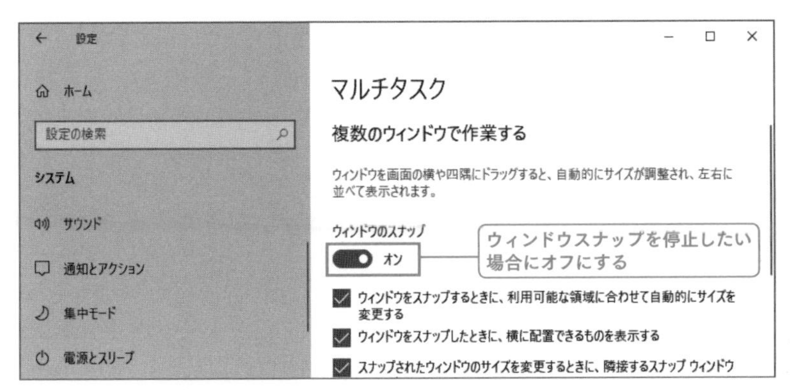

ウィンドウスナップの設定。基本的にオンでかつ全項目チェックでよいが、「～横に配置できるものを表示する」は余計と感じる場合はチェックを外してもよいだろう。

● **ショートカット起動**

■ マルチタスク　　ms-settings:multitasking

ウィンドウシェイクのみを停止する

ウィンドウシェイクもウィンドウスナップ機能の一つなのだが、ウィンドウのタイトルバーをマウスでドラッグする際に誤動作してしまう……などの場合には、ウィンドウシェイクのみを停止してもよいだろう。

レジストリエディターから「HKEY_CURRENT_USER¥SOFTWARE¥Policies¥Microsoft¥Windows¥Explorer」を選択して、「DWORD値」で値「NoWindowMinimizingShortcuts」を作成して値のデータを「1」に設定すれば停止でき、またグループポリシー設定の場合には、「グループポリシー(GPEDIT.MSC)」から「ユーザーの構成」－「管理用テンプレート」－「デスクトップ」と選択して、「Aero Shakeのウィンドウ最小化のマウスジェスチャをオフにする」を有効にすれば停止できる。

なお、グループポリシー設定を見てもわかるとおり、ウィンドウスナップは以前「Aeroスナップ／Aeroシェイク」と呼ばれていた。

同じ機能であってもどんどん改称していくWindows OSの一端が見受けられる。

Column

俺はもっとウィンドウ配置に細かい漢だ

　デスクトップにきちんとウィンドウを並べたいという用途において、Windows 10標準機能を超えてカスタマイズしたグリッドにきちんと配列したいという場合には「PoewrToys」というMicrosoftが配布するツールを利用するとよい。

　「FancyZones」でデスクトップ上にグリッドを作成することができ、ショートカットキー［Windows］＋［@］キーで任意のレイアウトをカスタマイズ&選択。こののちウィンドウを移動するときに［Shift］キーを交えるとグリッドが表示され、任意の位置にドロップすればお望みのウィンドウサイズ&整列を行うことができる。

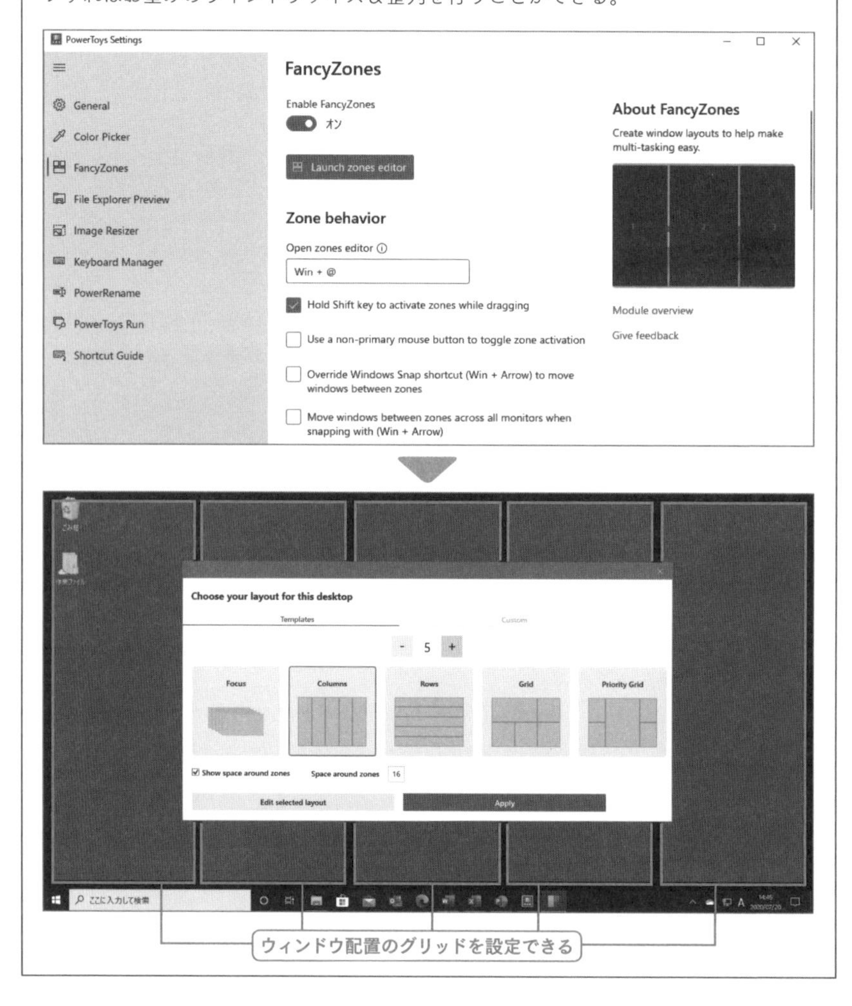

3-6 効率的なタスク切り替え

タスクバーにおけるアプリ起動とタスク切り替えを極める

「アプリ(タスク)の切り替え」の基本としたいのが、タスクを管理するために存在する「タスクバー」による操作だ。

この操作はなんとなくできてしまうのだが、タスクバーアイコンの効果によってショートカットキーが異なるなど意外と奥深いので、ここでまとめて紹介しよう。

タスクバーでアプリの状態を確認する

タスクバーにおけるタスクバーアイコンの効果で「起動中」「アクティブ」などを確認できる。Windows 10の場合このタスクバーアイコンの状態によって操作やショートカットキーが変化する仕様だ。

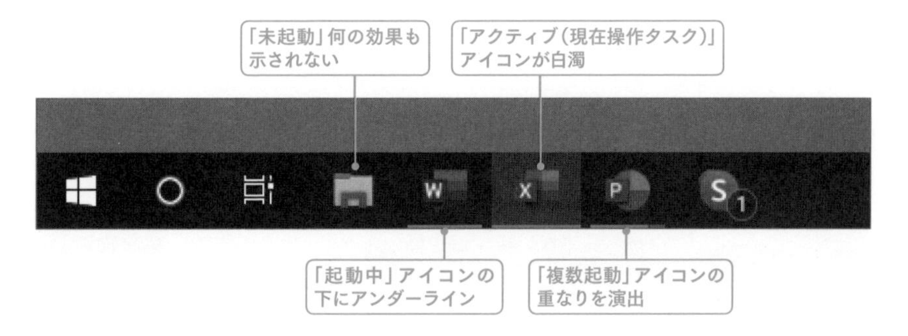

タスクバーアイコンによるタスクの切り替え

タスクバーアイコンはショートカットキー [Windows] + [数字] キーで対象アプリを起動することができるが、起動後の状態の場合 [Windows] + [数字] キーは対象アプリへのタスク切り替えになる(同一アプリ複数起動の場合には連打で切り替え)。

ちなみにショートカットキー [Windows] + [T] キーでタスクバーアイコンに直接フォーカスしたうえでカーソルキーで選択、[Enter] キーで「アクティブ(対象タスクに切り替え)」を行うことも可能だ。

単純すぎて軽視されがちな操作だが、ウィンドウを重ねたデスクトップ作業をしている場合、対象アプリを見つけて表示するのに効率的なテクニックになる。

ショートカットキー[Windows]+[T]キーを入力すれば、タスクバー上のタスクバーアイコンのフォーカスをカーソルキー移動できる。ちなみに複数起動アプリの場合にはサムネイルが表示されるが、これもカーソルキーで選択してアクティブにすることが可能だ。

タスクビューによるタスク切り替え

「タスクビュー」は文字通り「タスクを一覧表示」する機能で、現在起動中のアプリ表示を替えることが主な機能なのだが、新しいWindows 10では「仮想デスクトップ(➡P.238)」と「タイムライン(➡P.193)」もこのタスクビューにまとめられており、なかなかごちゃごちゃしている。

タスクビューによるタスク切り替えは、ショートカットキー[Windows]+[Tab]キーでタスクビューを表示したのち、カーソルキーで任意のタスクを選択して、[Enter]キーで実行できる。

なお、タスクビューのタスク切り替え機能は従来のWindows OSからサポートする「Windowsフリップ(次項参照)」とあまり差別化できていない。

しいてタスクビューの利点を挙げれば、マルチディスプレイ環境においてタスク一覧が見やすいことと、任意の対象を右クリックすることによりショートカットメニューから「ウィンドウスナップ」や、仮想デスクトップとの連携ができる点にある。

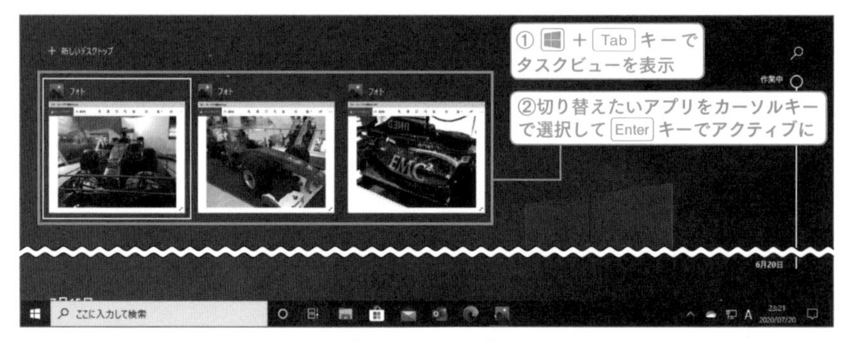

タスクビューによるタスク切り替え。上段が「現在起動中のアプリ」であり、任意にタスクを切り替えることができるほか、右クリックすることでウィンドウスナップなどを行うことができる。

Windowsフリップによるタスク切り替え

Windowsフリップによるタスク切り替えはショートカットキー[Alt]+[Tab]キーで実行できる。ちなみにこのタスク切り替えにはちょっとクセがあり、[Alt]

キーを押したまま Tab キーを連打して目的のタスクを選択して Alt キーを離すという、慣れた人には当たり前、慣れない人にはやや難しい操作が必要だ。

ちなみにショートカットキー Ctrl + Alt + Tab キーであれば「静止版Windowsフリップ」が実現でき、カーソルキーで任意のタスクをゆっくり選択したのち、Enter キーでアクティブを切り替えることができる。

Windowsフリップ

Ctrl + Alt + Tab キーによる静止版Windowsフリップであれば、カーソルキーでタスク選択ができる。タスクビューとは異なり、デスクトップを表示したままタスク切り替えができるのが特徴だ。

Column

Windowsフリップとタスクビュー

「Windowsフリップ」は従来からサポートされるデスクトップを表示したままタスク切り替えができる機能であり、「タスクビュー」と比較しても古い機能でありながら利便性の低さを感じない。

ではなぜ、「タスクビュー」は存在するのだろう？　それはショートカットキーから垣間見ることができ、Windows + Tab キーはWindows 7／Windows Vistaでは「フリップ3D」が割り当てられていた。

……この「フリップ3D」は、平面であるウィンドウを3D的に重ねて表示してタスクが切り替えられるという「だからどうした」的な機能であり、結局廃止されることになるのだが、その穴埋めに「タスクビュー」が存在する。

新しい機能であるタスクビューは原点回帰的なシンプルなタスク切り替えであるため、結局タスクの切り替えという機能においては、Windowsフリップとあまり差別化ができていない状態である。

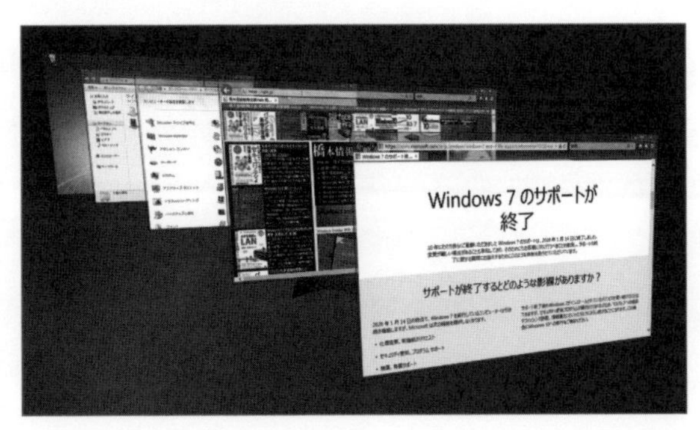

Windows 7／Windows Vistaの素晴らしき機能の一つ「フリップ3D」。ビジュアル的なインパクトだけで中身はないという使えない機能なのだが、雑誌媒体や各PCメーカーがこぞってCMしていたのが懐かしい。

3-7 データからのアプリ起動

データ履歴へのアクセス

Windows 10では「過去に開いたデータ」に、さまざまな方法でアクセスできる。

このデータ履歴は便利だと考える人もいれば、そもそも表示されること自体が邪魔だと考える人もいるのだが、まずはこの「過去に開いたデータ」にアクセスする方法を紹介しよう。

なお、過去に開いたデータにアクセスするということは、結果的にデータに該当するアプリを起動する行為でもある。

[スタート]メニュー

[スタート]メニューの任意のアプリを右クリックすれば、該当アプリで開いたデータの履歴にアクセスできる。なお、該当アプリにおいて履歴データを管理するか否かはアプリ設計による。

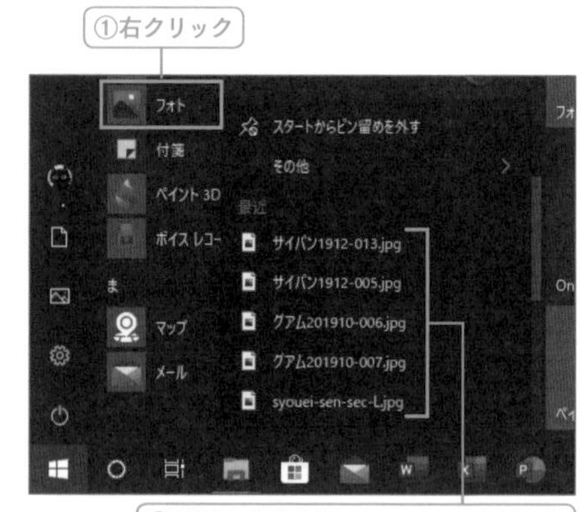

タスクバー

任意のタスクバーアイコンを右クリックすれば、ジャンプリストからデータの履歴にアクセスできる。なお、[スタート]メニュー同様に該当アプリにおいて履歴データを管理するか否かはアプリ設計による。

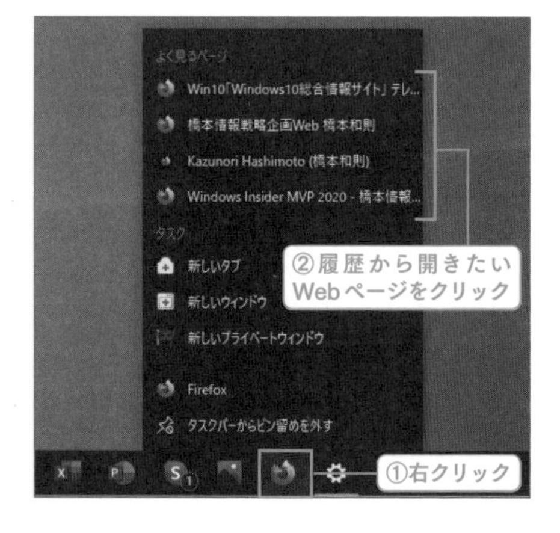

▢エクスプローラー

エクスプローラーの「クイックアクセス」における「最近使用したファイル」欄で、文字通り最近使用したファイルにアクセスすることができる。

タイムラインによる履歴へのアクセス

タイムラインはデスクトップ全般で作業した「履歴」にアクセスできる機能だ。

タイムラインへのアクセスはショートカットキー ⊞ + Tab キーを入力して、「タスクビュー」を表示。タスクビュー表示における「今日」「昨日」などと表示される項目がいわゆるタイムラインでさかのぼれるデータの履歴になり、クリックすれば該当データにアクセスすることができる。

なお、Microsoftアカウントで連携して各PCでタイムライン(アクティビティ履歴)を共有したければ、「設定」から「プライバシー」－「アクティビティの履歴」と選択して、任意のMicrosoftアカウントを指定すればよい。

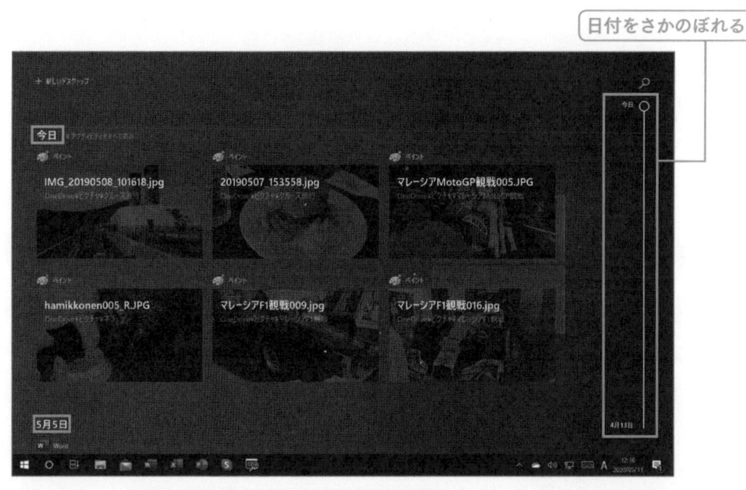

タスクビューからは「タイムライン」にもアクセスできる。タイムラインはいわゆる作業した履歴であり、過去の履歴に簡単にアクセスできる点にポイントがある……が、使いどころを見出せるかは作業スタイルにもより、正直必然性があまり見えない機能だ。

タイムラインのプライバシー設定

タイムラインがほかの履歴保存機能と異なるのは「クラウドにデータ（履歴）を送信するオプション」を持つことであり、「PC間でクラウドを利用した履歴連携が可能である」というポジティブな言い方もできれば、Microsoftに個人情報を送信してしまっているという言い方もできる。

タイムラインのプライバシー設定は、「設定」から「プライバシー」－「アクティビティの履歴」と選択。

プライバシーを気にするのであれば、「～Microsoftに送信する」のチェックは外してしまえばよい。

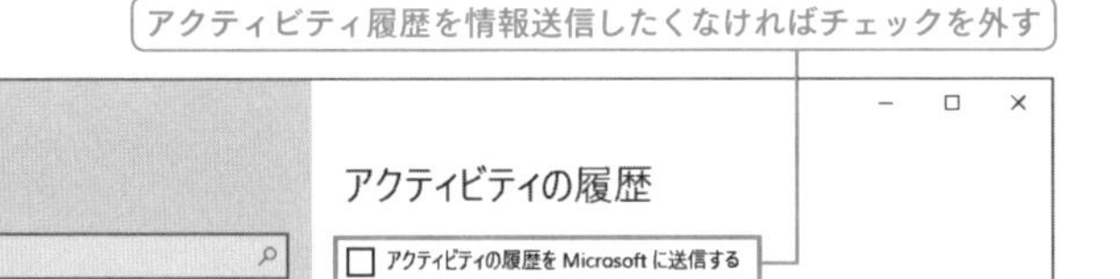

タイムラインのプライバシー設定。クラウド系の機能全般にいえることだが、情報を送信するということはプライバシーにかかわるだけではなく、結果的に通信負荷や処理が発生するという意味でパフォーマンスダウンにもなる。必然性がなければ「オフ」が基本だ。

● ショートカット起動

■ アクティビティの履歴（プライバシー）　ms-settings:privacy-activityhistory

データファイルからのアプリ起動と連携設定

データファイルをダブルクリックするとデータ種類に従ったアプリが起動するが、この「データ種類に従ったアプリ起動」のアプリを変更したい場合には、以下の手順に従う。

なお、この「データ種類に従ったアプリ起動」を正確に述べれば、紐づくのは「データ種類」ではなく、「データファイルの拡張子」である。

例えば、「*.JPG」と「*.JPEG」は同じJPEG画像ファイルではあるが、それぞれ別のアプリを割り当てることも可能だ。

● 拡張子で割り当てるアプリを使い分ける例

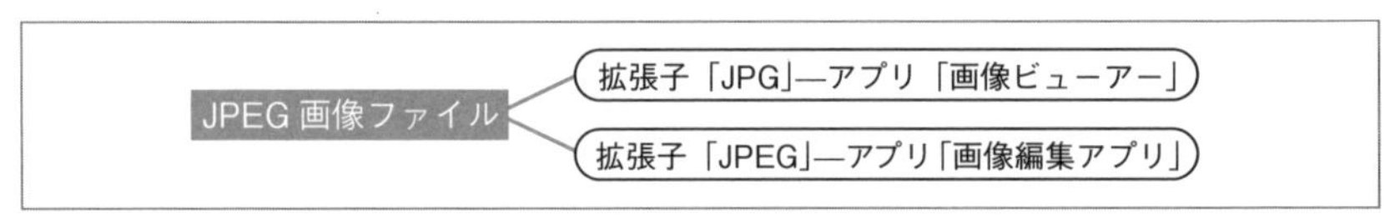

□任意の拡張子に任意のアプリを割り当てる

任意の拡張子を持つデータファイルを右クリックして、ショートカットメニューから「プログラムから開く」－「別のプログラムを選択」を選択。

「常にこのアプリを使って［ファイルの拡張子名］ファイルを開く」をチェックしたうえで、一覧に該当アプリが存在する場合には該当アプリをクリック。一覧に該当アプリが存在しない場合には、「その他のアプリ」をクリックしてこの中に該当アプリが存在する場合にはクリックすればよい。

ちなみにこの中にも目的のアプリが存在しない場合には「このPCで別のアプリを探す」をクリックして、任意のプログラムファイルを指定すればよい。

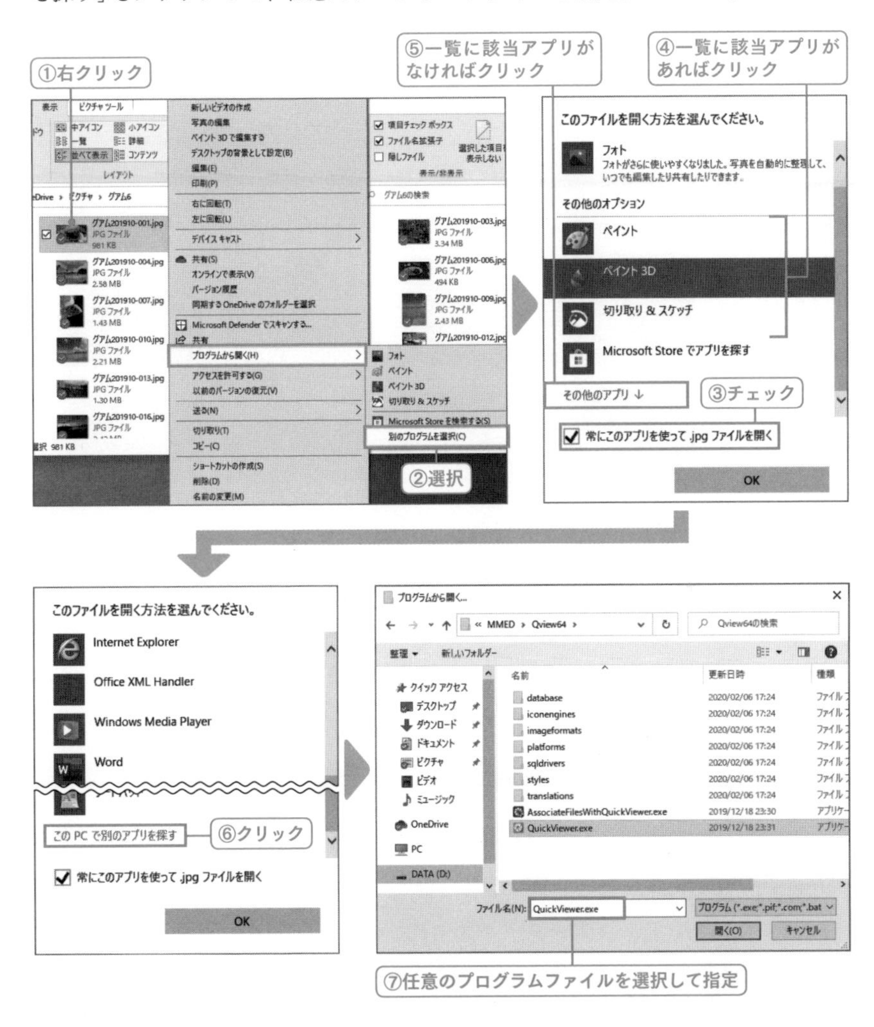

割り当てたアプリとは別のアプリで開く

拡張子に割り当てたアプリではなく別のアプリで起動したい場合は、エクスプローラーで任意のデータファイルを選択した状態で「ホーム」タブの「開く」内、「[開く]横の[▼]」−[任意のアプリ]とクリックすることで任意のアプリを指定してデータファイルを開くことができる。

ショートカットキーであれば Alt → H → P → E キーでメニューから任意のアプリを選択して Enter キーだ。

なお、データファイルを右クリックして、ショートカットメニューから「プログラムから開く」−「別のプログラムを選択」から任意のアプリを選択しても同様だ。

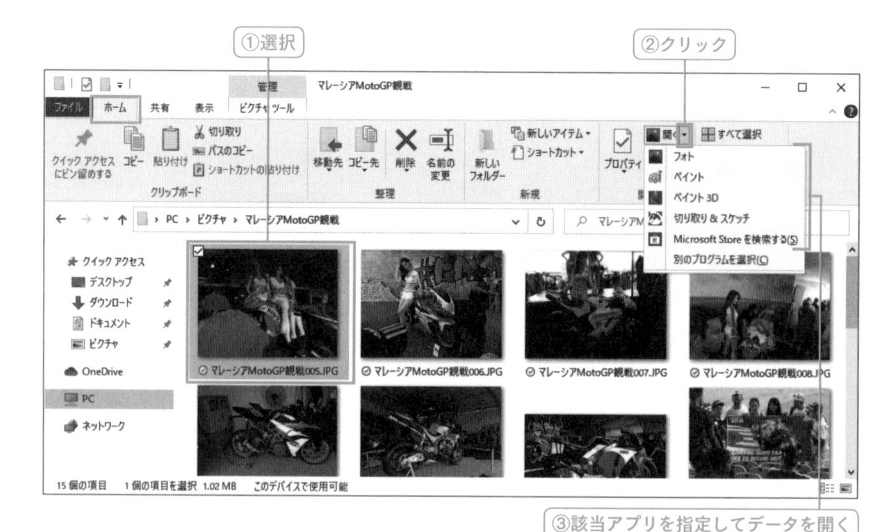

「送る」を活用した複数データファイル選択によるアプリ起動

Windows OSには「送る(SendTo)」という機能が搭載されており、目的のアプリに任意のデータファイルを送ることができる。

この「送る(SendTo)」は任意にカスタマイズ可能であるため、任意のアプリ(アプリショートカットアイコン)が登録できるほか、複数のデータファイルをまとめて任意のアプリで開くという芸当も可能だ。

「送る」の利用方法

「送る(SendTo)」は、任意のデータファイルを選択した状態で右クリックして、ショートカットメニューから「送る」−[任意のアプリ]を選択すればよい。

ちなみに標準機能でも複数選択した任意のファイルをリムーバブルドライブに送る(コピーする)ことができるほか、ZIP圧縮(ZIPファイル作成)なども行うことができる。

「送る(SendTo)」に任意のアイテムを登録する

「送る(SendTo)」に普段利用している任意のアプリを登録したい場合には、「ファイル名を指定して実行」から「SHELL:SENDTO」と入力実行。「送る(SendTo)」の本体フォルダーである「C:¥Users¥[ユーザー名]¥AppData¥Roaming¥Microsoft¥Windows¥SendTo」が開かれるので、任意のアプリショートカットアイコンをここに配置すればよい。

なお、複数ファイルを同時に開けるか否かは該当アプリの設計や設定に依存する。

Windows 10の保持する履歴データの消去

「[スタート]メニューのアプリ項目」「タスクバーアイコンのジャンプリスト」「エクスプローラーのクイックアクセス」からデータ履歴にアクセスできるが、この履歴を消去したい、あるいは保持したくないという場合には、「設定」から「個人用設定」−「スタート」と選択して、「スタートメニューまたはタスクバーのジャンプリストとエクスプローラーのクイックアクセスに最近開いた項目を表示する」をオフ→オンにすれば履歴を消去できる。

また、履歴を恒久的に保持したくない場合には該当項目をオフのままにしておけばよい。

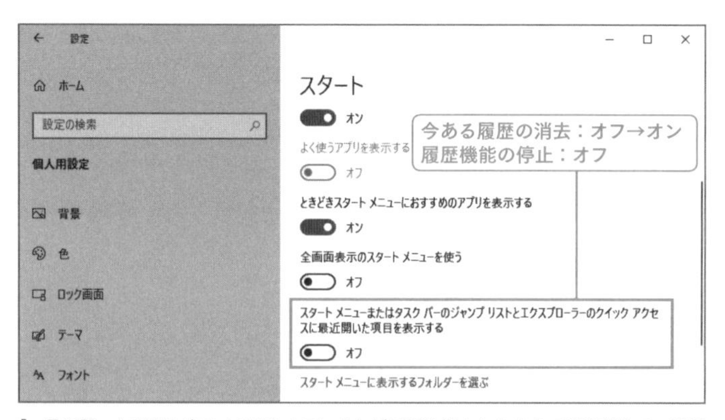

「〜最近開いた項目を表示する」をオフにすれば履歴を消去したうえで該当部位での履歴表示は行われなくなる。なお、Windows 10の機能で履歴を保持することと、アプリが履歴を保持することは別なので、アプリ本体の履歴保存機能に関してはアプリごとの設定が必要だ。

● ショートカット起動

■ スタート　ms-settings:personalization-start

Column

Windows 10内部で保持する履歴データの消去

実はWindows 10では「開いたファイルの履歴」を上記とは別に内部的に保持しており、例えば「ファイル名を指定して実行」から「F」と入力すると、「file:///〜」の形でファイルアクセスの履歴が露呈してしまう。

このファイル履歴を消去したい場合には、なんと「Internet Explorer」を起動して「閲覧の履歴の削除」を実行することで消去できる。これはエクスプローラーとInternet Explorerがシームレスに動くことを売りにしていた過去のWindows OSの名残といえ、完全な裏技だ。

3-8 ファイル管理とエクスプローラー

エクスプローラーに機能アイコンを配置してコントロールセンターにする

エクスプローラーの「PC表示」には、ドライブ以外にWindows 10の操作や設定に便利な機能アイコンを追加することができる。機能アイコンを追加したい場合には、レジストリエディターから「HKEY_LOCAL_MACHINE¥SOFTWARE¥Microsoft¥Windows¥CurrentVersion¥Explorer¥MyComputer¥NameSpace」を選択して、次ページの表に従ったキーを作成すればよい（CLSIDの抜粋、なお該当機能に対応しないハードウェアやエディションでは表示されない）。

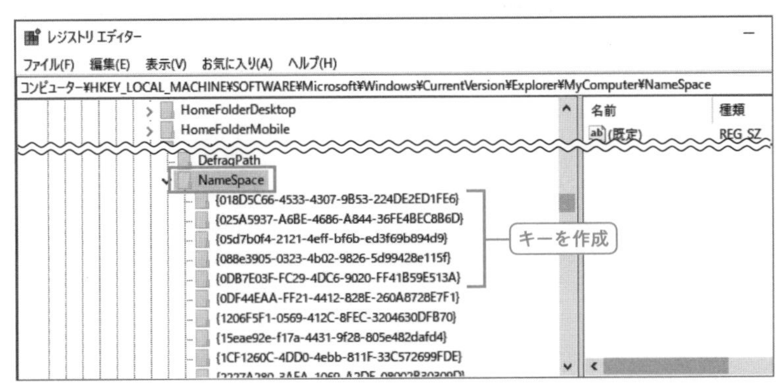

レジストリキー「HKEY_LOCAL_MACHINE¥SOFTWARE¥Microsoft¥Windows¥CurrentVersion¥Explorer¥MyComputer¥NameSpace」を選択して、次ページ表に従った「キー」を作成すれば項目を追加できる。また、キーを削除すれば表示から削除できる。

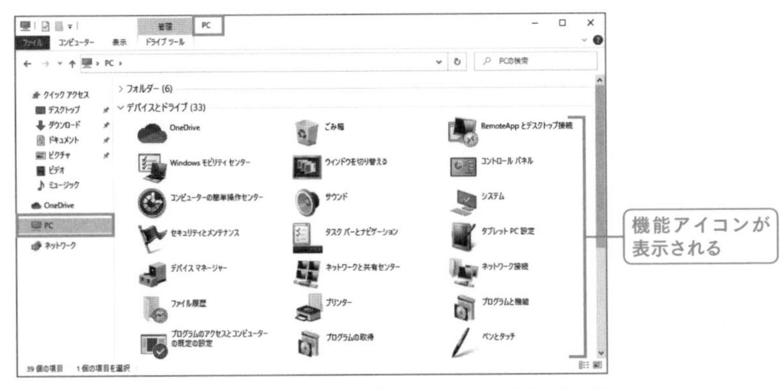

各項目を追加したエクスプローラー。エクスプローラーのPC表示から、素早く各種設定にアクセスできるようになる。

● エクスプローラーの「PC表示」に追加できる機能アイコン(抜粋)

OneDrive	{018D5C66-4533-4307-9B53-224DE2ED1FE6}
RemoteApp とデスクトップ接続	{241D7C96-F8BF-4F85-B01F-E2B043341A4B}
Windows モビリティセンター	{5ea4f148-308c-46d7-98a9-49041b1dd468}
ごみ箱	{645FF040-5081-101B-9F08-00AA002F954E}
コントロール パネル	{5399E694-6CE5-4D6C-8FCE-1D8870FDCBA0}
コンピューターの簡単操作センター	{D555645E-D4F8-4c29-A827-D93C859C4F2A}
サウンド	{F2DDFC82-8F12-4CDD-B7DC-D4FE1425AA4D}
システム	{BB06C0E4-D293-4f75-8A90-CB05B6477EEE}
セキュリティとメンテナンス	{BB64F8A7-BEE7-4E1A-AB8D-7D8273F7FDB6}
タスクバー設定	{0DF44EAA-FF21-4412-828E-260A8728E7F1}
タブレット PC 設定	{80F3F1D5-FECA-45F3-BC32-752C152E456E}
デバイス マネージャー	{74246bfc-4c96-11d0-abef-0020af6b0b7a}
電源オプション	{025A5937-A6BE-4686-A844-36FE4BEC8B6D}
ネットワークと共有センター	{8E908FC9-BECC-40f6-915B-F4CA0E70D03D}
ネットワーク接続	{7007ACC7-3202-11D1-AAD2-00805FC1270E}
ファイル履歴	{F6B6E965-E9B2-444B-9286-10C9152EDBC5}
プリンター	{2227A280-3AEA-1069-A2DE-08002B30309D}
プログラムと機能	{7b81be6a-ce2b-4676-a29e-eb907a5126c5}
ペンとタッチ	{F82DF8F7-8B9F-442E-A48C-818EA735FF9B}
ユーザーアカウント	{60632754-c523-4b62-b45c-4172da012619}
回復	{9FE63AFD-59CF-4419-9775-ABCC3849F861}
管理ツール	{D20EA4E1-3957-11d2-A40B-0C5020524153}
記憶域	{F942C606-0914-47AB-BE56-1321B8035096}
個人用設定	{ED834ED6-4B5A-4bfe-8F11-A626DCB6A921}
資格情報マネージャー	{1206F5F1-0569-412C-8FEC-3204630DFB70}
日付と時刻	{E2E7934B-DCE5-43C4-9576-7FE4F75E7480}
3D オブジェクト	{0DB7E03F-FC29-4DC6-9020-FF41B59E513A}

※一覧のCLSIDのテキスト(コピペ対応)は、「https://hjsk.jp/jrv2-p200.htm」で公開中

エクスプローラーのレイアウト表示最適化

エクスプローラーのレイアウト表示は「表示」タブの「レイアウト」で任意に変更することができるが、ここにいちいちアクセスして表示を切り替えるのは面倒くさい。

一発でレイアウト表示を変更したい場合にはショートカットキー[Ctrl]+[Shift]+[数字]キーを入力すればよい(次ページの表を参照)。サクサク変更できるため最適なレイアウトを見つけやすい。

なお、ショートカットキーが入力しづらいという場合には[Ctrl]+マウスホイール回転でもよく、この操作では「特大アイコンと大アイコンの中間サイズ」などを指定することもできる。

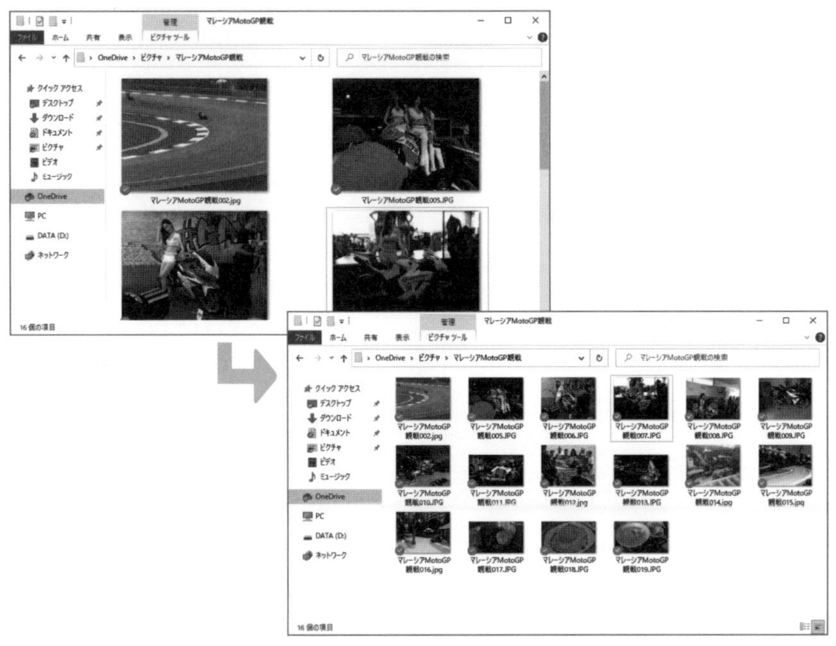

レイアウト表示はショートカットキーのほか、Ctrl ＋マウスホイール回転でも最適化できる。

●「レイアウト表示」のショートカットキー

特大アイコン	Ctrl ＋ Shift ＋ 1 キー
大アイコン	Ctrl ＋ Shift ＋ 2 キー
中アイコン	Ctrl ＋ Shift ＋ 3 キー
小アイコン	Ctrl ＋ Shift ＋ 4 キー
一覧	Ctrl ＋ Shift ＋ 5 キー
詳細	Ctrl ＋ Shift ＋ 6 キー
並べて表示	Ctrl ＋ Shift ＋ 7 キー
コンテンツ	Ctrl ＋ Shift ＋ 8 キー

データを開かずにファイル確認する

Windows 10のエクスプローラーは「プレビューウィンドウ」および「詳細ウィンドウ」表示に対応しており、ファイルを開かずともある程度の情報を確認することが可能だ。

プレビューウィンドウによるデータの表示

ショートカットキー Alt ＋ P キーで「プレビューウィンドウ」を表示すれば、選択アイコンのデータファイル内容を「開かずに」確認できる(要対応アプリ)。

例えばOfficeスイートであればプレビューウィンドウでそのままデータ内容を確認できるほかスクロールバーで任意に表示位置を変更でき、Excelであればタブでシートを切り替えることもできる。

詳細ウィンドウによるデータの確認

　ショートカットキー Shift ＋ Alt ＋ P キーで「詳細ウィンドウ」を表示すれば、データファイルの種類に適合した詳細情報を確認することができる。例えばOfficeスイートであれば「作成者」「ページ数」「更新日時」などを確認でき、またスマートフォンで撮影した写真であれば「カメラのモデル」「位置情報」「ISO速度」「焦点距離」などを確認することができる。

　ちなみにこの詳細ウィンドウでは任意のタグやコメントを記述することも可能だ。

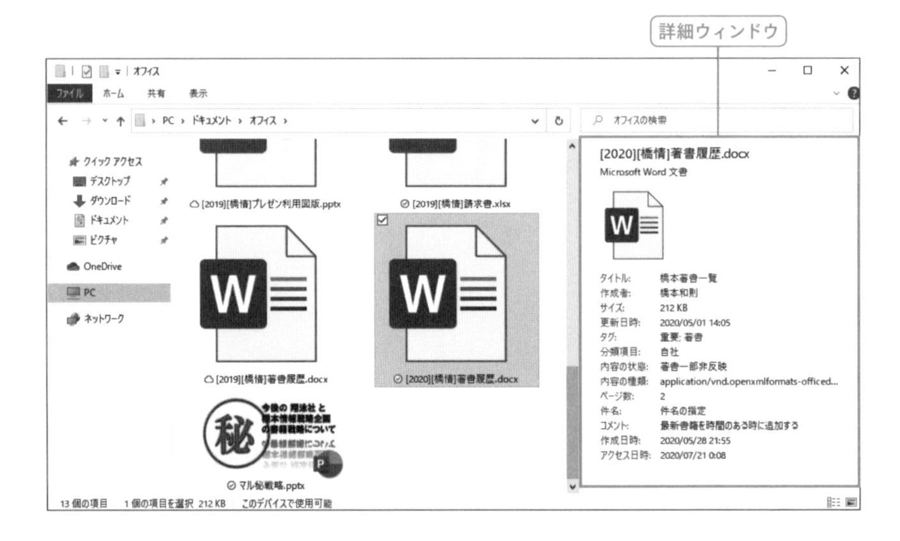

Column

データに埋め込まれた詳細情報を削除する

データファイルに埋め込まれた詳細情報を削除したい場合には、データファイルを右クリックして、ショートカットメニューから「プロパティ」を選択。プロパティダイアログの「詳細」タブで、データファイルの詳細を確認することができ、また「プロパティや個人情報を削除」をクリックすれば任意の情報を削除することが可能だ。

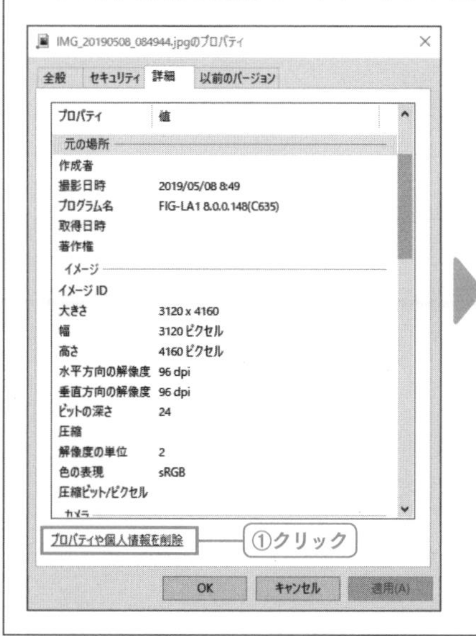

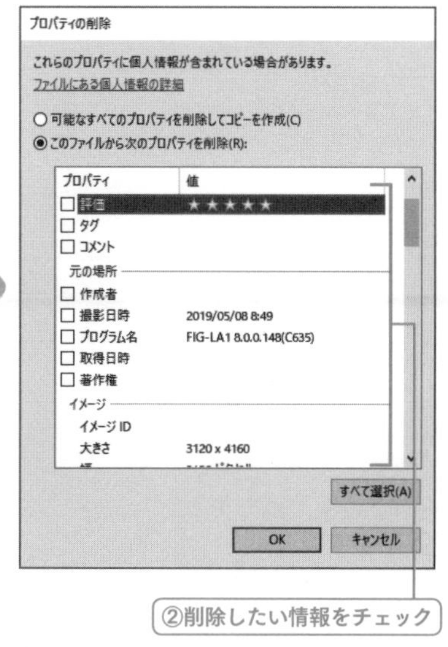

よく利用するフォルダーにドライブ文字を割り当てる

よく利用するフォルダーにおいて、エクスプローラーで深い階層をたどるのは面倒と考える場合、一般的にはショートカットアイコンを作成するか「タスクバーにツールバーとして登録する(➡P.265)」などの方法があるが、「よく利用するフォルダーにドライブ文字を割り当ててすぐにアクセスしたい」という場合には、レジストリエディターから「HKEY_LOCAL_MACHINE¥SYSTEM¥CurrentControlSet¥Control¥Session Manager¥DOS Devices」を選択。「文字列値」で値「[ドライブ文字]:」を作成して値のデータに「¥??¥[フルパス]」と設定すればよい。

なお、いうまでもないが、指定するドライブ文字は「現在空いているドライブ文字」を指定しなければならない。

ちなみに、「任意のパーティション(領域)を任意フォルダーにマウントする」という、逆のカスタマイズを行いたい場合にはP.383参照だ。

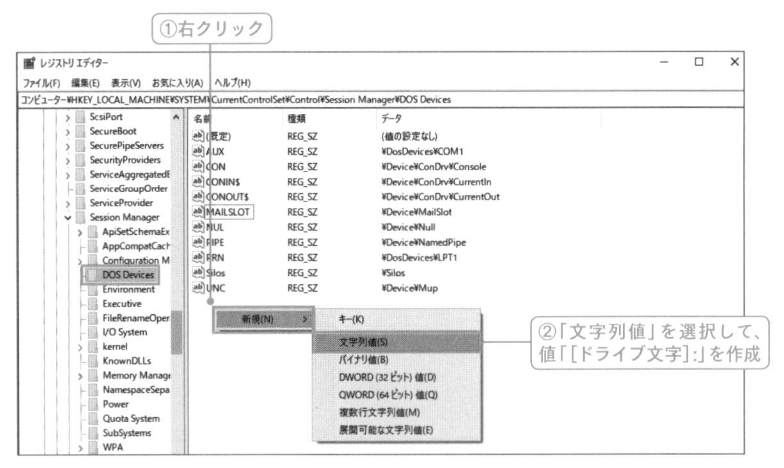

レジストリキー「HKEY_LOCAL_MACHINE¥SYSTEM¥CurrentControlSet¥Control¥Session Manager¥DOS Devices」で右クリックして、ショートカットメニューから「新規」–「文字列値」を選択。

「D:¥00HDATA」に「H:(Hドライブ)」を割り当てたければ、「名前」を「H:」として、値のデータを「¥??¥D:¥00HDATA」(頭の「¥??¥」を必ず入力)と設定すればよい。

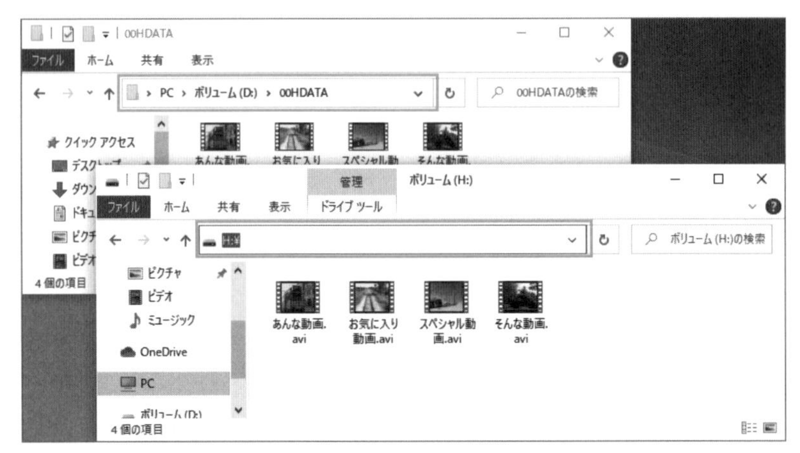

「D:¥00HDATA」の内容を「Hドライブ」にマウントできる。なお、アクセスや編集は双方のフォルダー&ドライブで可能だ。

3-9 エクスプローラーの細かいカスタマイズ

ドラッグであることを認識するしきい値のカスタマイズ

アイコンをドラッグした際に「ドラッグと認識する移動ピクセル数」はご存じだろうか？

答えは「4ピクセル移動するとドラッグとして認識する」のだが、この4ピクセルというのは環境によって微妙で、タッチ操作環境や物理マウスの精度によってはアイコンをポイントするだけで簡単にドラッグと誤認識する。

このドラッグであることを認識するしきい値を変更したい場合には、レジストリエディターから「HKEY_CURRENT_USER¥Control Panel¥Desktop」を選択して、値「DragWidth（文字列値）」の値のデータで横方向の認識ピクセルサイズ、値「DragHeight（文字列値）」の値のデータで縦方向の認識ピクセルサイズを指定すればよい。

ちょっとしたアイコンのポイントや移動でも、処理として「ドラッグ」と誤認識されなくなる状態は、想像より快適な操作環境を提供してくれる。

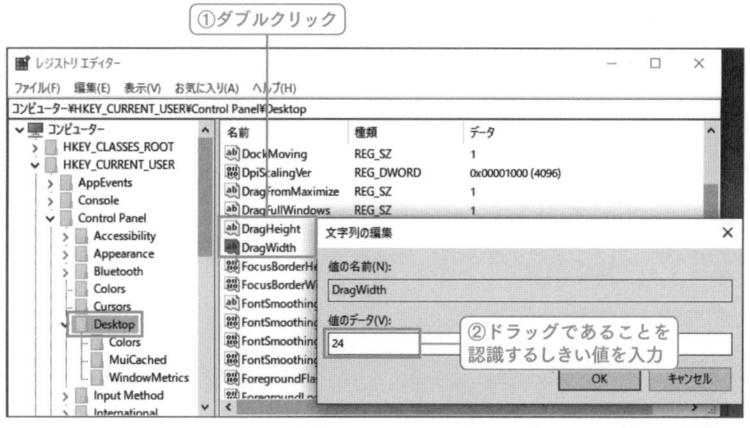

レジストリキー内「HKEY_CURRENT_USER¥Control Panel¥Desktop」の値「DragWidth（文字列値）」「DragHeight（文字列値）」が該当設定になり、値のデータとしてドラッグと認識する移動ピクセル数を指定するとカスタマイズを適用できる。

ドライブレターを前に表示するカスタマイズ

エクスプローラーのPC表示において疑問というか仕様改善してほしいのが、本来「Cドライブ」「Dドライブ」などと一般的に呼称するものの、なぜか「ボリュームラベル+ドライブ文字」という表記になっているため、「Cドライブでうんぬん」などといっても人によっては伝わりにくい点だ。

このエクスプローラーのPC表示のドライブにおける「ドライブ文字を前(ドライブ文字+ボリュームラベル)」に表記したい場合には、レジストリエディターから「HKEY_CURRENT_USER¥SOFTWARE¥Microsoft¥Windows¥CurrentVersion¥Explorer」を選択。「DWORD値」で値「ShowDriveLettersFirst」を作成して値のデータを「4」に設定すればよい。

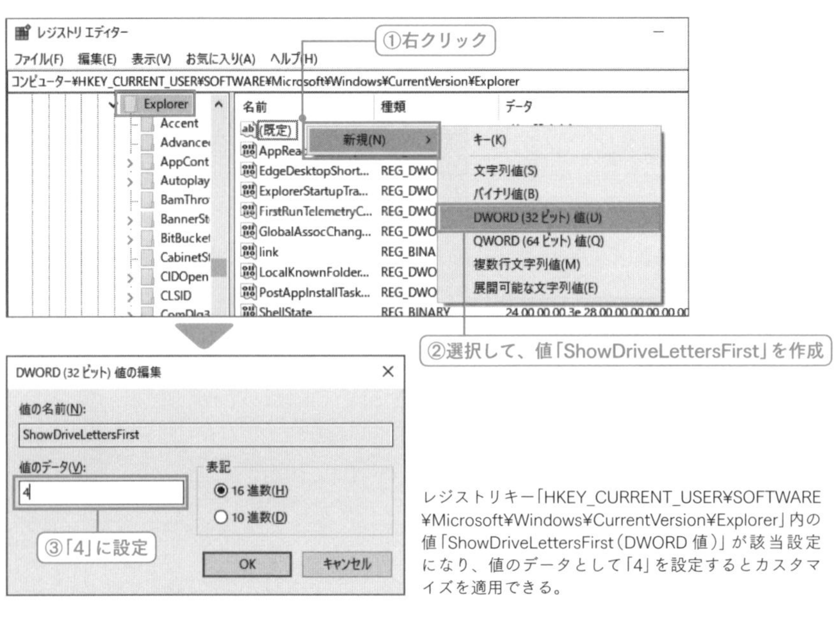

レジストリキー「HKEY_CURRENT_USER¥SOFTWARE¥Microsoft¥Windows¥CurrentVersion¥Explorer」内の値「ShowDriveLettersFirst(DWORD値)」が該当設定になり、値のデータとして「4」を設定するとカスタマイズを適用できる。

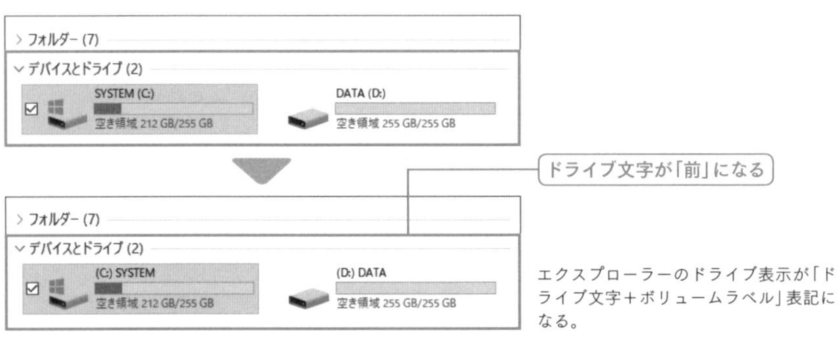

エクスプローラーのドライブ表示が「ドライブ文字+ボリュームラベル」表記になる。

Column

なぜ「Cドライブ」からエクスプローラーはスタートするのか

なぜエクスプローラーのPC表示で表示されるドライブ文字は「A:」からではなく、「C:」から開始されるのかご存じだろうか？

その理由はWindows OSが登場する遥か前のMS-DOS時代にさかのぼる必要がある。まだハードディスクが存在しなかった時代、標準的なPC環境ではフロッピーディスクドライブを2台利用するオペレーティングが一般的であり、Aドライブにシステムディスク、Bドライブにデータディスクなどという形で運用されていた。

その互換性を維持するために、MS-DOSの流れをくむWindows OSにおいてもフロッピーディスクドライブに割り当てられた「A:」「B:」とバッティングしない「C:」以降が内蔵ストレージのドライブ文字として割り当てられているのだ。

エクスプローラーの並び替えの最適化

「あおい」と「あかり」であればソート順位において「あおい」のほうが上位になる。これは1文字目は同じ「あ」だが、2文字は「お」のほうが五十音的に先だからだ。

では、「1」「23」「3」の場合はどうだろう？

1文字目の「文字」が若いほうが優先されるのか、あくまでも「数字」として若いほうが優先されるのか……答えは、エクスプローラーはきちんと数字的な配慮を行い、「1」「3」「23」の順序になるのだが、これが余計だという場合には、レジストリエディターから「HKEY_CURRENT_USER¥SOFTWARE¥Microsoft¥Windows¥CurrentVersion¥Policies¥Explorer」を選択して（キーが存在しない場合には作成）、「DWORD値」で値「NoStrCmpLogical」を作成して値のデータを「1」に設定すればよい。

またグループポリシー設定であれば、「グループポリシー（GPEDIT.MSC）」から「ユーザーの構成」－「管理用テンプレート」－「Windowsコンポーネント」－「エクスプローラー」と選択して、「エクスプローラーで数値による並べ替えを無効にする」を有効にする。

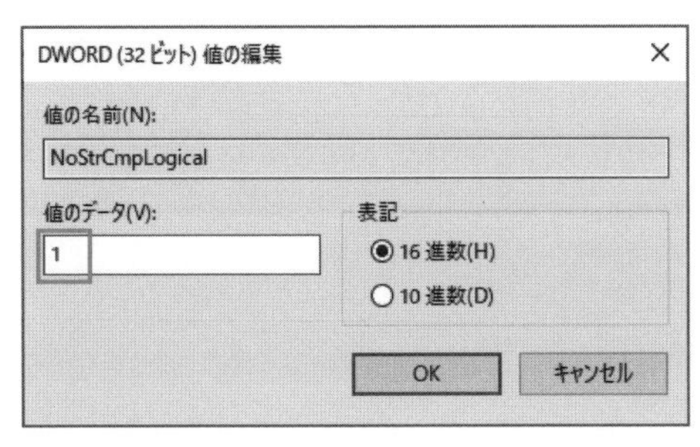

レジストリキー「HKEY_CURRENT_USER¥SOFTWARE¥Microsoft¥Windows¥CurrentVersion¥Policies¥Explorer」内の値「NoStrCmpLogical（DWORD値）」が該当設定になり、値のデータとして「1」を設定するとカスタマイズを適用できる。

グループポリシー設定であれば、「ユーザーの構成」-「管理用テンプレート」-「Windows コンポーネント」-「エクスプローラー」で「エクスプローラーで数値による並べ替えを無効にする」を有効にする。

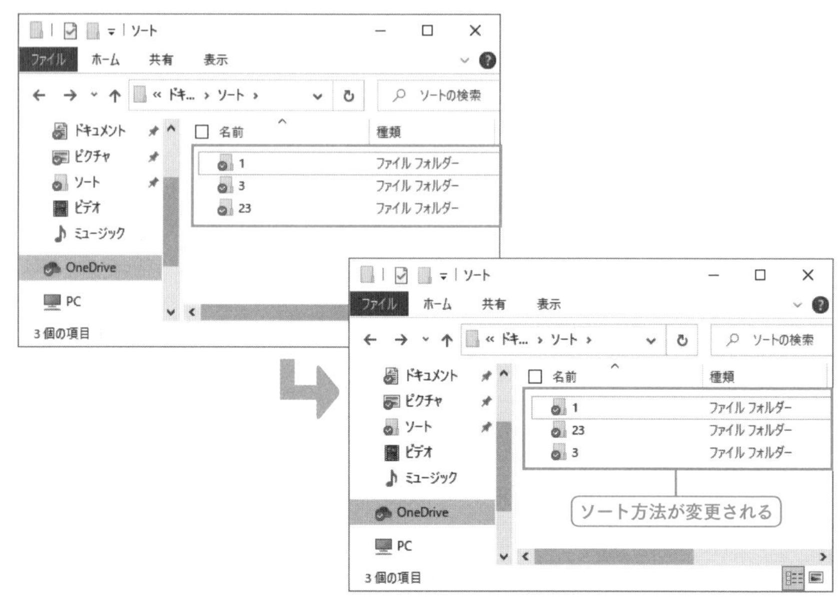

レジストリ設定/グループポリシー設定を適用すると、エクスプローラーの数値における「ソート方法」が変更される。

3-10 仮想マシンによるセキュアなアプリの管理

Windowsサンドボックスによる安全性や動作不明アプリのテスト

新しいWindows 10に搭載された「Windowsサンドボックス」は、いわゆる仮想(バーチャル)マシンであり「デスクトップ上で仮想的なWindows 10 PCを動作させる」というものだ。

一般的な仮想マシン(Hyper-VやVMWare)との大きな違いは「完全に使い捨て」であり、Windowsサンドボックスを起動したのちに導入・動作させたアプリは、Windowsサンドボックスを閉じた際にすべて破棄されるのが特徴になる。

つまり、アプリ(プログラム)の安全性や動作の正常性を確認するなどの、一時的な検証で活用できる。

Windowsサンドボックスや仮想マシンの要件

Windowsサンドボックスの要件は、64ビット版Windows 10の上位エディションであることと、ハードウェア環境としてCPUがバーチャライゼーション機能をサポートしてかつ、UEFIで該当機能が有効になっている必要がある。

なお、PCのハードウェアスペック(主にCPU・メモリ)に余裕がないとかなり緩慢な動きになるため、ある程度のPCスペックが必要だ。

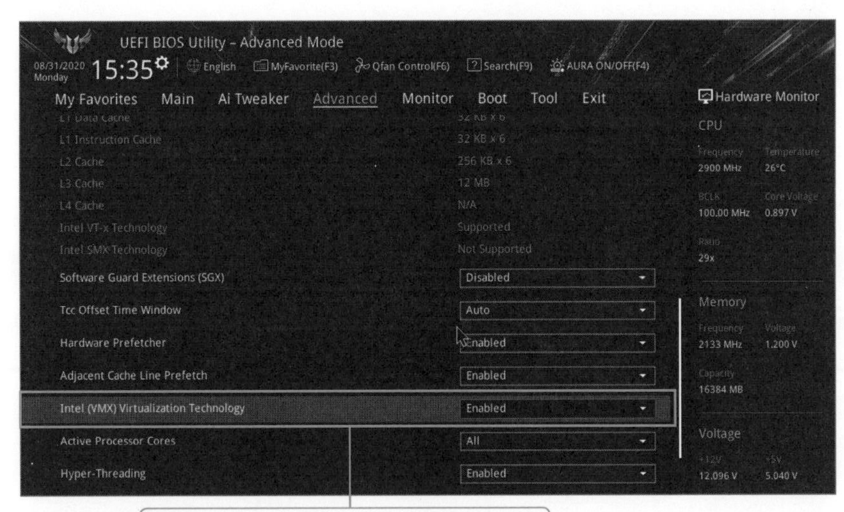

UEFIでバーチャライゼーション機能を有効にする

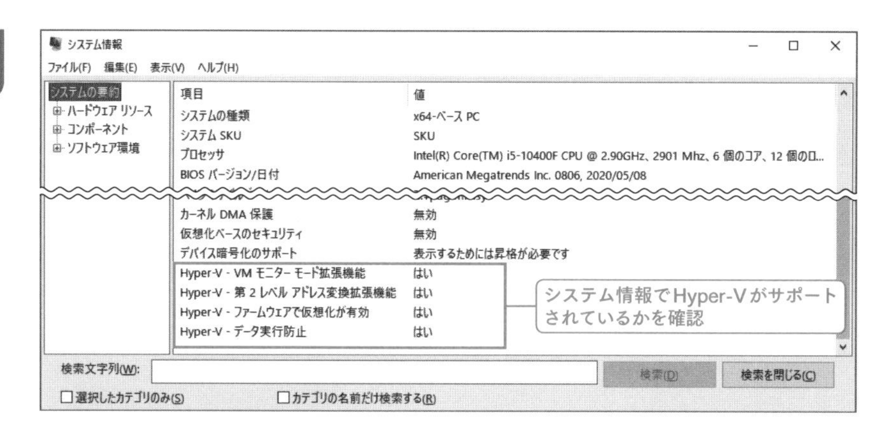

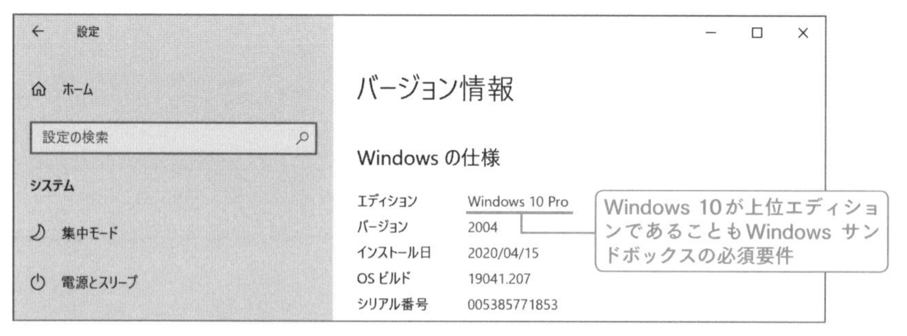

Windowsサンドボックスの有効化

Windowsサンドボックスは Windows 10のオプション機能であるため、任意に機能を有効にしなければ利用できない。

コントロールパネル(アイコン表示)から「プログラムと機能」を選択。タスクペインから「Windowsの機能の有効化または無効化」をクリックして、「Windowsの機能」から「Windowsサンドボックス」にチェック(対応環境でなければチェックできない)。

後は、ウィザードに従って再起動を行えばよい。

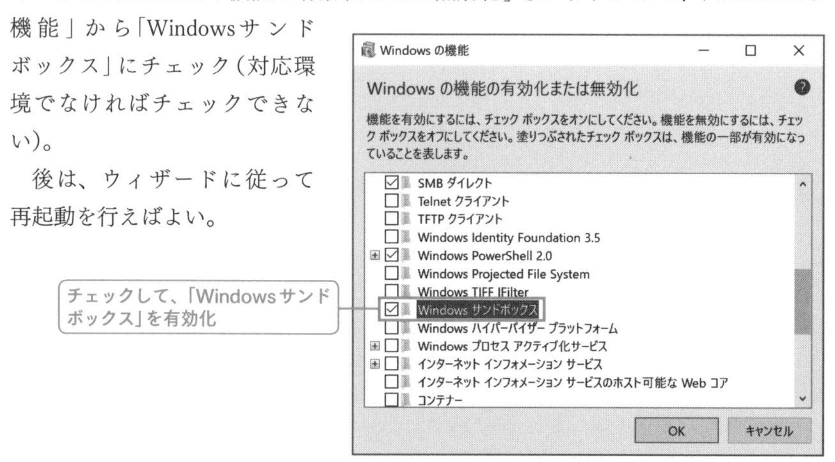

Windowsサンドボックスの利用

［スタート］メニューから「Windows Sandbox」を選択（あるいは ⊞ →「SAND（入力）」から選択）することで「Windowsサンドボックス」を起動することができる。

このWindowsサンドボックス内でのアプリ導入や各種操作などは終了時にすべて破棄されるため比較的自由にテストを行えるが、インターネット接続においてはホストと共有している点に注意が必要だ（コラム参照）。

Windows サンドボックス

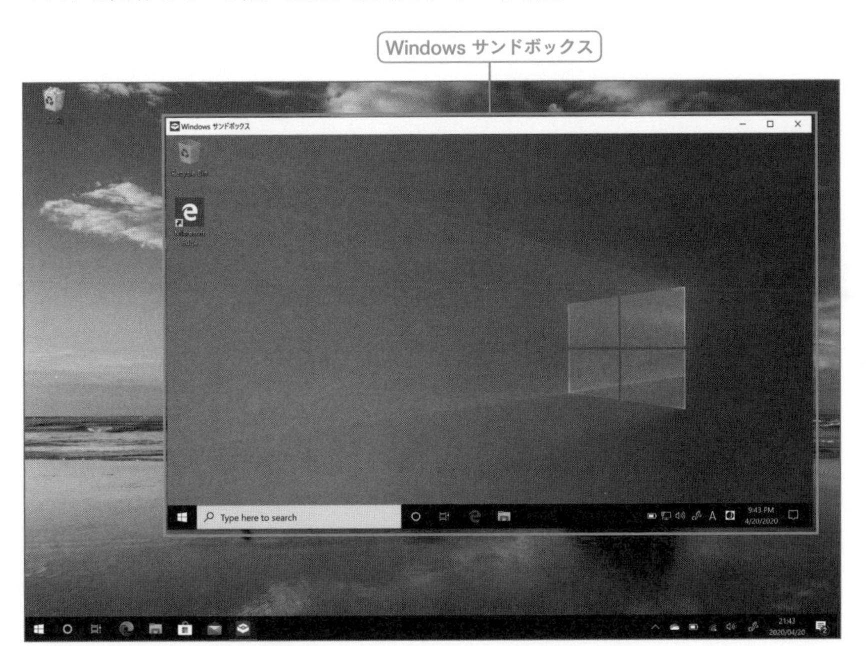

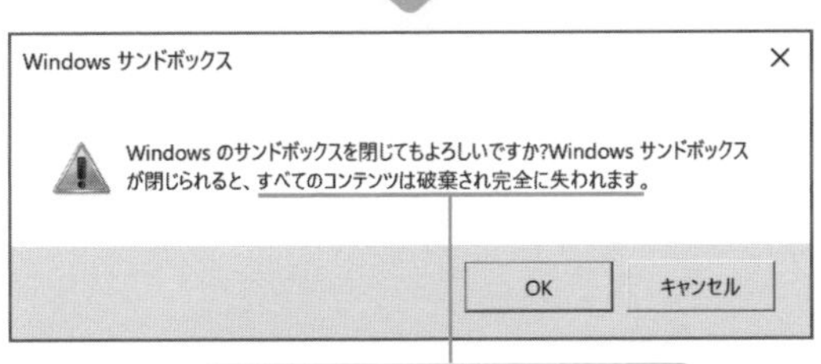

Windows サンドボックス内で更新された内容は、閉じたときにすべてリセットされる

● ショートカット起動

- Windowsの機能（Windowsの機能の有効化または無効化）　OPTIONALFEATURES

Column

仮想マシンなら何をしても安全というわけではない

「Windowsサンドボックス」では、システム(ホスト)に影響をおよぼすことなくアプリ(プログラム)を実行することができる。

これはアプリの動作検証等に活用でき、プログラムがシステムに悪影響を与えるような特性を持つ場合でも、サンドボックス内で留めることができるためホストのシステムは侵されないという意味で安全である。

では「怪しいアプリ(違法サイトからダウンロードしたアプリなど)も試せる」のかといえば、答えは限りなくNGに近い。

いくつかのWebサイトなどでは「Windowsサンドボックスは怪しいアプリを試せる」的な見出しをつけてアクセス数を稼いでいるが、危険性という話であればWindowsサンドボックスでもインターネット接続は可能であるため、サンドボックス内でマルウェアプログラムが稼働してしまった場合、他者に攻撃を仕掛けるなどは可能だ。

サンドボックス内であれマルウェアプログラムが他者を攻撃した場合、結果的に割り出されるIPアドレスは自回線であるため、つまりは攻撃された相手から見て悪意を行っているのは自分ということになる。

つまり、「Windowsサンドボックス」であれ「仮想マシン」であれ、何をしてもよいということにはならないのだ。

仮想マシンソフトの活用

先にWindowsサンドボックスによる仮想マシン管理を解説したが、恒久的に仮想マシン内のOSやアプリを利用&活用したければ、一般的な仮想マシンソフトを利用すればよい。

仮想マシンソフトにはWindows 10上位エディションであれば「Hyper-V」のほか、エディションを選ばない任意導入仮想マシンソフトとして「VMWare」「VirtualBox」などがある。

どの仮想マシンソフトにも要求される環境としては、「64ビット版Windows 10(x64)」であることと「バーチャライゼーション機能が有効」であることが条件になる。

また、PCスペックにはある程度の余裕が必要であり、特に仮想マシン管理における「仮想ハードディスク(Hyper-VにおけるVHD)」は削除データを回収しない仕様であるため(任意のメンテナンスを行わない限りファイルサイズがどんどん肥大化していく)、ストレージには余裕が必要だ。

蛇足だが、筆者は仮想マシンを日常業務で活用する関係上、仮想マシン用のストレージには1TBのM.2 NVMe SSDを割り当てている。

特に仮想マシンでWindows 10を動作させる場合、ホスト同様にWindows

Updateにより更新プログラムが頻繁に降ってくることや、Insider Previewを有効にしている場合にはスナップショットなども必要になるため、なかなかのストレージ容量が必要になる。

仮想マシンの導入

仮想マシンでは任意のOSを自由にインストールできるほか、複数の仮想マシンを作成することで複数のOSを同時管理&駆動することも可能だ。

注意しなければならないのは「仮想マシンも独立したPCの一つ」であるため、仮想マシンに導入するOSは独立したライセンスを必要とする点にある（例えば仮想マシンで「Windows 10」を利用したければ、本体とは別に「Windows 10のライセンス」が必要）。

なお、仮想マシンはウィザードでメモリ容量やストレージ容量を任意に指定することができるが、旧OSを利用するのであれば「OSの管理できる容量を超えない設定」にしなければならない点にも注意したい。

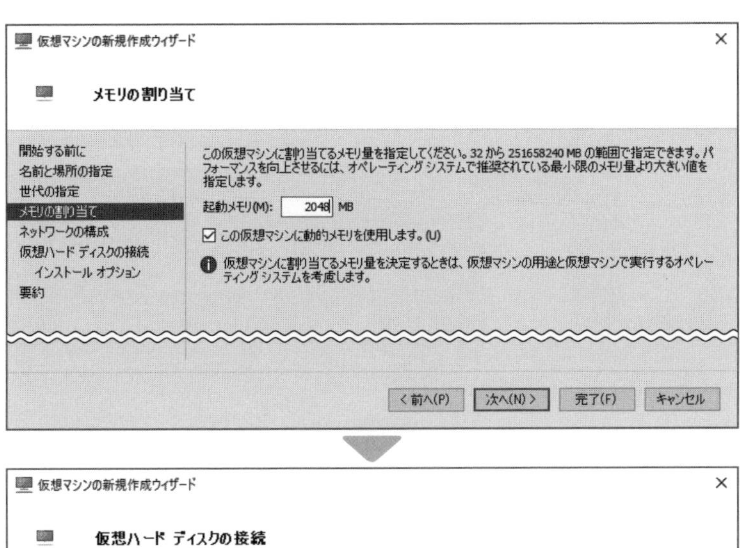

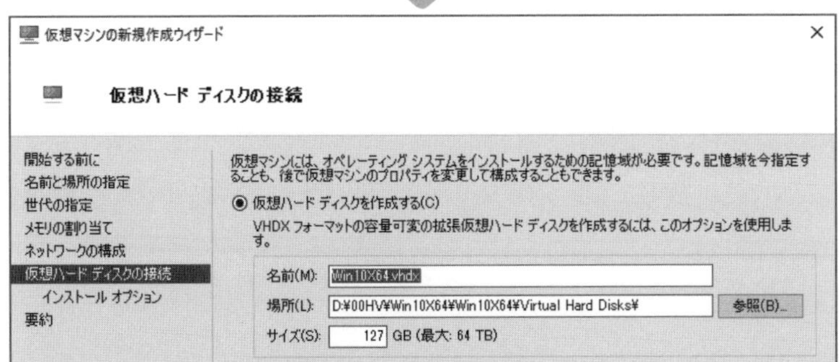

仮想マシンのメリット

仮想マシンではホストのリソースが許せば複数の仮想マシンを同時起動できる。

各仮想マシンに「Windows XP」「Windows Vista」「Windows 7」「Windows 8」を導入して、同時起動して並べて楽しむことや、検証に役立てることなどが可能だ（ただしサポートが終了したOSは仮想マシンであれどもセキュリティが確保できない点に注意したい）。

また「スナップショット」はホストにはない仮想マシンならではの機能であり、任意の時点でのOS状態をスナップショットしておけば、いつでもその作成時点のOS状態を復元できる。

OSやアプリに問題が起こっても正常な状態にすぐに復元できるほか、アプリのテストなどにも向き、また仮想マシンソフトによっては任意OS状態を分岐して（正規版とプレビュー版など）スナップショット管理することも可能だ。

仮想マシンでWindows XP～Windows 8を起動している画面

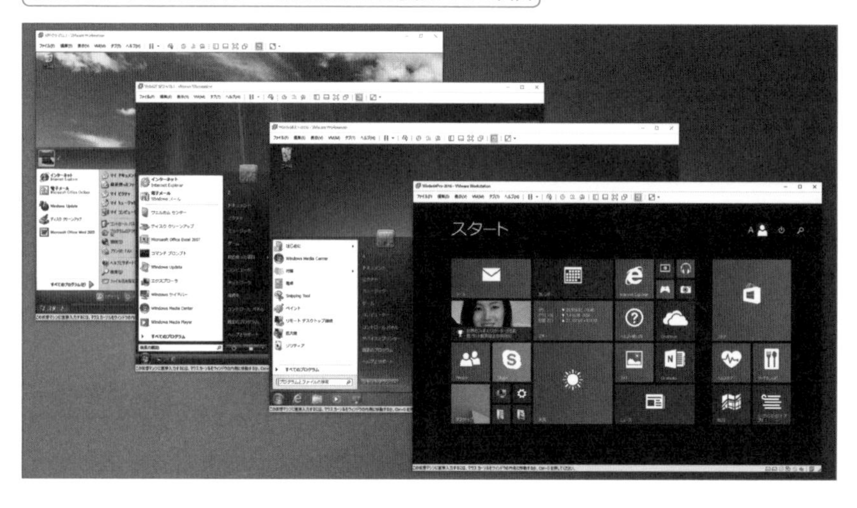

3-11 アプリ導入や警告などのセキュリティ

UAC (User Account Control) のレベルを設定する

PCにおいてシステムに影響する任意の操作や設定(システム設定や任意のアプリの導入)に対して警告を与えたい場合には、「ユーザーアカウント制御の設定」を設定すればよく、この設定は一般的に「UAC(User Account Control)」と呼ばれる。

ちなみにこの機能はマルウェア検出機能ではなく、機械的にシステムに影響するであろう操作・設定・導入に対して警告を出す機能であり、警告が出たからといって100%危険というわけではなく、逆に警告が出ないからといって100%安全というわけではない。

このUACを設定したい場合には、コントロールパネル(アイコン表示)から「ユーザーアカウント」を選択して、「ユーザーアカウント制御設定の変更」をクリックすることで可能になる(ショートカットキー ⊞ →「UAC(入力)」の検索結果からの選択のほうが素早い)。

全般的にセキュアに設定したい場合にはUACのスライダーレベルを上げるとよく、またいちいち警告するのがうっとうしい場合にはスライダーレベルを下げるとよい。

なお、根本的な話をすれば、該当ユーザーアカウントにおいてシステム設定を許したくない場合には「アカウントの種類」として「標準ユーザー」を割り当てるべきだ(➡P.137)。

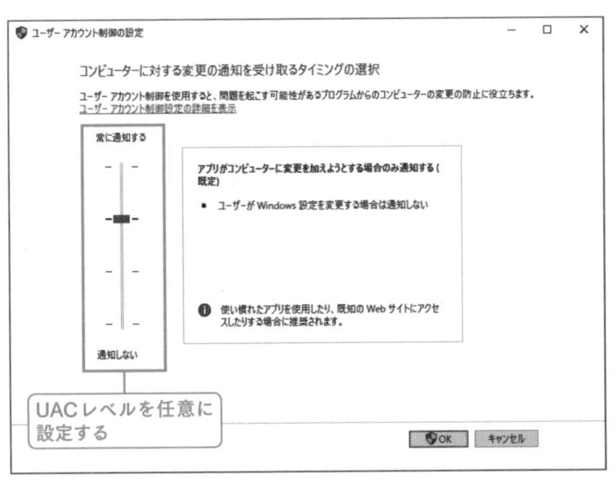

UACの設定はユーザー任意だ。ちなみに、筆者の場合、新規PC導入時においては安全なアプリはあらかじめピックアップ済みであるため、初期セットアップにおいてはUACスライダーレベルを下げてアプリを導入し、必要なレジストリカスタマイズを施したうえで、UACスライダーレベルを上げて日常運用している。

● UACのスライダーレベル

	暗転	ユーザー操作によるシステム変更	アプリによるシステム変更
常に通知する	通知時画面暗転	通知する	通知する
規定	通知時画面暗転	通知しない	通知する
アプリのみ	暗転しない	通知しない	通知する
通知しない	暗転しない	通知しない	通知しない

● ショートカット起動

■ ユーザーアカウント制御の設定　USERACCOUNTCONTROLSETTINGS

アプリ導入場所の制限設定

セキュリティ的な側面でアプリ導入を考えた場合、Webサイトなどから入手できるフリーウェア等のアプリは総じてマルウェアのリスクが存在する。

一方、Microsoft Storeで公開されているアプリは、一応審査を経て公開されていることもあり、「Webサイト等どこからでも入手可能なアプリ(通称野良アプリ)」よりもセキュアであると考えてよい。

このような概念により、今後アプリ導入においてはMicrosoft Storeからに限定したいという場合や、あるいはMicrosoft Store以外からアプリをインストールする際には警告を表示させたいという場合には、「設定」から「アプリ」-「アプリと機能」を選択。

「アプリを入手する場所の選択」のドロップダウンから、完全にMicrosoft Store以外からのアプリ導入をシャットアウトしたい場合には「Microsoft Storeのみ」を選択。

また任意のアプリ導入は最終的には許可するものの警告を表示したい場合には、「～Microsoft Store以外からのアプリをインストールする前に警告を表示する」を選択すればよい。

社内でITリテラシーが低いものに対して野良アプリの導入を制限させたい、あるいはテレワーク等における貸し出し用PCにおいて、任意のアプリを導入されては困るなどの場合には、結構活躍する制限設定だ。

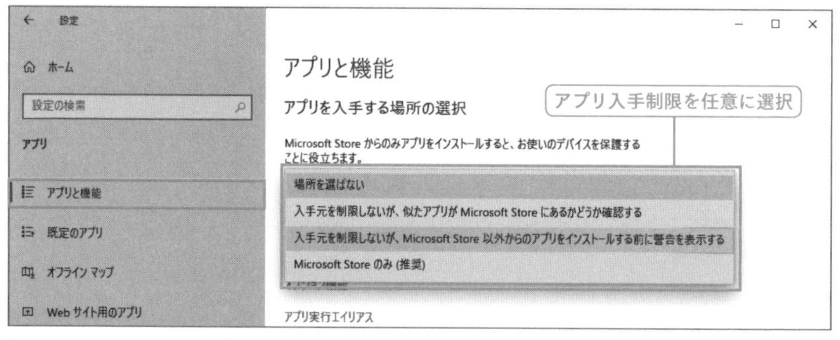

「設定」から「アプリ」-「アプリと機能」を選択して、任意の制限設定を行う。なお、「Microsoft Storeのみ」は現実的にはセットアップを終えたPCで適用すべき設定といえる。

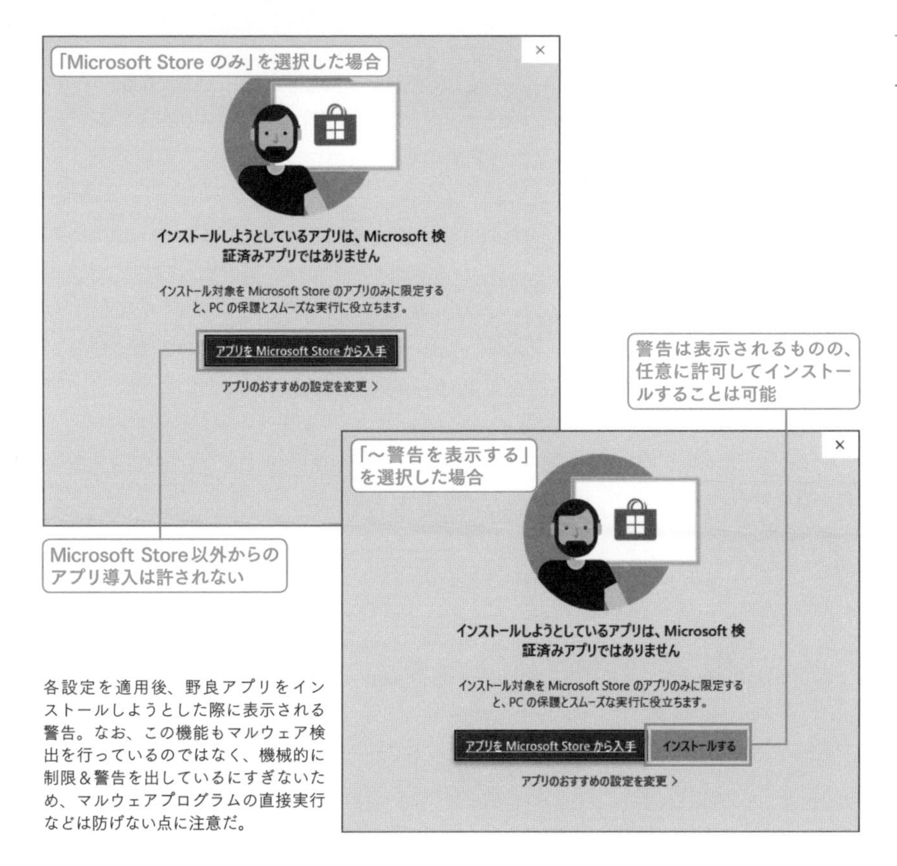

各設定を適用後、野良アプリをインストールしようとした際に表示される警告。なお、この機能もマルウェア検出を行っているのではなく、機械的に制限&警告を出しているにすぎないため、マルウェアプログラムの直接実行などは防げない点に注意だ。

● **ショートカットキー**

■ **アプリと機能**	[Win] + [X] → [F] キー

特定のプログラム実行抑止

特定のアプリの実行を不許可にしたい場合にはAppLockerを利用してもよいのだが、シンプルにアプリのプログラムファイル(*.EXE)の指定で実行を抑止したいという場合には、レジストリカスタマイズあるいはグループポリシー設定で指定できる。

この設定は環境によってはセキュリティに役立つほか、いくつかのアプリで見られる「アプリを起動すると副次的に別のプログラムも起動する」などの動作において、この副次的なプログラム起動を抑止させるなどの応用にも役立つ。

以下では例として「メモ帳(NOTEPAD.EXE)」の実行を不許可にしている。

□レジストリカスタマイズ

レジストリエディターから「HKEY_CURRENT_USER¥SOFTWARE¥Microsoft¥Windows¥CurrentVersion¥Policies¥Explorer」を選択。「DWORD値」で値「DisallowRun」を作成して値のデータを「1」に設定する(この設定で、まず「プログラムファイル実行禁止」の有効化)。

こののち、「HKEY_CURRENT_USER¥SOFTWARE¥Microsoft¥Windows¥CurrentVersion¥Policies¥Explorer¥DisallowRun」を選択(キーがない場合には作成)。「文字列値」で値「1」を作成して値のデータで任意のプログラムファイル(例に従えば「NOTEPAD.EXE」)を指定する(この設定で、「実行不許可にするプログラムファイル」の指定、複数指定であれば値として「2」「3」を作成してそれぞれの値のデータにプログラムファイルを指定する)。

正直、レジストリカスタマイズではやや設定が困難なのでグループポリシー設定がお勧めだ。

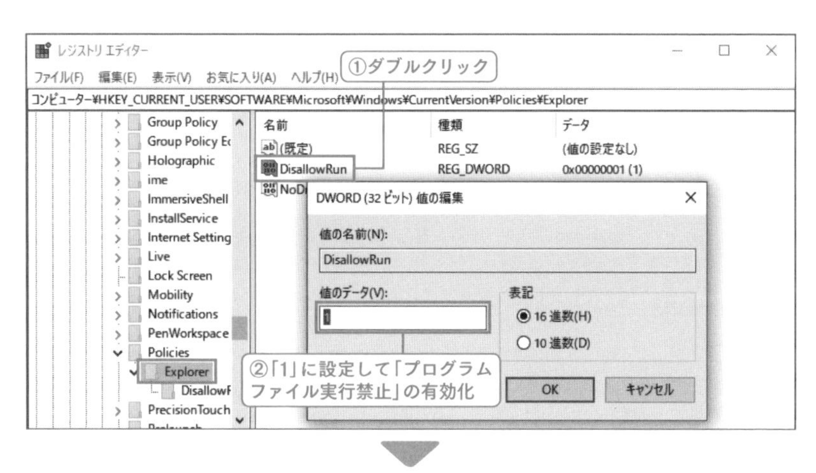

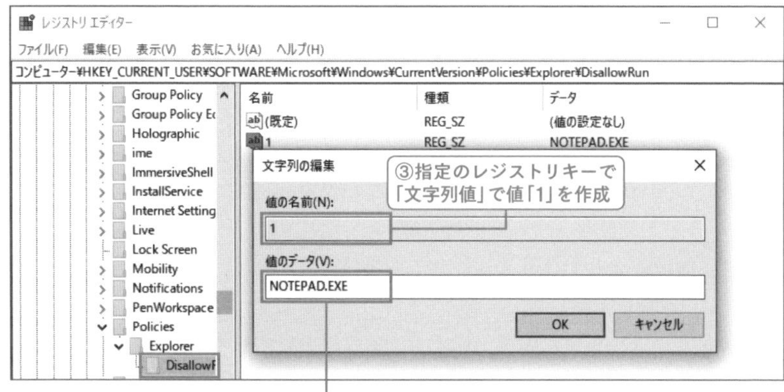

グループポリシー設定

グループポリシー設定であれば、「グループポリシー(GPEDIT.MSC)」から「ユーザーの構成」－「管理用テンプレート」－「システム」と選択して、「指定されたWindowsアプリケーションを実行しない」を有効にする。

この後「表示」ボタンをクリックして、任意のプログラムファイル(例に従えば「NOTEPAD.EXE」)を指定する。

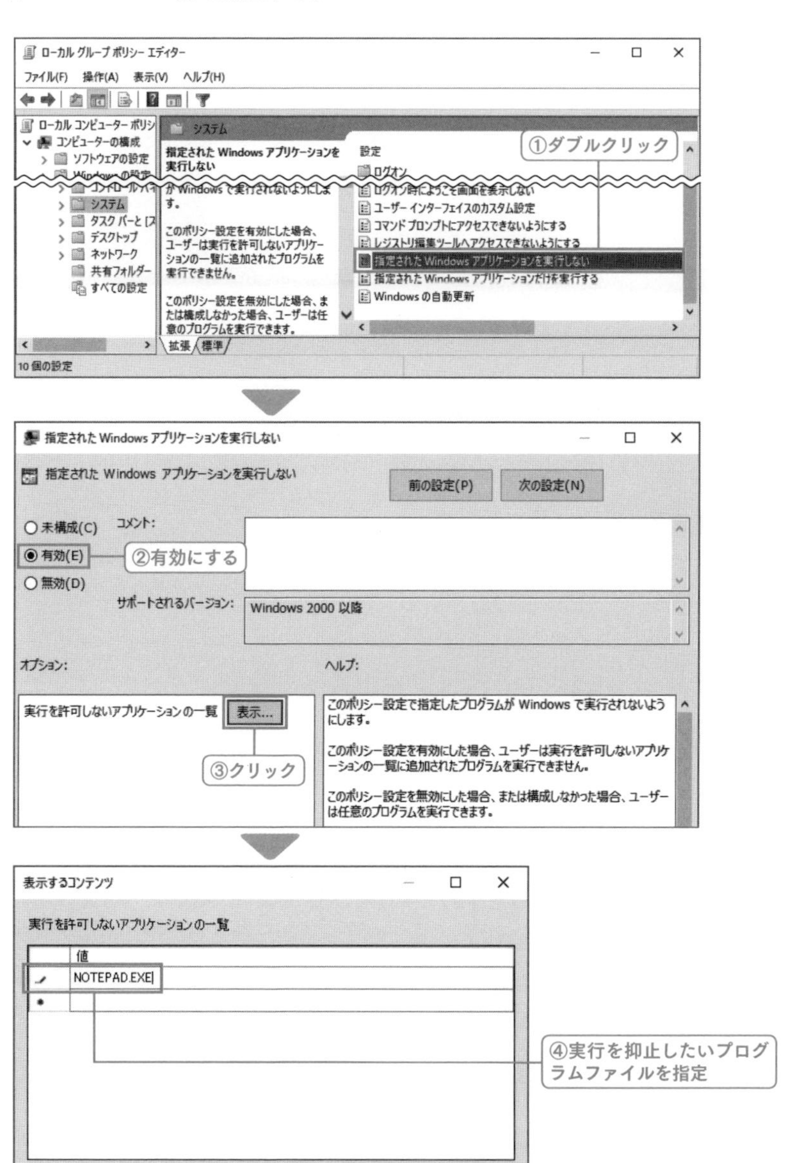

アプリ実行不許可の特性

アプリ実行不許可設定適用後はアプリショートカットアイコン/「ファイル名を指定して実行」からなどの表面上の操作からの実行は許可されない。

しかし、Windows PowerShell/コマンドプロンプトなどからのプログラムファイルの直接実行は許可される。

この特性を利用して、ビジネス環境などでは要所のみ利用させる、あるいは緊急時のみ利用許可するなどの管理が可能だ。

通常起動方法での指定プログラムの実行は許可されない

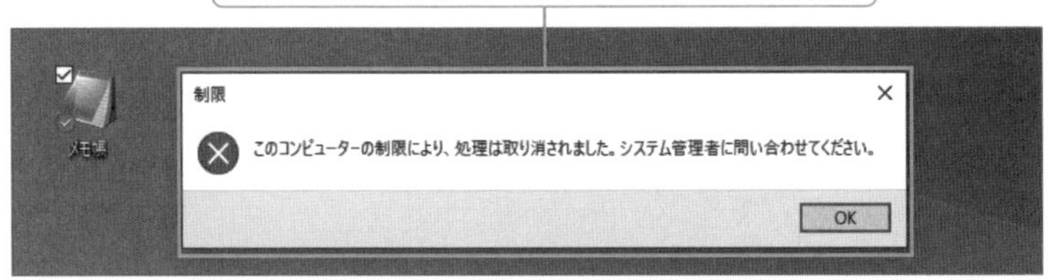

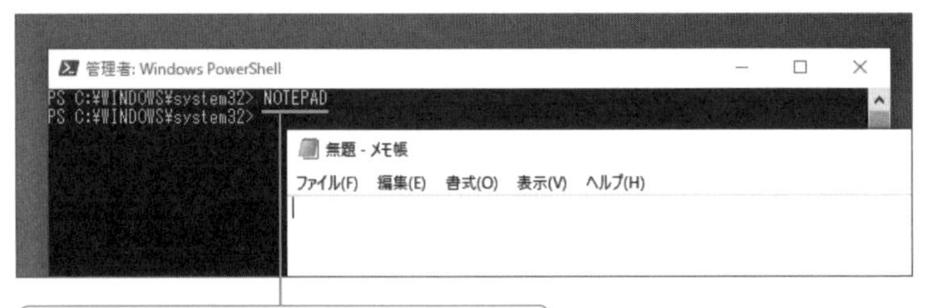

禁止設定しているプログラムファイルをWindows PowerShell(管理者)から直接実行は可能

Microsoft Defenderによるウィルススキャン

Microsoft Defenderは「リアルタイム保護」によって、ストレージやネットワークにおいてデータの入出力が行われた際はマルウェアの検知を試みるほか、定期的にウィルススキャンするようスケジュールされているため、任意のウィルススキャン実行は理論的には必要ない。

しかし、ITの世界は悪意が日進月歩で進化していくため、古いウィルス検知プログラムや古いウィルスデータベースではマルウェアが見逃されてすでに通り抜けている可能性がある。

そこで実行したいのが任意の「セキュリティインテリジェンスの更新」と、任意のウィルススキャン実行だ。

セキュリティインテリジェンスの更新

セキュリティインテリジェンスの更新は、基本的に1日に1回程度自動的に行われる仕組みだが、任意に更新したい場合には「設定」から「更新とセキュリティ」–「Windowsセキュリティ」と選択して、「ウィルスと脅威の防止」をクリック。

「ウィルスと脅威の防止の更新」欄、「更新プログラムのチェック」をクリックして、さらに「更新プログラムのチェック」ボタンをクリックすることで最新のインテリジェンスを入手できる。

数日間利用していない(あるいはインターネット接続環境になかった)PCなどで、すぐに更新したい場合に役立つ。

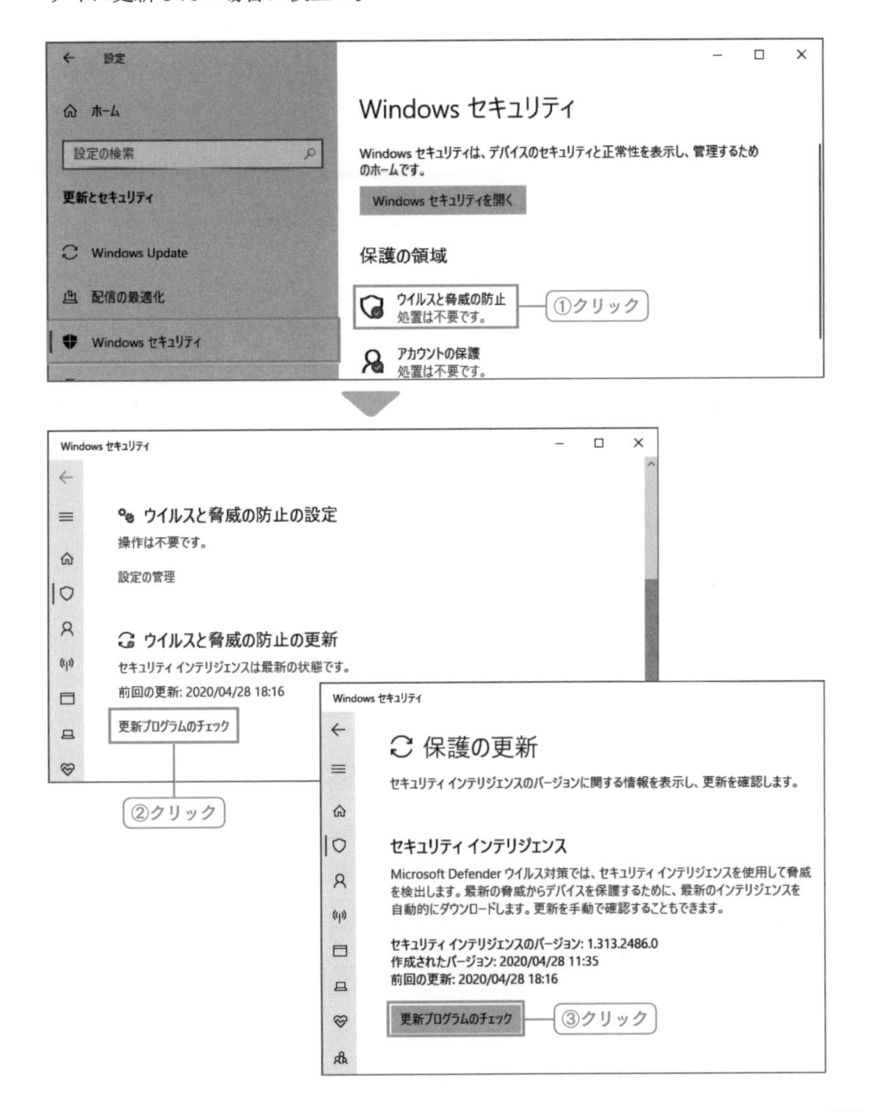

任意のウィルススキャンの実行

「設定」から「更新とセキュリティ」-「Windows セキュリティ」と選択して、「ウィルスと脅威の防止」をクリック。

「クイックスキャン」ボタンで主要フォルダーや現在メモリで動作しているプロセスに対してウィルススキャンを実行できる。

また、「スキャンのオプション」をクリックすることで、「フルスキャン」「カスタムスキャン(指定フォルダーに対するスキャン)」などを選択できる。

ちなみにOS特性上メモリに読み込まれているファイルは改変できない関係上、検出はできても駆除できないということもあるのだが「Microsoft Defenderオフラインスキャン」であれば、再起動の後にWindows 10のシステムを起動せずにウィルススキャンを行うため、OS起動状態では不可能であったマルウェアを駆除することが可能だ。

なお、やや裏技に近いが、ウィルススキャンを行ってもどうしても現在のOS動作に対して疑惑がぬぐえない場合には、「信頼のできるメーカーの試用版のアンチウィルスソフト」を導入してウィルススキャンを行うと二重チェックになってよい。

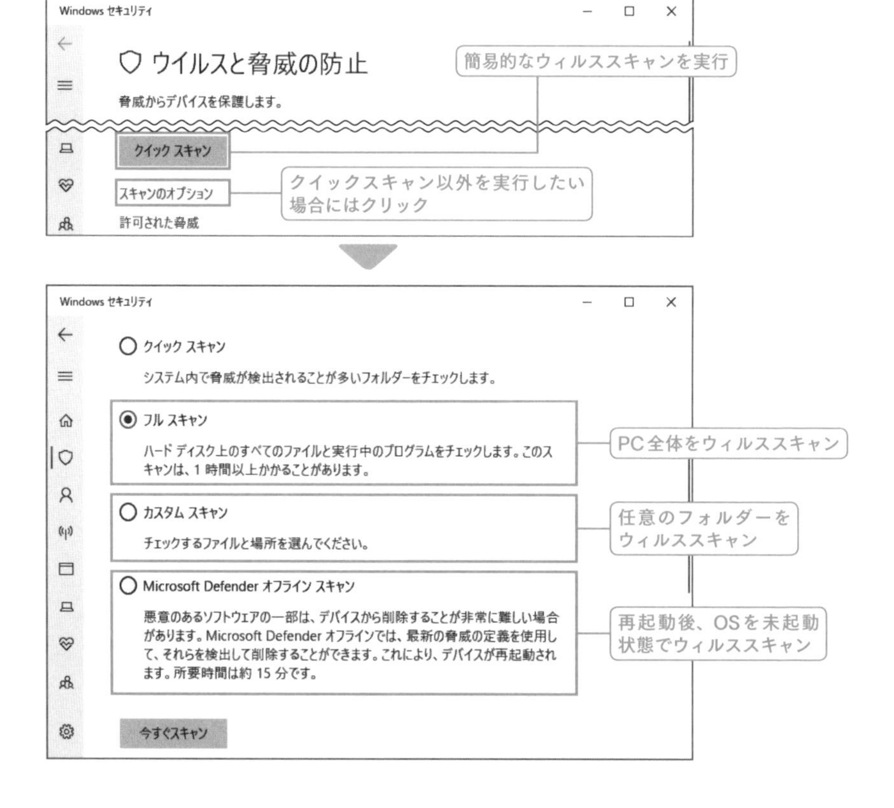

Chapter 4

究める!!
Windows 10の
デスクトップ

4-1 デスクトップカスタマイズとパフォーマンス

広告表示全般の停止設定とパフォーマンスの確保

Windows 10特有のイライラする要素に、デスクトップ全般における「広告表示」と「提案」がある。

時に「ヒント」であり、時に「おすすめ」の表示なのだが、多くは一般的なデスクトップ作業において不要かつ邪魔なものであり、時に不快ともいえる有料オプションへの誘導などもある。

ちなみにWindows 10においてこれらの設定は一か所ではなく散在しており、「ときどき[スタート]メニューにおすすめアプリを表示する」など、設定項目としてかなり見つけにくい表記である点も特徴だ。

またこれらの要素はWindows 10の更新(新しいバージョン)で追加&変更されるため、一概に「この場所とこの場所が広告設定だ」という解説はできないのだが、こんなときに活用できるのが「検索」だ。

⊞キーから「おすすめ」「ヒント」「Suggest」「Tips」などと入力して、該当設定を片っ端からつぶしていけばよい。

これらの設定や、次項で解説する「プライバシー」設定は、結果的に余計な処理と余計な通信を行わなくなる分、パフォーマンスにもプラスになる。

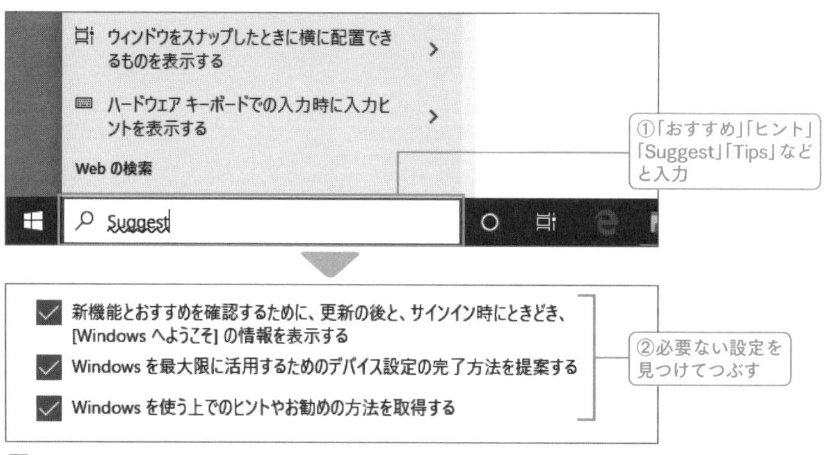

⊞キーを押して、「おすすめ」「Suggest」などと入力。該当する設定に飛んで該当項目をオフにすると該当する広告や提案を抑止できる。ちなみに「Suggest」とは「提案」のことだが、なぜか日本語では該当項目が引っかからないので英単語を活用して検索を行っている。このように広告をつぶすには工夫も必要だ。

Windows 10全般のプライバシー設定

ユーザーの行動分析はサービスプロバイダーにとっては重要な情報源だが、そもそも「こちらの行動を相手に渡す」ということに対して抵抗がある人も多いだろう。

Windows 10におけるプライバシー全般の設定の多くは、「設定」から「プライバシー」－「全般」あるいは「設定」から「プライバシー」－「診断＆フィードバック」で任意に設定するとよい。

なお逆に、「何が診断されているのかを俺は見たいぜ！」という人は、「設定」から「プライバシー」－「診断＆フィードバック」を選択して、「診断データを表示する」をオンにしたうえで「診断データビューアー」を導入すればよい。どのような診断が行われているかや、データを送信している上位アプリ名等を確認できる。

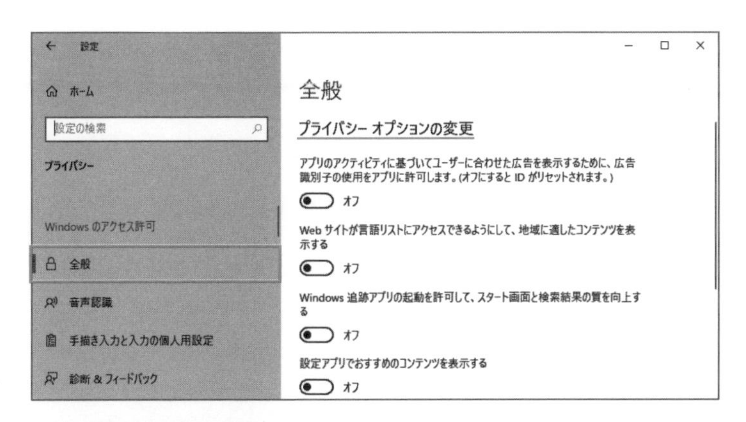

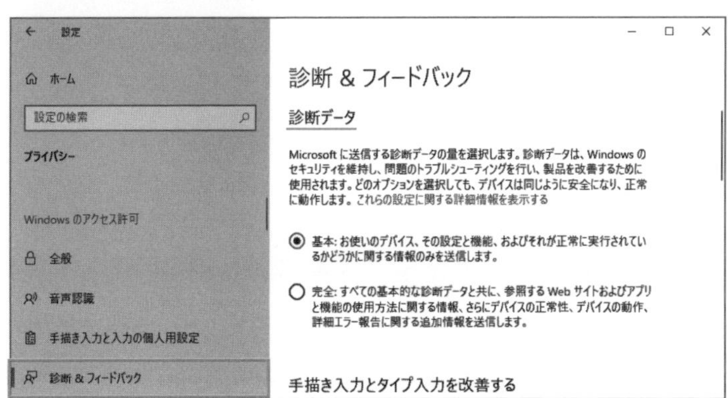

「設定」から「プライバシー」を選択。各種設定におけるプライバシーの扱い方を確認する。項目が多岐にわたるため確認は面倒だが、大まかにいえば「全般」「診断＆フィードバック」「アクティビティ履歴（➡P.194）」に着目して設定すればよい。

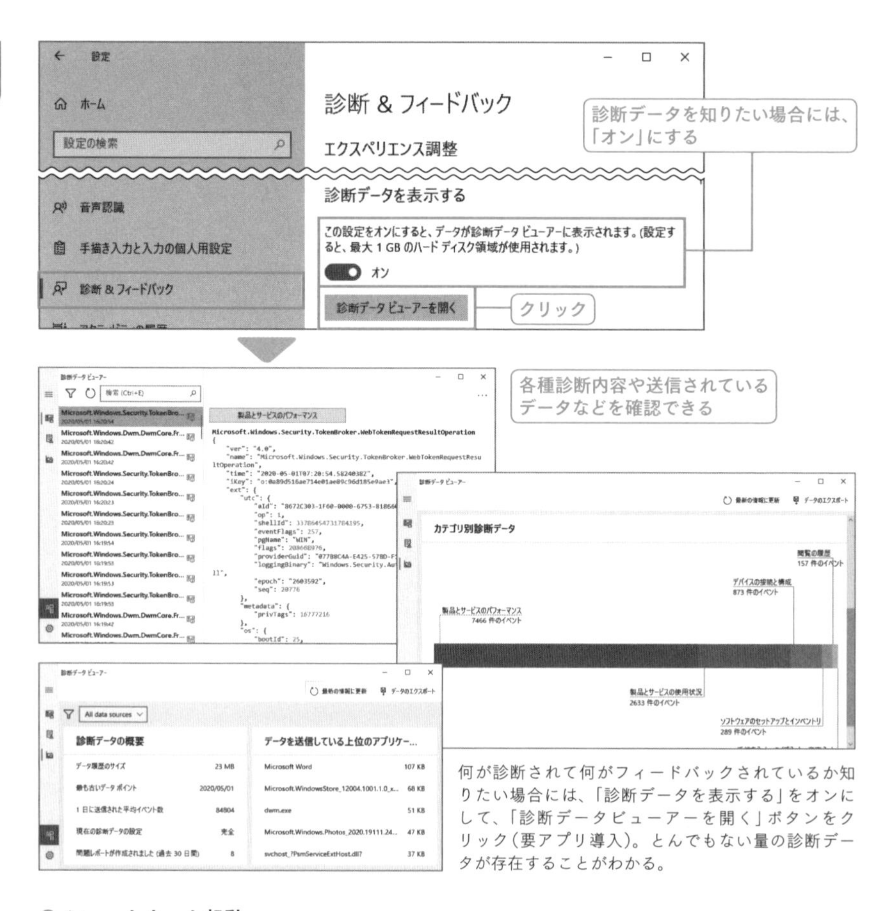

何が診断されて何がフィードバックされているか知りたい場合には、「診断データを表示する」をオンにして、「診断データビューアーを開く」ボタンをクリック(要アプリ導入)。とんでもない量の診断データが存在することがわかる。

● ショートカット起動

- 全般(プライバシー)　ms-settings:privacy
- 診断&フィードバック(プライバシー)　ms-settings:privacy-feedback

デスクトップの背景とパフォーマンス追求

デスクトップの背景(「壁紙」ともいう)は、一言でいってしまえばメモリにもGPUにも負担をかけるアイテムだ。

Windows 10が標準搭載されているPCを利用している場合、よほどの低スペックPCでもない限り壁紙表示が明らかに動作を重くすることはないものの、壁紙の素材となる画像データを読み込み(ストレージ・メモリ負荷)、解像度に合わせてリサイズし(CPU負荷)、そのうえでデスクトップに描画(GPU負荷)していることを考えても「パフォーマンスロスの一因」であることは間違いない。

▢壁紙表示なしの設定

パフォーマンス追求に最適な「壁紙表示なし」にしたい場合には、「設定」から「個人用設定」－「背景」を選択して、「背景」のドロップダウンから「単色」を選択。任意の背景色の選択を行えばよい。

見た目もシンプルになり、作業効率も上がりCPU・メモリ・GPU・ストレージにも余計な処理や負担をかけさせないという、いうことなしのベストチョイスだ。

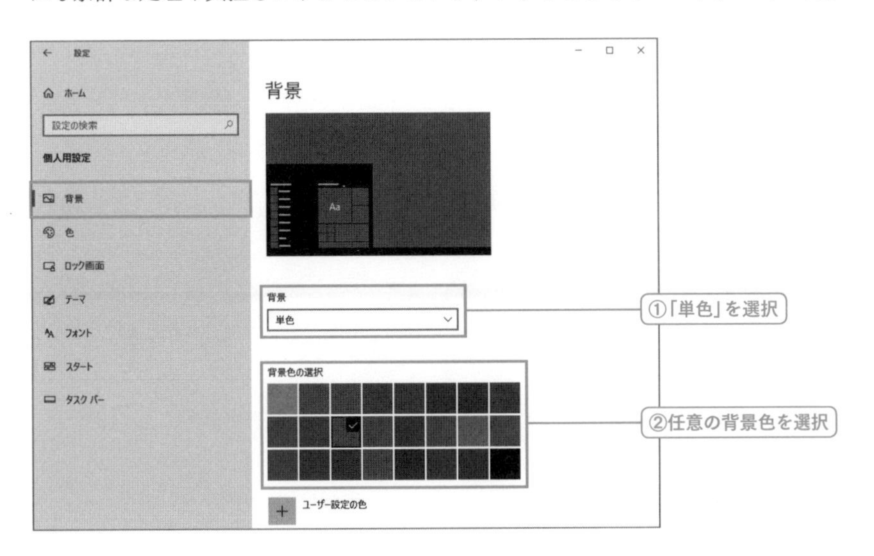

▢壁紙を表示したうえでパフォーマンスも追求したい

任意の壁紙を表示したうえでパフォーマンスも追求したいというわがままな人は、「デスクトップ解像度」と「画像サイズとクオリティ＆画像ファイルサイズ」に着目する。

「設定」から「個人用設定」－「背景」を選択して、「背景」のドロップダウンから「画像」を選択。「参照」ボタンで任意の画像ファイルを選択できる。

ちなみに注目は「調整方法を選ぶ」のドロップダウンであり、「ページの幅に合わせる」などの項目があることから「指定の画像ファイルを読み込む→処理をして画像を加工して表示（ちなみにクオリティダウンもしている）」ということが理解できる。

よって、壁紙表示を維持しながらもパフォーマンスを追求したい場合には、壁紙とする「画像ファイル」においては画像加工ソフトなどで「デスクトップ解像度に画像サイズを合わせる」ことと（解像度が1920×1080ドットであれば、画像サイズも1920×1080ドット）、なるべく画像ファイルが小さく済むように（画像ファイルをストレージからメモリに読み込んで展開するため）画像クオリティを自身が許容できるレベルまで下げるようにする。

なお、PC環境とスペックによっては、画像ファイルサイズを小さくすることに重きを置いて「画像サイズの縦横比率が一緒の縮小画像を作成する」というアプローチでもよい（解像度が1920×1080ドットであれば、画像サイズは960×540ドットにするなど）。この場合には「調整方法を選ぶ」のドロップダウンから「拡大して表示」を選択する。

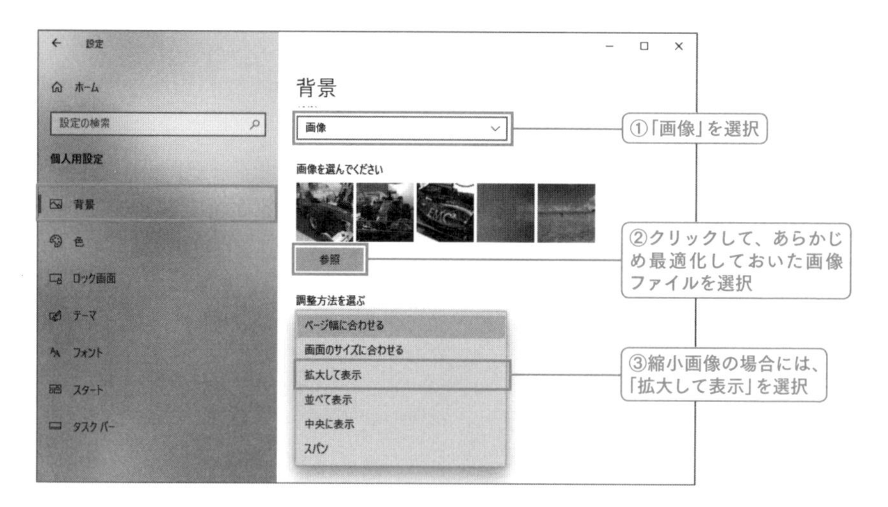

壁紙画像のクオリティ

Windows 10ではなんと勝手に壁紙画像のクオリティを落として表示しているのだが、このクオリティの落とし方を調整したい場合には、レジストリエディターから「HKEY_CURRENT_USER¥Control Panel¥Desktop」を選択して、「DWORD値」で値「JPEGImportQuality」を作成して値のデータを「パーセンテージ（10進数）」に設定すればよい。

すでに壁紙画像を加工するなどして最適化している場合には、クオリティを落とす理由もないので「100」に設定すればよいだろう。

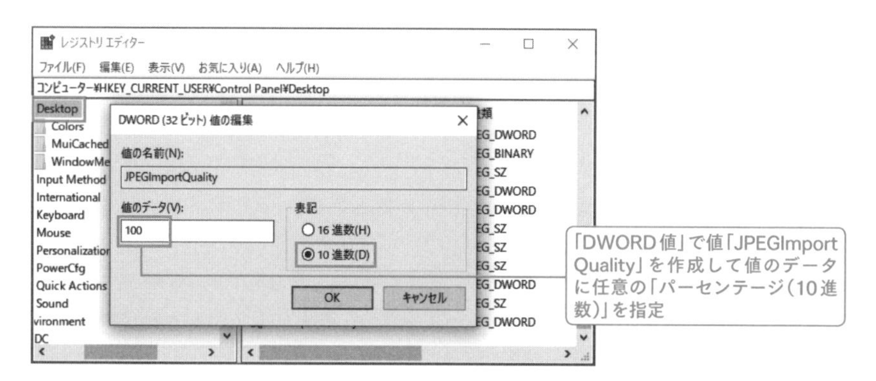

● ショートカット起動

■ 背景　ms-settings:personalization

Column

デスクトップ背景画像の保存場所

デスクトップ背景画像は「C:¥Windows¥Web¥Wallpaper」配下に存在する。またテーマに付随した背景画像は「C:¥Users¥[ユーザー名]¥AppData¥Local¥Microsoft¥Windows¥Themes」配下に存在する。テーマなどを導入したのちに、任意の画像をピックアップしたい場合に知っておくと役立つ。

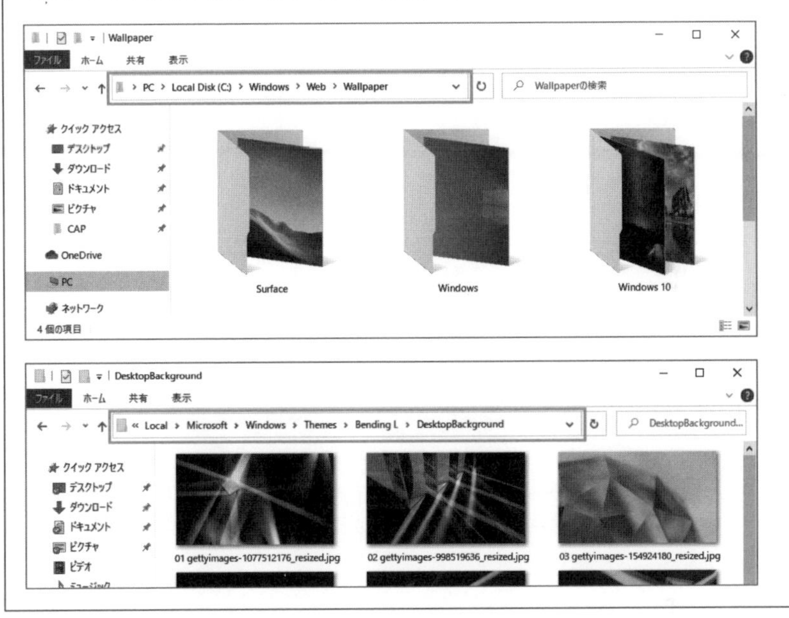

デスクトップスライドショーの設定

いつも同じデスクトップの背景では作業に熱が入らない、定期的にデスクトップ上でも気分転換したいという場合には、「デスクトップスライドショー」を設定するとよい。

「設定」から「個人用設定」－「背景」と選択して、「背景」のドロップダウンから「スライドショー」を選択。「参照」ボタンをクリックして任意の画像フォルダーを選択すればよい。

「画像の切り替え間隔」で任意の画像表示時間を指定できるほか、「シャッフル」で文字通り画像をシャッフル表示できる。

デスクトップスライドショーの設定。任意フォルダーの画像をスライドショーとして壁紙表示できる。

スライドショーの切り替え間隔

デスクトップスライドショーの「画像の切り替え間隔」の設定は、「1分」「10分」「30分」とかなり大雑把な選択しかないが、この画像の切り替え間隔を細かく指定したい場合には、レジストリエディターから「HKEY_CURRENT_USER¥Control Panel¥Personalization¥Desktop Slideshow」を選択して、値「Interval」の値のデータで「10進数」をチェックのうえ、「ミリ秒(秒数×1000)」を入力すればよい。

デスクトップ全般の効果の設定

デスクトップ全般の表示効果を設定したければ、「設定」から「簡単操作」－「ディスプレイ」を選択して、「Windowsのシンプル化と個人用設定」で任意の項目をオンオフすることで各種設定を行える。

特に「～透明性～」と「～アニメーション～」は必然性のない機能なので描画負荷を気にするのであればオフにするとよい(ただし画面キャプチャをした際の効果がなくなるのは痛いが)。

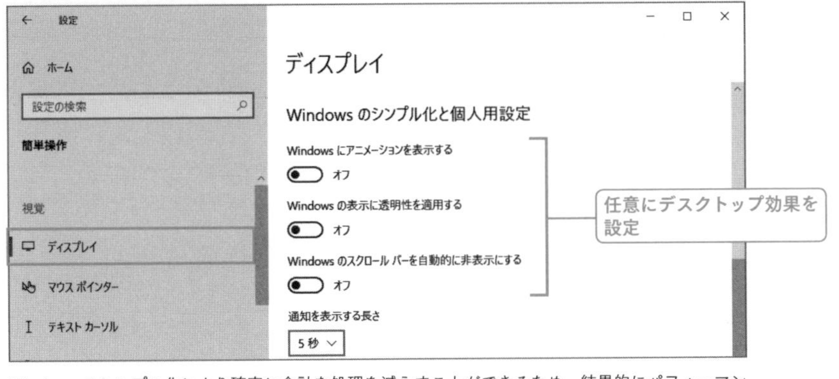

Windows のシンプル化により確実に余計な処理を減らすことができるため、結果的にパフォーマンスアップになる。さみしさに耐えられる勇気があればすべて「オフ」だ。

さらなるデスクトップ効果のカット

デスクトップ全般の効果をさらに詳細に設定したい場合には、コントロールパネル(アイコン表示)から「システム」を選択して、タスクペインの「システムの詳細設定」をクリック。「システムのプロパティ」ダイアログの「詳細設定」タブ内、パフォーマンス欄の「設定」ボタンをクリックして、「パフォーマンスオプション」の「視覚効果」タブで、「カスタム」を選択したうえで任意の視覚効果を設定する。

設定は任意だが、この中の項目でも特に「スクリーンフォントを滑らかにする」をオフにするとアンチエイリアス処理がなくなり、また「アニメ」や「フェード」系の効果を無効にすればデスクトップパフォーマンスに効果的だが、自身が許容する範囲を超えて効果をオフにすることはお勧めしない。

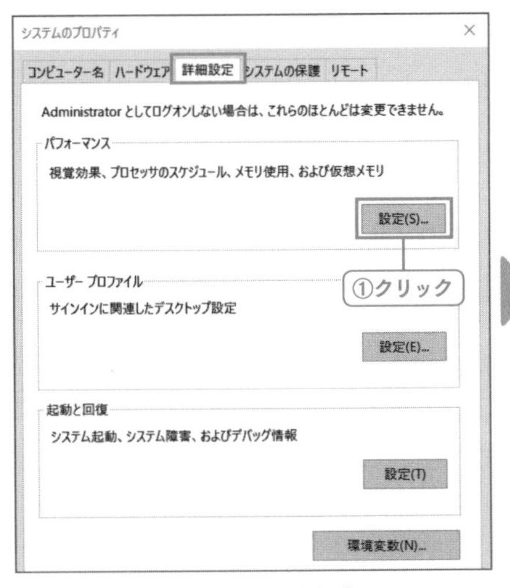

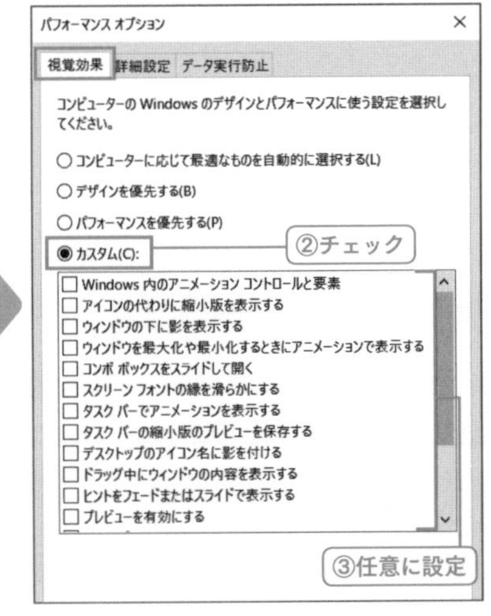

根本的に視覚効果を設定したければ、「パフォーマンスオプション」の「視覚効果」タブで設定すればよい。

「スクリーンフォントを滑らかにする」のオン／オフ比較

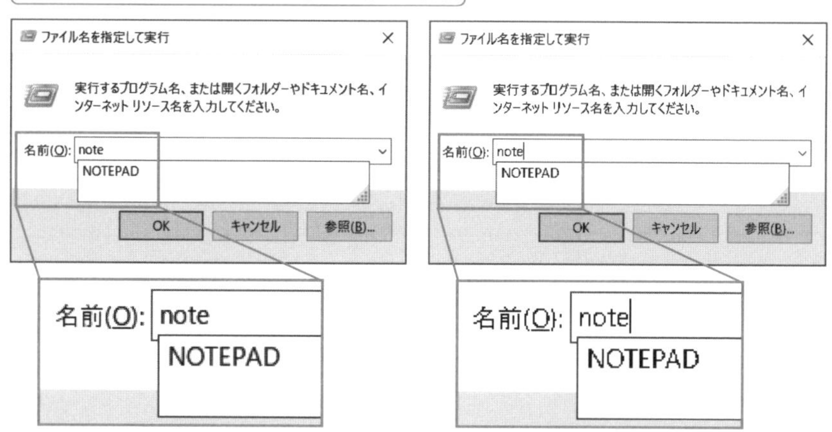

「スクリーンフォントを滑らかにする」のオンとオフの違い。オフの場合かなりジャギーがひどく、文字そのものが読みにくい。

● ショートカット起動

■ ディスプレイ（簡単操作）	ms-settings:easeofaccess-display
■ パフォーマンスオプション	SYSTEMPROPERTIESPERFORMANCE

4-2 デスクトップ表示の最適化

文字入力位置を見失わないようにするテキストカーソルインジケーター

デスクトップ上でウィンドウをたくさん表示していると、時に現在フォーカスのある入力欄(テキストカーソルがある位置)を見失うことがあるが、このような見失うことによる余計な作業(ウィンドウのフォーカスしなおしなど)を避けたい場合には、「設定」－「簡単操作」－「テキストカーソル」と選択。

「テキストカーソルインジケーターを有効にする」をオンにしたのち、スライダーでサイズを調整したうえで、なるべくどぎつい色を選択すればよい。また「テキストカーソルの太さを変更する」でカーソルの太さそのものも指定できる。

この設定を適用した後は、テキストカーソルがかなり明確に表示されるようになるため、見失うことはまずなくなる。

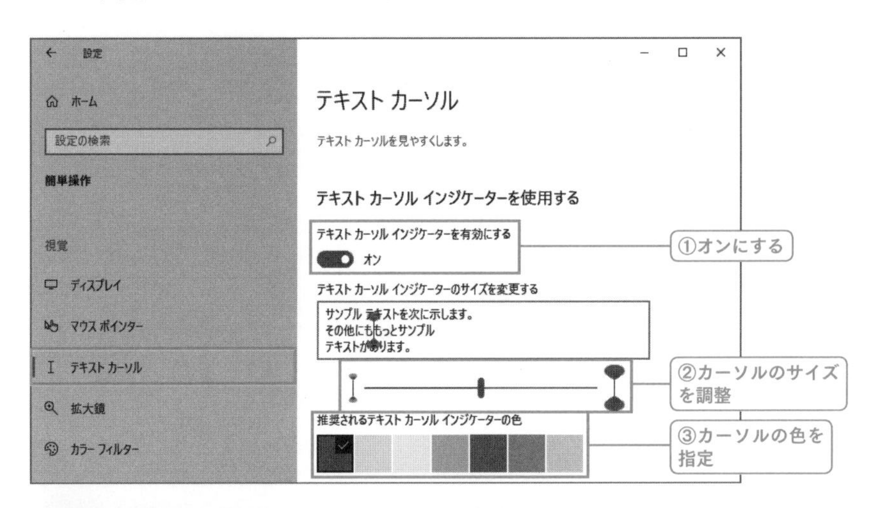

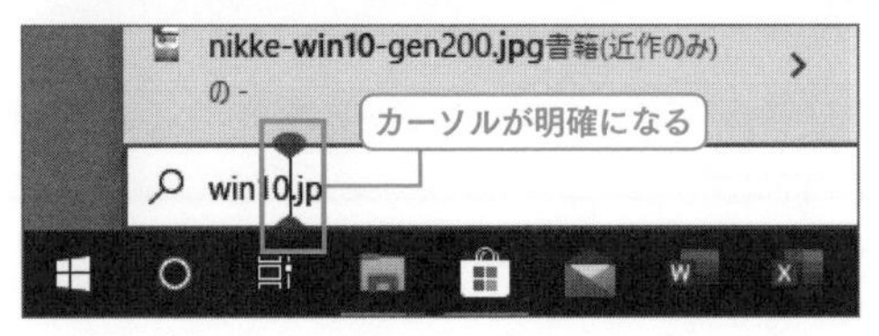

「テキストカーソルインジケーターを有効にする」をオンにして任意に設定。カーソルの視認性を向上させることで作業効率を上げることができる。

● ショートカット起動

■ テキストカーソル(簡単操作)　ms-settings:easeofaccess-cursor

デスクトップスケーリングと解像度

Windows 10ではほとんどのPCであらかじめ「デスクトップスケーリング調整によるオブジェクト拡大」が適用されている。例えば、2736×1824ドットのディスプレイにおいては「200%の表示拡大」などが適用されているが、これはせっかくの超高解像度ディスプレイを事実上無駄にして利用しているようなものだ。

200%

100%

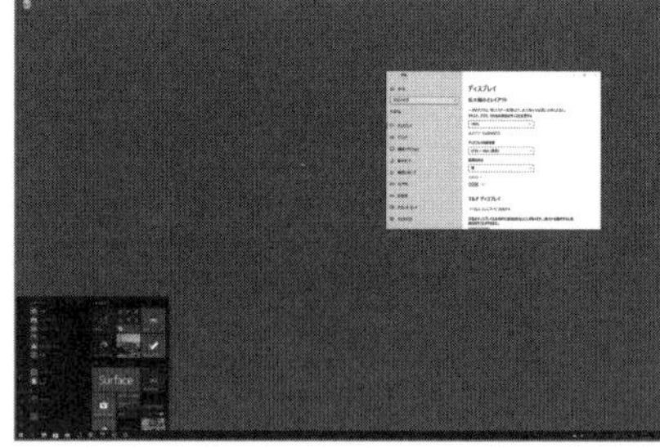

Surface Proにおけるデスクトップスケーリング200%と100%の違い。100%では正直文字が小さすぎて操作できない反面、200%は表示の繊細さはあるもののせっかくの超高解像度がもったいないともいえる。

デスクトップスケーリングの拡大設定

高解像度ディスプレイを活かしたいのであれば自分が許容できる範囲まで「表示スケールの拡大率」を抑えるべきである。

デスクトップオブジェクトの拡大率の調整は、「設定」から「システム」−「ディスプレイ」と選択。「テキスト、アプリ、その他の項目のサイズを変更する」のドロップダウンで任意の拡大率を指定できる。

また細かく拡大率を設定したい場合には、「表示スケールの詳細設定」をクリックすることで任意の拡大率を指定することも可能だ。

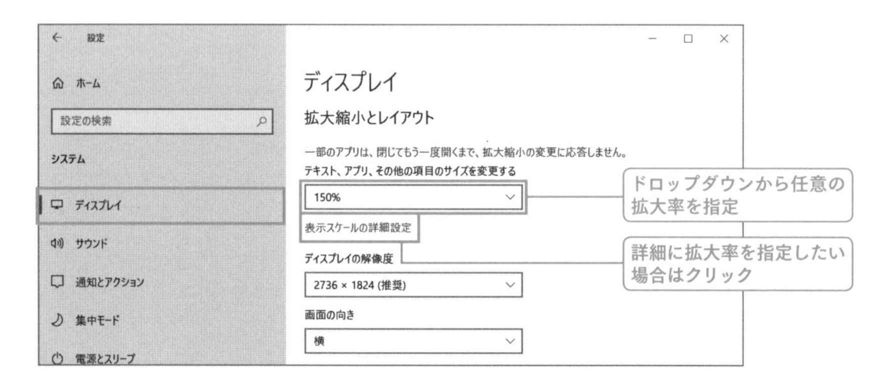

ディスプレイ解像度の変更

解像度の変更は液晶ディスプレイではお勧めできない。

なぜなら液晶ディスプレイは「本来の解像度で表示する」のが基本であり（ちなみにアナログディスプレイではよい意味で柔軟性があった）、その他の解像度で表示すると解像度によっては上下／左右がブランク表示になってしまい、また表示そのものも美しくないからだ。

しかし、以下の画像を比較してほしいのだが、実は環境によっては「ディスプレイ解像度を下げる」というのは立派な手段になる。

具体的には2で割り切れる解像度であれば「200%拡大」と「半分の解像度」の表示に違いを見ることはできず（もちろん画像等を表示したときの繊細さは異なるが）、また描画領域が面積比で四分の一になるためGPU負荷も小さくなりパフォーマンスアップにも貢献する。

ディスプレイ解像度の変更は「設定」から「システム」−「ディスプレイ」と選択して、「ディスプレイ解像度」のドロップダウンから任意のものを選択すればよい。

なお、デスクトップオブジェクトの拡大率が100%の場合、古い設計のアプリでも表示が崩れないというメリットもあるほか、ややニッチだがデスクトップキャプチャ（画面保存）を行う場面において画像を軽くできるため、資料として画面を引用する際などにもフットワークが軽くてよい。

1368×912ドット（100%拡大）

2736×1824ドット（200%拡大）

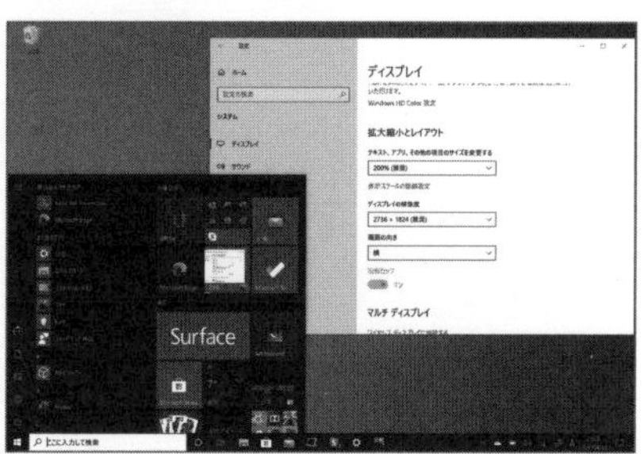

双方の違いがわかるだろうか？　筆者は目の前にSurfaceが何台もあるため並べて比較しているが、正直大きな差を感じない。ちなみに解像度が低いほうが描画領域が狭まるゆえにパフォーマンスは確実にアップする。200%拡大するぐらいなら、用途によっては解像度を落として利用するというのも手だ。

ショートカット起動

- ディスプレイ　　ms-settings:display

デスクトップの文字サイズのみ調整する

デスクトップのスケーリングを調整することで(P.234)、Windows 10はデスクトップ全体のオブジェクトを均一かつきれいに拡大することができるのだが、あくまでもデスクトップのスケーリング調整による拡大は最小限にして「文字表示のみ」を大きくしたい場合には、「設定」から「簡単操作」-「ディスプレイ」と選択して、「文字を大きくする」のスライダーから任意の文字サイズを指定して「適用」ボタンをクリックすればよい。

デスクトップのスケーリング調整ではタスクバーやアイコン、ウィンドウなどすべてのオブジェクトが拡大されるのに対して、「文字を大きくする」ではあくまでも文字表示とその周囲のみが大きくなる。

小さい文字は見えにくいが、せっかくの超高解像度ディスプレイを活かしたいという場合に活躍する設定だ。

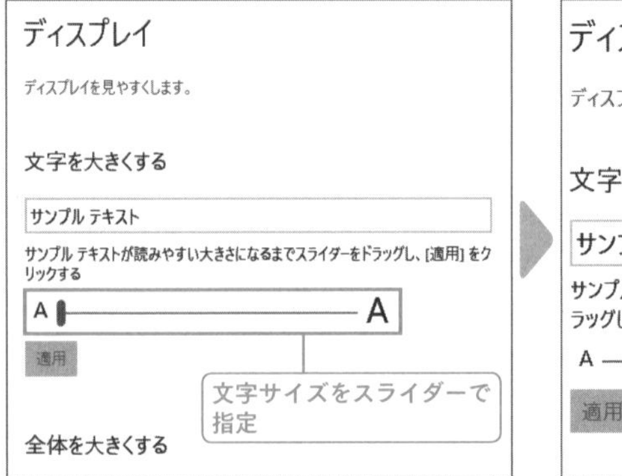

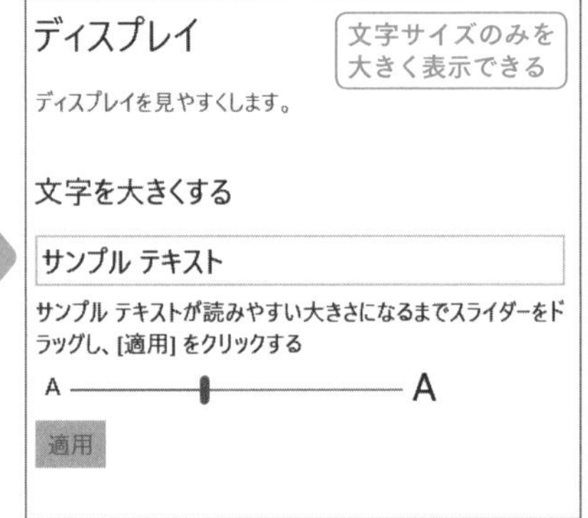

文字表示のみを拡大する設定。オブジェクトの小ささは気にならないが、文字は大きくしないと見にくい……などの場合に役立つ。高解像度を活かしつつ、見やすさも確保できるという、かゆいところに手が届く機能である。

● ショートカット起動

■ ディスプレイ(簡単操作)　ms-settings:easeofaccess-display

ClearTypeによるアンチエイリアスと文字表示の最適化

Windows 10のデスクトップにおける文字表示は「ClearType」という機能で読みやすく表示されている。これはフォントに対してアンチエイリアス処理を行っているためで、液晶のようにドット表示が明確なディスプレイにおいて斜め線などはジャギー(ギザギザ)がかなり目立つのだが、フォントエッジ付近に背景色と前景色の中間色をうまく補完して滑らかに見せているのだ。

ちなみにこのClearTypeをカスタマイズしてさらに表示を最適化したい場合には、「設定」から「個人用設定」－「フォント」と選択して、「ClearTypeテキストの調整」をクリック。「ClearType テキストチューナー」のウィザードに従えばよい。

ウィザードに従い最適な表示を選択することで環境によってはかなり文字表示を改善できる。

なお、マルチディスプレイの場合にはディスプレイごとに表示を最適化できるのもWindows 10の特徴だ。

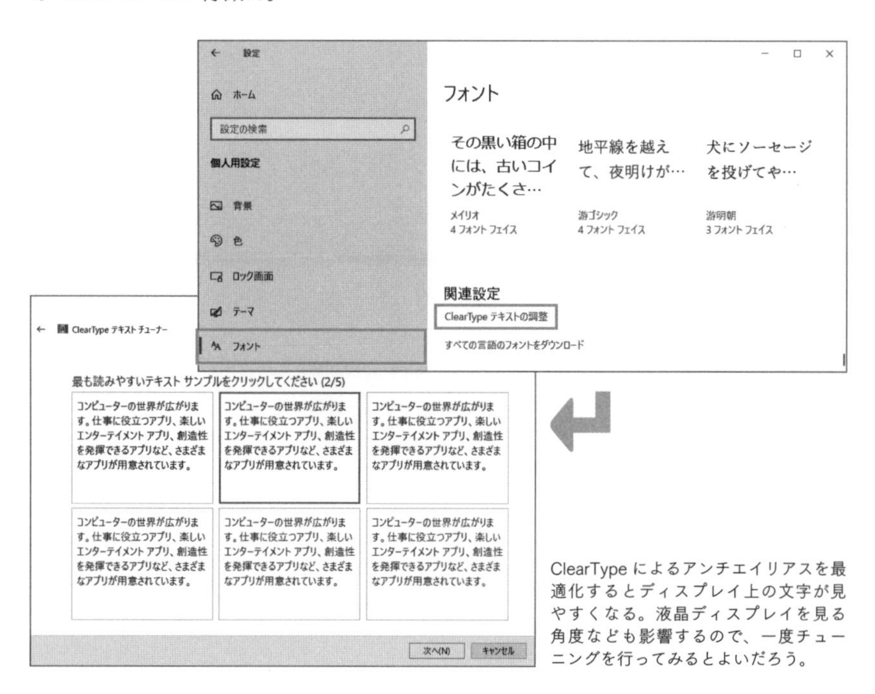

ClearTypeによるアンチエイリアスを最適化するとディスプレイ上の文字が見やすくなる。液晶ディスプレイを見る角度なども影響するので、一度チューニングを行ってみるとよいだろう。

● **ショートカット起動**

■ フォント　　ms-settings:fonts

デスクトップの配色と透過設定

新しいWindows 10のデスクトップ配色はかなり柔軟になった。

デスクトップの配色の変更は「設定」から「個人用設定」－「色」を選択。「色を選択する」のドロップダウンから「カスタム」を選択して、任意の配色設定を行う。

全般的に派手なデスクトップにしたければ、任意のアクセントカラーを選択したうえで、「以下の場所にアクセントカラーを表示します」欄にある「スタートメニュー、タスクバー、アクションセンター」と「タイトルバーとウィンドウの境界線」の双方にチェックするとよい。特にタイトルバーはアクセントカラーがあったほうが、デスクトップアプリにおいてはアクティブと非アクティブを視認しやすくなるためよい。

透過については任意だが、必然性を感じない場合には「透明効果」をオフにすると、環境によってはパフォーマンスが改善し、ぼやける効果がなくなるため全体的に締まりのあるデスクトップになる。

なお、「設定」から「個人用設定」－「テーマ」を選択し、「Microsoft Storeで追加テーマを入手する」をクリックすれば、複数の背景画像を含んだ各種テーマを任意でダウンロードして適用することも可能だ。

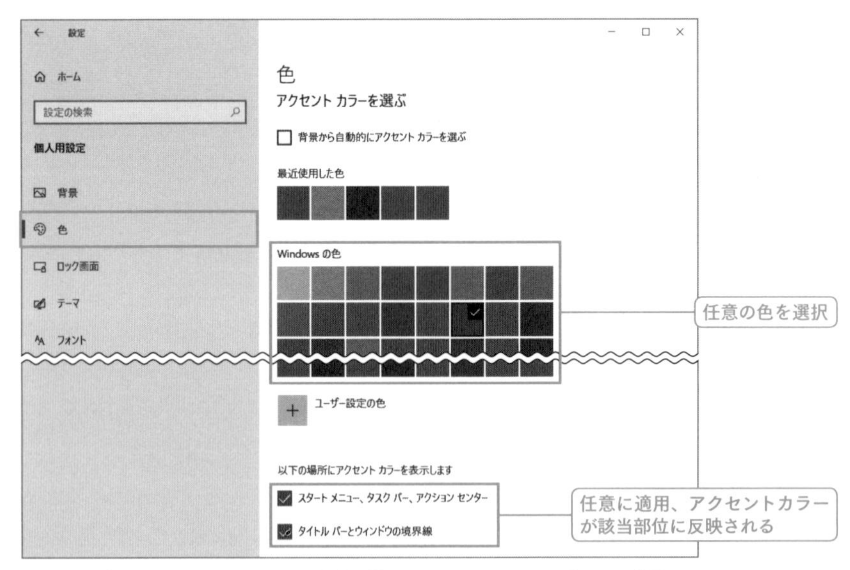

見やすい配色は人によって異なる。また本書の語るマルチ PC テクニックなどでは結果いろいろな PC を使い分けるため、PC ごとに配色に個性を持たせると操作時に「対象 PC」がわかりやすくてよい。

● ショートカット起動

■ 色　ms-settings:colors

仮想的にデスクトップを増やして切り替えて作業する

マルチディスプレイは複数の物理的ディスプレイを用いて「デスクトップをより広くする」テクニックだが（➡P.246）、ここで解説する「仮想デスクトップ」もデスクトップを広くするテクニックであり、仮想的にデスクトップを増やしたうえで切り替えて利用するというものである。

なお、最初に断っておくがほとんどのユーザーにとってこの「仮想デスクトップ」の有用性は薄い。なぜなら「仮想的なデスクトップを複数作成したうえで切り替える」というのは、直感的に把握しにくく、「あのウィンドウはどこいった？」などという手間が起こりがちだからだ。

しいていえば「ボスが来た（上司が来たときに別の画面を映す）」的な使い方や、全画面表示のアプリをうまく切り替えて活用するなどが考えられる。

仮想デスクトップの作成と追加

仮想デスクトップにおける「新しいデスクトップ」を作成したい場合には、ショートカットキー［Windows］＋［Tab］キーで「タスクビュー」を表示したうえで、「＋新しいデスクトップ」をクリックすればよい。

「デスクトップ2」を作成することができ、また続けて「新しいデスクトップ」をクリックすることで好きな数だけ仮想的なデスクトップを作成できる。

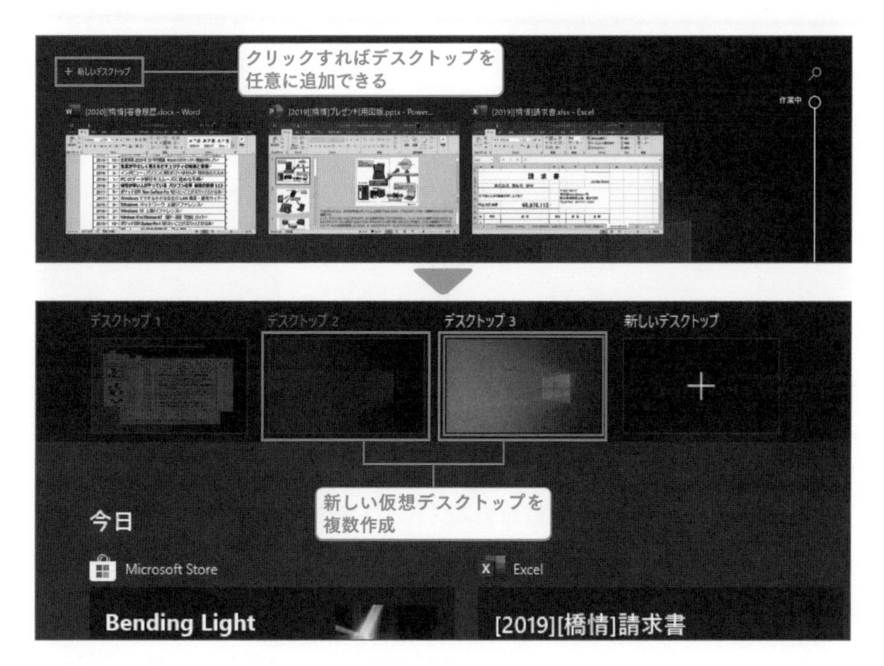

任意のウィンドウ（タスク）の移動

任意のウィンドウを任意の仮想デスクトップに移動したければ、タスクビューで任意のタスク（アプリウィンドウ）を対象仮想デスクトップにドロップする方法のほか、任意のタスクを右クリックして、ショートカットメニューから「移動先」－[任意デスクトップ] と指定する方法もある。

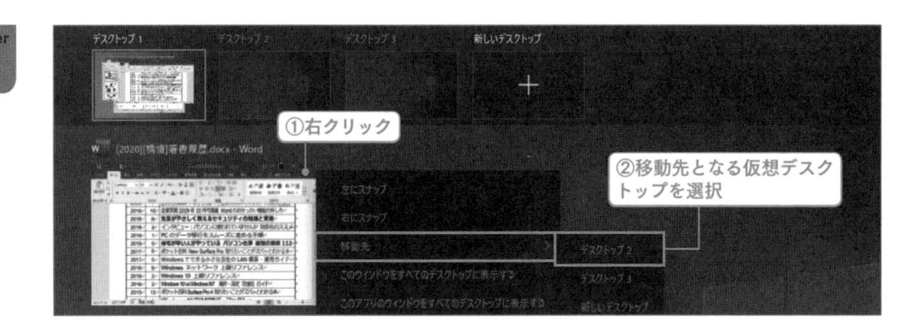

仮想デスクトップを表示切り替え＆閉じる

仮想デスクトップの表示切り替えはタスクビューから任意のデスクトップをクリックすればよい。ちなみに、タスクビューにおけるデスクトップは F2 キーで名前を変更することができる。

また仮想デスクトップを閉じたい場合には、タスクビューから任意のデスクトップにフォーカスした状態で、「×」マークをクリックすれば終了できる。

ちなみに任意のデスクトップを閉じても、デスクトップ内に配置されていたウィンドウは閉じられることなく、残存するデスクトップに統合される。

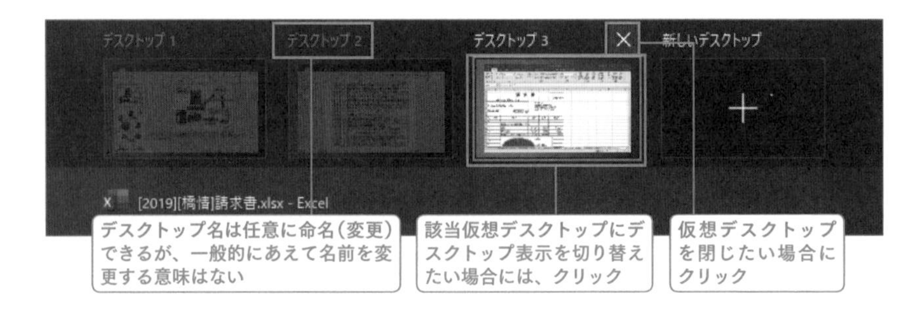

タスクビューを表示しない仮想デスクトップ操作

タスクビューからの仮想デスクトップ操作を解説してきたが、実は仮想デスクトップの真骨頂というか本当の使いこなしは「ショートカットキー」を駆使してタスクビューを経ずに操作するところにある。

具体的には、「新しいデスクトップの作成」はショートカットキー ⊞ ＋ Ctrl ＋ D キーで実行。「仮想デスクトップの切り替え」はショートカットキー ⊞ ＋ Ctrl ＋左右カーソルキー、そして「仮想デスクトップを閉じる」はショートカットキー ⊞ ＋ Ctrl ＋ F4 キーで実現できる。

仮想デスクトップのイメージが頭の中でできていないとわかりにくい操作なのだが、いちいちタスクビューを表示して操作するのは非効率であり、仮想デスクトップをテキパキ利用するにはショートカットキー操作が必須といってよい。

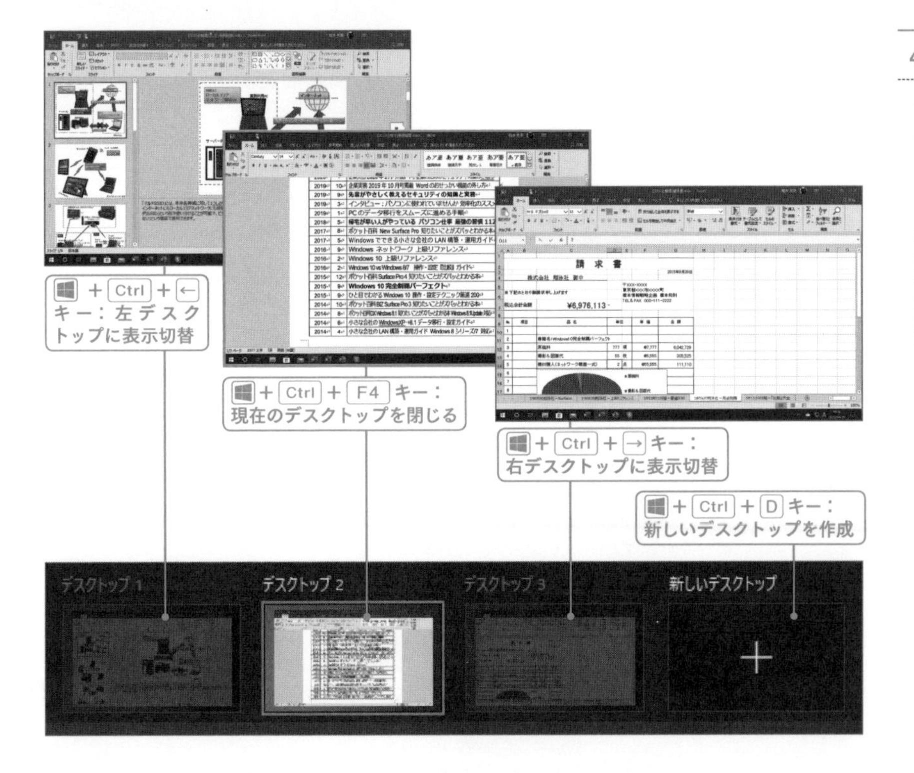

デスクトップアイコンの役割を再考

デスクトップにアイコンを配置することはパフォーマンスダウンにつながる。

これはアイコンというアイテムを描画しなければならないほか、現在のアイコンは単なるドット絵ではなくベジェで構成されているため、意外と描画処理として負担がかかるのだ。

目的のアイコンの見つけやすさや、作業として事故が起こりにくいなどの要素を踏まえると、デスクトップアイコンは縦一列程度、多くても縦二列程度の配置に留めるべきだ。

基本的にデータファイルはドキュメントフォルダーで管理、またアプリ起動のためのアイコンは、よく利用するものは「タスクバーにピン留め」して管理すべきだ。ちなみにタスクバーアイコンはショートカットキー（ + [数字] キー）やクリックのみで起動できるのに対して、デスクトップに配置した場合はダブルクリックになる点を踏まえても、わざわざよく利用するアプリのショートカットアイコンをデスクトップに配置する意味は薄い。

しいてデスクトップに配置すべきショートカットアイコンはといえば、利便性を踏まえ「現在作業中のフォルダーのショートカット」や「ドロップして起動したいツール系アプリ(タスクバーアイコンはドロップによる対象アプリ起動に対応しないため)」など、デスクトップアイコンである意味を見出せるものに限るとよい。

デスクトップにCLSIDを利用した機能アイコンを作成する

Windows 10のデスクトップに任意の機能アイコンを配置したい場合には、「設定」から「個人用設定」-「テーマ」と選択して、「デスクトップアイコンの設定」をクリック。

「デスクトップアイコンの設定」でデスクトップに表示したい任意のアイコンをチェックすればよい。「コンピューター(PC)」「ユーザーのファイル(ユーザーフォルダー)」「ネットワーク」「コントロールパネル」等をデスクトップに配置できる。

なお、これらのアイコンは表示設定を行わなくても、デスクトップにフォーカスがある状態で Ctrl + N キーでもアクセス可能だ。

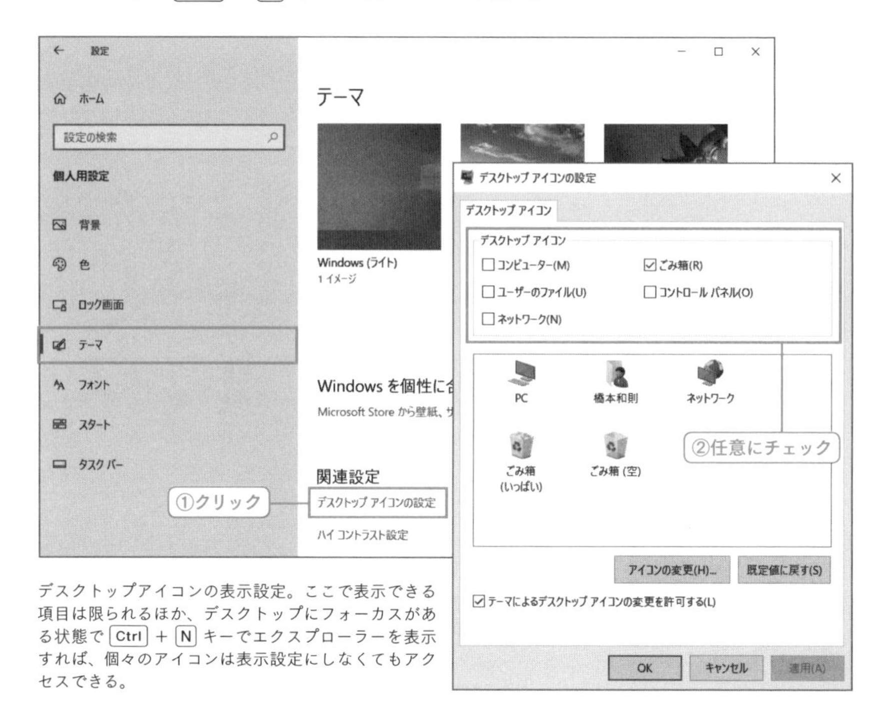

デスクトップアイコンの表示設定。ここで表示できる項目は限られるほか、デスクトップにフォーカスがある状態で Ctrl + N キーでエクスプローラーを表示すれば、個々のアイコンは表示設定にしなくてもアクセスできる。

CLSIDを応用した機能アイコン作成

先の設定方法ではデスクトップに配置できる機能アイコンは限られるがレジストリキー「HKEY_CLASSES_ROOT¥CLSID」に記述されている識別子を利用することで任意の機能アイコンを設置可能だ。

CLSIDに準じたアイコンを作成したい場合には、「ショートカットの作成」ではなく、「フォルダー」を作成する。

任意の場所で Ctrl + Shift + N キーを入力して、フォルダーが作成されたら「フォルダー名」を「[任意名称].CLSID」という形で入力すればよい。

なお、以下ではCLSIDの一覧に示しているが、正直一部の項目はコントロールパネル(アイコン表示)から直接ドロップしてデスクトップにショートカットアイコンを作ったほうが早い。

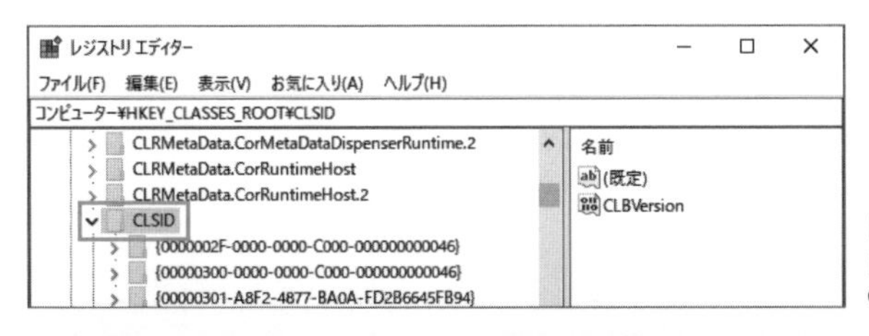

「CLSID」はレジストリキー「HKEY_CLASSES_ROOT¥CLSID」配下で管理されている。

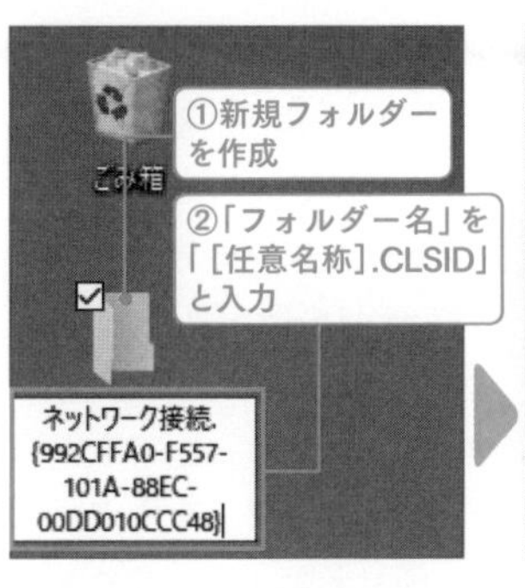

デスクトップで新規フォルダーを作成して、名前を「ネットワーク接続.{992CFFA0-F557-101A-88EC-00DD010CCC48}」とする。「ネットワーク接続」を表示できるアイコンを作成できる。

● CLSIDの一覧

ネットワーク接続(アダプターの一覧)	{992CFFA0-F557-101A-88EC-00DD010CCC48}
最近使ったフォルダー	{22877a6d-37a1-461a-91b0-dbda5aaebc99}
コントロールパネル(機能一覧)	{ED7BA470-8E54-465E-825C-99712043E01C}
アプリの一覧	{4234d49b-0245-4df3-b780-3893943456e1}
クイック アクセス	{679f85cb-0220-4080-b29b-5540cc05aab6}
オフライン ファイル フォルダー	{AFDB1F70-2A4C-11d2-9039-00C04F8EEB3E}
OneDrive	{018D5C66-4533-4307-9B53-224DE2ED1FE6}
個人用設定	{ED834ED6-4B5A-4bfe-8F11-A626DCB6A921}
システム	{BB06C0E4-D293-4f75-8A90-CB05B6477EEE}
電源オプション	{025A5937-A6BE-4686-A844-36FE4BEC8B6D}
プログラムと機能	{7b81be6a-ce2b-4676-a29e-eb907a5126c5}
Windowsモビリティセンター	{5ea4f148-308c-46d7-98a9-49041b1dd468}
タブレットPC設定	{80F3F1D5-FECA-45F3-BC32-752C152E456E}
コンピューターの簡単操作センター	{D555645E-D4F8-4c29-A827-D93C859C4F2A}
セキュリティとメンテナンス	{BB64F8A7-BEE7-4E1A-AB8D-7D8273F7FDB6}
ネットワークと共有センター	{8E908FC9-BECC-40f6-915B-F4CA0E70D03D}

ネットワーク接続	{7007ACC7-3202-11D1-AAD2-00805FC1270E}
プリンター	{2227A280-3AEA-1069-A2DE-08002B30309D}
ユーザーアカウント	{60632754-c523-4b62-b45c-4172da012619}
回復	{9FE63AFD-59CF-4419-9775-ABCC3849F861}
管理ツール	{D20EA4E1-3957-11d2-A40B-0C5020524153}
資格情報マネージャー	{1206F5F1-0569-412C-8FEC-3204630DFB70}
通知領域アイコン	{05d7b0f4-2121-4eff-bf6b-ed3f69b894d9}

※一覧のCLSIDのテキスト(コピペ対応)は、「https://win10.jp/jrv2-p243.htm」で公開中

● **ショートカット起動**

■ **デスクトップアイコンの設定**　DESK.CPL ,5

プログラムフォルダーから直接ショートカットアイコンをコピーする

Windows 10では[スタート]メニューからアプリを起動できるが、この中にはアプリ起動のエイリアス、つまりアプリ起動のためのショートカットアイコンが詰まっている。

この[スタート]メニュー内のデスクトップアプリのショートカットアイコン群を直接参照したい場合には、「ファイル名を指定して実行」から「SHELL:COMMON PROGRAMS」と入力実行すればよい。

「すべてのユーザー(All Users)」で管理されている[スタート]メニューの階層構造を守ったデスクトップアプリ起動のためのショートカットアイコンをエクスプローラーで確認できる。任意にコピー(デスクトップなど同じドライブにドロップすると移動になってしまうので、この場合は Ctrl ＋ドロップ)すればよい。

なお、階層構造など守らずにデスクトップアプリもUWPアプリもごちゃまぜで[スタート]メニュー内の項目を一覧表示したければ、「ファイル名を指定して実行」から「SHELL:APPSFOLDER」を実行すればよい。

こちらは管理が異なるため、直接ドロップすればエイリアスを作成することが可能だ。

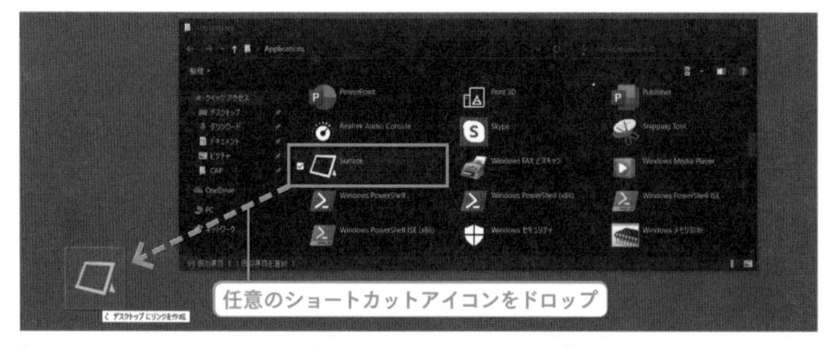

「ファイル名を指定して実行」から「SHELL:APPSFOLDER」でアプリの一覧を開く。ちなみにエクスプローラーで表示されるが、削除や移動などはできない仕様であるため、そのままショートカットアイコンをドロップするとコピーできる。

デスクトップアイコンの間隔の設定

デスクトップアイコンの間隔は自動調整されるが、この間隔が気に食わず自分で設定したい場合には、レジストリエディターから「HKEY_CURRENT_USER¥Control Panel¥Desktop¥WindowMetrics」を選択して、値「IconSpacing（文字列値）」の値のデータで「横幅間隔（デフォルトの値のデータ：－1500）」、値「IconVerticalSpacing（文字列値）」の値のデータで「縦幅間隔（デフォルトの値のデータ：－1125）」を設定すればよい。

なお、値のデータの算出方法は「ピクセル×－15」であり、例えば60ピクセル間隔であれば60×－15＝－900という値になる。

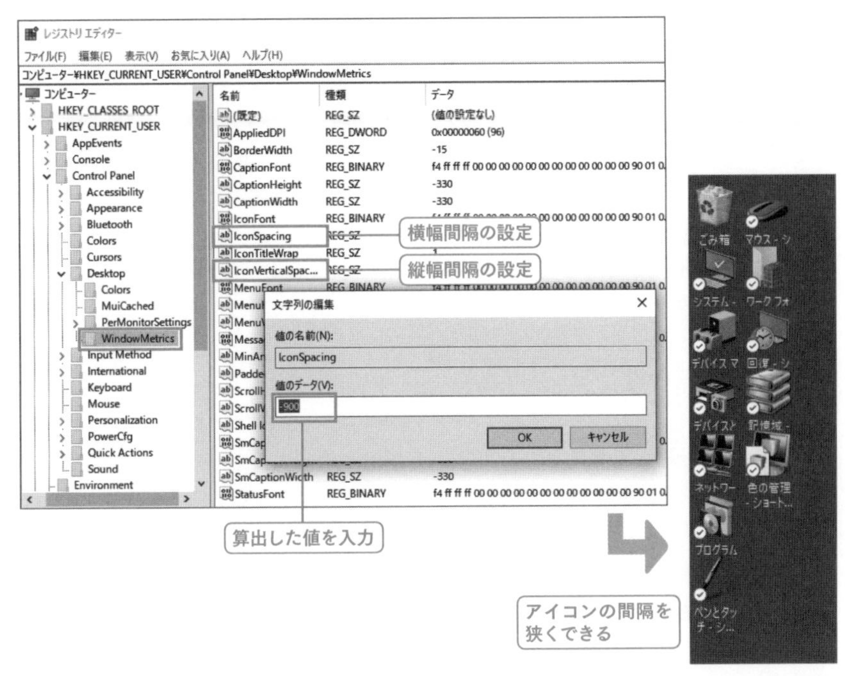

ぎりぎりまで詰めたい筆者のお気に入り設定は「IconSpacing」が「－975」、「IconVerticalSpacing」が「－900」の設定だ。やや間隔は狭めだがとりあえずアイコン名の一部もぎりぎり認識できる。狭いことが苦にならない詰め込むだけ詰め込みたい人にお勧めだ。

4-3 マルチディスプレイとMiracast

作業効率化のためのマルチディスプレイ

最近のノートPCはディスプレイ出力ポートを備えており、またデスクトップPCのほとんどは複数のディスプレイ出力ポートを備えているため、任意のサイズの液晶ディスプレイを追加接続すればマルチディスプレイ環境を構築することが可能だ。マルチディスプレイはデスクトップ等の作業領域を増やすことができるため、複数のウィンドウを開いて作業をする場面で大幅な作業効率化を見込め、ビジネス環境や在宅勤務におけるテレワークなどでも活躍する。

ちなみに新しいWindows 10ではスケーリング設定をディスプレイごとに行えるので、マルチディスプレイにおける各ディスプレイのオブジェクトの大きさ(文字の大きさ)の違いなどが気になる場合でも調整可能だ(➡P.234)。

ディスプレイ接続のインターフェース

自身のPCに備えられている任意のディスプレイ出力ポートに液晶ディスプレイを接続すればすぐにマルチディスプレイが可能だ。

注意したいのはディスプレイ出力ポートと液晶ディスプレイの入力ポートの違いで、デジタル同士であれば「変換ケーブル」を利用することで接続できるものの、サポートされる解像度が異なるため高解像度出力はGPUがサポートする最大解像度やディスプレイケーブルの規格なども考えなければならないことだ(フルHDまでは気にしなくてよいが、それ以上の解像度を出力したい場合には、変換ケーブルや入出力ポート側のサポートなども確認する必要がある)。

デジタル系ディスプレイポートには「DVI」「DisplayPort」「HDMI」が存在して、また同種であっても「Mini～」などもあるため自身の環境に必要なディスプレイ出力ポートをよく見極め、またできる限り最新バージョンをサポートするディスプレイケーブルを用いるようにしたい。

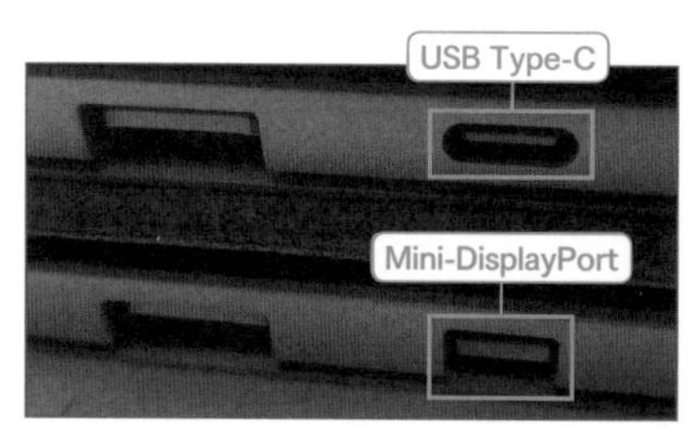

液晶ディスプレイとの接続は、当たり前だが自身のPC環境に適合するディスプレイケーブルをチョイスする必要がある。ちなみに上がSurface Pro 7で「USB Type-C」、下がSurface Pro 5(2017)で「Mini-DisplayPort」になり、同シリーズ&同筐体でも出力ポートが異なることがあるので注意が必要だ。

筆者はディスプレイケーブルを40本ほど所有するが、同じ形状でもバージョン違いなどの理由で使えない、最大機能を活かせないことがあるため、バージョンを記述したシールを貼っている。多デバイス環境であれば、こういう管理も必要になる。

USB Type-Cによる映像出力

最近の一部のモバイルPCでは、そもそもディスプレイ出力ポートを備えていないモデルもあるが、そのほとんどはUSB Type-Cポートにアダプターを接続することでディスプレイ出力を行うことが可能だ。

なお「USB Type-Cポート＝映像出力可能」ではないため、PC側がUSB Type-Cポートを有するからといって、必ずしも映像出力可能ではない点には注意したい。

ちなみに、USB Type-Cポート数が足りない、あるいは有線LAN接続なども活用したいという場合には、「PC給電」「USB（Type-A）ポート」「有線LANポート」などを備える「USB Type-Cドッキングステーション」を用いるとよい。

エレコム製USB Type-C接続ドッキングステーション「DST-C08SV」。USB Power Deliveryに対応するほか、有線LANポート、USB 3.0ポート、HDMIポート、VGAポート、Mini Display Port等々を備えるため、これ一つで一般的な用途バリエーションをすべて満たす。筆者が試した範囲ではARM64 CPU搭載機でも正常動作した。

ワイヤレスディスプレイによるディスプレイ接続

前項では物理的なディスプレイ出力ポートにディスプレイケーブルを接続して行うマルチディスプレイを解説したが、Windows 10では「Miracast（ミラキャスト）」を用いる方法もある。

「Miracast（ミラキャスト）」とはワイヤレスディスプレイ伝送技術であり、利用するには「液晶ディスプレイ側にMiracastレシーバー」が必要になるほか「PCがMiracastをサポートしている」必要がある。

なお、Miracastは不可逆圧縮による映像伝送であるため、ディスプレイ出力ポートにケーブルを接続するのとは異なり画質劣化が起こり、またワイヤレスであるがゆえに環境に左右されやすく描画遅延も発生することに注意されたい。

● 「Miracast（ミラキャスト）」によるワイヤレスディスプレイ

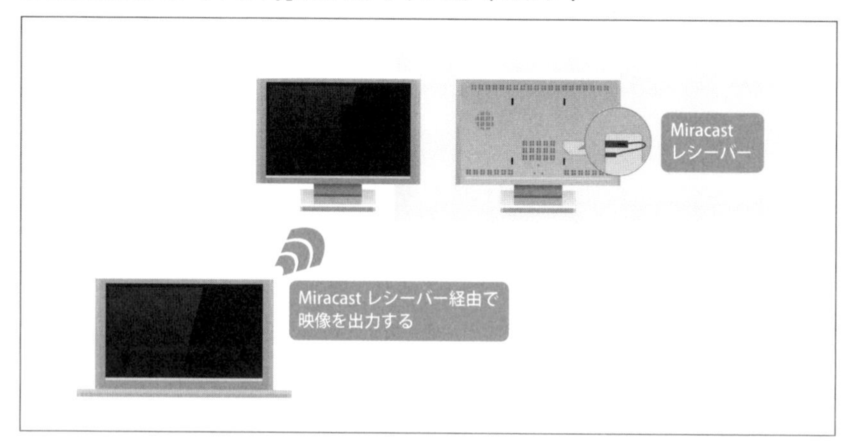

Microsoft製 Wireless Display Adapter「P3Q-00009」。なお、Miracastにはかなり相性があるためアダプターは、なるべく新しいモデルを入手することと、最新ファームウェアの適用を心がけたい。

ワイヤレスディスプレイへの接続設定

Miracastによるワイヤレスディスプレイ環境を構築したい場合には、液晶ディスプレイ側にMiracastレシーバーを接続したうえで、「設定」から「システム」－「ディスプレイ」を選択。「ワイヤレスディスプレイに接続する」をクリック。あるいはショートカットキー[Windows]＋[P]キーでチャームを表示して、「ワイヤレスディスプレイに接続する」をクリックしてもよい。

検索結果にMiracastレシーバーが表示されるので、該当デバイスをクリックするとワイヤレスディスプレイが実現できる（レシーバーによってはPINを入力する必要がある）。

「ワイヤレスディスプレイに接続する」をクリック。さらにMiracastレシーバーの型番をクリックすれば「ワイヤレスディスプレイ」が実現できる。

PCプロジェクションによるワイヤレスディスプレイ

プロジェクション機能（Miracast受信）に対応しているPCであれば、ワイヤレスで映像を受信することができるため、結果的にワイヤレスディスプレイが実現できる。

ちなみに相性問題が発生しなければ、Androidスマートフォンの画面をワイヤレスでPCに映し出すことも可能である。

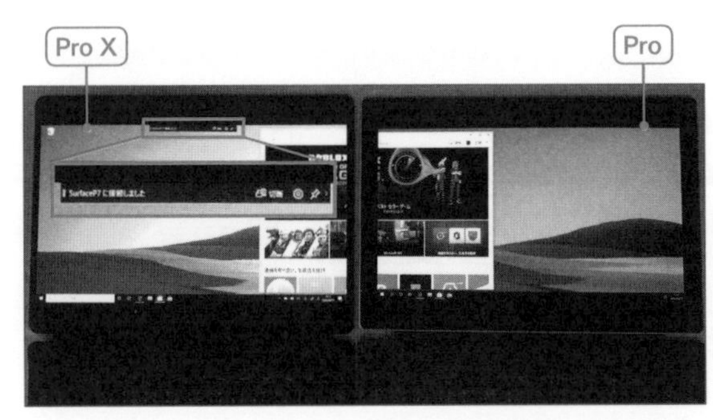

PCプロジェクションによるディスプレイ出力。わかりにくいと思うが、画面はSurface Pro X（左）からプロジェクションを有効にしたSurface Proにワイヤレスディスプレイ接続して表示している。

ワイヤレスディスプレイ受信側の用意

「ワイヤレスディスプレイ受信側」とは、いわゆるほかのデバイスの映像を表示する入力側であり、「プロジェクションの許可」が必要になる。なお相手(送信側)から見て接続先は「コンピューター名」になるので、あらかじめコンピューター名をわかりやすいものにしておくことを勧める(➡P.318)。

「設定」から「システム」−「このPCへのプロジェクション」を選択。オプション機能として有効になっていない場合には、「オプション機能」をクリックして「機能の追加」から「ワイヤレスディスプレイ」を選択する。

環境が整ったら、「このPCへのプロジェクション用の接続アプリを起動します」をクリックして、待ち受け状態にすればよい(この手順はWindows 10バージョンによって若干異なる)。

ワイヤレスディスプレイ受信側

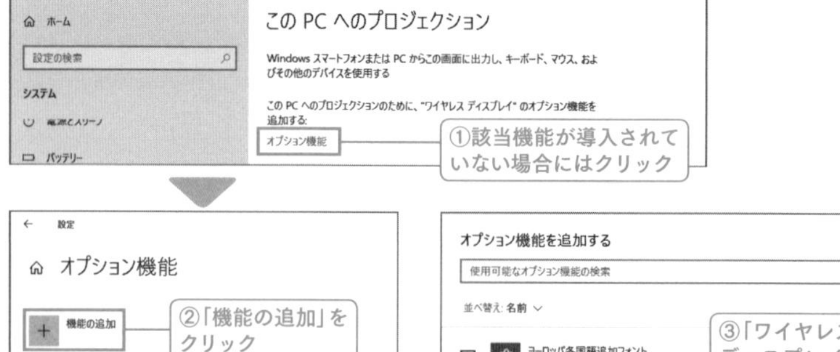

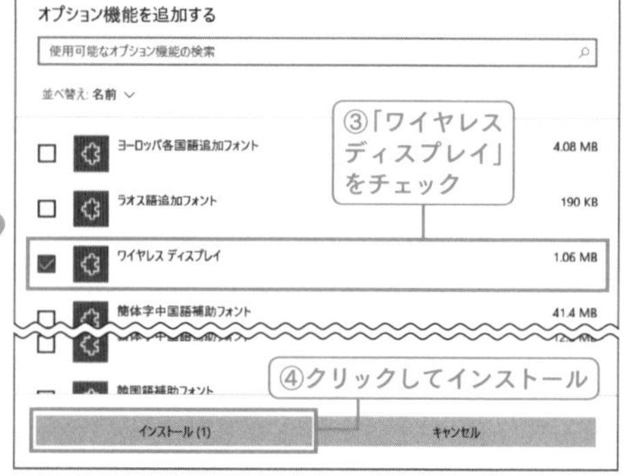

プロジェクション機能が有効になっていない場合には、「オプション機能」から「機能の追加」をクリックして、「ワイヤレスディスプレイ」をインストールする。なおこの機能を用いるにはデバイスの対応が必要だ。

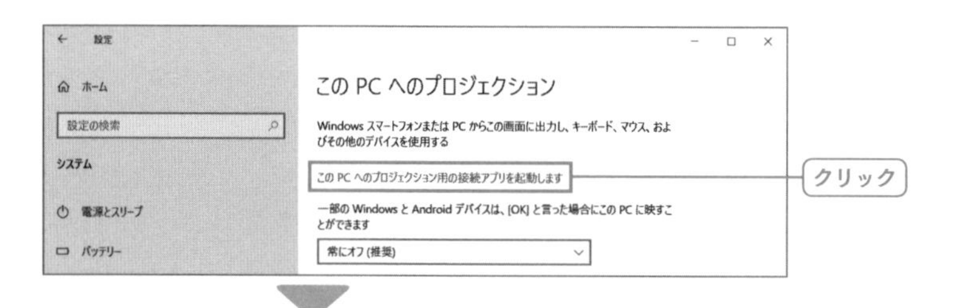

「このPCへのプロジェクション用の接続アプリを起動します」をクリック。プロジェクションを待ち受ける画面になる。

プロジェクションを許可したPCへの接続

プロジェクションを許可したPCへの接続は、ワイヤレスディスプレイへの接続手順と同様であり、Windows PCであればショートカットキー [Windows] + [P] キーでチャームを表示して、「ワイヤレスディスプレイに接続する」をクリック。

一覧に受信側となるPCの「コンピューター名」が表示されるので、該当デバイスをクリックすればワイヤレスディスプレイが実現できる。

また、ほかのデバイスの場合には、送信側がMiracast対応であることを確認のうえ、Miracastアプリや設定から受信側となるPCの「コンピューター名」を指定すればよい。

ちなみにこの機能が面白いのは「このデバイスからのマウス〜ペン入力を許可する」をチェックすれば「受信側でも操作できる」点にある。

受信側となるPCの「コンピューター名」をクリックすれば、プロジェクションによるワイヤレスディスプレイが実現できる。なお、紙面ではわかりにくいと思うがディスプレイを「拡張」にして、壁紙を「スパン」にしたうえで、受信側はウィンドウ表示している。許可すれば、受信側から送信側を操作するという面白いこともできる。なお、ワイヤードではないため描画遅延やブロックノイズが発生することもある。

Androidスマートフォン

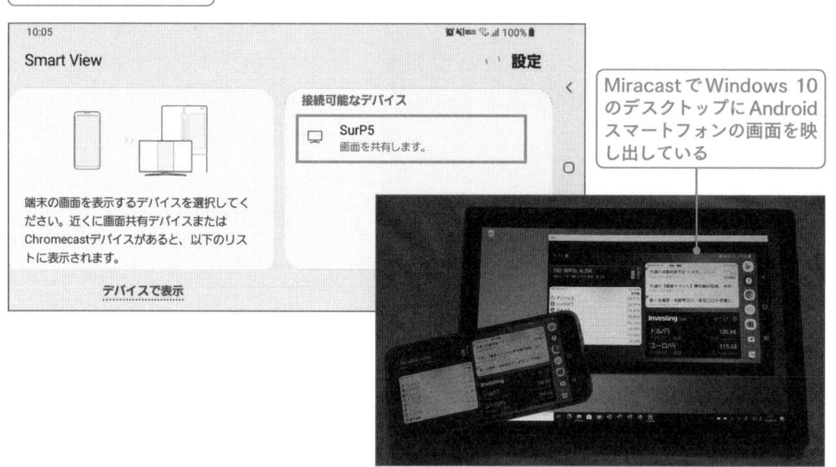

Android スマートフォンの場合、本体が Miracast 対応であることを確認のうえ、任意の Miracast アプリから受信側となる PC の「コンピューター名」をタップする。対応機種であれば、受信する PC 側で Android スマートフォンの操作さえ可能になるが、そもそも Miracast 接続自体がかなり相性があることは述べておく。

● ショートカット起動

■ このPCへのプロジェクション
ms-settings:project

マルチディスプレイ環境での表示モードの設定

マルチディスプレイ環境では各種表示モード設定が行える。「設定」から「システム」－「ディスプレイ」と選択。「複数のディスプレイ」のドロップダウンで表示モードを選択してもよいが、ショートカットキー ⊞ + P キーからが素早い。

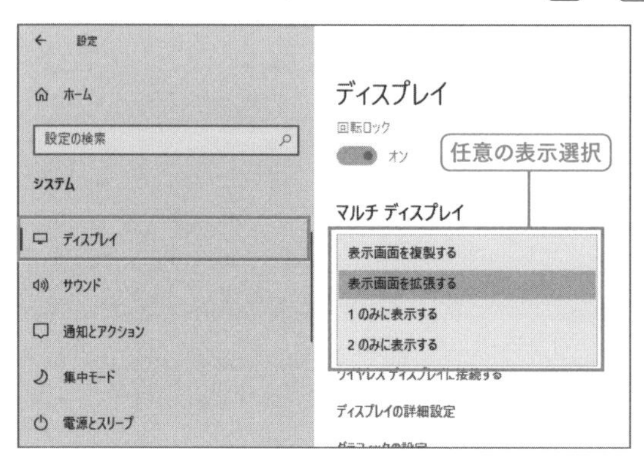

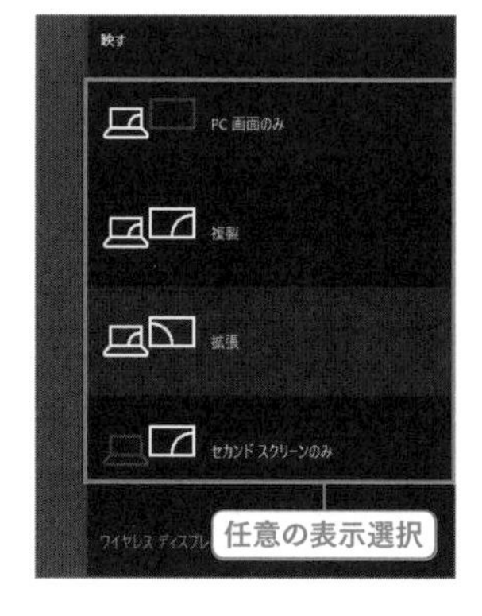

● 表示モードの種類

表示画面を複製する／複製	プライマリディスプレイと同じ表示をセカンドディスプレイにも表示する。
表示画面を拡張する／拡張	デスクトップ表示を拡張して作業領域を増やす。
～のみにする／PC画面のみ／セカンドスクリーンのみ	指定のディスプレイのみにデスクトップを表示する。

マルチディスプレイの物理的最適化

マルチディスプレイについては、実は「非効率である」という研究結果もある。

これはディスプレイが複数あることで本来集中すべきもの以外に気が逸れてしまうというのが主な理由なのだが、根本的には「主作業以外の余計なアプリを表示している」というのが原因であり、また配置が最適化されていないがゆえの問題なので、管理と配置を工夫することで確実に作業は効率化できる。

モニター台によるディスプレイの底上げ

デスクトップPC＋マルチディスプレイ環境でお勧めしたいのがこの「モニター台によるディスプレイの底上げ」である。

モニター台の下にキーボードやマウス、場合によってはノートPCの配置の自由度も確保できるため(ヨガタイプPCにおけるスタンドモードに最適、邪魔な電源アダプターも潜ませることができる)、高めのディスプレイ配置での作業が苦にならない場合にはお勧めのセッティングである。

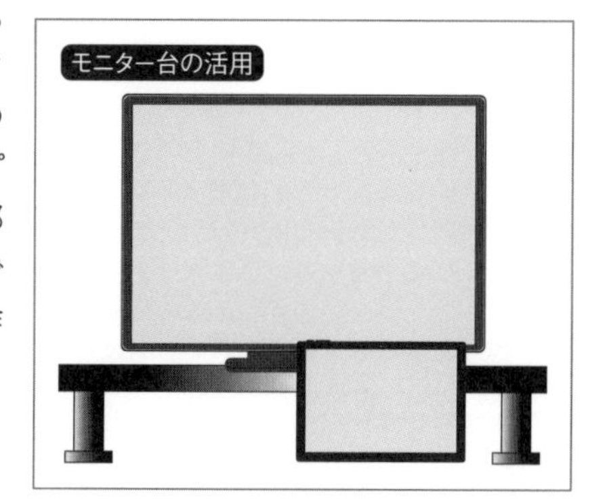

ディスプレイの縦置き

回転台を備えるディスプレイであればディスプレイを縦置きにする、いわゆるポートレートモードでの利用が可能だ。横幅をとらないため、結果ディスプレイを複数連ならせて配置することができる。

肖像画スタイルの写真の閲覧などに向いているほか、縦に長いWebページの閲覧などでも効力を発揮する。

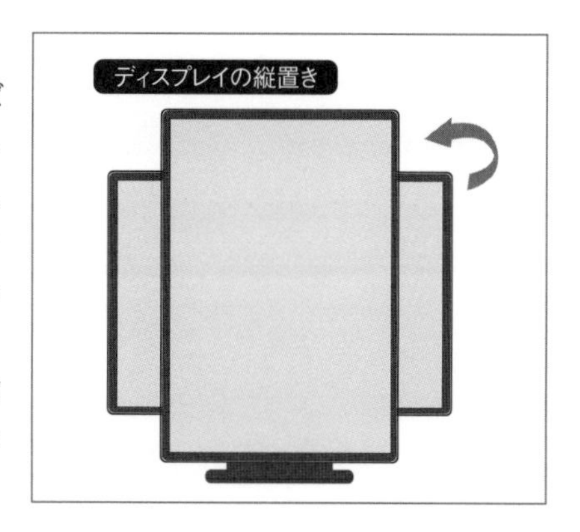

なお、ディスプレイがVESA規格に対応していれば、「ディスプレイアーム」を用いて実現することも可能だ。

ディスプレイアーム

ディスプレイがVESA規格に対応していれば、ディスプレイアームを利用することが可能だ。

ディスプレイアームを導入すれば机上でディスプレイを柔軟に配置できるほか、机の横に飛び出してディスプレイを配置することや、ディスプレイの上にディスプレイを配置するなどの応用もできる。

Column

マルチディスプレイ環境は「見直す」べし

筆者はマルチディスプレイが大好きだ。

まだビデオカードをAGP＋PCIというように複数枚刺しする必要があった時代から環境構築し（当時はIRQのバッティングなどもあったため、今ほど環境構築は簡単ではない）、3台並べる、ディスプレイアームをつけて4台「田」の字に並べるなどいろいろ試して、ついに自分に最適なセッティングを手に入れた。

この最適なセッティングで筆者は約10年間、1年に5冊ペースで書籍を執筆してきた。しかし、ある日「何かおかしい」ことに気づく。

具体的には「疲れる、肩がこる、お尻が痛い、首も痛い」と問題多発で、ついにはまともに作業が進まなくなってしまった。

いろいろ検証した結果、結局このような負担の原因は「マルチディスプレイの配置」にあり、机や椅子はなぜか安価なものにしたうえで、ディスプレイの配置とWindows 10のセッティングを見直すことによって、結果的に以前同様の効率と、ストレスのない作業環境を手に入れることができた。

何がいいたいのかといえば、人は加齢により身体が変化するので、マルチディスプレイのセッティングもそれに合わせて変化させなければならないということであり、一度最適化させた環境が恒久的に一番使いやすい状態とは限らないということだ。

4-4 デスクトップのキャプチャとTPOテクニック

指定領域をデスクトップキャプチャする

新たなWindows 10でサポートされたデスクトップキャプチャが「切り取り＆スケッチ」だ。

切り取りたいデスクトップシーンでショートカットキー[⊞]＋[Shift]＋[S]キーを入力。矩形選択になるので任意の領域をドラッグして選択すれば、切り取った画面がクリップボードに転送される。

任意のアプリで利用する場合には、そのままアプリでペースト（[Ctrl]＋[V]キー）すればよく、また任意に画像を編集してファイルに保存したい場合にはサムネイル表示も兼ねたトースト通知をクリックすれば、「切り取り＆スケッチ」で画像を開くことができる。

なお、トースト通知のクリックが間に合わなかった場合でも、ショートカットキー[⊞]＋[A]キーでアクションセンターを表示すれば、通知一覧からアクセスして「切り取り＆スケッチ」で表示することが可能だ。

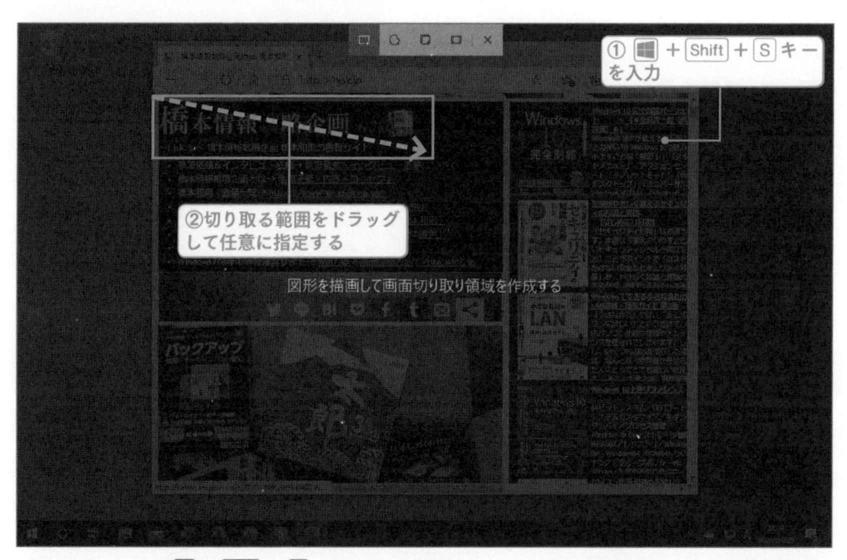

ショートカットキー[⊞]＋[Shift]＋[S]キーを入力。領域をドラッグして矩形選択でデスクトップ画面を切り取る。

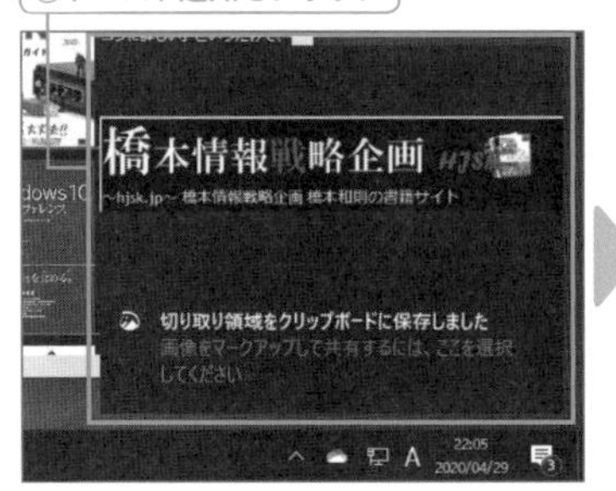

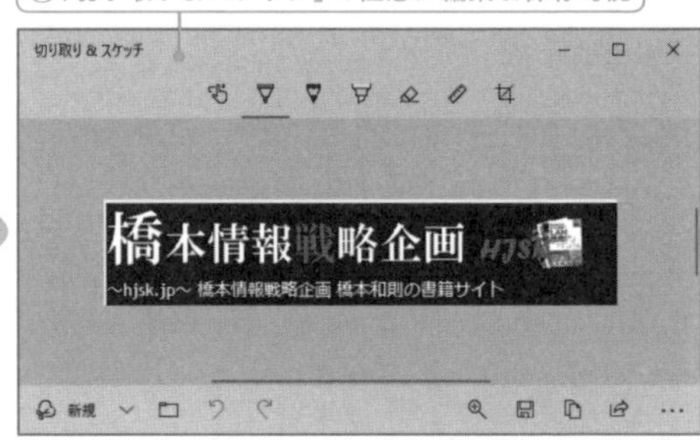

トースト通知をクリックすれば、編集・ファイル保存することができる。また、デフォルトファイル名は「年月日＋時間」なので、意外と管理しやすい。

ウィンドウをきれいに切り取る

自身で矩形を描くのではなく、ウィンドウをきれいに切り取りたい場合には、ショートカットキー［Windows］＋［Shift］＋［S］キーを入力したのち、上部の切り取り選択から「ウィンドウの領域切り取り」をクリックしたのちに、対象ウィンドウをクリックすればきれいに切り取ることができる。

あまり用途はないかもしれないが、「タスクバー」や「アクションセンター」を対象としてきれいに切り取ったキャプチャを行うことも可能だ。

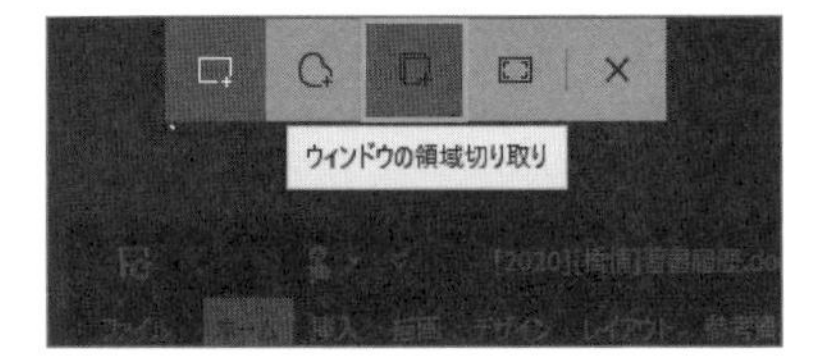

「切り取り＆スケッチ」のショートカットキー割り当て変更

画面切り取り領域によるデスクトップキャプチャはショートカットキー［Windows］＋［Shift］＋［S］キーで実行できるが、このショートカットキー入力はなかなか面倒だ……という場合には、該当PCに［Print Screen］キーがあることを確認して、「設定」から「簡単操作」－「キーボード」を選択。「プリントスクリーンのショートカット」欄にある「PrtScnボタンを使用して～」をオンにして再起動すれば、以後［Print Screen］キーのみで「切り取り＆スケッチ」を実行できるようになる。

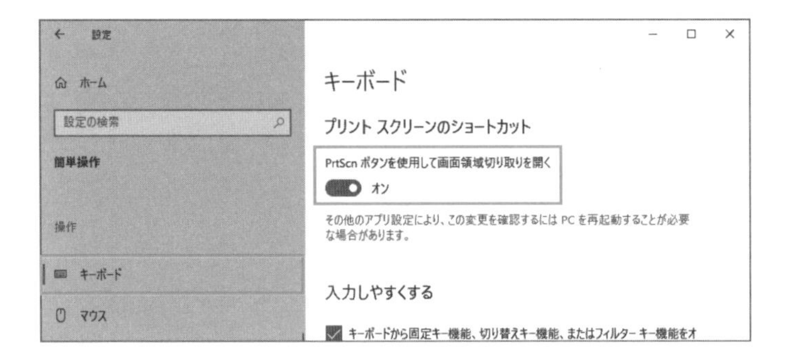

●ショートカット起動

■キーボード(簡単操作)　ms-settings:easeofaccess-keyboard

デスクトップの様子を直接ファイルに保存する

前述の「切り取り&スケッチ」では領域指定を行ったが、領域指定とか任意の編集とかぶっちぎって、現在のデスクトップ画面を一発でファイル保存したい場合には、ショートカットキー[Windows]+[Print Screen]キーを入力すればよい。

「ピクチャ」-「スクリーンショット」フォルダー内に、スクリーンショットが連番のPNGファイルで保存される。

なお、PCによっては「電源ボタン+ボリュームアップ」でも同様のキャプチャが行えるものもあるが、入力タイミングがかなりシビアなのでお勧めしない。

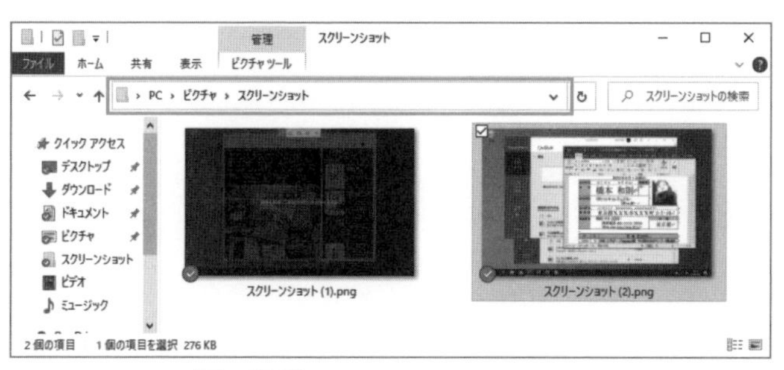

ショートカットキー[Windows]+[Print Screen]キーでデスクトップ全画面を直接ファイル保存できる。ファイルが連番化してくれるので「ファイルを保存する」という手間が省けてよい。

●ショートカット起動

■スクリーンショット(フォルダー)　SHELL:SCREENSHOTS

任意のデスクトップ画面をカットバッファーに送信する

デスクトップ上にある任意のウィンドウのみを画像としてクリップボードに送信したい場合には、ショートカットキー[Alt]+[Print Screen]キーを入力すればよい。

任意のアプリでショートカットキー[Ctrl]+[V]キー(ペースト)を入力すれば、クリップボードに送信済みの画像を貼り付けることができる。

また、デスクトップ全域を画像としてクリップボードに送信したい場合には、[Print Screen]キーで行うことができるが、先に解説した『「切り取り&スケッチ」のショートカットキー割り当て変更(➡P.256)』を行っている場合は無効である。

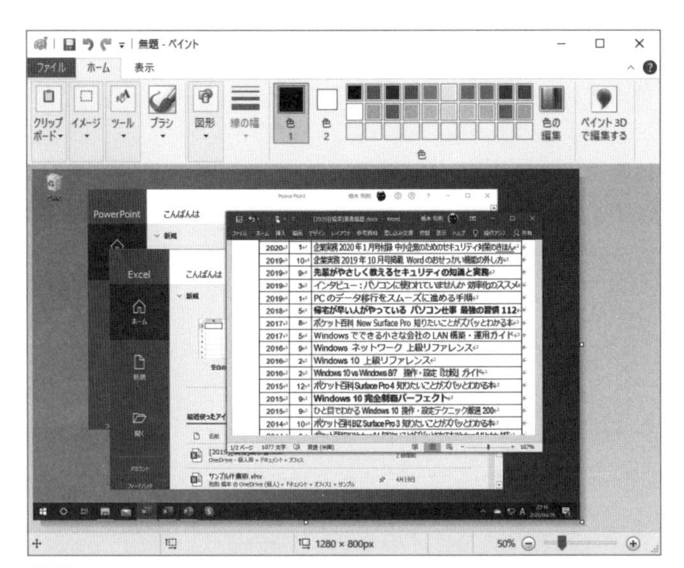

[Print Screen]キーでデスクトップ全画面をカットバッファーに送信して、ペイント（MSPAINT）にペースト。編集中のアプリに直接貼り付けたいなどの場面では活躍する。

Windows 10のブルスク（BSOD）を拝む

Windows OSで機能が停止してOSごと飛んだ場合、ブルースクリーンと呼ばれる青い画面が表示される。通称ブルスク、あるいはBSOD（Blue Screen of Death）と呼ばれるが、Windows 10の場合にはこの画面で律義にも解決方法のリンクをQRコードで表示してくれる。

安定動作するWindows 10においてはなかなか拝めない画面なのだが、これをどうしても自分のPCで表示してみたいという奇特な人は、次ページの表で自身のPCに対応するキーボードを確認したうえで（要キーボード上に物理的な[Scroll Lock]キー）、レジストリエディターから「HKEY_LOCAL_MACHINE¥System¥CurrentControlSet¥Services¥［対応キーボード］¥Parameters」を選択して、「DWORD値」で値「CrashOnCtrlScroll」を作成して値のデータを「1」に設定すればよい。

こののち、右[Ctrl]キーを押したまま[Scroll Lock]キーを2回連打すると、念願のブルスクを拝むことができる。

なお、ブルスク表示時間が短い、もっと眺めていたいというMっ気が強い人は、「システムのプロパティ」の「詳細設定」タブ内、「起動と回復」欄にある「設定」ボタンをクリックして、「自動的に再起動する」のチェックを外せばよい。

● 対応キーボード（レジストリキー）

PS/2キーボード	i8042prt
USBキーボード	kbdhid
Hyper-V	hyperkbd

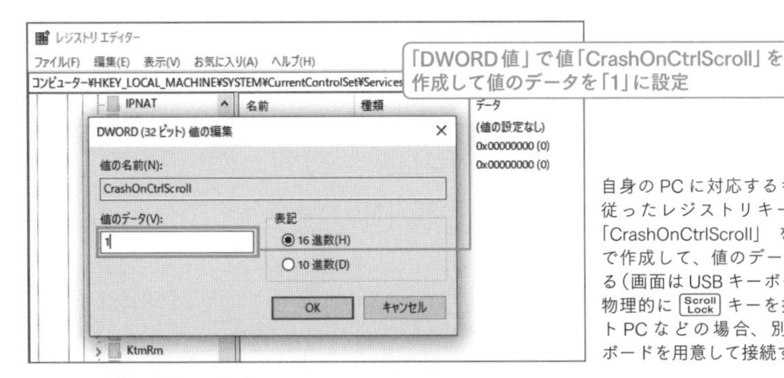

自身のPCに対応するキーボードに従ったレジストリキー位置で、値「CrashOnCtrlScroll」をDWORD値で作成して、値のデータを「1」にする（画面はUSBキーボード）。なお、物理的に Scroll Lock キーを持たないノートPCなどの場合、別途USBキーボードを用意して接続するとよい。

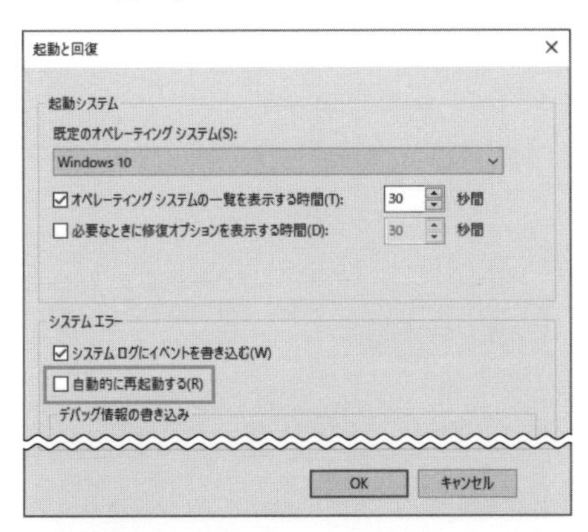

「起動と回復」の「システムエラー」欄内、「自動的に再起動する」のチェックを外すと、システムエラー時の自動的な再起動を抑止できる。

右 Ctrl ＋ Scroll Lock キーの2回連打でBSODを発生させることができる。なお、本当にOSをクラッシュさせる処理なので、大切なPCや作業中のPCで実行することはNGである。

● ショートカット起動

■ システムのプロパティ（「詳細設定」タブ）
SYSTEMPROPERTIESADVANCED

デスクトップで右クリックを禁止してアイコンを非表示にする

貸し出しPCやデモ用PCなどで、デスクトップのアイコン表示および右クリックを禁止したいという場合には、レジストリエディターから「HKEY_CURRENT_USER¥SOFTWARE¥Microsoft¥Windows¥CurrentVersion¥Policies¥Explorer」を選択して(「Explorer」がない場合には作成)、「DWORD値」で値「NoDesktop」を作成して値のデータを「1」に設定すればよい。

なお、この設定で禁止できるのは、あくまでもデスクトップでの右クリックであり、また既存のアイコンも非表示になるだけだ。

例えば、エクスプローラーの「デスクトップ」などからはデスクトップのアイコンにアクセス可能である。

「HKEY_CURRENT_USER¥SOFTWARE¥Microsoft¥Windows¥CurrentVersion¥Policies¥Explorer」を選択。キーがない場合には該当のキーを作成する。「DWORD値」で値「NoDesktop」を作成して値のデータを「1」に設定する。これでデスクトップアイコンが非表示になり、またデスクトップの右クリックが禁止になる。なお、いうまでもないが元に戻したければ値のデータを「0」、ないしは値を削除すればよい。

Windowsスポットライトによって自動ダウンロードされた画像が欲しい

筆者はOSに勝手なことをされるのを嫌う傾向にあり、勝手にうんちゃらをダウンロードする機能などはすぐに停止設定にしてしまうのだが、「Windowsスポットライト」は設定を有効にしている。

「Windowsスポットライト」とはロック画面の背景設定の一つであり、勝手に通信を利用して新しい画像をダウンロードして、勝手にストレージ内に保存。勝手にロック画面に表示するというパフォーマンス的にはマイナスの機能なのだが、自分が選んだわけでもない風景や動物の写真などが表示される仕組みは意外と悪くない。

さて、このWindowsスポットライトで美しい画像が表示された場合、「これを保存しておきたい」と思うことがある。

このような場合には、エクスプローラーのアドレスバーに「%LOCALAPPDATA%¥Packages¥Microsoft.Windows.ContentDeliveryManager_cw5n1h2txyewy¥LocalState¥Assets」と入力して、該当フォルダーにアクセス。

ここにはWindows 10が勝手にダウンロードした画像がストックされているのだが、「拡張子が付いていない」という特性がある。

任意のファイルをペイント(MSPAINT)などにドラッグ&ドロップして確認するか、あるいは任意のドライブに「Assets」フォルダーごとコピーしたうえで、ファイルの拡張子を一括でJPGにするなどの対処を行い、目的の画像を探すとよい。

エクスプローラーのアドレスバーに「%LOCALAPPDATA%¥Packages¥Microsoft.Windows.ContentDeliveryManager_cw5n1h2txyewy¥LocalState¥Assets」と入力して、Windowsスポットライトの画像などが保持されているフォルダーにアクセス。

Windowsスポットライトの画像を探したければ、最近表示されたものであれば「日付時刻 - 降順」、あるいは比較的大きい画像ファイルであるため「サイズ(ファイルサイズ) - 降順」などエクスプローラー上の表示を工夫したうえでドロップして目的のものを見つければよい。

邪魔なユーザー補助系のショートカットキーを無効にする

画像加工アプリなど編集系のアプリを利用していると、Shift キーを押しっぱなしにしながら少し考える場面などがあるが、この際に驚かされるのは「フィルターキー機能」などのダイアログ表示が不意に襲ってくることだ。

これは「キーボードを使いやすくする」と称した機能であり、右 Shift キーを8秒押すと「フィルターキー」機能、Shift キーを5回連打すると「固定キー」機能、Num Lock キーを5秒押すと「切り替えキー」機能が有効になるのだが、これが邪魔だという場合には、「設定」から「簡単操作」－「キーボード」を選択。該当機能の「～を許可する」のチェックを外せばよい。

正直この機能を利用したいのであれば、該当設定を任意に「オン」にしておけばよい話で、わざわざデフォルトでショートカットキーを割り当てておくのは余計なお世話というものだ。

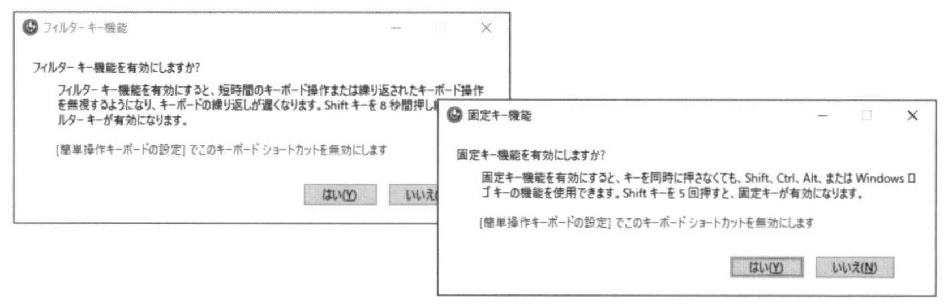

不意に表示される「～キー機能」ダイアログ。正体は Windows 10 がデフォルトで割り当てているユーザー補助系のショートカットキーにある。

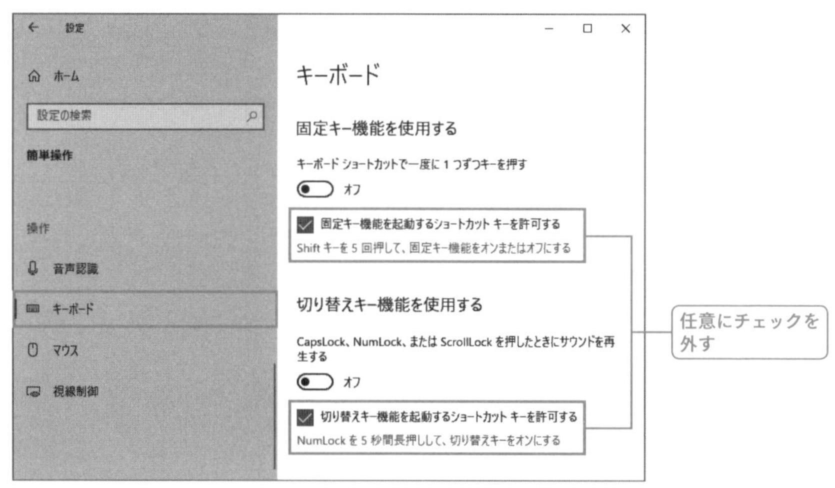

「設定」から「簡単操作」－「キーボード」を選択して、「～キー機能を起動する～を許可する」のチェックを外せば、ショートカットキーの割り当てを停止することができる。

4-5 タスクバーと[スタート]メニュー

音声アシスタンスCortanaの完全無効化

Cortanaはタスクバーの検索ボックス(検索機能)から分離して独立したアプリになった。これは喜ばしい変更であり、また「アプリになった」ゆえにCortanaを機能停止することも可能だ。

PCに音声アシスタンスなど必要ないと考え、単純にCortanaの自動起動を停止したい場合には、タスクマネージャーの「スタートアップ」タブで「Cortana」を選択して「無効」に設定すればよい。

また、Cortanaはアプリになったくせに「アプリと機能」からはアンインストールできないが、Windows 10から完全除去したい場合には、Windows PowerShellから「Get-AppxPackage -allusers | select Name」を実行。

「Microsoft.549981C3F5F10」の存在を確認。コイツがCortanaなので(ただしWindows 10バージョンによって変更される可能性あり)、同じくWindows PowerShellから「Get-AppxPackage -allusers Microsoft.549981C3F5F10 | Remove-AppxPackage」でCortanaを完全除去できる。

もちろん、こんな不要な機能は常駐しているよりも、取り除いたほうがWindows 10のパフォーマンス的にもプラスだ。

なお、完全除去したものの、やはりCortanaが忘れられないゾ……と後ろ髪を引かれる場合には、「Microsoft Store」から「Cortana」をインストールすればよい。

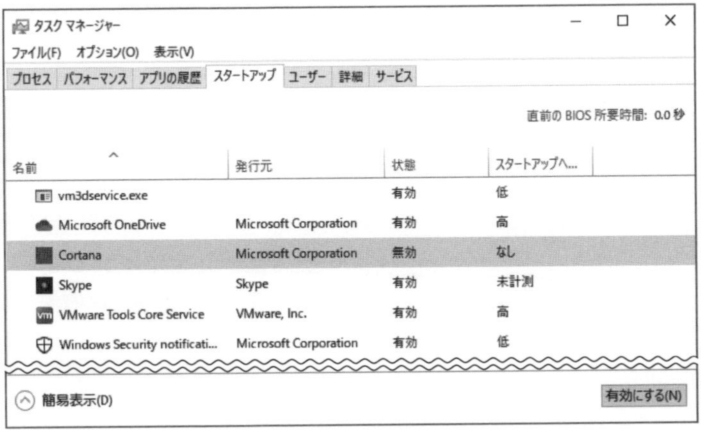

Cortanaは無礼にも勝手に起動してWindows 10に常駐するが、自動起動を抑止したい場合には、タスクマネージャーの「スタートアップ」タブで、「Cortana」を無効にすればよい。

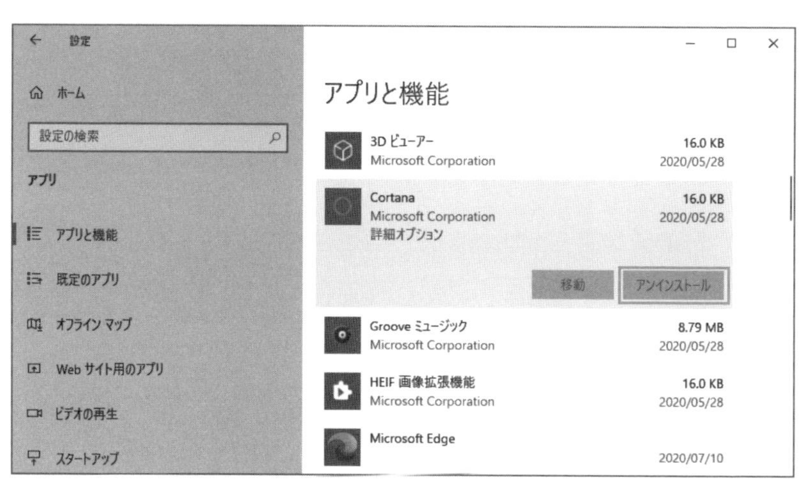

「Cortana」はアプリに格下げされた分際にもかかわらず、生意気にも「アプリと機能」からはアンインストールできない。

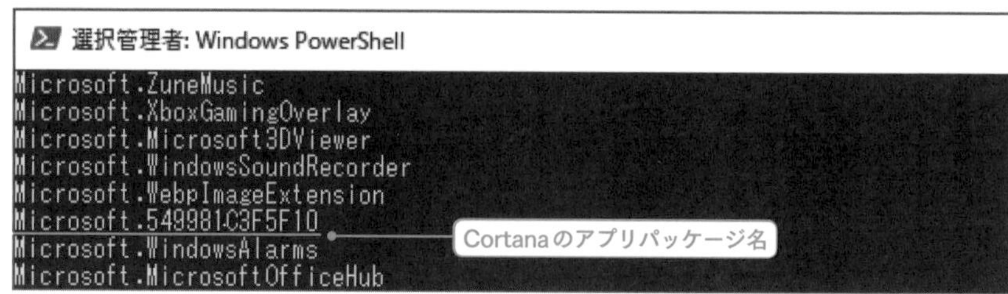

「Get-AppxPackage -allusers | select Name」ですべてのユーザー側の Cortana のアプリパッケージ名を確認。なお、Cortana のパッケージ名は将来変更される可能性もある。

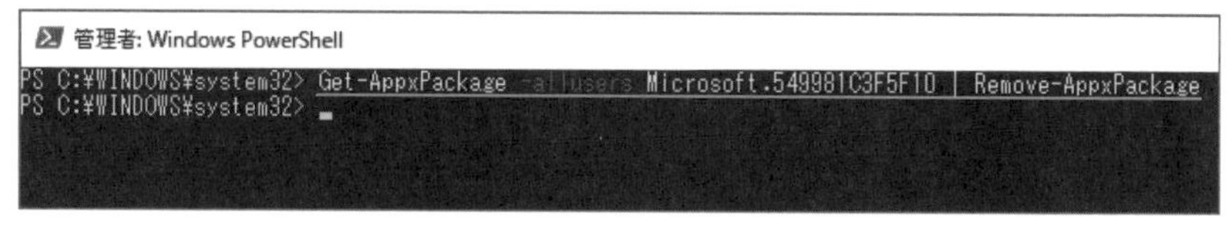

「Get-AppxPackage -allusers [Cortana のパッケージ名] | Remove-AppxPackage」で Cortana を完全除去できる。

任意のフォルダーをタスクバーのツールバーとして活用する

デスクトップがウィンドウで埋め尽くされている状態でもよく利用するフォルダーに効率よくアクセスしたい場合には、「タスクバーにフォルダーを登録」してしまえばよい。

タスクバーを右クリックして、ショートカットメニューから「ツールバー」−「新規ツールバー」と選択。フォルダーの選択から該当フォルダーを選択すれば、指定フォルダーをツールバーとして登録できる。

メリットとしてはフォルダー内のフォルダー／ファイルにタスクバーから直接アクセスできるため、ほかのウィンドウが邪魔にならない点&ほかのウィンドウを邪魔しない点にあり、ファイルを開く操作が「メニュー選択」になるため、キーボード操作であればミスが起こりにくい点にある。

なお、ツールバーではフォルダー選択すると「フォルダーの内容」がメニュー展開してしまうが、該当フォルダーを右クリックして、ショートカットメニューから「開く」を選択すれば、エクスプローラーで表示することも可能だ。

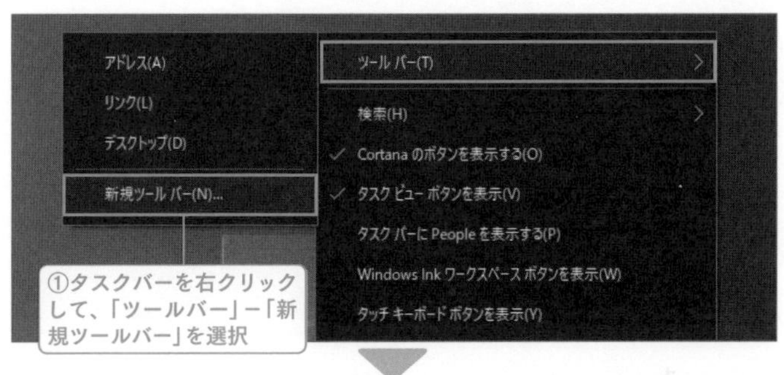

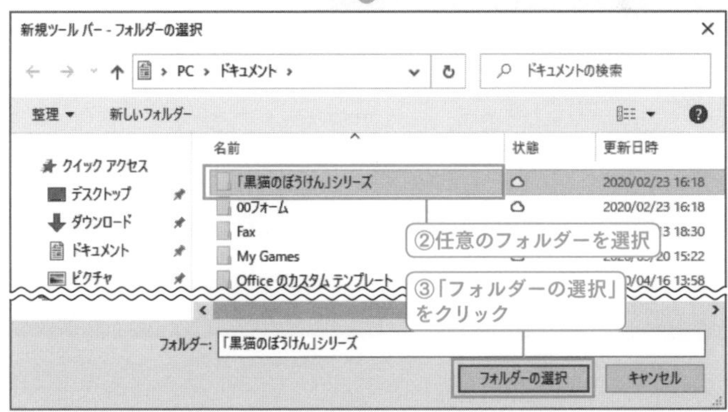

タスクバーを右クリックして、ショートカットメニューから「ツールバー」−「新規ツールバー」と選択。任意のフォルダー（よく利用するデータフォルダーや、よく利用するショートカットアイコンを集めたフォルダー）を登録する。

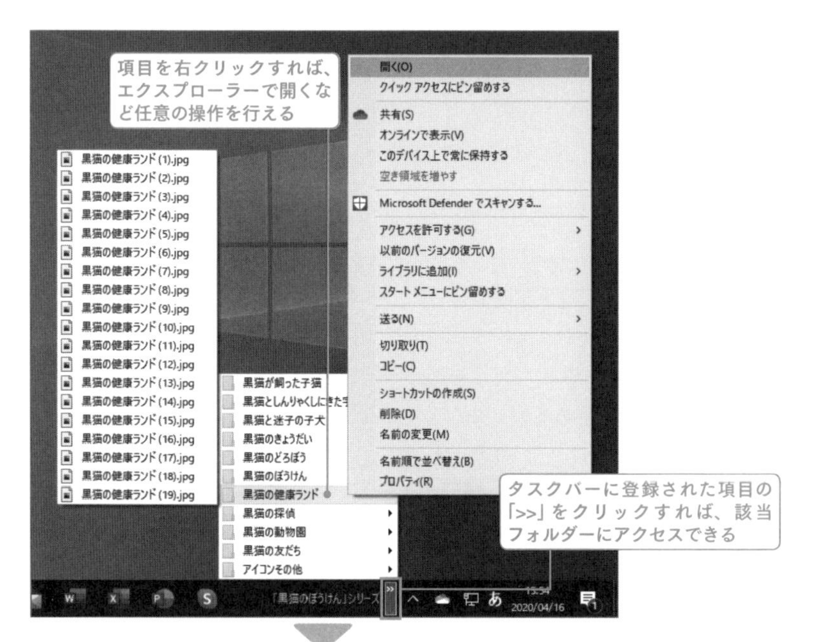

ツールバーでは基本的にファイルを開くことしかできないが、任意のフォルダーで右クリックして、ショートカットメニューから「開く」を選択すれば、該当フォルダーをエクスプローラーで表示することも可能だ。

[スタート]メニューを起点としたカスタマイズ操作

[スタート]メニューの項目は「タスクバーにピン留めする」「アンインストール」「管理者として実行」「ファイルの場所を開く」などの操作を、該当項目を右クリックすることで実行できる。

よく利用する項目は「タスクバーにピン留めする」、旧アプリなどの登録や権限を付与した操作が必要になる場面では「管理者として実行」、該当アプリのプログラムフォルダーを確認して任意の操作を行いたい場合には「ファイルの場所を開く」など、各種カスタマイズの起点となる操作が行える。

なお、ショートカットメニューに表示される項目内容は対象アプリの種類によって異なる。

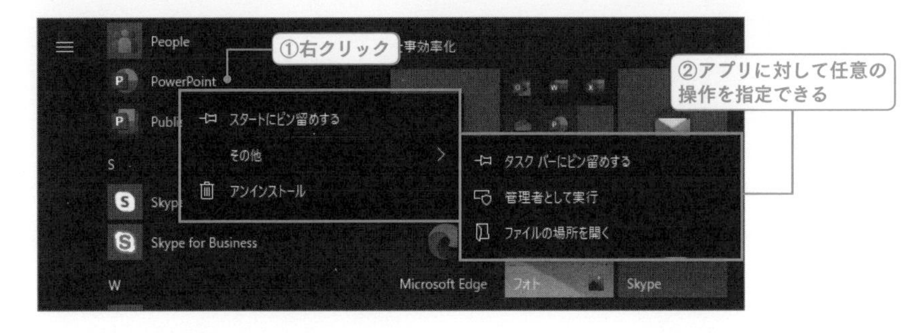

● [スタート]メニューからできる操作

スタート画面にピン留めする／スタート画面からピン留めを外す	[スタート]メニューにタイルとして該当アプリをピン留めする／ピン留めを外す
タスクバーにピン留めする／タスクバーからピン留めを外す	タスクバーに該当アプリをピン留めする／ピン留めを外す
アンインストール	該当アプリをアンインストールする(対応アプリのみ)
管理者として実行	該当アプリを管理者権限で実行する
ファイルの場所を開く	該当アプリのプログラムフォルダーをエクスプローラーで表示する(一部のアプリはショートカットアイコンフォルダーが開く)

[スタート]メニュー表示の最適化

[スタート]メニューはタスクバーアイコンの存在や「検索」からのアクセスが便利になったことにより、重要な操作部位ではなくなってきている。

[スタート]メニューをあまり利用していないのであれば、あえてカスタマイズして最適化する意味はない。

といっても、やはりWindows 10における各種起動や一部のカスタマイズ(ピン留め／管理者として実行／ファイルの場所を開く)においては[スタート]メニューが起点となるので、ここで操作や最適化を紹介しておこう。

なお、[スタート]メニューの階層構造を無視してとにかく登録アイテムを一覧表示したい場合には、Ctrl＋Shift＋Nキーでフォルダーを作成して、フォルダーの名前を「アプリの一覧.{4234d49b-0245-4df3-b780-3893943456e1}」としてしまえばよい。

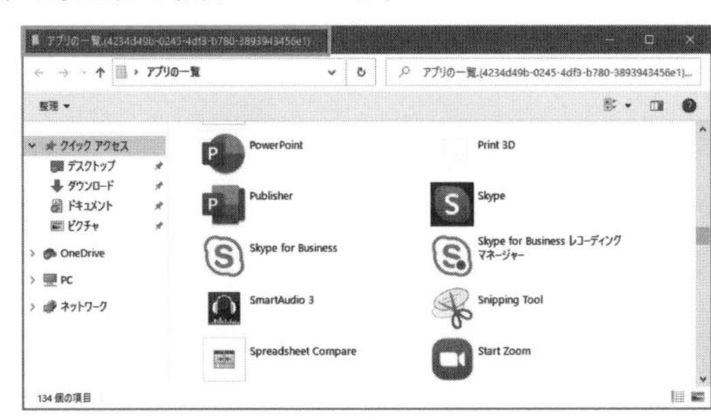

新規フォルダーの名前を「アプリの一覧.{4234d49b-0245-4df3-b780-3893943456e1}」とすれば、[スタート]メニューの一覧にすぐにアクセスできる。

[スタート]メニュー全般の設定

[スタート]メニューの全般の設定は、「設定」から「個人用設定」-「スタート」と選択。「スタートメニューにアプリの一覧を表示する」以外は一般的に必須ではないため、ほかの項目は一度オフにして様子を見るとよい。しいていえば、「最近追加したアプリを表示する」は新しくインストールしたアプリを見つけやすいためメリットがある。

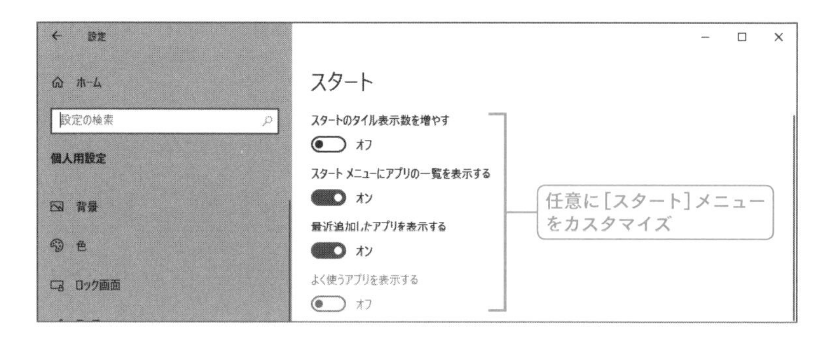

[スタート]メニューに表示するフォルダーの設定

[スタート]メニューの左列に表示される機能フォルダーを任意に設定したい場合には、「設定」から「個人用設定」-「スタート」と選択して、「スタートメニューに表示するフォルダーを選ぶ」をクリックしたのちに任意項目を設定すればよい。

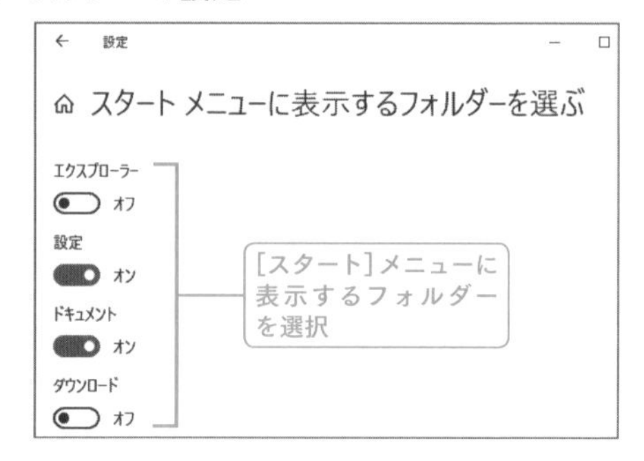

サイズ変更

[スタート]メニューの表示サイズ変更は境界線をドラッグすることでも行えるが、ショートカットキーであれば一度項目フォーカスしたのちに(Windows→Tab キーがよい)、ショートカットキー Ctrl +上下左右カーソルキーで行うことができる。

タイル表示部

[スタート]メニューの「タイル」だが、ライブタイルというリアルタイム情報を表示できるという点がタスクバーアイコンとは異なるものの、有益な情報を表示するタイルはほぼ皆無だ。

というか俯瞰で見た場合、むしろなぜ[スタート]メニューにタイルが存在するのか疑問に感じて然りなのだが、これは「Windows 8のスタート画面でのタイル表示(全画面表示前提)」の名残ともいえ、「よく利用するアプリはタスクバーアイコン」「たまに利用するアプリは検索から」というアプローチを考えた場合、タイルがここに存在する必然性はもはやない。

正直このタイルの表示は負荷をかけている側面もあるので(特にライブタイル)、必要のないタイルは右クリックして、ショートカットメニューから「スタートからピン留めを外す」を選択して、必要なものだけに絞り込むとよい。筆者はモバイルPCにおいては、ピン留めをすべて外してスマートな[スタート]メニューにしている。

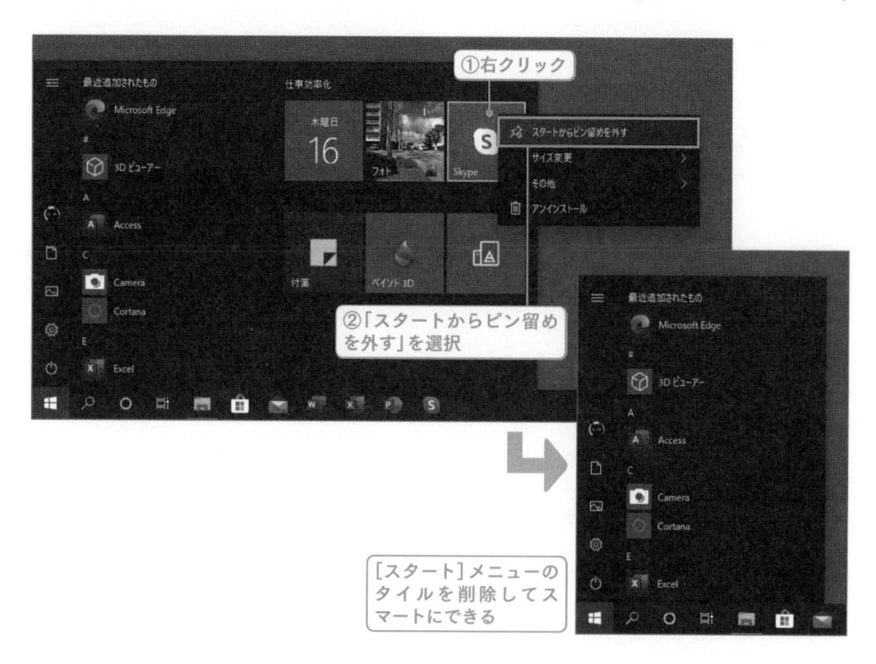

セマンティックズーム

セマンティックズームもWindows 8登場時にウリとした機能の一つだが、Windows 10ではほとんど活かされておらず、かろうじて[スタート]メニューのアプリの一覧から「見出し」をクリックすることでセマンティックズームを行うことができる。

なお、セマンティックズームでは、[スタート]メニューの階層下の項目にアクセスできないという欠点がある(つまり事実上使い物にならない……)。

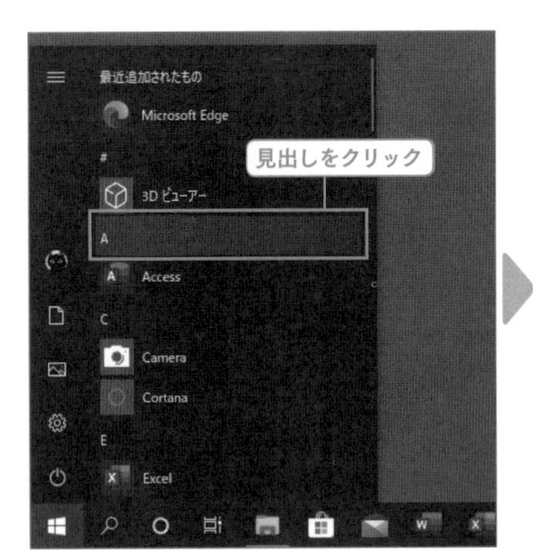

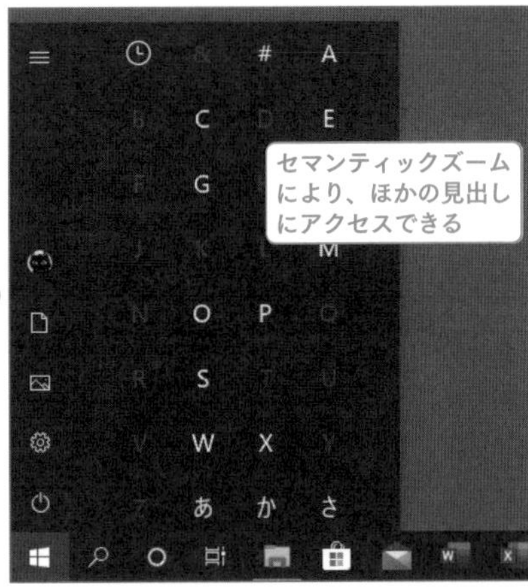

● ショートカット起動

■ スタート	ms-settings:personalization-start
■ スタートメニューに表示するフォルダーを選ぶ	ms-settings:personalization-start-places

タスクバーの位置やサイズの変更

タスクバーの位置やサイズは任意に変更することが可能だ。

カスタマイズアプローチとしてはいろいろあるのだが、一番簡単なのがタスクバーを右クリックして、ショートカットメニューから「タスクバーを固定する」のチェックを外してからの任意設定だ。

タスクバーの境界線をドラッグすることによりタスクバーを多段化できるほか、タスクバーそのものを画面四辺(上端／左端／右端)にドラッグ&ドロップすることでタスクバーを任意の場所に移動することも可能だ。

タスクバーをドラッグして多段化すれば、タスクバーアイコン表示領域を増やせるほか、任意に登録した「ツールバー」の内容表示も行うことができる。

タスクバーをドラッグ&ドロップすれば「タスクバーの縦置き」「タスクバーの上端管理」なども可能だ。

通知アイコンへのアクセスと通知領域の設定

通知領域にはWindows 10の操作や管理において結構重要な「通知アイコン」が配置されているが、オブジェクトとしてかなり小さいためアクセスしにくいという欠点がある。

このような「通知アイコン」にスムーズにアクセスしたい場合には、ショートカットキー[Windows]＋[B]キーからカーソルキーで選択したのちに[Enter]キー(クリック相当)、あるいは「アプリキー」(右クリック相当)がよい。

また、通知アイコンの表示／非表示の設定を行いたい場合には、「設定」から「個人用設定」－「タスクバー」と選択。「通知領域」欄にある「タスクバーに表示するアイコンを選択します」をクリックして「アプリに関連する通知アイコン」の表示／非表示を設定することができ、また「システムアイコンのオン／オフの切り替え」をクリックすれば、「時計」「ボリューム」「ネットワーク」「アクションセンター」等々のシステムアイコンの表示／非表示を設定することができる。

通知領域の「通知アイコン」には、ショートカットキー[Windows]＋[B]キーでアクセスできる。
カーソルキーで任意の通知アイコンにフォーカスして操作することが可能だ。

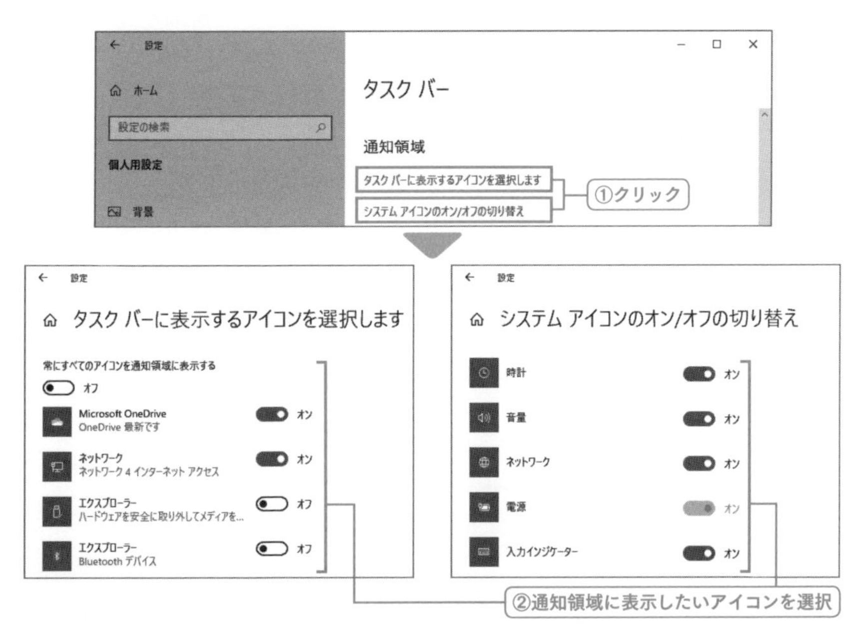

通知アイコンの表示設定は、「設定」－「個人用設定」－「タスクバー」と選択して、「通知領域」欄から各種設定を行う。なお、各項目設定の有無はハードウェア構成やアプリ環境によって異なる。

● ショートカット起動

■ タスクバー(通知領域の設定)　ms-settings:taskbar

海外時計の追加設定

通知領域の「時計」はポイントすることで「年月日＋曜日表示」ができるほか、「時計」をクリックすることで「カレンダー表示」になり、イベントの確認やイベントの追加を行うことができる。

ちなみにここにタイムゾーンが異なる時計(別地域の時刻)を追加したい場合には、「設定」から「時刻と言語」－「日付と時刻」と選択して、「別のタイムゾーンの時計を追加する」をクリック。

「日付と時刻」の「追加の時計」タブから「この時計を表示する」をチェックして、「タイムゾーンの選択」から任意のタイムゾーンを選択、また「表示名の入力」で任意の表示名を設定すればよい。

世界的なイベントの場合、UTCであったりニューヨーク時間であったりするので、この設定をあらかじめ適用しておくと意外と重宝する。

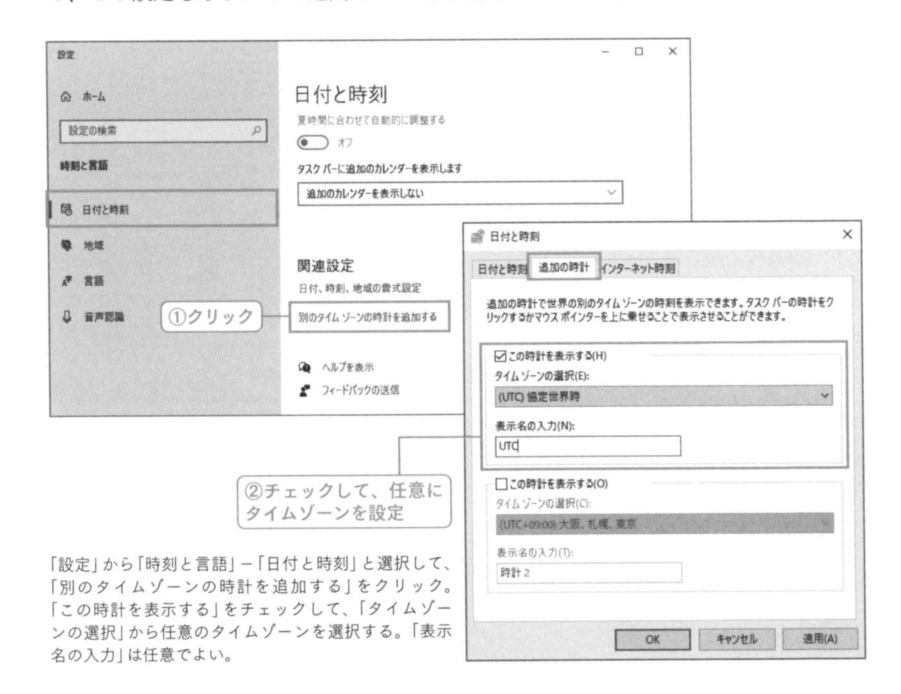

「設定」から「時刻と言語」－「日付と時刻」と選択して、「別のタイムゾーンの時計を追加する」をクリック。「この時計を表示する」をチェックして、「タイムゾーンの選択」から任意のタイムゾーンを選択する。「表示名の入力」は任意でよい。

通知領域の時計をポイントすることで指定タイムゾーンの時刻を確認することができる。また、時計をクリックすることで日時の確認やイベント確認・イベントの追加を行うことができる。

● **ショートカット起動**

■ **日付と時刻**　ms-settings:dateandtime

通知領域の時計表示のカスタマイズ

通知領域の時計表示は任意にカスタマイズすることができる。例えばデフォルトでは24時間表記だが、AM／PM表記にしたい場合などは、コントロールパネル（アイコン表示）から「地域」を選択。

「地域」の「形式」タブ内でも設定できるが、詳細に設定したい場合には「追加の設定」ボタンをクリックする。「時刻」タブで任意の設定が行えるので（通知領域に表示されるのは「時刻（短い形式）」欄）、時計表示の書式に従って任意の設定を行う。

例えば、午前／午後の記号からAM／PMを選択したうえで、「時刻（短い形式）」欄にtt:h:mm（tt＝午前／午後表記、h＝12時間制表示＆桁埋めゼロなし表記、mm＝分数表示＆桁埋めゼロあり表記）と入力すれば、AM／PM表記による時計表示が実現できる。

なお、「時刻（短い形式）」欄において、「秒（ss）」を指定しても残念ながら通知領域において秒まで表示しない仕様だ。

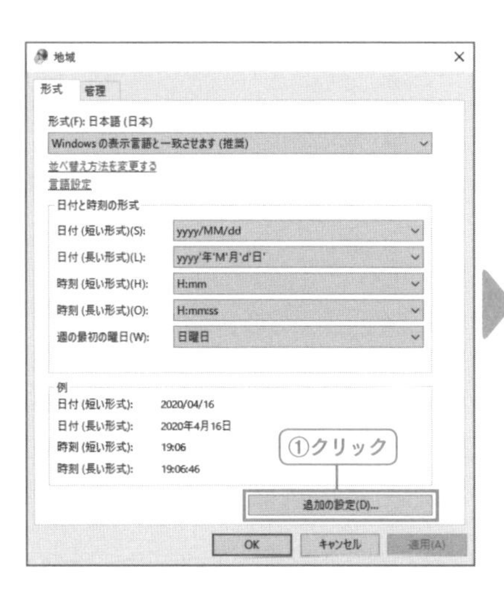

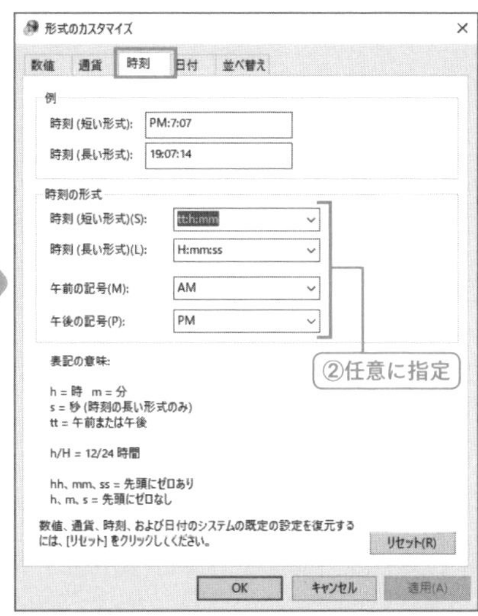

コントロールパネル(アイコン表示)から「地域」を選択して、「追加の設定」ボタンをクリック。時計表示を書式に従って任意にカスタマイズする。

任意の設定に従った時計表示になる。なお、「秒」まで表示したい場合には P.275 参照だ。

● 時計表示の書式

文字列	「'」で囲む。
時	「h」で12時間制、「H」で24時間制を意味する。
分	「m」で一桁時に一桁表示、「mm」で一桁時にでも二桁表示を意味する。
秒	「s」で一桁時に一桁表示、「ss」で一桁時にでも二桁表示を意味するが、通知領域ではこの設定は無視される(秒は表示できない)。
午前/午後の表示	「tt」で指定する。

● ショートカット起動

■ 地域(コントロールパネル)　INTL.CPL

通知領域において時計表示を「秒」まで行う

通知領域において時計表示は「時：分」であるが、これを「秒」まで行いたい場合は、レジストリエディターから「HKEY_CURRENT_USER¥SOFTWARE¥Microsoft¥Windows¥CurrentVersion¥Explorer¥Advanced」を選択。「DWORD値」で値「ShowSecondsInSystemClock」を作成して値のデータを「1」に設定すればよい。

以後、タスクバーの通知領域において「時：分：秒」という形で表示されるようになる。

イベント開始などにおいて秒までこだわりたい場合などに重宝する設定だ。

一応注意したいのは「秒」を表示することによりデスクトップの更新描画アイテムが増えるため、若干のパフォーマンスダウンが起こるという点だ（デフォルトで表示していない理由の一つでもある）。

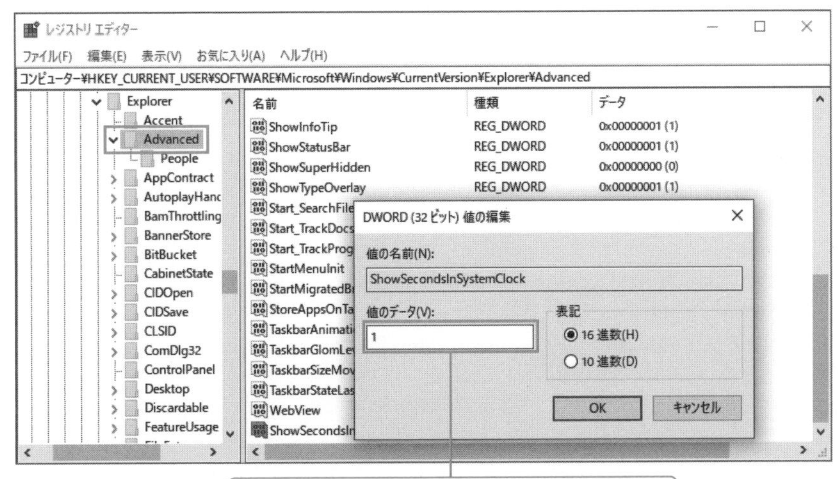

レジストリカスタマイズにより、通知領域の時計表示において「秒」まで表示されるようになる。この設定は時間において「秒」までこだわるお買い物などのイベント開始時刻の確認に活用できる。

4-6 タッチ対応PCでの特殊操作と設定

タッチ対応PCでの特有の操作と確認

Windows 10のタッチ操作は「タップ」がクリック相当、「長押しタップ」が右クリック相当と非常にシンプルなのだが、いくつかの操作には独自の味つけもされており、タッチ対応PCならではの操作というものもあるため、ここで紹介しよう。

❏ PCのタッチ対応の確認

「設定」から「システム」－「バージョン情報」の「ペンとタッチ」欄でタッチ対応とマルチタッチ(何ポイントまで同時認識するか)を確認することができる。

なお、「タッチ対応」と「デジタイザーペン対応(ここでの表記における「ペン」)」は別物であり、タッチ対応PC＝デジタイザーペン対応ではない。

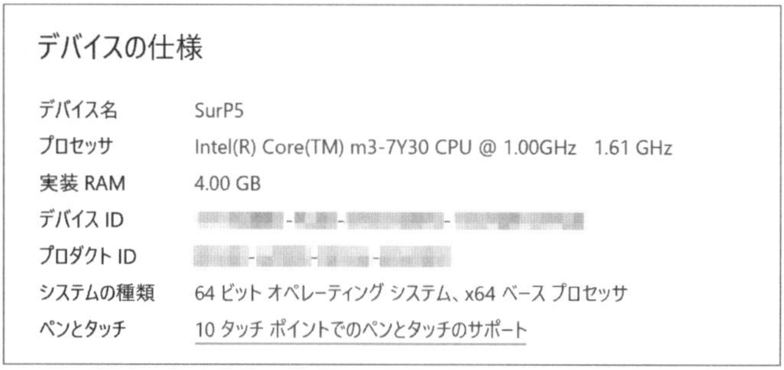

デバイスの仕様

デバイス名	SurP5
プロセッサ	Intel(R) Core(TM) m3-7Y30 CPU @ 1.00GHz　1.61 GHz
実装 RAM	4.00 GB
デバイス ID	[illegible]
プロダクト ID	[illegible]
システムの種類	64 ビット オペレーティング システム、x64 ベース プロセッサ
ペンとタッチ	10 タッチ ポイントでのペンとタッチのサポート

● ショートカットキー

■ バージョン情報(タッチ対応の確認)　[Windows]＋[X]→[Y]キー

❏ エッジスワイプ

Windows 10における特有のタッチ操作の一つに「エッジスワイプ」がある。エッジスワイプとは画面端から中心に向けてフリックする操作であり、Windows 10では画面右端から中央にフリックで「アクションセンター」、画面左端から中央にフリックで「タスクビュー」が割り当てられている。

Windows 10搭載PCにおいて、タッチ対応製品のほぼすべてが液晶本体とフレームに段差がないのは、このエッジスワイプ操作が存在するゆえである。

● タッチ対応PCにおけるエッジスワイプ操作

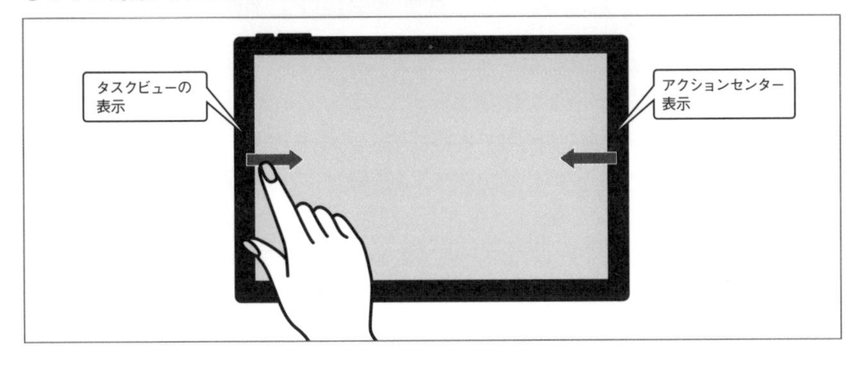

Column

タッチ対応PCの使いどころ

現在のデスクトップPCやノートPCを見てもわかるとおり、タッチ対応ではないからといってWindows 10操作において不満に感じる場面は少ない。

Windows 8時代にはタッチ操作ができないと一部面倒くさいというか、基本操作においてタッチ操作ありきのものもあったのだが（「チャーム」や「アプリバー」表示など）Windows 10では必須になる場面はない。

特にデスクトップPCにおいては、タッチ操作を行うと姿勢的に疲れるため（顔の高さ付近のアイテムをタッチ操作するのは結構腕にきつく作業的にも効率化しない）、無理にタッチ対応環境にする意味はない。

一方、ノートPCでは結構使いどころがある。例えば「マウスポインターを目的の場所まで移動する→クリックする」というマウス／タッチパッド操作は、タッチ操作であれば対象をタップするだけで済む。

また、タッチ操作に対応しているアプリであれば、テキスト選択やオブジェクトの入れ替えなどに特有のジェスチャ操作が割り当てられているため直感的に操作できる点も見逃せない。

環境によっては作業効率を高めることができ、意外と重宝するのがタッチ操作なのだ。

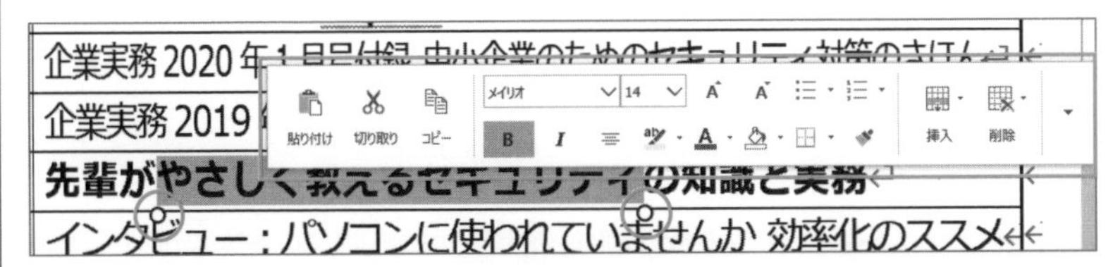

Office スイートの場合、タッチ操作における文字列選択では「選択ハンドル」が表示され容易に文字列選択を行うことができるほか、選択アイテムの長押しタップで該当メニューを表示して任意に設定、またピンチによる編集画面そのものの拡大縮小などが行える。慣れてくれば「左手でタッチ操作＋右手でマウス」などの効率的な操作も実現できる。

逆方向に表示されるメニューを一般的なPC同様右に展開する

タッチ対応PCにおいてはデフォルトでメニューが左側に展開する。

これは「右利き」の人が右手で画面タッチした際に、右手とメニュー表示が被らないようにメニューを左側に展開するのだが、これが気持ち悪くやはり一般的なPCと同様に「メニューを右側に展開させたい」場合には、「設定」から「デバイス」－「ペンとWindows Ink」を選択。「利き手を選択する」から「左利き」を選択すればよい(タッチ操作のくせになぜか「ペンとWindows Ink」で設定するのだが、これはデジタイザーペンにおける特性も共通であるからだ)。

なお、該当設定が存在しない場合には、コントロールパネル(アイコン表示)から「タブレットPC設定」を選択。「その他」タブ内「きき手」欄で「左きき」を選択すればよい(「利き手」と「きき手」で表記ゆれしているのが、相変わらずMicrosoftらしくてよい)。

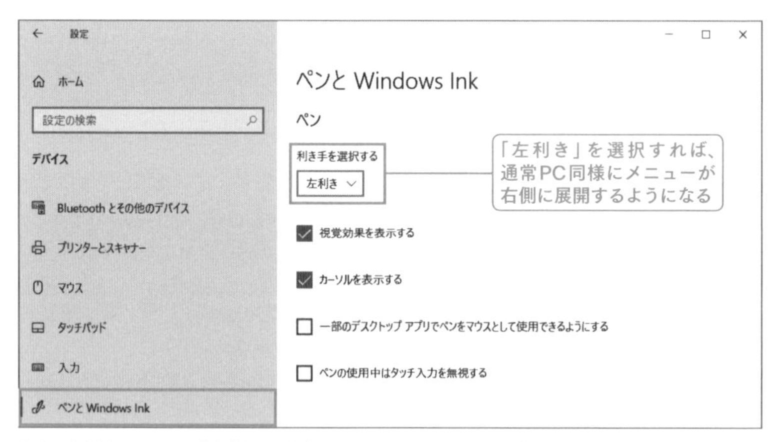

自分が右利きであろうが「左利き」に設定することで、メニューが右側に展開されるようになる。

● ショートカット起動

■ ペンとWindows Ink　　ms-settings:pen

画面を指でタップした際の視覚効果

タッチ対応PCにおいて画面を指でタップすると、タップ位置を示す白くて淡い円が表示されるが、これをもっと明確に表示したければ、「設定」から「簡単操作」－「マウスポインター」と選択。「スクリーンをタッチしたときに、タッチポイントの周囲に～」がオンになっていることを確認したうえで、「～黒く、大きくする」という、何ともいえない表現の設定をチェックすればよい。

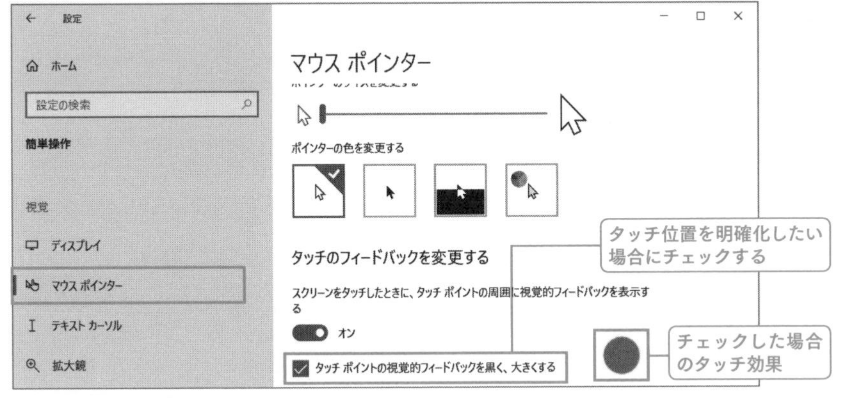

「～黒く、大きくする」をチェック。積年の望みを叶えることができ、タッチした際の効果として黒く＆大きく表示されるようになる。

タッチキーボードとフリック入力

画面上に表示されるキーボードをタッチすることで入力が実現できるのがタッチキーボードである。

Windows 10では標準タッチキーボードのほか、「片手フリック入力キーボード(スマートフォンのようにコンパクトな領域内でフリック入力でき、お亡くなりになったWindows 10 Mobileで唯一評価されていた斜めフリック入力にも対応する)」「左右分割タッチキーボード(タブレットを両手で持った際に入力しやすい)」「手書きキーボード(タッチやペンを用いてフリーハンドで手書き入力する)」などに切り替えて利用できる。

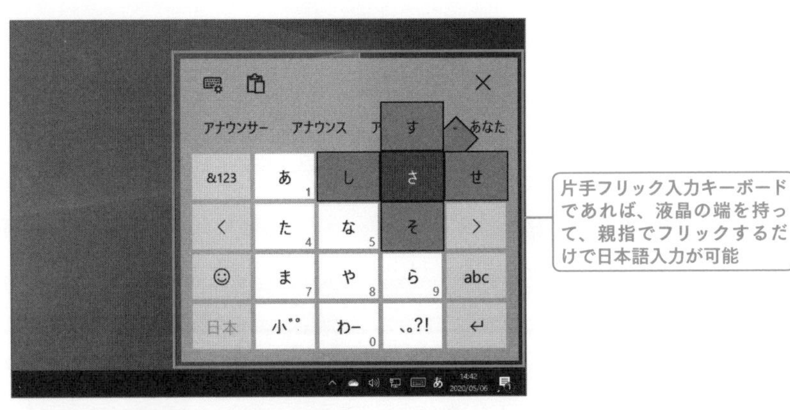

スマートフォン世代にはもしかすると物理キーよりも「片手フリック入力キーボード」のほうが最適かもしれない。ちなみに任意の位置にタッチキーボードを移動できるため、その気になればノートPCでも活用できる。

タッチキーボードの表示

任意にタッチキーボードを利用したい場合には、タスクバーを右クリックして、ショートカットメニューから「タッチキーボードボタンを表示」をチェックする。

通知領域に「タッチキーボード」ボタンが表示されるようになり、以後このボタンをタップすることでタッチキーボードを表示できる。

なお、タッチキーボードという名称ではあるが、マウスのクリックで操作することも可能であり、場面によっては重宝することがある。

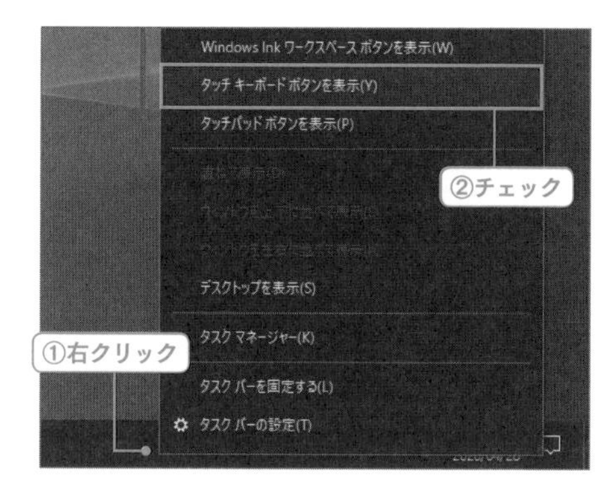

タッチキーボードでの入力

タッチキーボードでの入力は基本的にタッチキーボード上のキー表記に従えばよいが、中には「キーボードに表示されていないキー」というものも存在する。

例えば、「標準タッチキーボード(日本語入力モード)」において「－」を長押しタップすると「＿(アンダーバー)」「～(チルダ)」「・(中黒)」などを選択入力することができる。

タッチキーボードの切り替え

タッチキーボードの種類を変更したい場合には、タッチキーボードの左上にある「キーボード設定」をタップして、一覧から任意のタッチキーボードをタップすればよい。

なお、タッチキーボードからは「クリップボード履歴(P.177)」にもアクセスできるので便利だ。

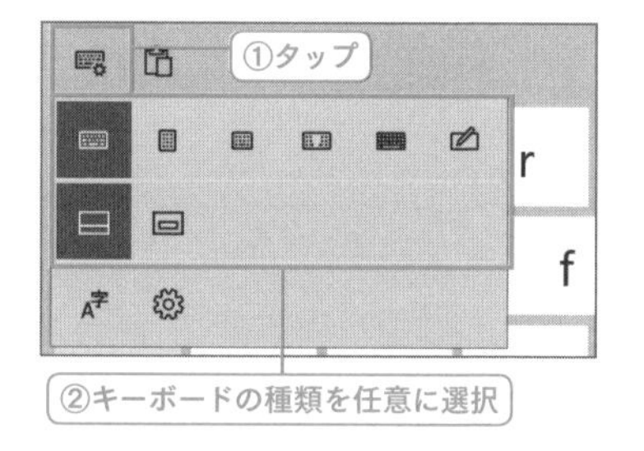

ハードウェア準拠タッチキーボード

タッチキーボードの中でも異彩を放つのが「ハードウェア準拠タッチキーボード」であり、このタッチキーボードのみ物理キーボードと同じ特性を持つ。

具体的には、同じキーを押し続けると連続で該当キーが入力される「キーリピート」が効くほか、Ctrl Alt Shift ⊞キーなどを交えたショートカットキー入力が可能である。Fnキーやカーソルキーもついているので、その気になれば物理キーボード同様の活用が可能だ。

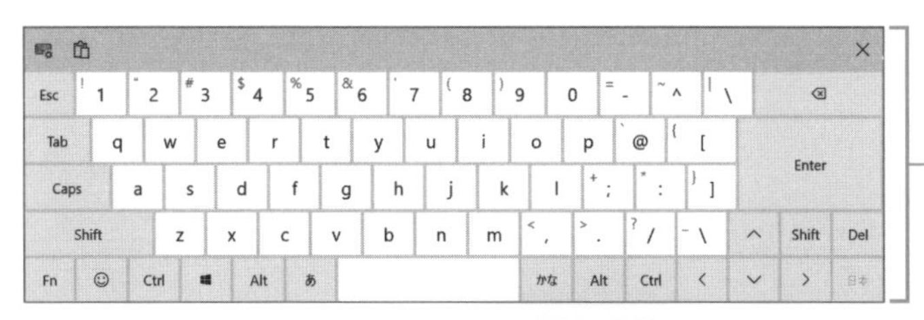

キーリピートやショートカットキー入力が可能

Column

カウチポテト専用PCでの活用

大画面でAbemaTV、YouTube、DAZN、Hulu、Netflixなどの動画配信サービスを楽しみたい場合には、家庭用テレビのHDMIポートにネット動画視聴端末(Fire TV Stickなど)を接続して楽しむ方法があるが、余っているPCがあれば「Windows PC」を活用したほうが遥かに柔軟性があり、すべてのサービスに滞りなく対応できるほか、対応コーデックなども気にせずにさまざまな動画ファイルを視聴できる。DTCP-IP環境を整えれば、HDDレコーダー等を媒介して民放TVやCSをPCで映し出すことも可能だ。

ちなみに、このような「カウチポテト専用PC」で困るのが、テレビ視聴であるがゆえにPCが遠くに配置されることによる操作性の低さだが、筆者は転がす場所を選ばない「トラックボール」を用いたうえで、前述の「タッチキーボード」を活用している。

タッチキーボードであればトラックボールを転がすだけで検索キーワードを入力できるため、いわゆるキーボードレス運用が可能だ。

……蛇足だが、IT用語でも何でもない「カウチポテト」について一応説明しておくと、ソファー(カウチ)に寝そべったままテレビを見て、ジャンクフードを貪るという贅沢でかつ怠惰なライフスタイルのことである。

バーチャルタッチパッドによる操作

「バーチャルタッチパッド」とは文字通りの仮想のタッチパッドのことであり、デスクトップ画面上で「仮想のタッチパッド」を表示して、画面をタッチしてタッチパッド操作を実現できる。

一般的にはあまり意味のない機能だが、バーチャルタッチパッドの機能は「高性能タッチパッド」相当であり、2本指上スワイプで「スクロール」、ピンチイン・ピンチアウトで「縮小拡大」、3本指スワイプで「タスクビュー」「最小化」「タスク切り替え」などのさまざまな操作を行うことができる。

バーチャルタッチパッドを利用したければ、タスクバーを右クリックして、ショートカットメニューから「タッチパッドボタンを表示」をチェック。通知領域に表示される「タッチパッド」ボタンをタップすればよい。

デスクトップ上にバーチャルタッチパッドを表示。デスクトップ上でのタッチパッド操作は何とも奇妙に思えるかもしれないが、ピュアタブレットで活用できるほか、画面上で自由な配置が可能であるため場面によっては「物理キーボードの手前にある本物のタッチパッド」よりも使いやすい場合もある。

デジタイザーペンの活用

デジタイザーペンの利用は、PC本体がデジタイザーペンをサポートしている必要があるほか（➡P.276）、デバイスによって認識方法が異なることから「PC本体が明確にサポートするデジタイザーペン（あるいは付属のデジタイザーペン）」を利用する必要がある。

また、デジタイザーペンによって各種ボタンの役割、筆圧感知や傾き検知などの機能に違いがある点にも注意が必要だ。

デジタイザーペンの活用方法としては、フリーハンドによる描画や手書き入力などにあり、「なげなわ選択」「消しゴム」などもペンボタンのみで対応できるため、いわゆるイラスト描画に限らず、作業内容によっては大幅に効率を高めることができる。

デジタイザーペンには電磁誘導方式やアクティブ静電結合方式などがあり、総じてPC本体に対応したペンが必要になる。また製品によって筆圧感知や傾き検知などの対応は異なる。写真はトップボタンが「消しゴム」機能も兼ね、傾き検知や4096段階の筆圧感知に対応する「Surface Pen」。

数式や図形作成でのデジタイザーペンの活用

デジタイザーペンなら数式や図形描画は余裕だ。Officeスイートの場合デジタイザーペンを画面に近づけるだけで自動的にリボンの「描画」タブが表示され、「インクを数式に変換」などを活用すれば、かなり汚い字で数式を書いても複雑な数式を簡単に入力できる。

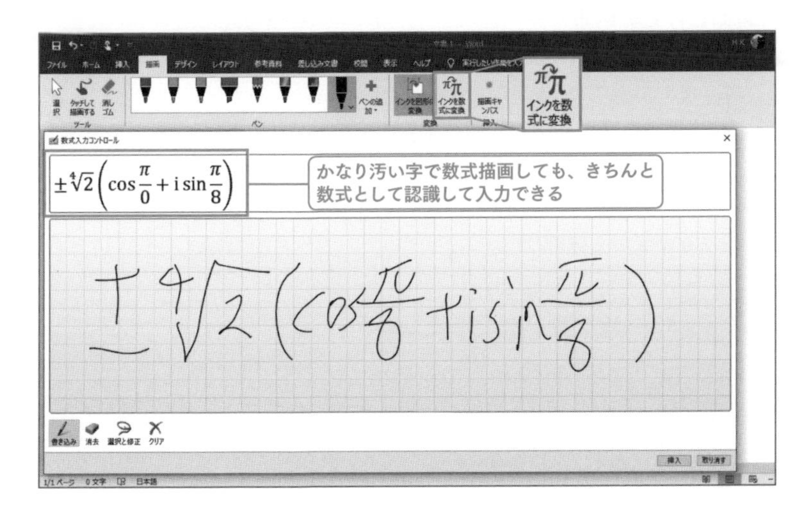

非対応デスクトップアプリでのペン活用

デジタイザーペンはペン入力など想定して設計していない非対応デスクトップアプリであっても活用の場面を見出せる。

例えばテキストエディター系のデスクトップアプリである場合、ペンで文字列をなぞってもタッチ操作同様(指での操作と同じく)に「スクロール」になってしまうが、「設定」から「デバイス」-「ペンと Windows Ink」を選択して、「一部のデスクトップアプリでペンをマウスとして〜」をチェックすると、ペンを文字列選択操作、タッチはスクロール操作という形で使い分けて効率化することもできる。

なお、残念ながら本設定が表示されないPCも存在する。

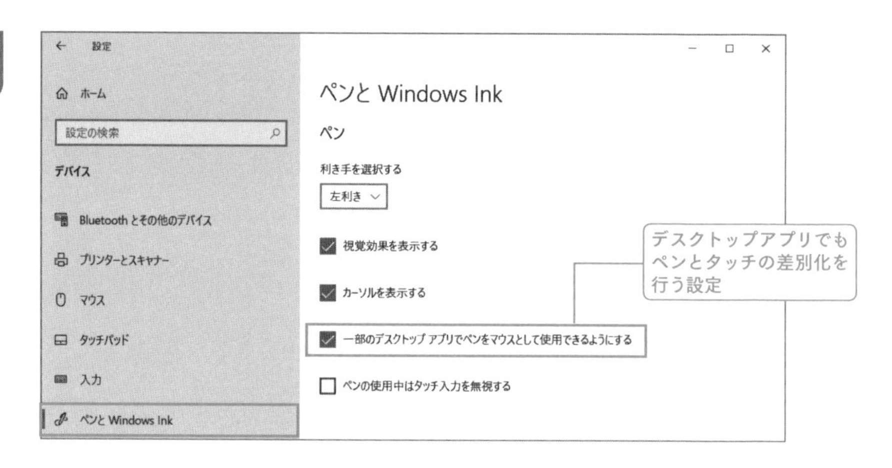

▢手書き入力としての活用

「手書きキーボード」などでペン描画して任意に文字入力できることはもちろん、緊急の殴り書きなどにもデジタイザーペンは活用できる。

例えばOneNoteにデジタイザーペンで文字列を殴り書きしておけば、後に描画を選択して「インクをテキストに変換」で文字列化することができる。

このほか、画面キャプチャ（P.255）の際の切り抜きなども、デジタイザーペンを利用したほうが素早く確実に行える。

タブレットモードの活用

「タブレットモードの活用」と銘を打っておいてなんだが、タブレットモードが活躍する場面はほとんどない。

タブレットモードはUIの一部が変更&制限される仕様でもあるため、多くの者にとっては通常のデスクトップでの操作のほうが使いやすいのが実情だ。

Windows OSにありがちな「せっかく作った機能だからとりあえず残してある」的なものであり、特にWindowsピュアタブレットが市場にあまり見当たらない現在、使いどころが見えない機能である。

ちなみの筆者はピュアタブレットも何台か所有しているが、総じてタブレットモードは利用していない。

なお、タブレットモードの対義語として以前は「デスクトップモード」という謎の用語が設定内に存在していたが、この点は改善されて設定がわかりやすくなっている。

タブレットモードへの切り替え

タブレットモードへの切り替えは、アクションセンターの「タブレットモード」をタップすることで切り替えることができる(一部PCでは不可)。

なお、ヨガタイプPCであればキーボードを逆に折り畳むことで、ドッキングタイプPCであれば物理キーボードを外すことで切り替えを実現できるモデルもある。

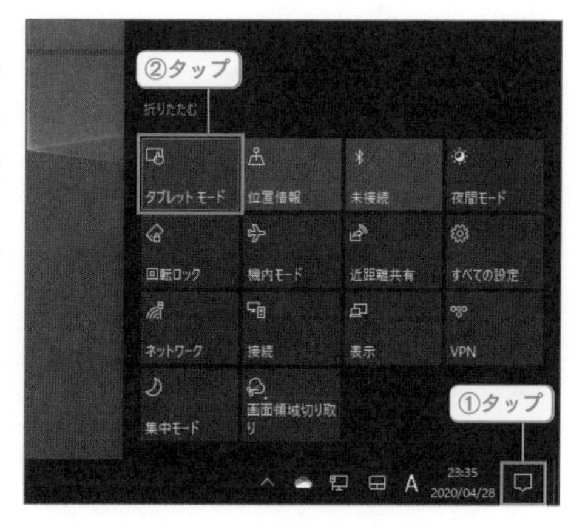

タブレットモードの特性

タブレットモードは「物理キーボード&物理マウスなしで滞りなく操作できること」を目指したUIであり、アプリは全画面表示/スナップ表示であることが前提になるほか(つまりウィンドウ表示ができない)、タスクバーの表示も変化して「戻る」ボタンなどが追加される。

また、文字入力欄をタップすると自動的にタッチキーボードが表示されるなど、それなりにピュアタブレットに配慮したUIを持つ。

だが相変わらずなのが[スタート]メニューであり、「スタート画面」と名を変えてあの忌まわしきWindows 8同様の全画面表示になる。

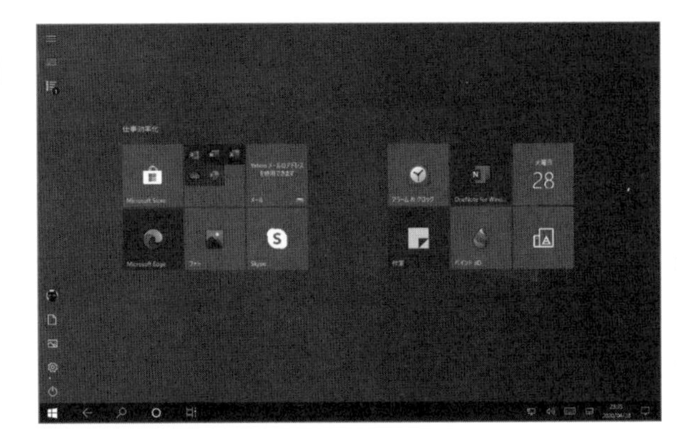

タブレットモードの「スタート画面」。もはや何をしたくて、ユーザーに何をさせたいのかまったくわからず、いちいち遠回りな操作を要求する。存在意義さえ問われる状態であり、近い将来改善されるであろう部位である。

タブレットモードへの自動切り替え設定

ヨガタイプPCやドッキングタイプPCでは任意のハードウェア状態により「タブレットモード」への切り替えがトースト通知で表示されるが(最終的にはモデルによる)、これを嫌うのであれば、「設定」から「システム」－「タブレット」を選択。「このデバイスをタブレットとして使用するとき」のドロップダウンから「タブレットモードに切り替えない」という無情とも思える選択を行えばよい。

また「サインイン時の動作」のドロップダウンから「タブレットモードを使用しない」を選択しておけば、いわゆるハードウェア状態にかかわらず通常のデスクトップでの操作を実現できる。

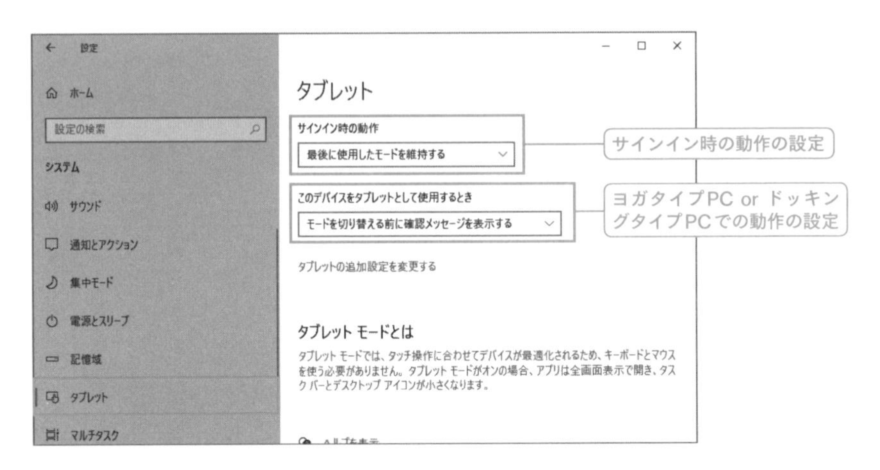

● **ショートカット起動**

■ タブレット　ms-settings:tabletmode

Chapter 5

究める!!
Windows 10の
ネットワーク

5-1 応用のための「ネットワークの基本」

ルーター設置の最適化とローカルエリアネットワークの基本

各種設定とネットワーク環境の最適化を滞りなく行うためにも、まずはローカルエリアネットワークの基本について簡単に解説しておこう。

ローカルエリアネットワークは基本「ルーター」を中心としてDHCPによる各PC／スマートフォンなどのネットワークデバイスに対するIPアドレスの割り当て、およびNATによるインターネット通信で用いられる「グローバルIPアドレス」とローカルエリアネットワーク内で用いられる「プライベートIPアドレス」のアドレス変換を行っている。

本来一つしかないインターネット回線を複数のPCやスマートフォンで利用できるのは、ルーターのおかげということだ。

● ローカルエリアネットワークとワイドエリアネットワーク

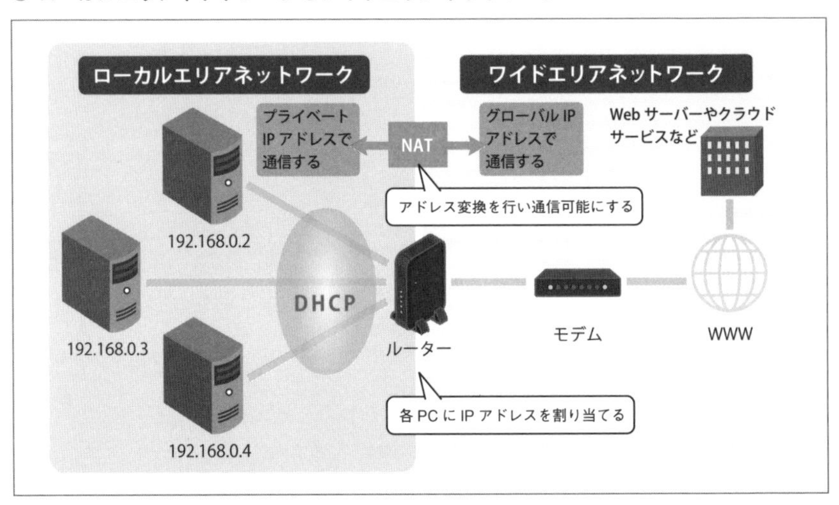

ルーターはDHCPでPCにプライベートIPアドレスを割り当てているほか、ローカルエリアネットワークとワイドエリアネットワークの間でアドレス変換を行い複数の端末で通信を可能にしている。ネットワーク全体で考えても中心となる制御機器が「ルーター」だ。

ルーター設置の最適化

一つのローカルエリアネットワーク上に二つ以上のルーター（ルーター機能）が存在するとネットワーク上の通信に問題が起こることになるのだが、最近のルーターは接続した際に「自動設定」を行って通信問題を回避してくれる。

しかし多くの場合、自動設定は最適な設定ではない点に着目しなければならない。

例として、数年前に購入した「旧型モデル無線LANルーター」を導入している環境に、昨今購入した「新型モデル無線LANルーター」を接続するとしよう。

このような環境の場合、当たり前だが現在のローカルエリアネットワークは「旧型モデル無線LANルーター」を中心として動作しているため、新型モデルを接続した際は自動調整が行われ、「旧型モデル無線LANルーターを中心とした既存環境を邪魔しない」設定を行う。

しかし、無線LANルーターも当たり前だがネットワークデバイスの一つであり、PC同様に内部に搭載されたCPUやチップセットが処理を担っていることを忘れてはいけない。

つまり、中心に据えるのであれば旧型モデルより「新型モデル」のほうがネットワーク全体のパフォーマンスがよくなり、またセキュアなのである。

「無線LANルーター」は「ルーター」であるとともに「無線LAN親機」でもあるため、最終的に最適な設置場所というのは環境任意にはなるのだが、基本的かつ理論的な考え方として「新型モデル無線LANルーターを中心にすべき」という点は変わらない。

●「新型モデル中心」が最適なネットワーク環境

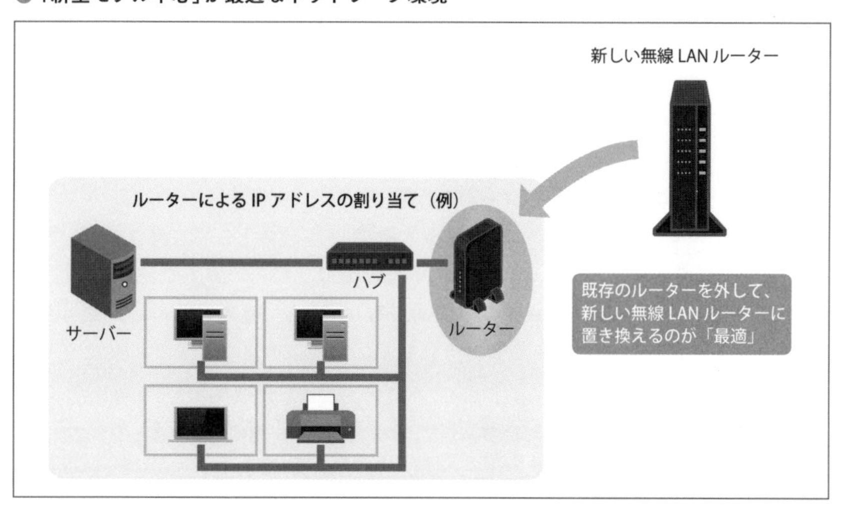

新たにルーターを導入する際の工夫

現在正常に動作しているローカルエリアネットワーク上の「旧型モデル無線LANルーター」を外して、「新型モデル無線LANルーター」を導入したい場合に活用できるのが「独立設定後の導入」である。

具体的には、「新型モデル無線LANルーター」はそのままローカルエリアネットワークに導入せずに、PC単体と有線LAN接続を行って必要な設定(PPPoE／IPoE、ルーター本体のIPアドレス、DHCP設定、アクセスポイント設定等々)をあらかじめ行ってしまう。

そののち、旧型モデルを外して新型モデルを接続すれば、そのまま運用できるほか(DCHP割り当て範囲設定がそろっているなどが前提だが)、問題が起こった場合には旧型モデルを接続して元に戻れるという賢い管理ができるというわけだ。

● 新しい無線LANルーターは基本設定を終えてから導入する

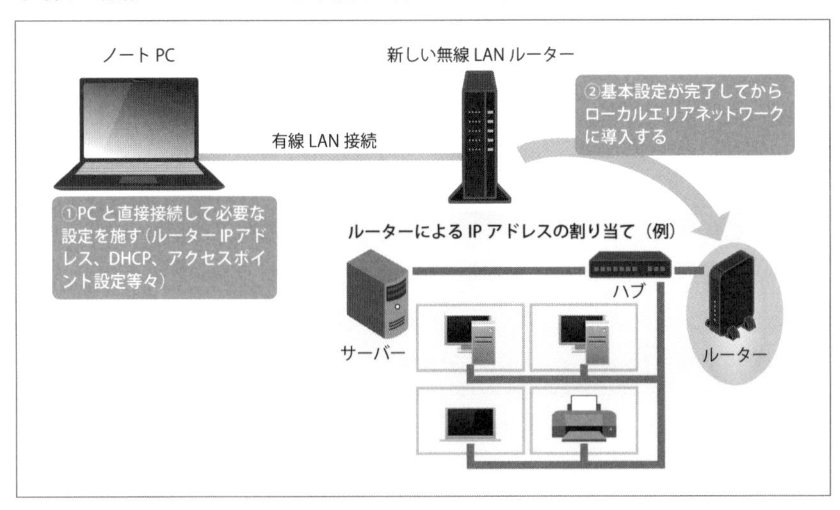

「旧型モデル無線LANルーター」の活用

「新型モデル無線LANルーター」の設置で無線LAN親機としても滞りのない環境を実現できればそのままでよいのだが、部屋の間取りなどの関係で「旧型モデル無線LANルーターも無線LAN親機として活用したい」という場合には、旧型モデル無線LANルーターをアクセスポイント化して、ローカルエリアネットワークに接続すればよい。

なお、アクセスポイント化の設定はルーター本体によって異なるが、ほとんどの無線LANルーターは背面に切り替えスイッチを持つため、ネットワーク環境に合わせた設定に切り替えて接続を行えばよい。なお、切り替えスイッチの表記やその意味はルーターのモデルによって異なる点に注意だ。

● ルーターの背面スイッチでアクセスポイント化

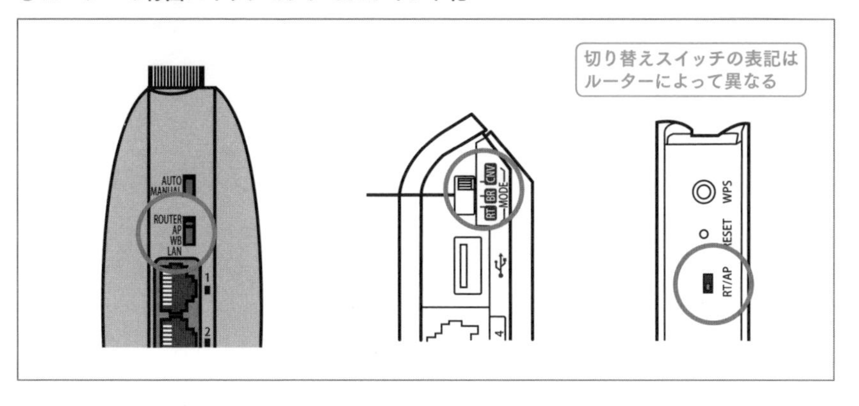

ルーターの基本設定とIPアドレス設定

無線LANルーターの設定はひとくくりに考えず、「ルーター側の設定」と「無線LANアクセスポイントの設定(無線LAN親機としての設定)」に分けて考えたうえで、環境に最適な設定を施すとよい(無線LAN親機としてのアクセスポイント設定は P.295 参照)。

ルーター設定コンソールへのログオン

ルーターを設定するために、ルーター設定コンソールへのログオンを行うには、該当ローカルエリアネットワークにPCを接続した状態で、Webブラウザーから行うのが基本だ。

ちなみにほとんどのルーターは「アクセスアドレス＝ルーターのIPアドレス＝デフォルトゲートウェイアドレス」であるため、「192.168.x.x」でアクセスすることができる(この限りではないモデルも存在する)。

またユーザー名は大概のモデルはログオン時に入力不要(「admin」「root」など)、またパスワードは出荷設定に規則性があるメーカーも多い(「password」「access」など)。

なお、ルーター本体をひっくり返すと、シールに情報が記述されているモデルもある。

ルーター本体のIPアドレスの設定

ルーター設定では「ルーター本体のIPアドレス」とともに「DHCP割り当て範囲」を設定することができる。既存のルーターを新しいルーターに置き換える、ないしはPCで固定IPアドレスを利用しているなどの場合には、この設定に着目する必要がある。

これはルーター本体のIPアドレス・DHCP割り当て範囲に従って、ネットワークデバイス（PC／スマートフォン／IoT家電／ネットワークプリンター等々）にプライベートIPアドレスが割り当てられるためだ。

なお、ルーター本体のIPアドレスやDHCP割り当て範囲を変更することは、結果的にローカルエリアネットワークの管理そのものを変更してしまうことになる点に留意されたい。

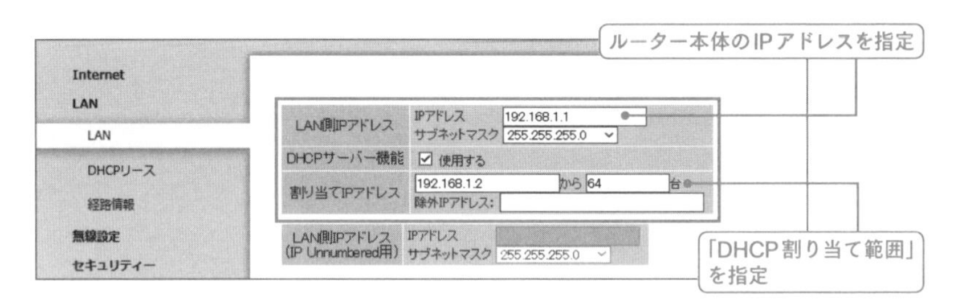

● ルーター本体のIPアドレスの変更とは……

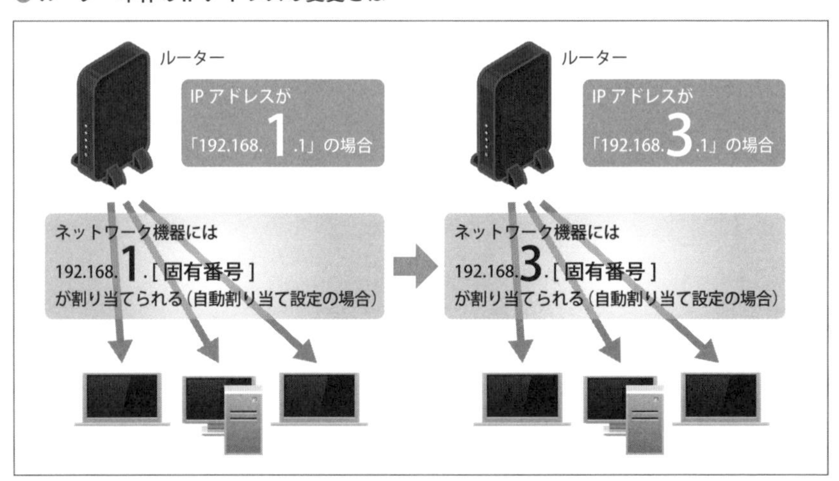

ルーターのログオンパスワードの変更

ルーター設定コンソールへのログオンパスワードは、必要な人以外がルーター設定コンソールにアクセスできないよう任意に変更する。

ルーター設定コンソールのログオンパスワードはデフォルト値のままだと、ある程度ルーター製品に触れてきた者ならばすぐに探し当てることができるので注意だ。

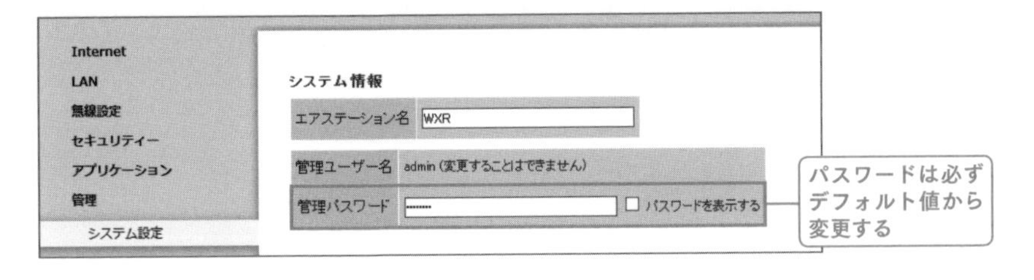

ルーターのファームウェアの更新

ルーターのファームウェアの更新は、Windows Updateにおける更新プログラムと同様であり、セキュリティとしての脆弱性対策や新しい機能(例えばIPoEやIPv4 over IPv6対応)を得るために必要不可欠なので、定期的あるいは自動設定で必ず最新版を取得するようにする。

なお、ファームウェア更新がまったく行われていないモデルは、セキュリティリスクがあるためルーターとしては利用しないことが求められる。

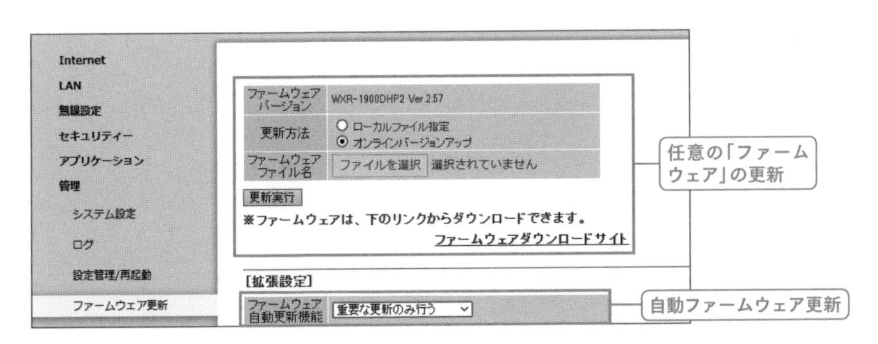

ルーターのハードウェアスイッチとリセットの確認

ルーター設定を間違えた場合、ネットワークデバイスであるがゆえ「ルーターの設定コンソールにさえアクセスできない」という最悪の事態も考えられる。

そのような場合には、ルーターにある出荷時の設定に初期化するためのリセットボタンを利用すればよい。

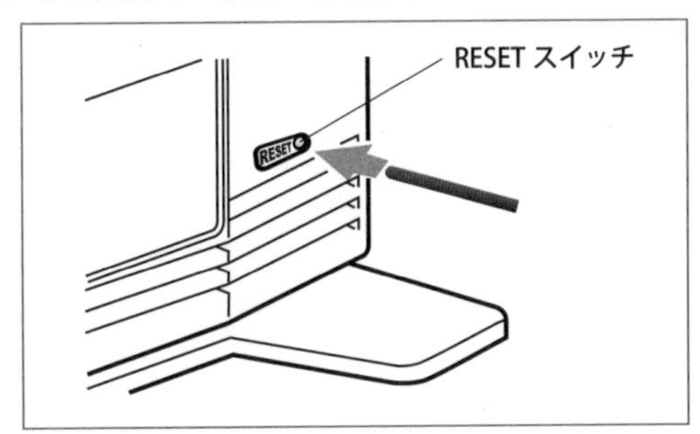

なお、ルーター設定コンソールでは「設定の保存」も可能なので、あらかじめ正常な設定状態を保存しておくとリセット後にすぐに環境復元できてよい。

5-2 無線LANの設定

無線LANのWi-Fi規格の表記

Wi-Fi規格は「IEEE 802.11～」という比較的わかりにくい名称だったが、2019年に新しい規格の呼び方が加えられ、IEEE 802.11axのことを「Wi-Fi 6」などと呼称するようになった。ちなみに過去にさかのぼって新しい呼び方が加えられており、「Wi-Fi 5(IEEE 802.11ac)」「Wi-Fi 4(IEEE 802.11n)」などが存在し、Windows 10もこれに従って表記する。

なお、Wi-Fi 6は以前の規格に比べて実効スループットが速いのが特徴であり、OFDMA(直交周波数分割多元接続)やMU-MIMO(マルチユーザーMIMO)により複数台同時接続通信に強いほか、「2.4GHz帯」と「5GHz帯」の双方をサポートするのもポイントだ(Wi-Fi 5は5GHz帯のみ)。

ちなみに、同じWi-Fi規格だからといって同じ速度とは限らず、ストリーム数(アンテナの数)によって通信速度が異なる点に注意だ。

プロパティ

SSID:	WIFI6_HJSK
プロトコル:	Wi-Fi 6 (802.11ax)
セキュリティの種類:	WPA2-パーソナル
ネットワーク帯域:	5 GHz
ネットワーク チャネル:	44

プロパティ

SSID:	hanet
プロトコル:	Wi-Fi 5 (802.11ac)
セキュリティの種類:	WPA2-パーソナル
ネットワーク帯域:	5 GHz
ネットワーク チャネル:	124

Windows 10のWi-Fi規格表記も新しいものに倣って「Wi-Fi 6(802.11ax)」「Wi-Fi 5(802.11ac)」などと表示される。

エレコム製Wi-Fi 6(11ax) 対応ルーター「WRC-X3000GS」。Intel Home Wi-Fi Chipset WAV600を搭載しており安定した高速通信が可能。またIPoEやIPv4 over IPv6に対応している(ほとんどのプロバイダーはIPv6に無料で切り替えられるがルーター本体の対応が必要、本製品は対応している)。

「2.4GHz帯」と「5GHz帯」

無線LANの通信規格は「2.4GHz帯」と「5GHz帯」に分けることができる。「2.4GHz帯」は遮へい物越しの通信に比較的強いという特徴があり、また無線LAN親機(無線LANルーター)と無線LAN子機搭載ネットワークデバイス(PC／スマートフォン／タブレット)ともに2.4GHz帯はほぼ確実にサポートしているので互換性に優れる。ただし、2.4GHz帯はBluetooth／コードレス電話機／電子レンジ等と電波干渉するほか、広く普及している無線LAN通信規格であるため周辺に設置されている無線LANアクセスポイント（家屋／マンション／商店／Wi-Fiスポット）などとも電波干渉するため、結果の周辺環境によって通信パフォーマンス低下などの影響を受けやすい。

一方「5GHz帯」は、旧型ネットワークデバイスはサポートしない、障害物に弱いという側面はあるものの、電波干渉を回避しやすく安定した通信パフォーマンスを確保しやすいという特徴がある。

このような特性を踏まえて、ネットワークデバイスや場所によって任意の帯域を使い分けるとパフォーマンスを最適化できる。

無線LAN親機のアクセスポイント設定

無線LANルーターはあらかじめアクセスポイント設定が施されているが、セキュリティやパフォーマンスを考えると「無線LANアクセスポイントは任意設定する」のが基本だ。

「2.4GHz帯」「5GHz帯」のアクセスポイント設定

大概のルーターは「2.4GHz帯」「5GHz帯」の双方のWi-Fi規格に対応し、「2.4GHz帯」「5GHz帯」にそれぞれ「SSID（アクセスポイント名）」「暗号化方式」「暗号化キー」を任意に設定することができる。

つまり、一つのルーターで「2.4GHz帯」と「5GHz帯」に別々のアクセスポイント名を命名して使い分けて利用できるということだ。

「2.4GHz帯」「5GHz帯」それぞれにアクセスポイント設定

SSID（アクセスポイント名）を任意に設定したうえで、認証方式はWi-Fi接続機器に応じて一番セキュアなものを選択する。また、暗号化キーはWi-Fi接続パスワードなので英数字8桁以上で複雑かつ自身にわかりやすいものを設定する。

バンドステアリング

バンドステアリングとは、周辺環境を踏まえて混雑していない周波数帯に自動的に切り替える機能のことだ。

基本的な無線LANルーターは「2.4GHz帯」「5GHz帯」にそれぞれ独立したSSIDを設定することができ、つまりアクセスポイント名はそれぞれ独立したものになるのだが、「バンドステアリング」であれば双方まとめて一つのSSIDとして運用でき、どちらで接続するかはルーターが自動判別してくれる。

つまりバンドステアリング任せのほうが利便性が高く、またSSIDも一つにまとめることができて管理上もシンプルでよいのだが、一部のネットワークデバイスはこの機能と相性が悪い場合もあるので注意だ。

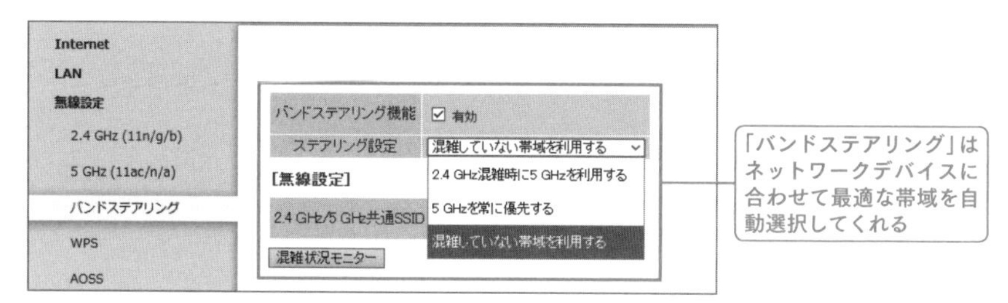

「バンドステアリング」であれば、2.4GHz帯も5GHz帯もまとめて一つのアクセスポイントとして設定したうえで、ネットワークデバイスに合わせて最適な帯域を自動選択してくれる。

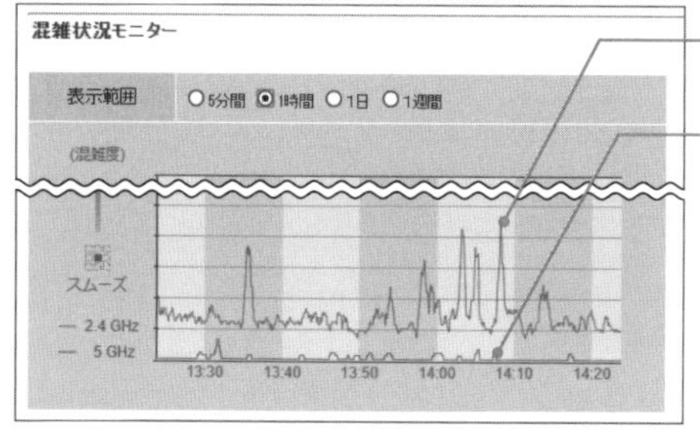

ルーターによっては「2.4GHz帯」「5GHz帯」の利用状況をグラフで確認できる。この環境では「5GHz帯」がほとんど利用されていないのでバンドステアリングによって自動的に「5GHz帯」が積極的に利用されることで環境改善される可能性がある。

無線LAN親機のセキュリティとマルチSSID

セキュリティの考え方は環境任意ではあるが、MACアドレスフィルタリング(指定MACアドレスを持つネットワークデバイス以外の接続を許さない)は管理が面倒くさく、SSIDステルス(アクセスポイント名を隠す、Wi-Fi接続時にSSIDの入力が必要)などは効果が低いので設定は環境任意だ。

むしろ、無線LANのセキュリティは「アクセスポイント設定」をしっかり管理したうえで、「Wi-Fi簡単接続」等の簡単系機能を無効にしたほうがセキュリティとして有効だ。

また、VPNやポートマッピング設定はもちろん任意だが、外部からのアクセス手段を増やすことは、攻撃を受ける対象を増やしていることに他ならないため、設定は定期的に見直すほか、不使用時には機能無効にしておくなどの管理も徹底したい。

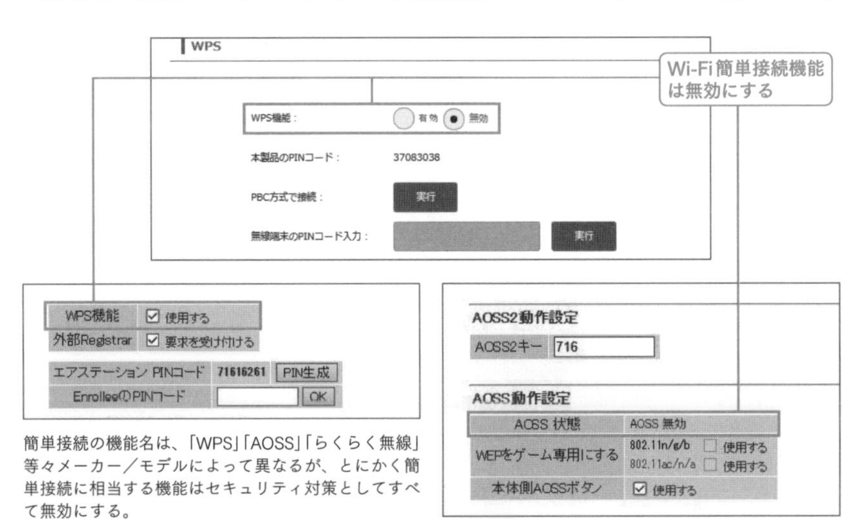

簡単接続の機能名は、「WPS」「AOSS」「らくらく無線」等々メーカー／モデルによって異なるが、とにかく簡単接続に相当する機能はセキュリティ対策としてすべて無効にする。

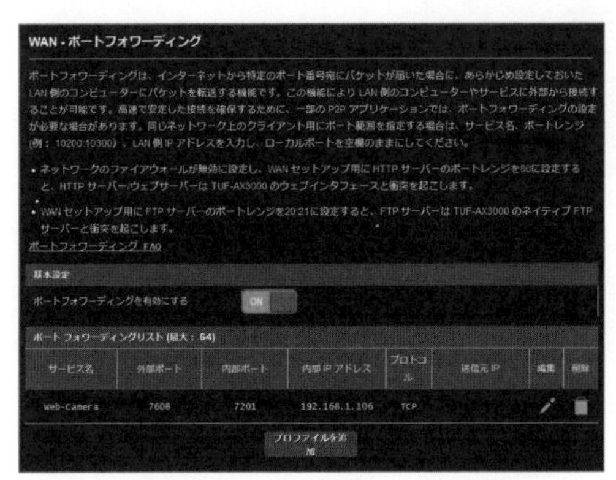

ポートマッピング（ルーターによってはポートフォワーディングともいう）は任意のPCに任意のポートを開放する機能であり、外部アクセスが可能になる。必要に応じて最小限の設定を行い、また不要なものは停止／設定消去するなどの管理も重要だ。

マルチSSIDによるネットワーク分離

「マルチSSID」とは同じ回線の同じ帯域を利用するにもかかわらず、通常アクセスポイントである「プライマリSSID」とは別に「セカンダリSSID（ゲストSSIDともいう）」を設定して、セキュリティを確保しようという機能だ。

具体的には、「セカンダリSSID」にプライマリSSIDとは別の「SSID（アクセスポイント名）設定」「暗号化方式設定」「暗号化キー設定」を施したうえで、「ネットワーク分離機能」を有効にする（この設定を適用しないでも分離するモデルもある）。

これにより「セカンダリSSID」での接続ではインターネットアクセスは可能であるものの、ローカルエリアネットワーク内のネットワークデバイスへのアクセスは許さないという管理が実現できる。

利用する場面としてはビジネス環境におけるゲストへのインターネットの開放や、自宅環境における仕事とプライベート（例えばテレワークと子供用のタブレット）の分離などの使い分けが考えられる。

なお、根本的な話になるが、ローカルエリアネットワークへのアクセスが切り離せても、ゲストがインターネット上で悪意のある書き込みや迷惑行為をした場合、結果的にグローバルIPアドレスから割り出されるのは自回線であるため、ゲストに開放するといっても最低限に留め、また屋外からゲストが悪意を行わないようにするためにも定期的にパスワードを変更するなどの管理も必要だ。

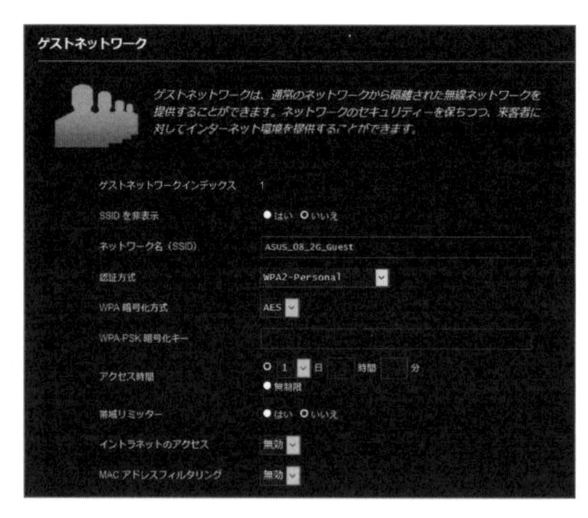

セカンダリSSID（ゲストSSID）の設定もルーターによってかなり異なる。任意のセカンダリSSID（ゲストネットワーク）を有効にしたうえで「ネットワーク分離（隔離機能）」を設定するものもあれば、「マルチSSID」で設定したものは自動的に隔離されるというモデルもある。

● 「ネットワーク分離」によるセキュリティの確保

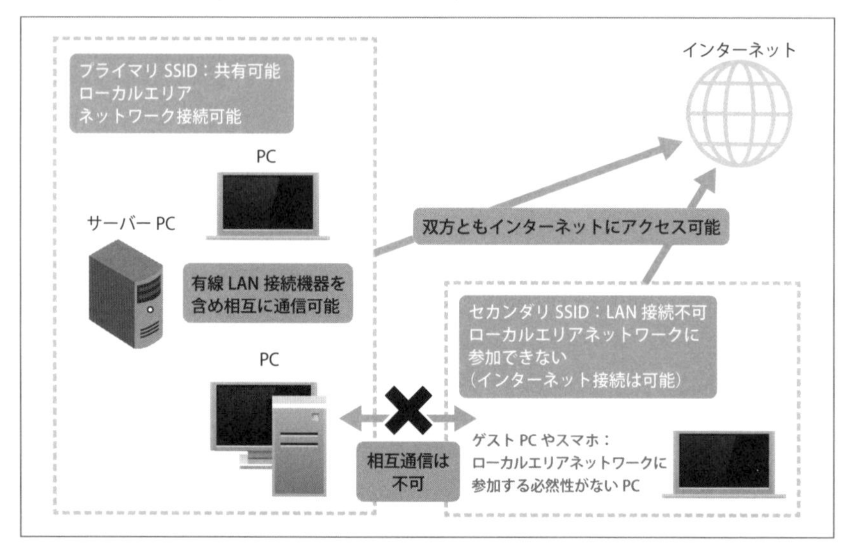

● 「ネットワーク分離」の特徴と対象

	特徴	対象
プライマリSSID（メインSSID）	ローカルエリアネットワーク接続可能（共有フォルダー／共有ネットワークデバイスにアクセス可能）	信頼できる＆ITリテラシーの高い人などに限定
セカンダリSSID（ゲストSSID）	ローカルエリアネットワーク接続不可（インターネットアクセスのみ可能）	ゲストや子供などネットワークリソースにアクセスを許したくない人

Wi-Fi接続設定と接続情報の確認

Windows 10でWi-Fi接続を行いたい場合には、通知領域のネットワークアイコンをクリックして、接続したいアクセスポイント名（SSID）を選択したのち、Wi-Fi接続パスワードを入力すればよい。

なお、このちに表示されることがある「〜このPCを検出できるようにするか〜」は、いわゆるネットワークプロファイルの選択にあたる（➡P.316）。

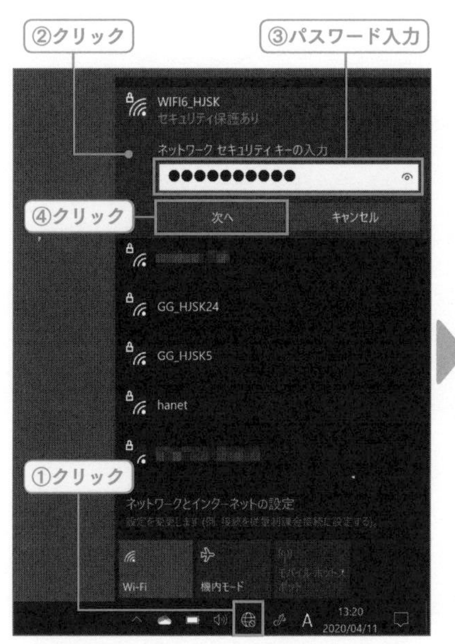

任意のアクセスポイント名（SSID）を選択して、パスワードを入力すればアクセスできる。

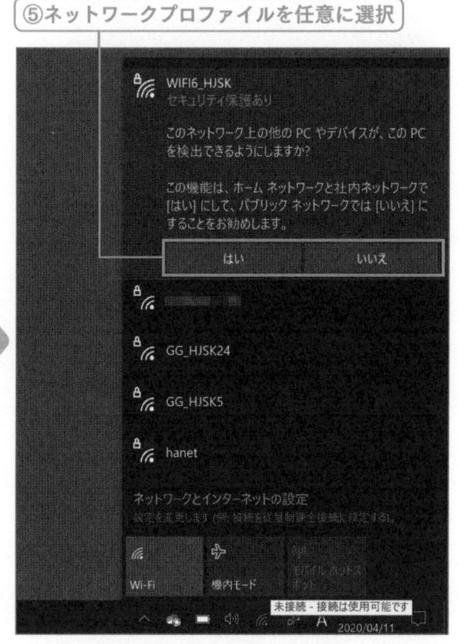

「〜このPCを検出できるようにするか〜」は、ネットワークプロファイルにおける「プライベート（はい）」か「パブリック（いいえ）」の設定だ。サーバー的な役割を持つPCでない限り「いいえ」でよい。またネットワークプロファイル設定はいつでも任意に変更可能だ（➡P.316）。

Wi-Fi接続情報の確認

Wi-Fi接続情報の確認は、通知領域のネットワークアイコンをクリックして、現在接続しているWi-Fi接続の「プロパティ」をタップすることで、該当Wi-Fi接続(アクセスポイント)に対する接続情報の確認や設定を行うことができる。

ちなみに接続情報は「プロパティ」欄で確認することができ、ここでアクセスポイント名やWi-Fi規格、ネットワーク帯域、ネットワークチャネルなどを確認することができる。

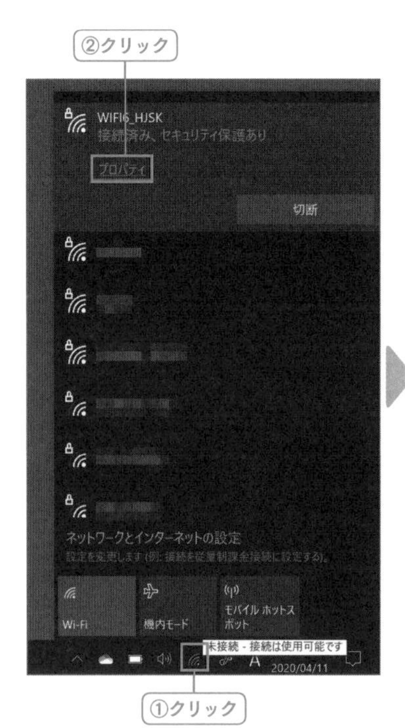

ネットワーク帯域や割り当てられたIPアドレスを確認できる

← 設定

WIFI6_HJSK

プロパティ

SSID:	WIFI6_HJSK
プロトコル:	Wi-Fi 6 (802.11ax)
セキュリティの種類:	WPA2-パーソナル
ネットワーク帯域:	5 GHz
ネットワーク チャネル:	104
リンク速度 (送受信):	2402/2402 (Mbps)
リンク ローカル IPv6 アドレス:	[illegible]
IPv4 アドレス:	192.168.11.115
IPv4 DNS サーバー:	192.168.11.1
製造元:	Intel Corporation
説明:	Intel(R) Wi-Fi 6 AX201 160MHz
ドライバーのバージョン:	21.40.1.3
物理アドレス (MAC):	[illegible]

コピー

● Wi-Fi 接続プロパティ

SSID	現在Wi-Fi接続しているSSID(アクセスポイント名)を確認できる。
プロトコル	現在Wi-Fi接続しているアクセスポイントのWi-Fi規格を確認できる。
セキュリティの種類	現在Wi-Fi接続しているアクセスポイントの暗号化モードを確認できる。
ネットワーク帯域	現在Wi-Fi接続しているアクセスポイントの帯域を確認できる。
ネットワークチャネル	現在Wi-Fi接続しているアクセスポイントのチャンネルを確認できる。
リンク速度	送受信の速度(最大値)を確認できる。

従量制課金接続の設定

従量制課金接続とは、簡単にいってしまえば「接続すると課金が発生する接続」のことであり、PCのWi-Fi接続においては「スマートフォンのテザリング」や「SIM／eSIMによるデータ通信」など、契約内容にもよるが一定GB数以上は課金される、あるいは速度制限が起こる通信接続が該当する。

この従量制課金接続を「オン」に設定した場合、Windows 10における比較的通信量がかかる動作（Windows Updateにおける更新プログラムの取得やOneDriveにおける同期など、各種設定による）を制限できる。

Windows 10は裏タスクでもガンガン通信を行う仕様であるため、この設定を有効にすることで「Windows 10の動作を軽くする」という効果が期待できる。

ただし、更新プログラムの適用やOneDriveの同期処理は「いずれは必須になる処理」でもあるため、やはり外出時のデータ通信など通信量を極力軽減したい場合のみに適用すべき設定である。

なお、従量制課金接続は、Wi-Fi接続においてはアクセスポイント名ごとに設定することができる。

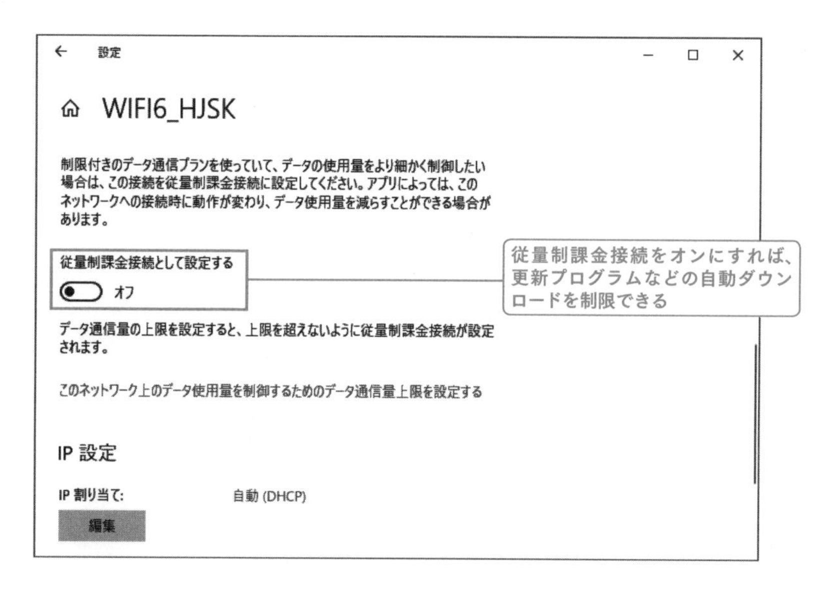

5-3 攻めた物理ネットワークの最適化

ダブルローカルエリアネットワークによる攻めたネット環境最適化

「ダブルローカルエリアネットワーク」とは筆者が勝手に命名したテクニックの一つであり、「二つのローカルエリアネットワークで役割分担することで処理分散してパフォーマンスを得よう」というものだ。

具体的には、「インターネット通信」「データファイルの読み書き」のネットワーク通信を分散して、「単体PCでのネットワークパフォーマンスの改善」を行うとともに「ネットワーク環境全体としての総合的なパフォーマンスも確保」という一挙両得の環境構築である。

なお、この環境にメリットを見出せるかは、PCの活用方法やネットワーク環境上のスマートフォン／タブレット／IoT家電等々のネットワークデバイスの総台数次第、またインターネット回線状況やセキュリティに対する考え方次第であることはあらかじめ述べておく。

● ダブルLANを用いてネットとファイルの通信処理を分散

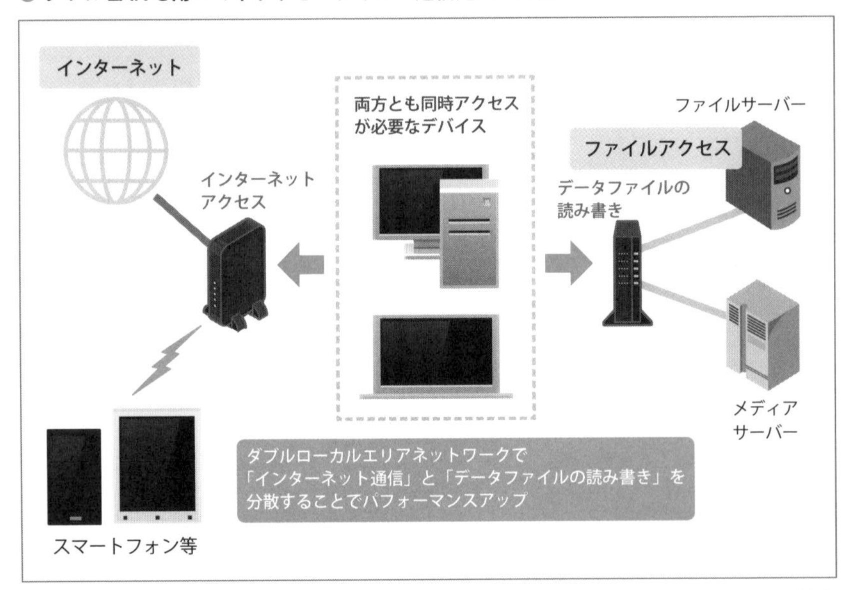

ダブルLANでインターネットアクセスとデータファイルの読み書きの通信を分散する。図はあくまでも「参考例」であり、最適な環境は「何を求めるのか」「自身の環境において何が許容できるのか」によって最終的な判断が必要になる。

ダブルローカルエリアネットワークの目的

ダブルローカルエリアネットワークの目的は、PCから見て「インターネット通信とファイルI/O通信を処理分散して高速化」が一つ、そしてネットワーク環境全体から見て「スマートフォンなどの各デバイスのネットワーク通信全般のトラフィックを軽減して最適化」がもう一つである。

前者においては、「デュアルLANアダプター（➡P.305）」で実現することができ、後者においては「無線LANルーター（片側は単なるルーターでもよいが）を二台設置する」ことによりルーターが管理するデバイス数を減らし、特に無線LAN親機においての負荷軽減で環境を最適化させようというものである。

この目的を見てもわかるとおり、「ネットワーク通信が激しい環境（ファイルI/Oが多い・ネットワークデバイスが多い）」に最適であり、逆にそれほどネットワーク負荷のない環境では積極的に導入する意味は見出せない。

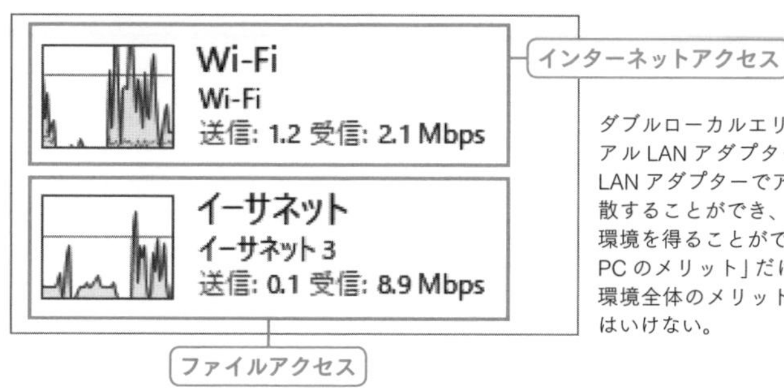

ダブルローカルエリアネットワーク環境でデュアルLANアダプターを実践。互いに独立したLANアダプターでアクセスを行うため処理を分散することができ、かなり快適なネットワーク環境を得ることができる。ダブルLANは「単体PCのメリット」だけではなく、「ネットワーク環境全体のメリット」を享受できる点を忘れてはいけない。

● 集中アクセスによるパフォーマンス低下

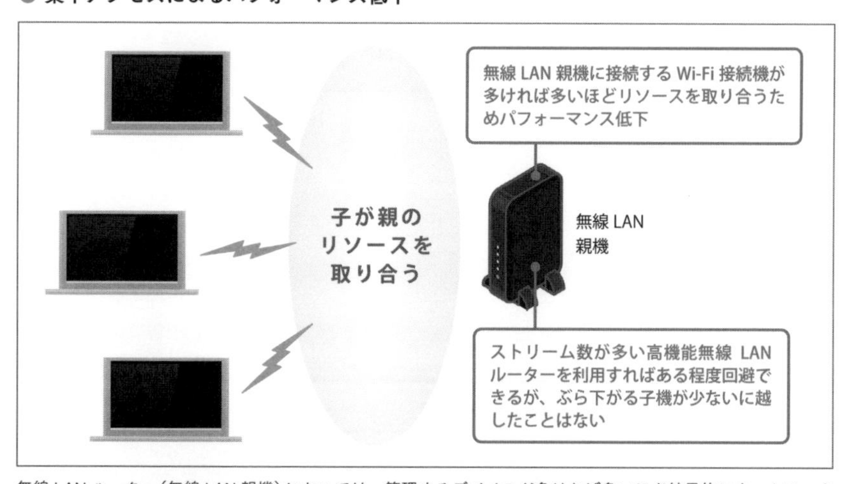

無線LANルーター（無線LAN親機）においては、管理するデバイスが多ければ多いほど結果的にネットワークトラフィックが多くなる。また、多くの市販無線LANルーターが管理できるデバイス数は32～64台程度であるため（DHCPで割り当てられる台数）、仮想マシンやスマートフォン、IoT家電などを一つのルーターに接続すると、上限台数を超えて接続不能になる可能性がある。

□ 自己責任による環境構築（重要）

「ダブルローカルエリアネットワーク」の環境構築難易度は比較的高い。

理論的にはそれほど難しくはなく、「各ルーターのIPアドレス・DHCP割り当て範囲をバッティングさせない」「デュアルLANにおいてインターフェースメトリック値を設定する」などだが、設定対象が増えることと、ネットワークデバイスによっては想定していない環境であるため、未知のトラブルが起こらない保証はない。

最終的に構築される環境はカスタマイズ性が高いこともあり、「環境構築した本人しか把握できない」というネットワーク環境になるため、構築設定自体が自己責任であり、問題が起こった際には特殊であるがゆえ「自己解決する力が求められる」という点に留意したい。

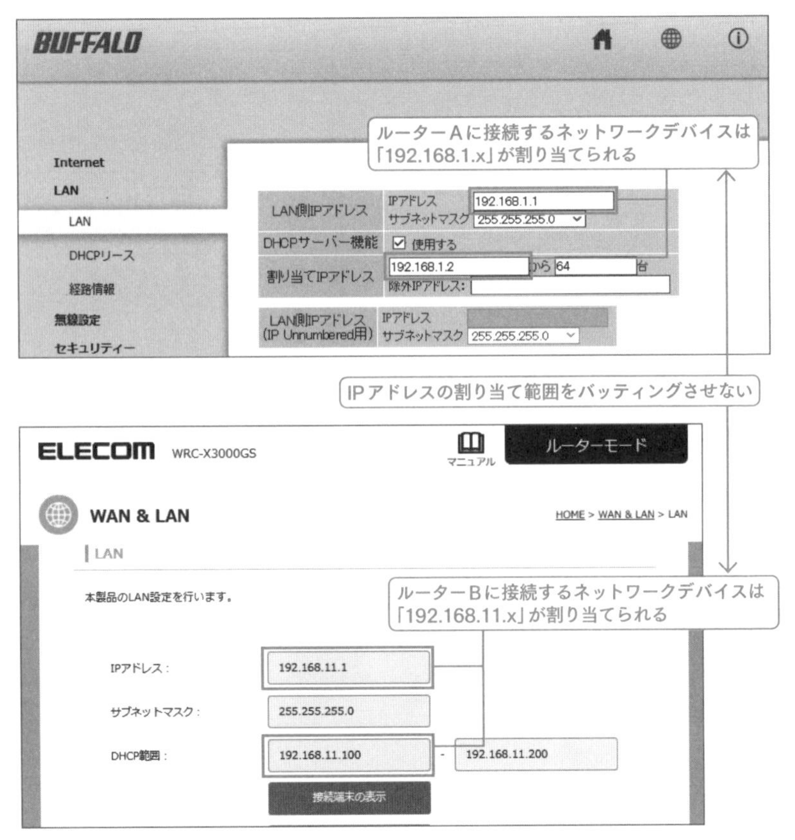

ダブルローカルエリアネットワークにおけるそれぞれのルーター設定。各ローカルエリアネットワークにおいて必ず「PCに割り当てられるIPアドレスが異なる」ように設定しなければならない。全般的にネットワーク知識を理論的に理解していることが必要になる。

デュアルLANアダプターの用意

「ダブルローカルエリアネットワーク」において、最適なパフォーマンスを求めるPCにおいては、双方のLANに接続できるように「PCに二つのLANアダプター」を用意しなければならない。

ちなみにPCに二つのLANアダプターを装備することを「デュアルLAN」といい、一般的なテクニックとして「リンクアグリゲーション」や「チーミング」があるが、本書の目的はあくまでもダブルLAN双方へのアクセスにあり、クライアント側で処理を分散させようというのが目的になる。

● PCで分散アクセスするための「デュアルLANアダプター」

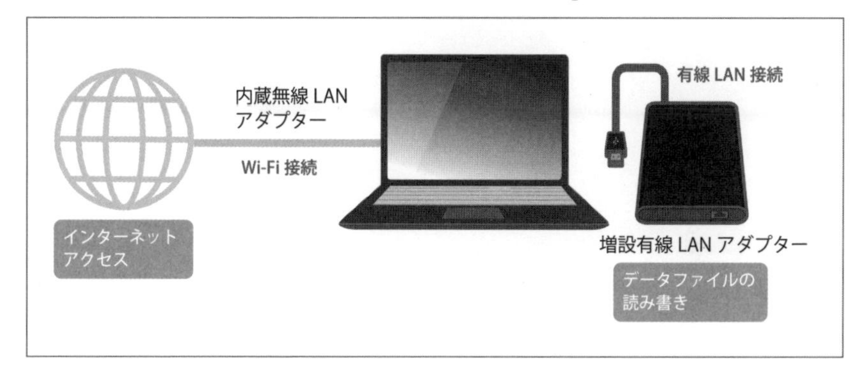

ノートPCにおけるデュアルLANアダプターの構築

ノートPCには基本無線LANアダプターが内蔵されているが、有線LANポートは内蔵されていないモデルが多い。ちなみに有線LANポートを任意に追加したければ、PCのUSBポートに合わせてUSB Type-CなりUSB Type-Aなりの有線LANアダプターを利用すればよい。

なお薄型ノートPCなどではUSBポートが少ないため、有線LANアダプターだけでつぶしてしまうのは痛いという場合には、「USBハブ付きの有線LANアダプター」をチョイスすればよい。

エレコム製「EDC-GUC3H-B」。Type-C接続で有線LANポートを確保できるほか、Type-AのUSB3.0ポートを三つ確保できる。Windows 10であればデバイスドライバーをインストールせずに利用できるのもメリットだ。

Column

ノートPCの内蔵無線LANカードを換装する

現在のノートPCの内蔵無線LANアダプターがトロくて気に入らないという場合には(サポートするWi-Fi規格が古いなど)、ノートPCを分解して内蔵無線LANカードを換装するというのも手だ。

なお、交換の難易度はノートPCの筐体にもよるが、対応無線LANカードの見極めとバラして組み立てるスキルが必要になる。また、筐体によってはトルクスドライバー(T型ヘクスローブドライバー)も必要だ。

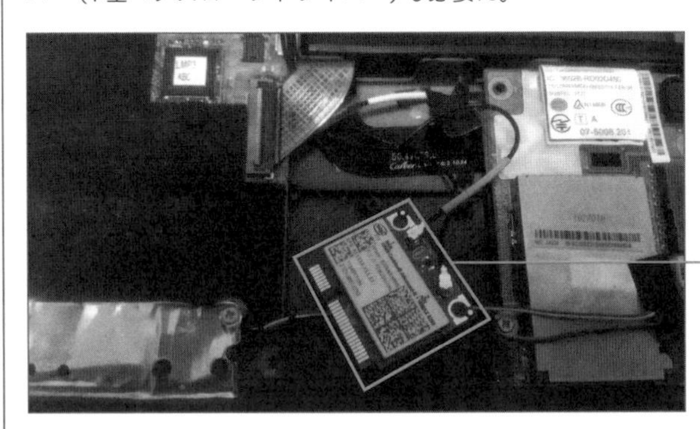

デスクトップPCにおけるデュアルLANアダプターの構築

デスクトップPCにおけるデュアルLANアダプター環境構築には、複数のバリエーションが存在する。

まず「内蔵有線LANポート＋増設有線LANアダプター」という構成が考えられ、PCIeバススロットにLANアダプターを増設する方法が考えられる。

また、配線的に二つとも有線LANは難しいというのであれば、「有線LANポート＋無線LANアダプター」でもよく、PCIeバススロットやUSBタイプの無線LANアダプターの増設でもよい。

なお、自作PCにおいて比較的高級なマザーボードであれば、あらかじめデュアルLAN＋無線LANアダプター内蔵などという豪華なモデルもある。

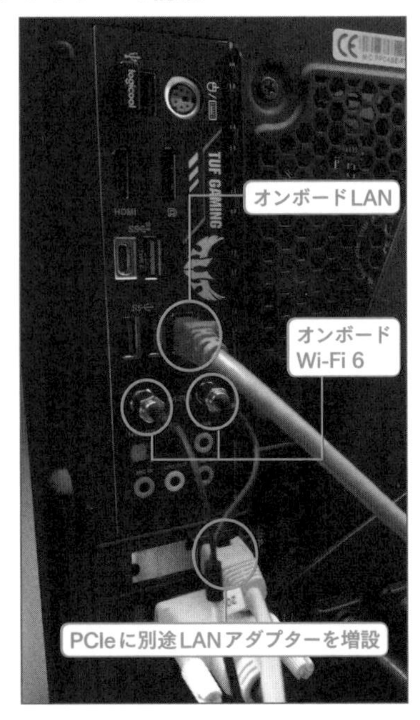

「インターフェースメトリック値」の調整

PCに物理的にデュアルLANアダプターを確保したのちは「インターフェースメトリック値のカスタマイズ」が必要だ(➡P.319)。

これは「どちらのLANアダプターに優先的に接続するか」の設定であり、この設定を誤ると結果的にパフォーマンスを最適化できないばかりか、環境によってはインターネット接続できないはめになる。

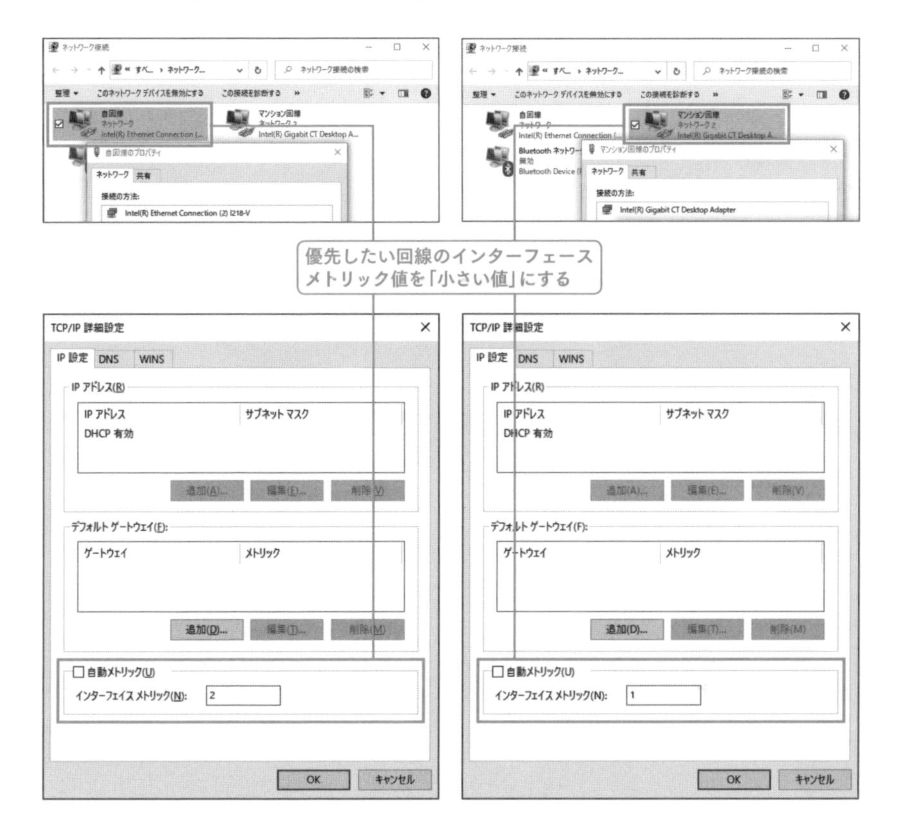

ダブルローカルエリアネットワークの実用例

ダブルローカルエリアネットワークは「何を求めるのか」と「自身の環境において何が許容できるのか」によって完成するネットワーク環境と最適化の方向性が大きく異なる。

以下はダブルローカルエリアネットワークの代表的な参考例である。

なお、管理が比較的煩雑であるほか、新しい環境というのは未知の問題も発生しやすいことを踏まえても、まずはシンプルで自分の把握しやすいLAN環境を構築してから、「パフォーマンス」や「利便性」を追求することをお勧めする。

デュアルインターネットによるダブルLAN活用

「第一LANゾーン」「第二LANゾーン」ともにインターネット回線を確保。これは「契約回線」「マンション回線」「レンタルWi-Fi」などの組み合わせが考えられるが、とにかく二回線確保できる状態において、バリバリ通信を行うPCではデュアルLANアダプター構成にして双方利用すればよい。

「ファイルアクセスとインターネットアクセスの分散処理」が実現できるため、PCの通信パフォーマンスを大幅に改善でき(おそらく思っている以上に快適になる)、またネットワークデバイス全般でも一つの無線LANルーターに通信が集中しなくなるため環境全体でのネットワークトラフィックも改善できる。

● ダブルローカルエリアネットワーク の環境構築例1

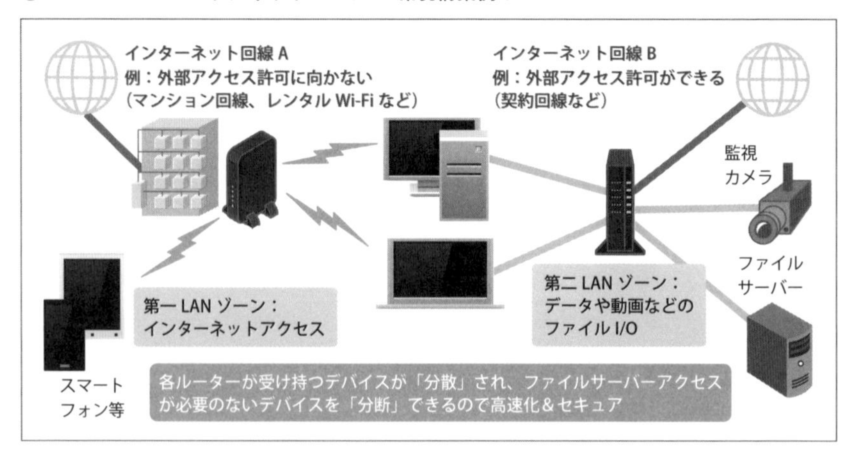

分離アクセスによる速さとセキュリティの確保

「第一LANゾーン」のみインターネット回線を確保。この場合「第二LANゾーン」ではインターネット接続できないが、デュアルLANアダプターであれば各LANアダプターで「インターネット通信」と「データファイルの読み書き」を確保することができ、かつ分散して処理を行うことができるためデュアルLANアダプターを装備するPCは確実にパフォーマンスアップする。

なお、このような接続においては「第一LANゾーン」が優先されるように「インターフェースメトリック値のカスタマイズ(➡P.319)」の調整を必ず行う必要がある。

また、第二LANゾーン側ではファイルサーバー等にアクセスできるネットワークデバイスが限られるためセキュアである反面、更新プログラムやファームウェアアップデートができないという問題もあるため臨機応変的な対処が必要になる(更新プログラムを別途入手して手動で導入するなど)。

● ダブルローカルエリアネットワーク の環境構築例2

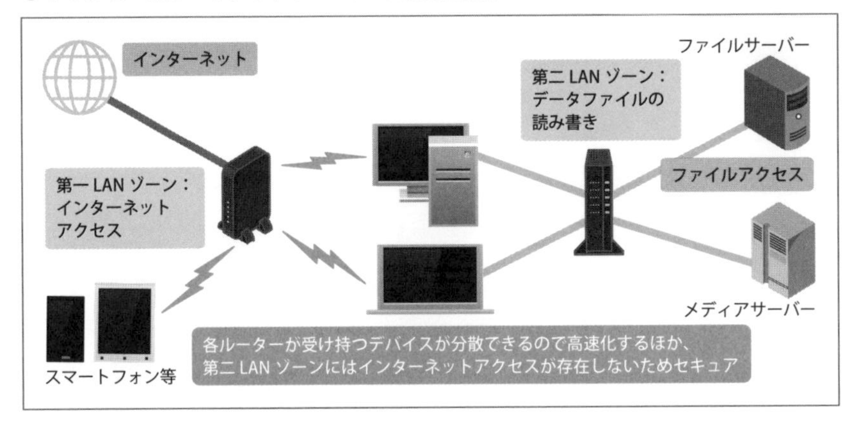

仮想マシンとホストとの回線分離

仮想マシンを利用する環境では、仮想マシンもホストと同じLANアダプターを共有して利用するため、仮想マシン側の過度な通信負荷(Windows Updateにおける更新やOneDriveによるファイル同期)が発生した場合、結果的にホストのネットワークアクセスはかなり重たくなる。

しかし、ダブルローカルエリアネットワークにおいて「デュアルLANアダプター」環境を確保できていれば、ホストのネットワーク接続と仮想マシンのネットワーク接続を分けることができるため、かなり快適なネットワーク通信環境を確保することができる。

ホストとゲストで別の回線を使用することにより通信負荷を分散

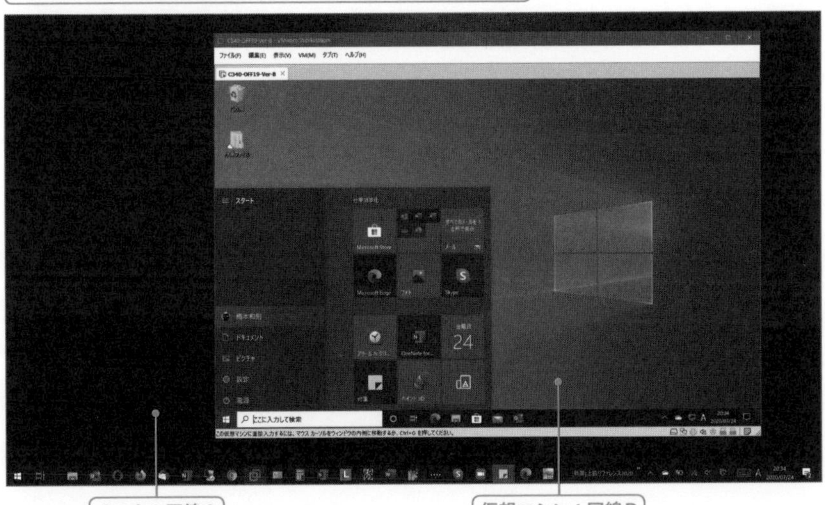

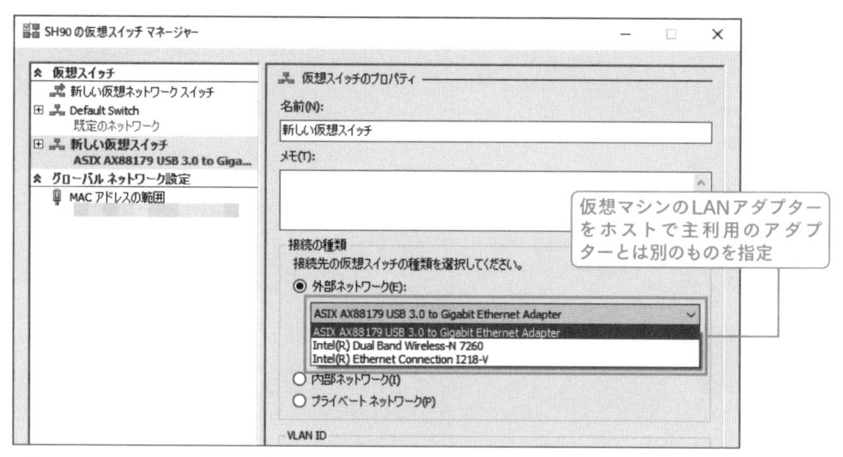

仮想マシンで利用するLANアダプターの指定。指定方法や管理は仮想マシンソフトによって異なるが、ホストで主に利用しているLANアダプターとは別のLANアダプターを指定することによりホストと仮想マシン双方で快適なネットワーク通信を実現できる。

Column

ネットワーク負荷軽減のための工夫

筆者はPCが約30台、またスマートフォンやタブレットなどのPC以外のネットワークデバイスもぱっと数えても30台以上所有しており、また仮想マシンもLANに直接接続で20台以上動作させている。もちろんすべてのネットワークデバイスを同時駆動させているわけではないのだが、ここにさらに「執筆用に借りてきたPCやスマートフォン」なども時に10台以上加わるため、もはや「ダブルローカルエリアネットワーク」は欠かせない環境となっている。

蛇足になるが、Windows 8についてはあれだけボロクソに書いておいてなんだが、実はPCのいくつかは「Windows 8.1」で動作している(ちなみに夫婦共々MVPであるためWindows 10のライセンスは余すほど保有している)。

Windows 10よりもWindows 8.1のほうが「更新プログラムが少ない」という意味では頻繁にアップデートが降ってこないためネットワークに負荷をかけず、また用途としてもリモートデスクトップ経由で単一アプリを起動するだけ、あるいはスケジュールバックアップを実行させるだけなので、むしろWindows 10である必要がないのだ。

「ダブルローカルエリアネットワーク」の目的の一つは負荷の分散にあるが、「負荷を小さくする」という意味では、本書で解説する「余計な通信を行わない」ための各種カスタマイズを適用する方法のほか、あえてWindows 10を利用しない(ただしサポート期間内のOSを利用する)のも一つの手段、環境全体から見て有効なカスタマイズになるのだ。

5-4 ネットワークカスタマイズとテクニック

ネットワークアダプターの管理

PCのネットワークは「ネットワークアダプター」が通信を担うが、PC環境によってはネットワークアダプターが複数存在するため管理が必要になる。

ネットワークアダプターの一覧確認は、「設定」から「ネットワークとインターネット」－「状態」と選択して、「アダプターのオプションを変更する」をクリックする。

なお、「ファイル名を指定して実行」から「NCPA.CPL」でも素早くアクセスできるので、よく利用するのであればショートカットアイコンを作成しておくとよいだろう。

ネットワークアダプターの名前の変更

ネットワークアダプターに現在割り当てられている名前(イーサネット、イーサネット2等々)は任意に変更することができ、該当ネットワークアダプターにフォーカスしたうえで F2 キーを押して、任意の名前を命名できる。

同種のアダプターが複数ある場合には役割を示す名前などに変更しておくと、管理上わかりやすくてよい。

ネットワークアダプターの無効化／有効化

該当ネットワークアダプターを右クリックして、ショートカットメニューから「無効にする」を選択すれば、「ネットワーク接続としての役割」を無効化することができる。

ちなみにここでの設定は「デバイスマネージャー」の「ネットワークアダプター」ツリー内にある該当ネットワークアダプターを無効にした場合と同様の操作になる。

余計なネットワークアダプターは管理上邪魔なほか、パフォーマンス的にもマイナスであるため「無効」にしておくとよい。

蛇足だが、ネットワーク接続がスリープから復帰後にうまくいかないなどの場合には、この手順で「無効化→有効化」することで問題を解決できることがある。

ネットワークアダプターの詳細設定

ネットワークアダプターの詳細設定を行いたい場合には、該当ネットワークアダプターを右クリックして、ショートカットメニューから「プロパティ」を選択。プロパティダイアログで「構成」ボタンをクリックすればよい。

プロパティダイアログの「詳細設定」タブではジャンボフレーム設定（有線LANにおいてハブを含めすべてジャンボフレームをサポートしている必要がある）やWOL（Wake On Lan）の有効化、省電力設定や互換性等のかなり細かい設定を行える。

ネットワークパフォーマンスを追求したい、あるいは無線LAN親機などと互換性問題を抱えている場合には各設定のカスタマイズを行うことで最適化できる。

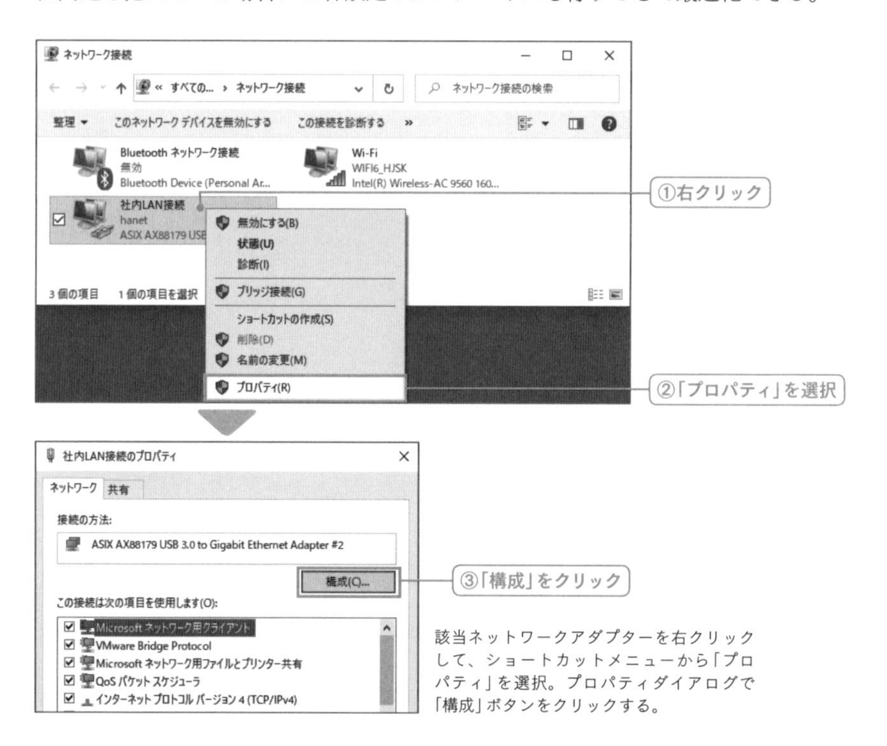

該当ネットワークアダプターを右クリックして、ショートカットメニューから「プロパティ」を選択。プロパティダイアログで「構成」ボタンをクリックする。

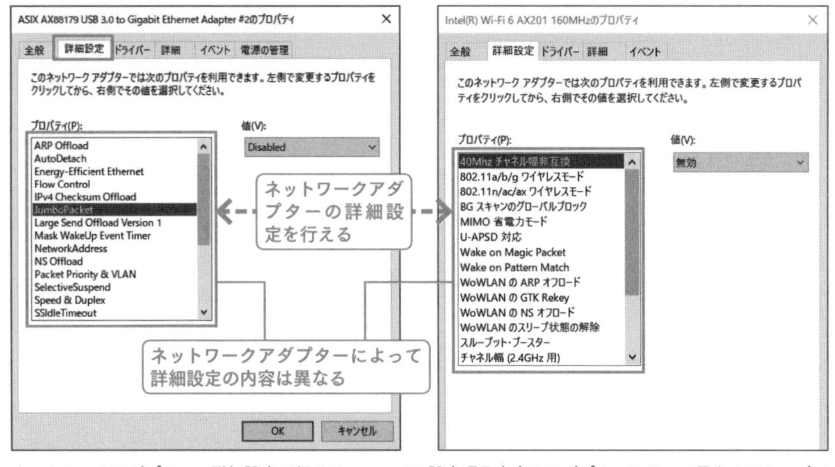

ネットワークアダプターの詳細設定が行える。ここでの設定項目内容はアダプターによって異なるほか、デバイスドライバーのバージョンによっても異なる。攻めた設定を行うとパフォーマンスを確保できる可能性がある反面、不安定になることもあるので注意が必要だ。

● ショートカット起動

- 状態(ネットワーク)　ms-settings:network
- ネットワーク接続　NCPA.CPL　SHELL:CONNECTIONSFOLDER

ネットワーク情報の確認

Windows 10でネットワーク情報を確認したい場合には主に三つの方法が存在するのだが、厄介なのがどの情報確認方法にも一長一短があるため、場面に応じて使い分ける必要がある。

ネットワークアダプターからの確認

「ネットワーク接続(NCPA.CPL)」のネットワークアダプターの一覧から、任意のネットワークアダプターをダブルクリック。ここでは継続時間や速度とシグナルの状態を確認できるほか、「詳細」ボタンをクリックすることで、ネットワーク情報を確認することができる。

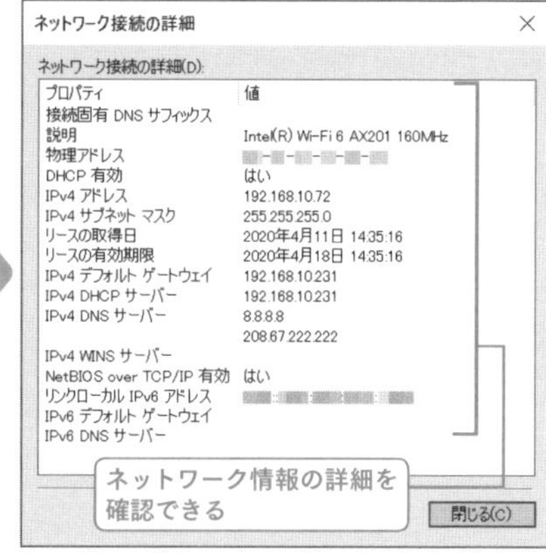

該当ネットワーク接続からの確認

「設定」から「ネットワークとインターネット」-「状態」を選択。任意の接続の「プロパティ」ボタンをクリックすれば、「プロパティ」欄でネットワーク情報が確認できる。

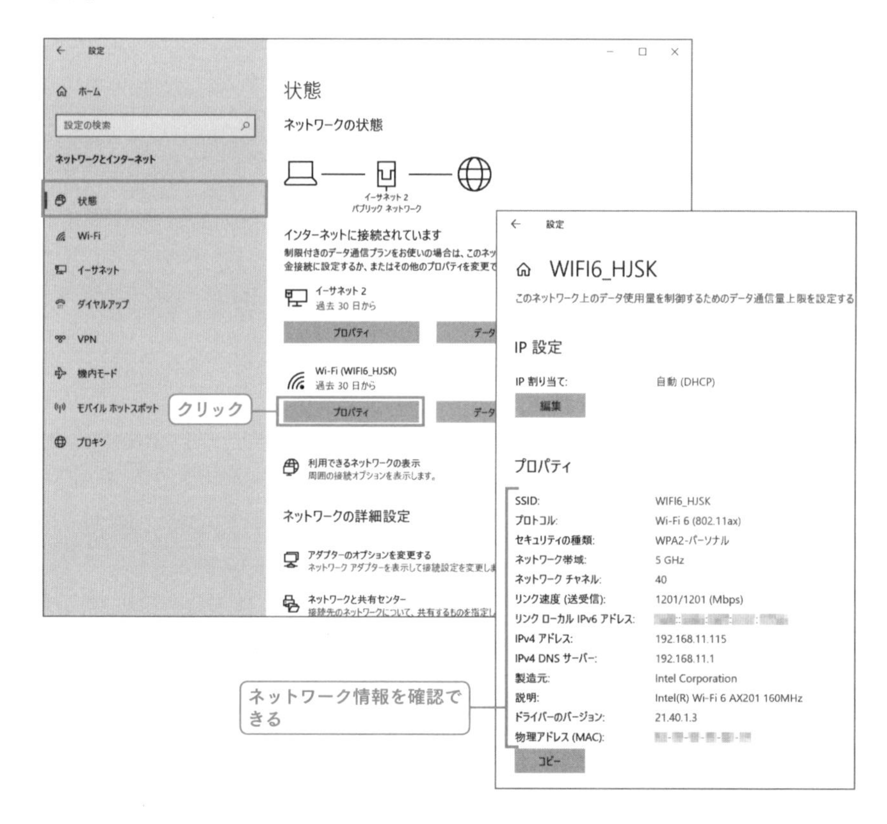

ハードウェアと接続のプロパティによる一覧表示

「設定」から「ネットワークとインターネット」－「状態」を選択。「ハードウェアと接続のプロパティを表示する（バージョンによって表記は異なる）」をクリックすれば、すべてのネットワークアダプターの情報が確認できる。

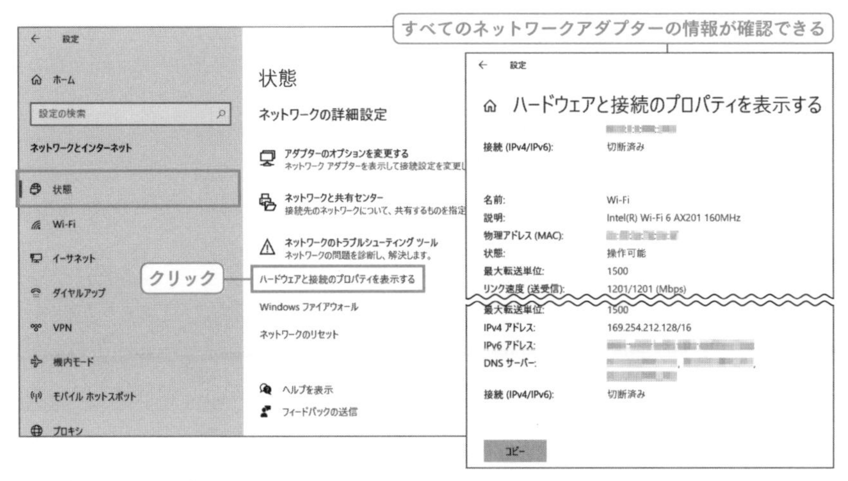

● ショートカット起動

■ 状態（ネットワーク）　ms-settings:network

Column

ネットワーク情報のテキスト化

ネットワークカスタマイズには現在の情報をテキストとして保存しておくと便利だが、ネットワーク情報表示の下部にある「コピー」ボタンをクリックすればカットバッファーにテキスト情報が保持される。

後はメモ帳（NOTEPAD）などを起動して、Ctrl＋Vキーを入力すれば、ネットワーク情報をテキスト化して活用することができる。

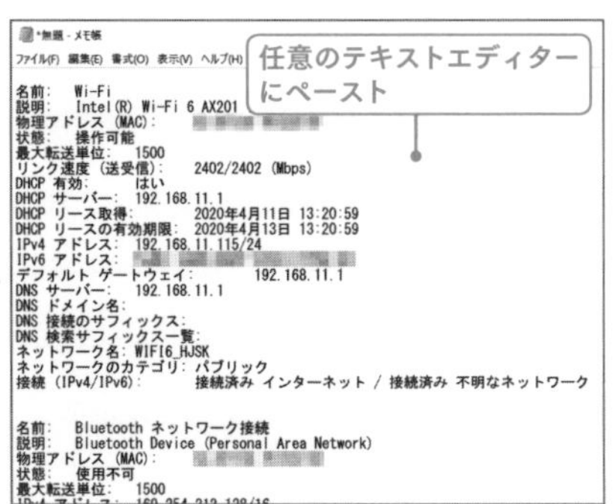

ネットワークプロファイルの切り替え

ネットワーク接続においては「ネットワークプロファイル」を任意に設定することができ、具体的には「パブリック」と「プライベート」を選択できる。

「パブリック」は自身のPCの共有を許可しない場合に適用すべきであり、基本的にクライアント相当(共有する理由がないPC)で設定すべきプロファイルだ。

一方、「プライベート」は共有フォルダーを公開したいなど、ほかのPCからアクセスを受けるサーバーとしての役割を持つPCのみに対して適用すべきプロファイルになる。

接続ごとのネットワークプロファイルの指定

ネットワークプロファイルの指定はネットワーク接続ごとに行うことができる。「設定」から「ネットワークとインターネット」-「状態」を選択。

任意の接続の「プロパティ」ボタンをクリックして、「ネットワークプロファイル」で任意に切り替えることができる。

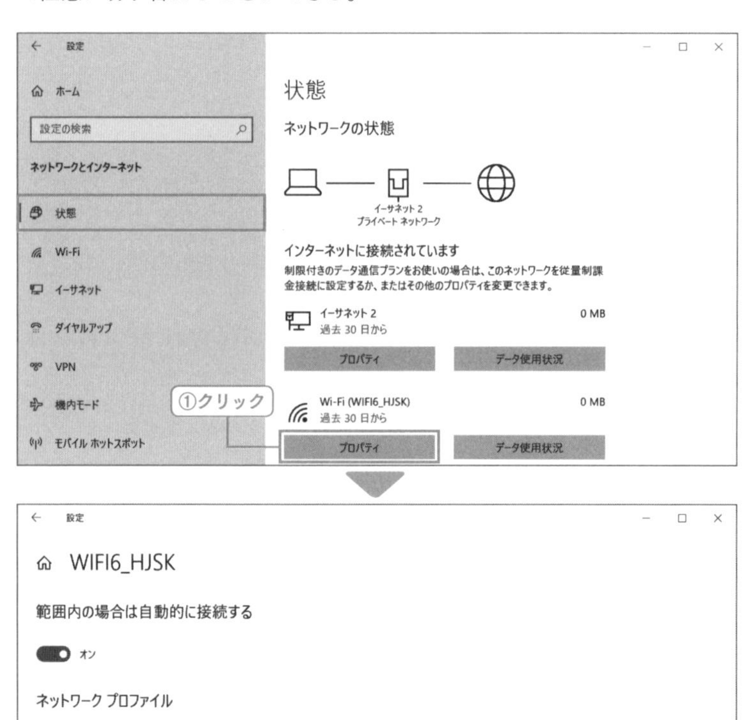

ネットワークプロファイルの詳細設定

ネットワークプロファイルの詳細設定は、「設定」から「ネットワークとインターネット」－「状態」を選択。「ネットワークと共有センター」をクリックして、さらにタスクペインの「共有の詳細設定の変更」をクリックする。

ネットワークプロファイルの詳細設定が確認できるので、「プライベート」においてファイル共有を許可したい場合には「ファイルとプリンターの共有を有効にする」をチェックする。

コンピューター名(PC名)の設定

「コンピューター名(PC名)」は、ネットワーク通信において接続先指定となるPC固有の名称であり、サーバーとしての役割を持つPC(「ファイル共有」「プロジェクション」「リモートデスクトップ」等々のホストになるPC)ではわかりやすい名前を命名しておくのが基本だ。

コンピューター名は、「設定」から「システム」−「バージョン情報」を選択。「デバイスの仕様」欄の「デバイス名」で現在のコンピューター名(PC名)を確認できる。

またコンピューター名を変更したい場合には、「このPCの名前を変更」ボタンをクリックして任意に命名すればよい。

なお、たったこれだけのステップでもわかるとおり、「コンピューター名」は「PC名」や「デバイス名」とも呼ばれWindows 10内でも統一感がない。

ちなみに、ほかのデバイスからのアクセスの場面では「ホスト名」とも呼ばれ、ネットワークにおいては「コンピューター名」「PC名」「デバイス名」「ホスト名」はすべて同じものと考えてよい。

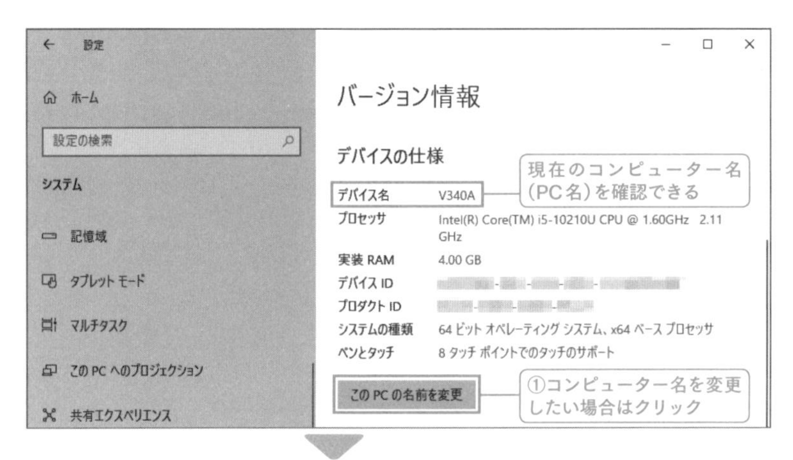

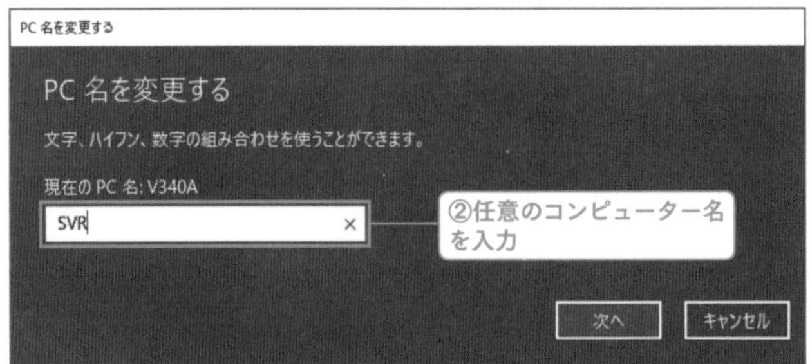

「設定」−「システム」−「バージョン情報」でコンピューター名を確認。変更したい場合には「このPCの名前を変更」ボタンをクリックして、任意のコンピューター名を入力する。

コントロールパネル(アイコン表示)から「システム」でもコンピューター名を確認&変更できる。

● ショートカットキー

■ バージョン情報　[Windows]+[X]→[Y]キー

インターフェースメトリック値のカスタマイズ

「複数のLANアダプターを搭載するPC」において、LANアダプターの優先順位は自動的に決定される(デュアルLANアダプターの用意については P.305 参照)。

例えば一つのPCで「有線LAN接続」と「Wi-Fi接続」を行った場合、一般的に高速である有線LAN接続を行っている「有線LANアダプター」側に自動的に「小さいインターフェースメトリック値」が割り当てられ優先接続になる。

このインターフェースメトリック値を任意に設定したい場合には、「設定」から「ネットワークとインターネット」－「状態」と選択して、「アダプターのオプションを変更する」をクリック。

任意の第一優先接続させたいネットワークアダプターを右クリックして、ショートカットメニューから「プロパティ」を選択。プロパティダイアログで「インターネット プロトコル バージョン4(TCP/IPv4)」をダブルクリックして、さらに「詳細設定」ボタンをクリックする。

「IP設定」タブの「自動メトリック」のチェックを外して「インターフェースメトリック」に小さな値(絶対優先であれば「1」、5以下で設定)を入力。

また第二優先接続設定が必要であれば、同様の手順で任意のネットワークアダプターの「インターフェースメトリック」に第一優先接続よりも大きな値を入力すればよい。

なお、この設定を行ったのちに、ネットワークアダプターの追加(物理的なLANアダプターに限らず仮想ネットワークアダプターなども含む)を行った際には、必ずインターフェースメトリック値を見直すようにする。

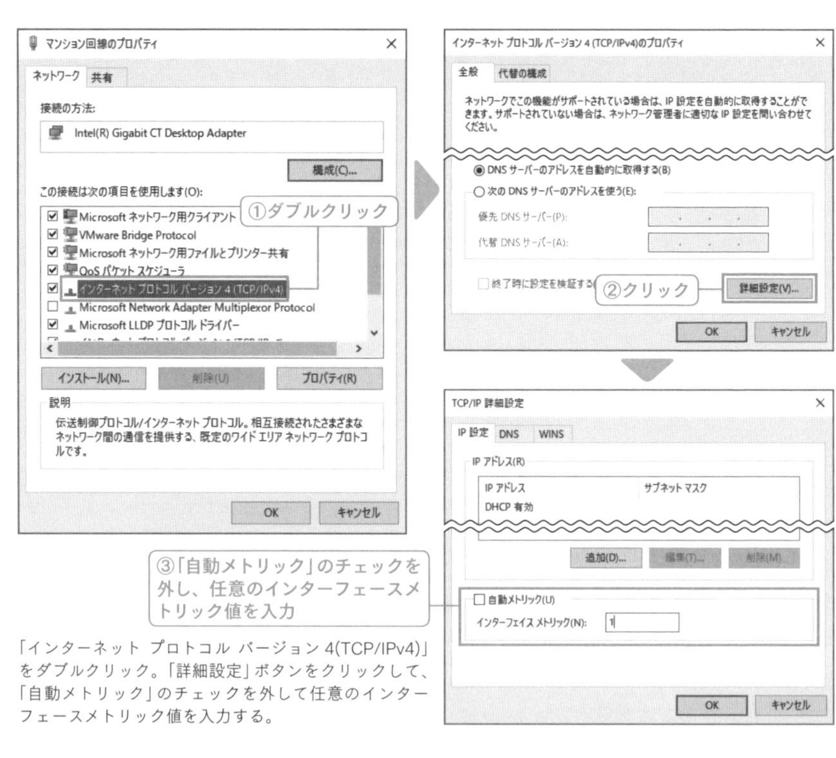

「インターネット プロトコル バージョン 4(TCP/IPv4)」をダブルクリック。「詳細設定」ボタンをクリックして、「自動メトリック」のチェックを外して任意のインターフェースメトリック値を入力する。

インターフェースメトリック値を任意に設定。ここではインターネット接続スピードが速い「マンション回線」の値を「1」にして、自回線より優先している。なお、値が低くても「自回線」のネットワーク通信は問題なく行える(本設定は「優先」の設定)。

IPアドレスの固定化と効能

ローカルエリアネットワーク環境においてはルーターのDHCP機能によって、ローカルエリアネットワーク内の各ネットワークデバイスにプライベートIPアドレスが割り当てられるのが基本だ。

ちなみにDHCPにおいては「DHCPリースの有効期限」というものが存在し、DHCP割り当て範囲に従ってネットワークデバイスに割り当てられたIPアドレスは恒久的なものではなく、一定期間アクセスがないとそのIPアドレスは解放されて別のネットワークデバイスに割り当てられることになる。

これは限りある資源(ルーターにもよるがDHCPによってIPアドレスを割り当てられる台数は32～64台程度だ)を活かすためによい機能なのだが、「IPアドレスが変更されてしまうと困るネットワークデバイス」というものもある。

具体的には「ファイルサーバー」「NAS」「ネットワークプリンター」あるいはポートマッピングを指定して外部アクセスを許可するネットワークデバイスなどであり、これらには環境に応じて「IPアドレスの固定化」が必要になる。

なお、全般的にネットワークの構造や固定化の意味を理解していないと「ネットワーク通信ができなくなる」恐れもあるため、この点に留意して必然性のあるネットワークデバイスのみ設定を適用する。

ルーターによるIPアドレスの固定化設定

ネットワークの中心であるルーターの設定コンソールでIPアドレスの固定化を行うことは正しいように思えるかもしれないが、環境任意であるものの基本的にはお勧めしない。

これはルーターのコンソールによる設定はルーターメーカーによってかなり固定化設定にクセがあるほか、台数制限なども存在し、そして将来ルーター本体を換装した際にすべての設定を失うことになるなど管理しにくいからだ。

また、ほとんどのルーターでは「DHCP割り当て範囲内」でIPアドレスの固定化設定を行うため、要はDHCPで割り当て範囲が食われてしまい、結果管理できる台数を減らしてしまうのも痛い。

ルーターの設定コンソールでIPアドレスの固定化を行いたい場合には、ルーターのモデルによって詳細な設定方法は異なるが、基本的にMACアドレスに対して任意のIPアドレスを割り当てるものが多い。

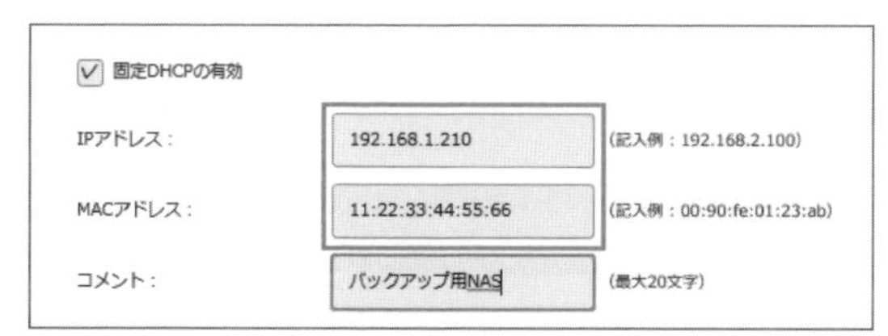

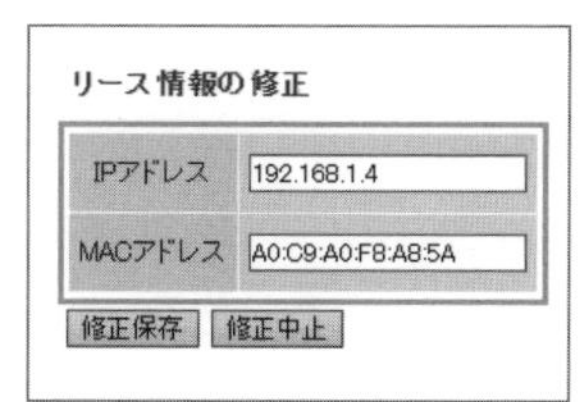

ルーター設定上でのIPアドレスの固定化設定。ルーターのモデルによって異なり、コメント欄があるものは比較的管理しやすいが、単なる紐づけ設定だと後にどのPCに割り当てたIPアドレスかがわかりにくく管理しづらい。

ほかのネットワークデバイスでのIPアドレスの固定化

PC以外のサーバーとしての役割を持つネットワークデバイス全般のIPアドレスの固定化設定は、該当デバイスの設定コンソールで行う。

ネットワーク設定はほとんどのネットワークデバイスでは「自動取得(DHCP)」になっているので、「手動設定」に切り替えたうえで任意に設定を行えばよい。

なお、設定をしくじると「設定コンソールにさえアクセスできなくなる」という事態に陥るので設定はPC以上に慎重に行う必要がある。

NASのIPアドレス固定化設定

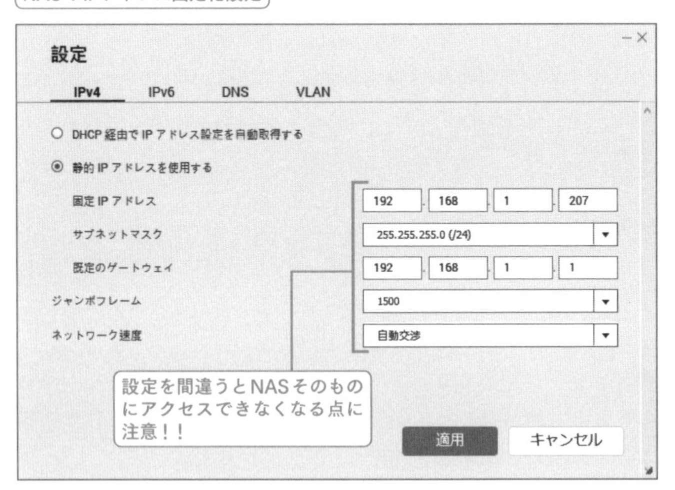

PCによるIPアドレスの固定化設定

PCによるIPアドレスの固定化設定は、PC上で設定できるため「該当PCが該当IPアドレス」というわかりやすい管理が実現できる。

PCのIPアドレスの固定化設定は、ネットワークに接続した状態で「設定」から「ネットワークとインターネット」－「状態」と選択して、「プロパティ」をクリック。「IP設定」欄内、「IP割り当て」にある「編集」ボタンをクリックして、「IP設定の編集」のドロップダウンから「手動」を選択。「IPv4」をオンにして、各種情報を入力すればよい。

基本的に「ネットワーク情報の確認(➡P.313)」を参考にして、IPアドレスのみ固有(ローカルエリアネットワーク内で一意)のものを入力すればよい。

「IP設定」欄内、「IP割り当て」にある「編集」ボタンをクリックして、「IPv4」をオンにする。なお、固定化設定を行うと「他環境(例えばDHCP割り当て範囲が異なるルーターなど)」に対応できなくなる(通信ができなくなる)ことに注意が必要だ。

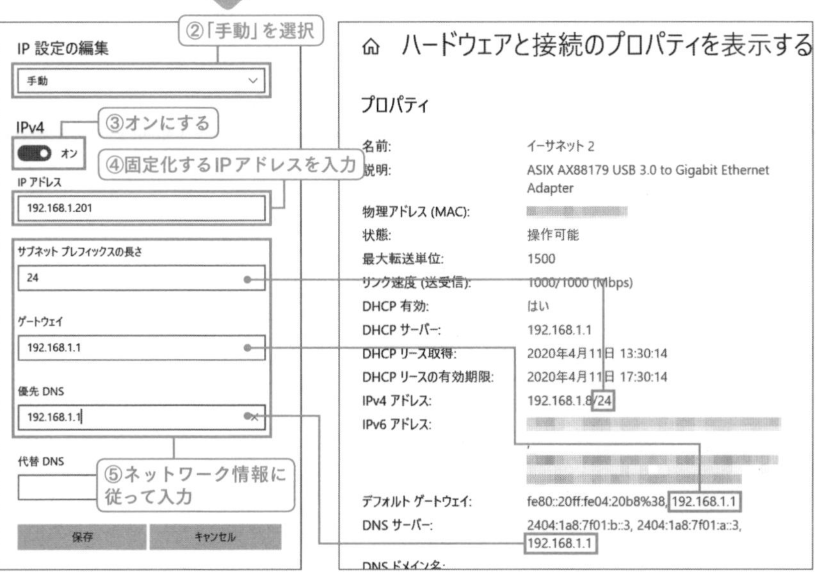

● IPアドレスの固定化設定

IPアドレス	該当PCの該当ネットワークアダプターで固定化したいIPアドレスを入力。上位三つはデフォルトゲートウェイアドレスにそろえるようにして、下位一つだけローカルエリアネットワーク内で一意の値(ほかのネットワークデバイスとバッティングしない値)を入力する。
サブネットプレフィックス	既存情報のIPアドレスのスラッシュ以下の値を入力する。
デフォルトゲートウェイ	既存情報に従って「デフォルトゲートウェイ」のアドレスを入力する。
優先DNSサーバー	既存情報に従って「DNSサーバー」のアドレスを入力する。
代替DNSサーバー	空白でかまわない。

5-5 SIM／eSIMとテザリング

Windows 10搭載PCでSIMを利用する

一部のWindows 10搭載PCはSIMスロットやeSIMを内蔵しており、データ通信に対応する。

もちろんWi-Fi接続と併用できるので、要所でSIMによるデータ通信を活用して場所を選ばずインターネット接続を行うことが可能だ。

ちなみに、モバイルホットスポットとしてテザリングもできるので、該当PC以外のほかのPCやタブレットなどにデータ通信を分け与えることもできる。

なお、Windows 10においてSIM関連設定は「携帯電話」というややわかりにくい項目名が割り当てられており、「設定」から「ネットワークとインターネット」－「携帯電話」で任意に設定できる。

SIMスロットに任意のSIMを挿入すればデータ通信可能

SIM対応「Surface Pro X」のSIMスロット。ちなみにSurface Pro XはeSIMも内蔵するため、SIMスロットにSIMカードを刺さなくてもデータ通信を行うことが可能だ。

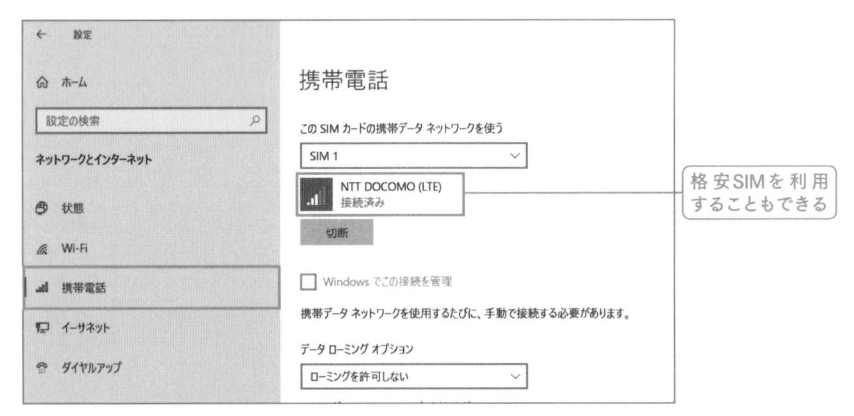

Windows 10搭載PCのSIMスロットは基本SIMフリーなので、格安SIMを利用すれば安価にデータ通信を行うことが可能だ(要APN設定)。

eSIMによるデータ通信の設定

PCに内蔵されているeSIMを利用する場合には、「このSIMカードの携帯データネットワークを使う」のドロップダウンから「eSIM」を選択。「データ通信プランで接続」をクリックすることにより任意のプロバイダーと契約してデータ通信を行うことが可能だ。

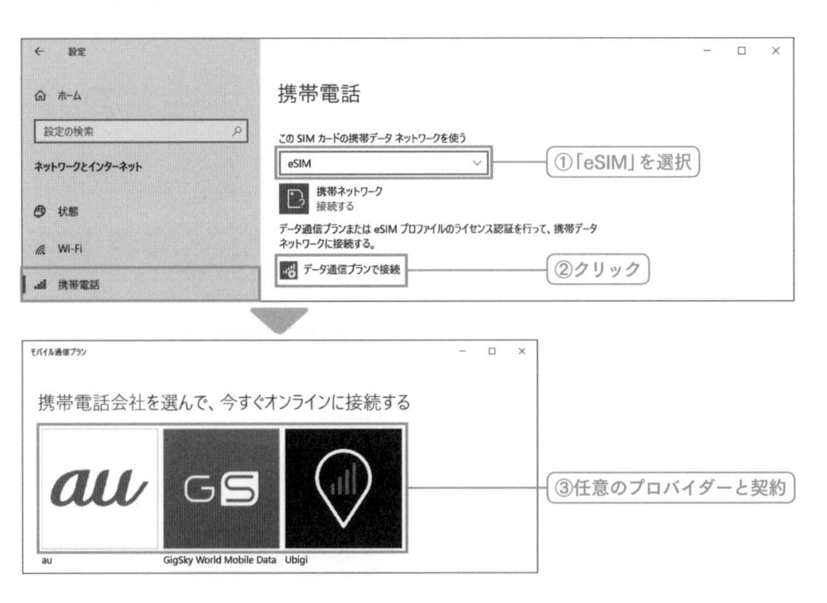

任意のデータ通信接続／切断

任意に接続／切断したい場合には、未接続状態において「接続」ボタンでデータ通信接続、接続状態において「切断」ボタンでデータ通信停止を行うことができる。

また、通知領域のネットワークアイコンから、データ通信の接続／切断を行うことも可能だ。

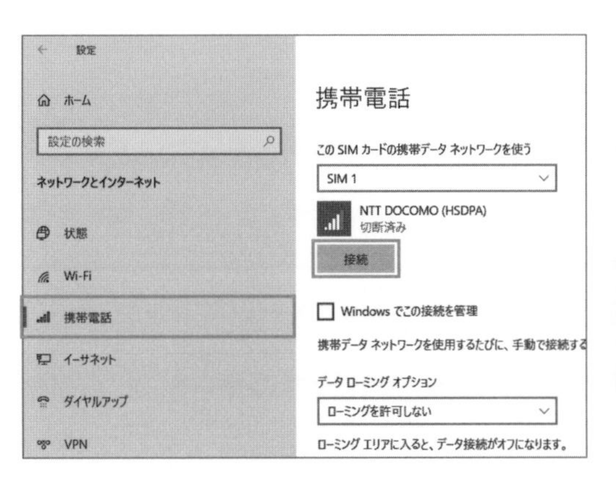

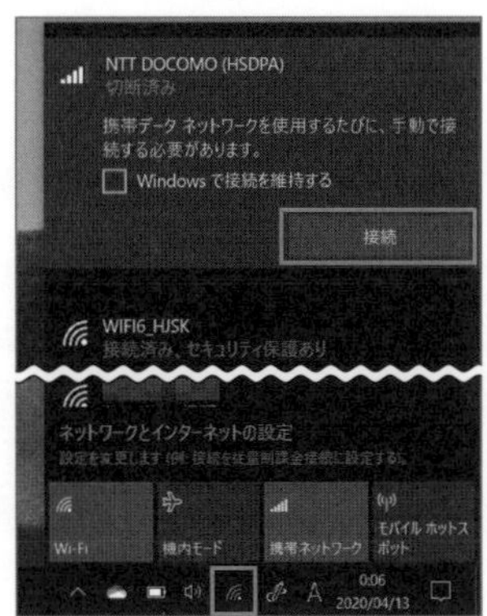

Wi-Fi接続とデータ通信の設定

「Wi-Fiではなく携帯ネットワークを使用する」のドロップダウンから任意の選択を行うことで、Wi-Fi接続とうまく使い分けてデータ通信量を減らすことができる。

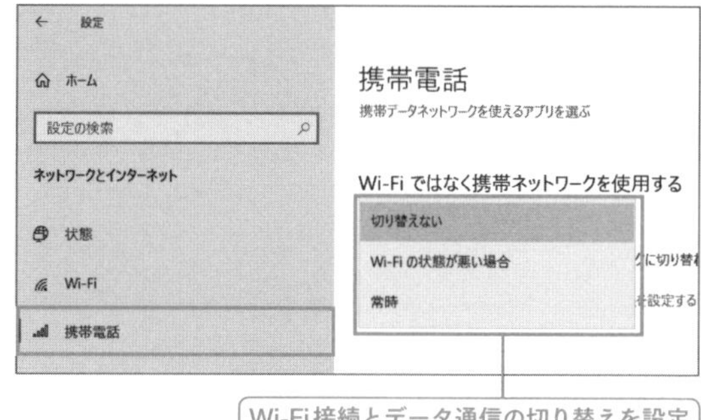

Wi-Fi接続とデータ通信の切り替えを設定

データ通信におけるアプリの利用

「携帯データネットワークを使えるアプリを選ぶ」でデータ通信を用いるアプリを指定できるので、基本的に必要最小限のアプリのみオンに設定する。

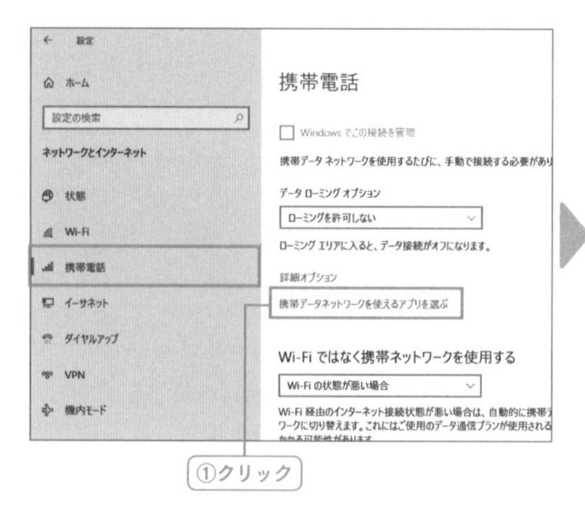

①クリック

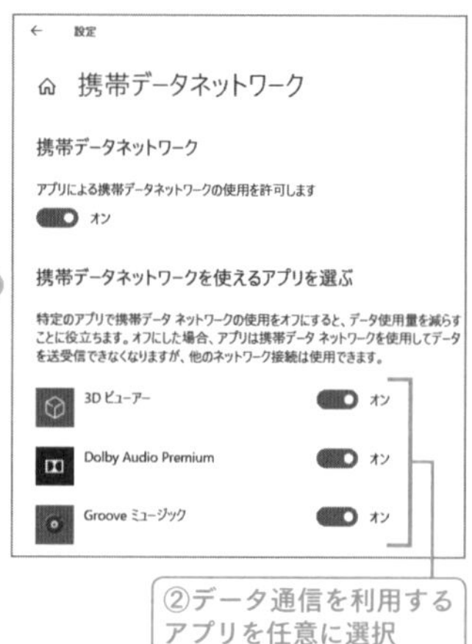

②データ通信を利用するアプリを任意に選択

プロパティの確認

「詳細オプション」をクリックすれば、「プロパティ」欄で「IMEI」や「携帯番号」などの詳細情報を確認できる。

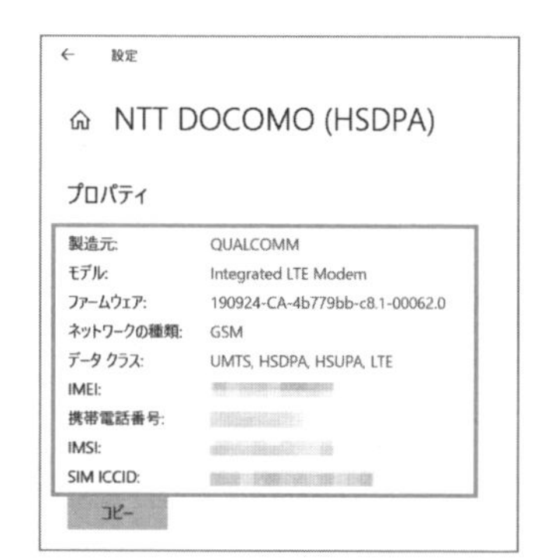

● ショートカット起動

■ 携帯電話（SIM対応PCのみ）　ms-settings:network-cellular

モバイルホットスポットを設定してテザリングを行う

Windows 10には「モバイルホットスポット」という機能があるが、いわゆるテザリングのことであり、PCを親機にして他のデバイスにデータ通信を分け与えることができる。

モバイルホットスポットの有効化は、「設定」から「ネットワークとインターネット」－「モバイルホットスポット」と選択。

任意のデータ通信を選択したのち、「インターネット接続を共有する」から「Wi-Fi」「Bluetooth」のどちらかを任意に選択する。

「Wi-Fi」を選択した場合には、「編集」ボタンから任意のアクセスポイント設定を行うことができる。

こののち、「インターネット接続を他のデバイスと共有します」をオンにすれば、PCを親機としたテザリングを実現することができる。

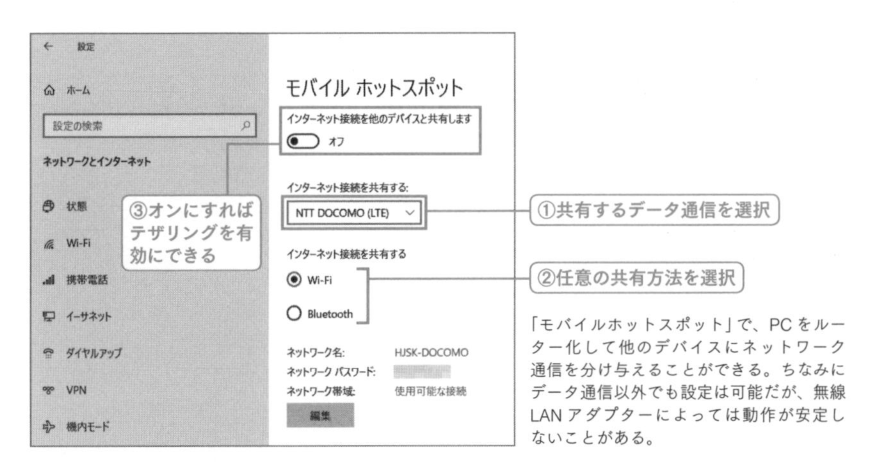

「モバイルホットスポット」で、PCをルーター化して他のデバイスにネットワーク通信を分け与えることができる。ちなみにデータ通信以外でも設定は可能だが、無線LANアダプターによっては動作が安定しないことがある。

● ショートカット起動

■ モバイルホットスポット　ms-settings:network-mobilehotspot

Bluetoothテザリングを受ける設定

Windows 10においてBluetoothテザリングを受けたい場合には、親機側となるPC／スマートフォンでテザリング設定を有効にしたのち、親機と子機間で

Bluetoothペアリングを行う。

　こののち、コントロールパネル(アイコン表示)から「デバイスとプリンター」を選択。「デバイスとプリンター」から親機デバイスを右クリックして、ショートカットメニューから「接続方法」-「アクセスポイント」と選択すればBluetoothテザリングへの接続が実現できる。

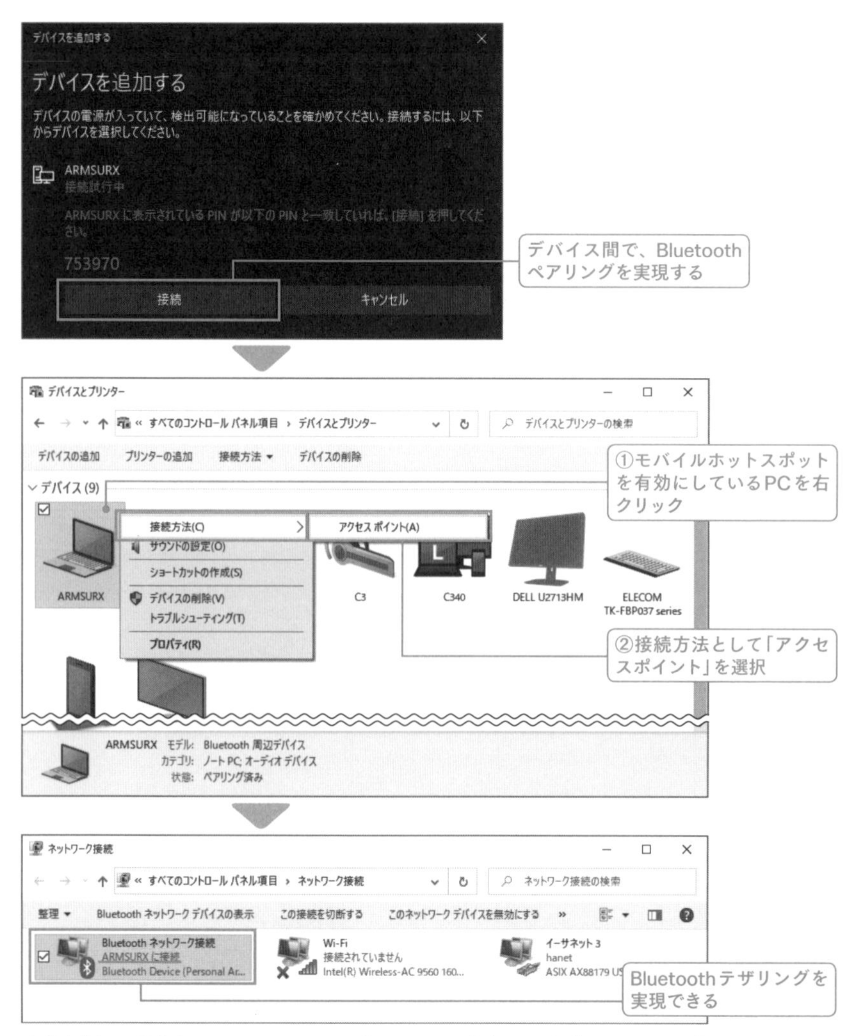

まずはデバイス同士をBluetoothでペアリング。こののち、「デバイスとプリンター」から親機デバイスを右クリックして、ショートカットメニューから「接続方法」-「アクセスポイント」と選択すれば、Bluetoothテザリングで接続が行える。

5-6 クラウドの活用とOneDrive

OneDriveとWindows 10

OneDriveはクラウドストレージであり、クラウドサービスだ。

つまり、Windows OSに限らずほかのOSでも「OneDrive」は利用できるのだが、Windows 10ではOneDriveの機能が統合されているためローカルドライブ同様にシームレスに利用できるのがポイントになる。

Windows 10からのOneDriveへのアクセス

Windows 10上でセットアップが終了したOneDriveは「エクスプローラー」のナビゲーションペイン内「OneDrive」からアクセスできる。

エクスプローラーに統合されているゆえにローカルドライブ同様に普通のファイル管理を行えるのだが、注意しなければならないのはOneDriveの設定によっては「利用する際にダウンロードしなければ開けないファイル(ファイルオンデマンド)」などがあり、またほかのPCで更新されたファイルはどのように同期されるかなどの仕組みを知っておかないと、外出先等でファイルが必要になった際に戸惑うことになりかねない。

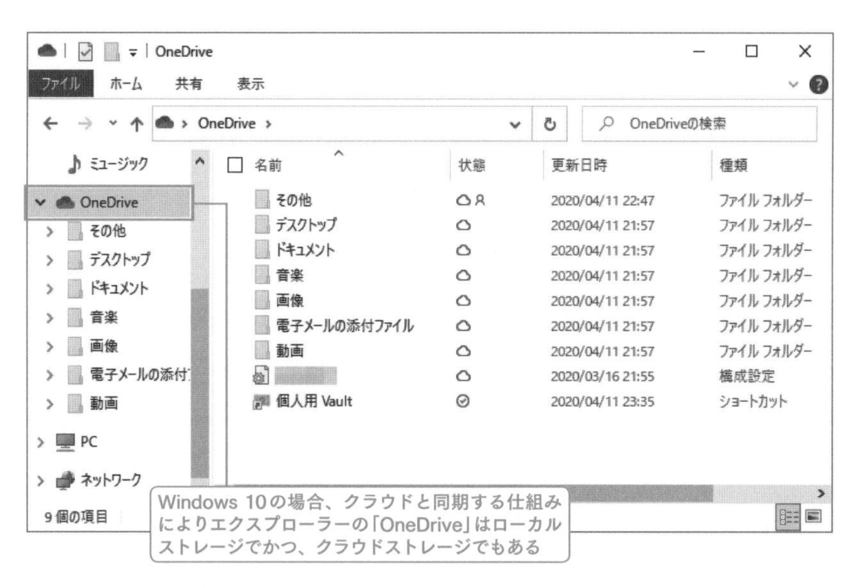

OneDriveの機能改善と仕様変更

OneDriveはクラウドサービスであるがゆえにサービスとして機能更新していく仕様にあり、常に新しい機能が追加される。

ちなみにサービスとしてのOneDriveの機能更新と、Windows 10のOneDrive機能(プログラム)の更新は別の話であり、サービスに合わせてWindows 10のOneDrive機能も更新されてはいくものの、一部の機能は「WebブラウザーでのOneDrive」でしか実現できないものもある。

また、注意点としてはクラウドは進化が激しい側面もあるため、Windows 10のOneDrive機能との不整合は起こりうるという点だ。たまに「データはクラウドに保存されているから大丈夫」的な話を聞くが、そんなことはなく、自身でもローカルストレージにバックアップするなどの対処をとっておかないと、そのうち痛い目を見ることになる。

● ショートカット起動

OneDrive	SHELL:ONEDRIVE
OneDrive - ドキュメント	SHELL:ONEDRIVEDOCUMENTS
OneDrive - 画像	SHELL:ONEDRIVEPICTURES

OneDriveの同期構造とPC間での同期活用

OneDriveはクラウドストレージゆえに「どの場所でも、どの媒体でもデータにアクセスできる」という優れた点がある。

ちなみにOneDrive上のファイルにおいてはインターネットの先にあるサーバー上にファイルを保持するというクラウドストレージでありながら、Windows 10においては設定や利用状況により、オフライン(インターネット未接続)でもファイルアクセスが可能であることが特徴になる。

OneDriveによるマルチPCテクニック

OneDrive上のファイルはクラウドゆえに「どのPCからでも同じデータにアクセスして閲覧・編集する」ことが可能であるため、複数台のPCを場面によって使い分ける「マルチPCテクニック」に欠かせないファイル管理方法の一つである。

どこでもデータにアクセスできるという点においてはもちろんビジネスにも活用でき、仕事場/外出先/自宅などでの場所を選ばない作業進行が可能であるほか、ファイル管理を整えればテレワーク等にも活用できる。

● さまざまな場所、さまざまなPCからOneDriveにアクセス

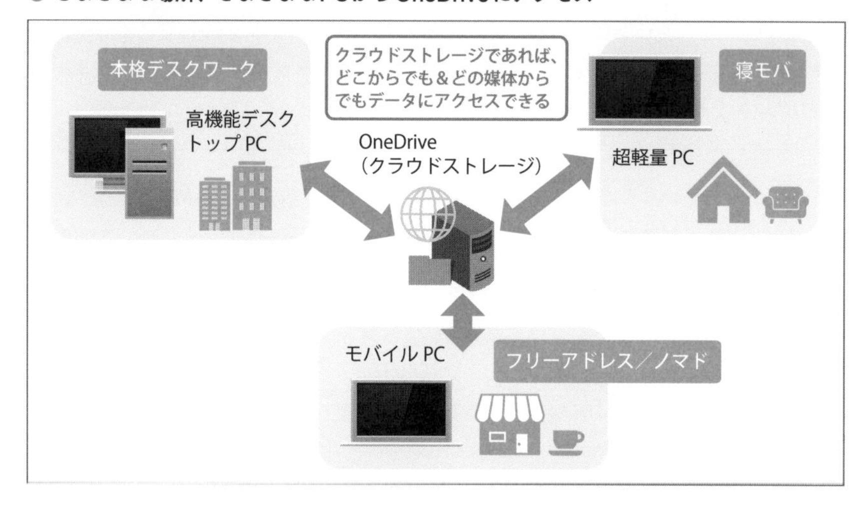

クラウドストレージとローカルドライブとの同期構造

Windows 10のローカルドライブとクラウドストレージOneDriveは、オンラインであれば自動同期する仕組みであり、ローカルドライブで更新されたファイルはクラウドストレージに、別のPC等で更新されたファイルがクラウドストレージ経由でその他のPCと同期を行う構造にある。

なお、この構造はファイルオンデマンドが無効でかつ、利用対象フォルダーでの話になる。

● OneDriveの同期の仕組み

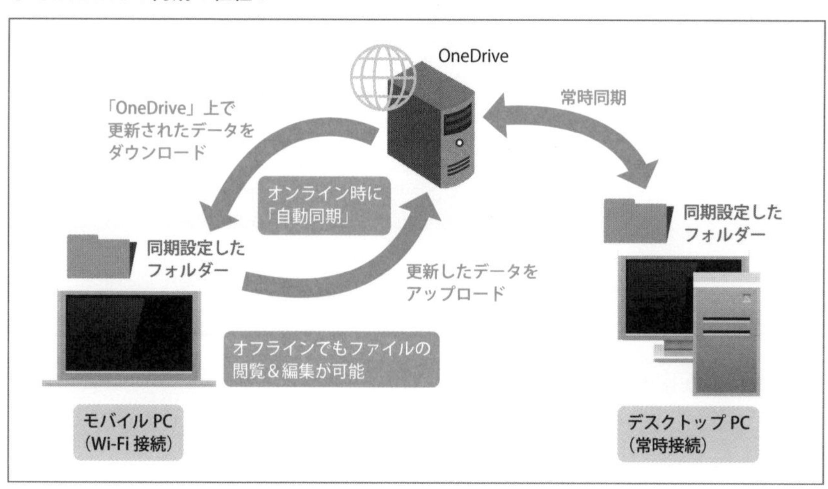

OneDriveのファイル競合時の処理

あるPCにおいてOneDrive上のデータファイルをオフライン状態で更新して同期を行わずに(同期を行う前に)、別のPCで該当データファイルを更新してしまったらどうなるだろうか?

答えは、未同期ファイルが同期された時点で「[ファイル名] - [コンピューター名].[拡張子]」というファイルが作成される。

つまり、ファイルロストしない構造にはあるが、編集更新したファイルが二つあるのは面倒なことになるので、基本的にOneDriveを利用するPCでは常に同期を心がけるほか、メモ的なデータは「OneNote」に保存して競合を起こりにくくする(あるいは競合をわかりやすくする)などの工夫が必要だ。

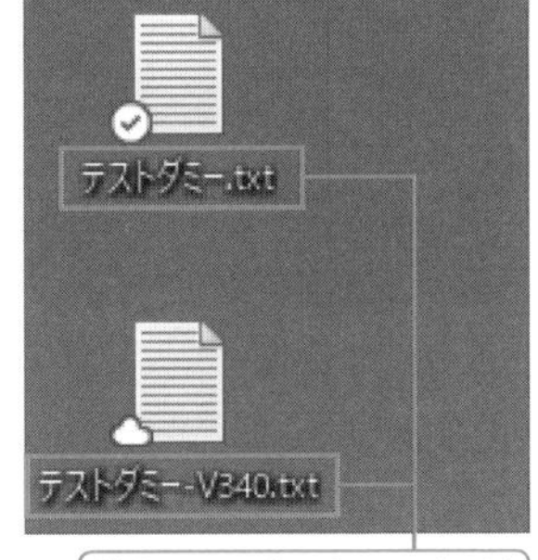

OneDriveの設定とPCのストレージ管理

Windows 10のOneDrive管理はPC環境や利用環境に合わせて最適化設定が必要だ。

OneDriveの設定は、通知領域のOneDriveアイコンをクリックして、「ヘルプと設定」から「設定」と選択すればアクセスできる。

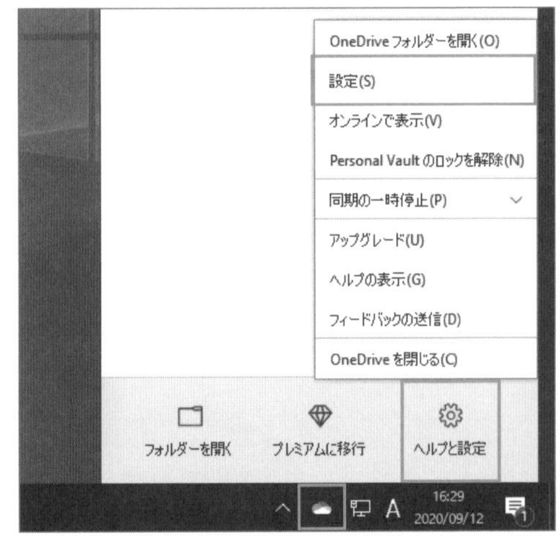

通知領域のOneDriveアイコンをクリックして、「ヘルプと設定」から「設定」と選択。あるいはOneDriveアイコンを右クリックして、「設定」を選択してもよい。

利用対象フォルダーの選択

OneDriveのクラウドストレージ上にあるフォルダーにおいて、PCで利用するフォルダーを指定したい場合には、設定ダイアログの「アカウント」タブ内、「フォルダーの選択」欄にある「フォルダーの選択」ボタンをクリックして、任意に設定する。

なお、ここで指定した「利用対象フォルダー内のすべてのファイル」が、自動的にPCとOneDriveの間で同期するか否かは「ファイルオンデマンドの設定」による。

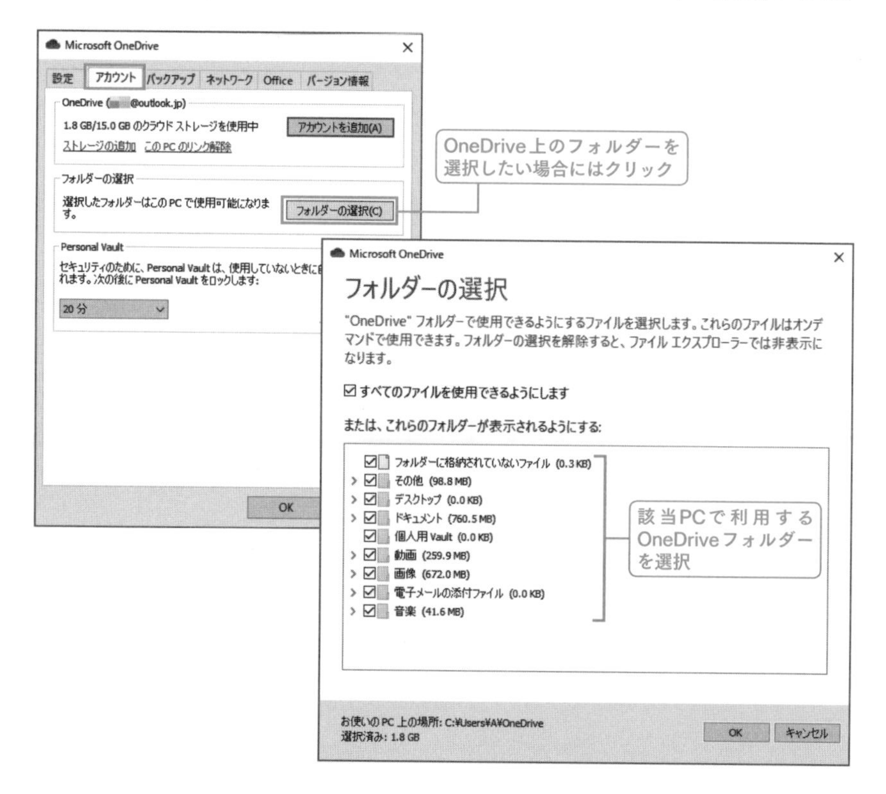

ファイルオンデマンドの設定

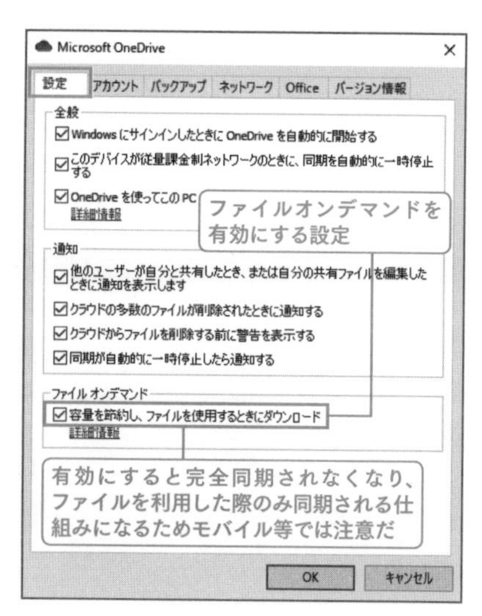

ファイルオンデマンドとは、いわゆるファイルが必要になったときにダウンロードする仕組みのことで、完全なオンラインアクセスと異なるのはオフラインであってもファイルの一覧を確認できるほか、オンラインでファイルにアクセスすれば以後オフラインでも利用可能になる点にある。

ファイルオンデマンドを有効にしたい場合には、「設定」タブの「ファイルオンデマンド」欄にある「容量を節約し、ファイルを使用するときにダウンロード」をチェックする。

主にストレージ容量に余裕がないPCで適用すべき設定だが、インターネット接続が確保できない環境では利用していないOneDrive上のファイルは開けないことになるため、管理上わかりやすくしたければファイルオンデマンドは利用せずに、選択フォルダーをすべて同期させることを勧める。

ネットワーク負荷の調整

「ネットワーク」タブではOneDriveにおける同期時のアップロード速度とダウンロード速度が設定できる。一般的な契約回線においては、アップロード速度が貧弱であることも多いため、OneDriveで大量のファイルをアップロードする際などにインターネットアクセス速度の低下を感じる場合には、「アップロード速度」欄から「自動的に調整」を選択するなど、環境に合わせて任意に指定するとよい。

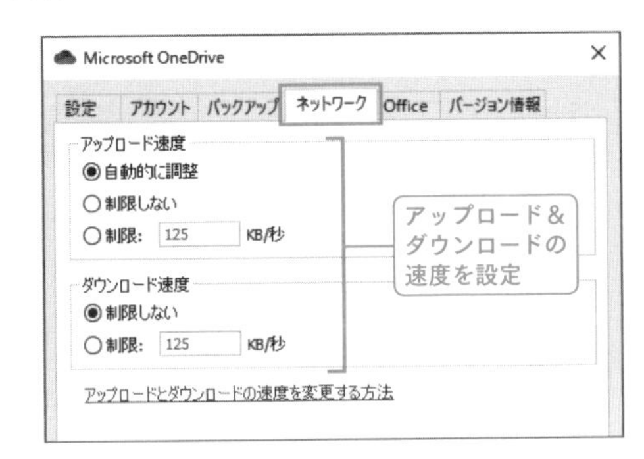

オンラインアクセスとファイルの復元

Windows 10でOneDriveのクラウドストレージ上のファイルに直接アクセスしたければ、通知領域のOneDriveアイコンをクリックして、「ヘルプと設定」から「オンラインで表示」を選択すれば、WebブラウザーでOneDriveのクラウドストレージにアクセスできる。

ちなみに、任意のWebブラウザーで「https://onedrive.live.com/」にアクセスしてMicrosoftアカウントでサインインしても同様である。

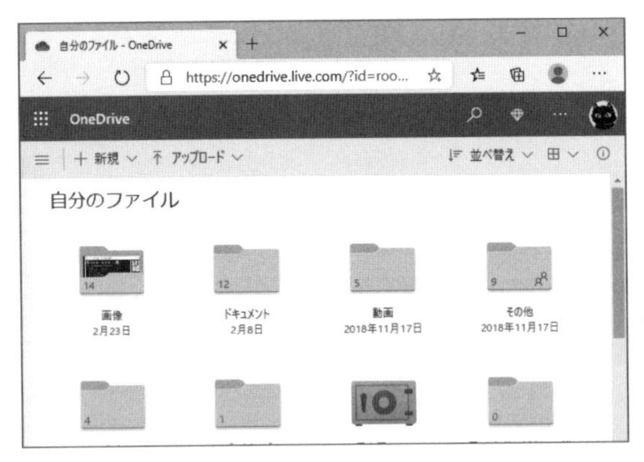

Webブラウザーで「OneDrive」のクラウドストレージにアクセス。いくつかの操作や設定は、このWebブラウザー上での操作でしか実現できないものもある。

ファイルの復元

オンライン状態で「ごみ箱」をクリックすれば、ごみ箱に保持されているファイルの一覧が表示できる。ちなみにこの場面では⓪をクリックすると詳細ウィンドウでファイルの内容を確認できる。

またごみ箱から復元したい場合には、任意のアイテムを選択して「復元」をクリックすればよい。

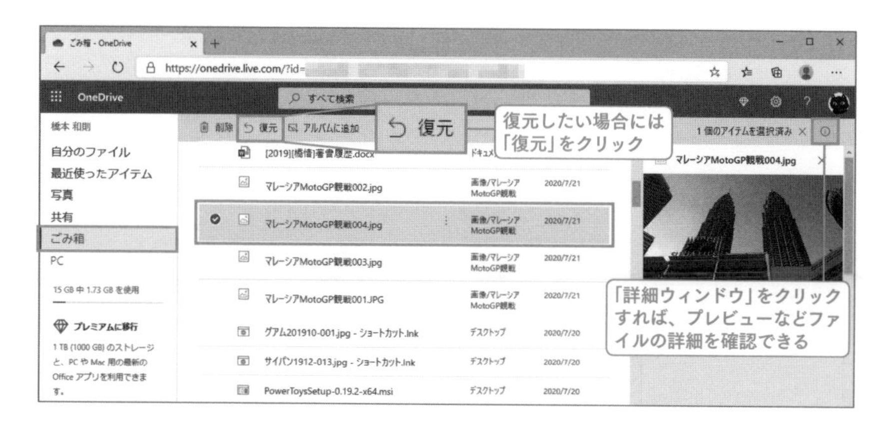

「デスクトップ同期」と同期対象外指定テクニック

OneDriveは「デスクトップ」を同期することも可能だ。これはマルチPCテクニックのように一人で複数のPCを利用したい、あるいは場面によってPCを使い分けたい場合などにおいて、デスクトップアイテムをPC間で同期して利用できるので非常に便利である。

しかし、デスクトップゆえに中には「同期したくないアイテム」というものもある。例えば、「そのPCにしか存在しないアプリのショートカットアイコン」は同期する必要のないアイテムになるが、このような「デスクトップ同期は行うが、一部のアイテムのみ同期から除外したい」という場合には、「パブリックデスクトップ」を活用するとよい。

「パブリックデスクトップ」は「ファイル名を指定して実行」から「SHELL:COMMON DESKTOP」と入力実行することで開くことができるので、この中に同期したくないアイテムを移動しておけば、「該当PCのデスクトップに表示されるが、他のPCでは同期(表示)されないアイテム」として管理可能だ。

なお、「パブリックデスクトップ」の特性として、ファイルの移動時などの全般的な扱いにおいて「管理者権限」が必要になることと、パブリックであるがゆえに「該当PCのすべてのユーザーのデスクトップに表示される」という点に留意する必要がある。

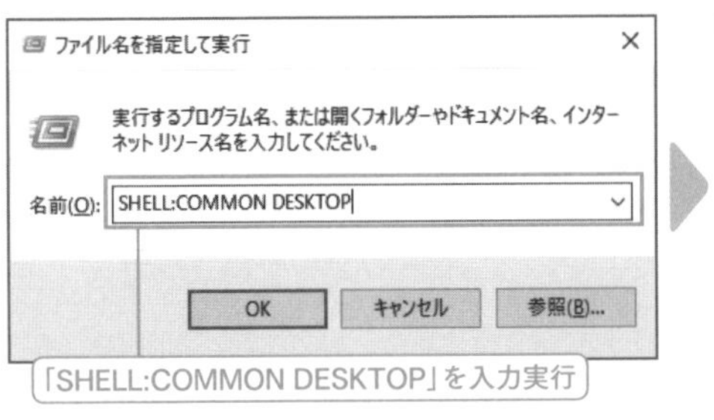

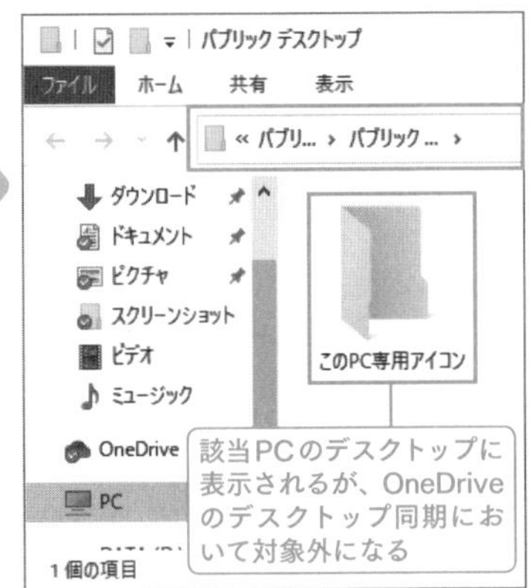

「ファイル名を指定して実行」から「SHELL:COMMON DESKTOP」で開いたフォルダーに、任意のフォルダーを作成してアイコンを管理。この中のアイコンやファイルは「OneDriveに同期されない」代わりに、「該当PCのすべてのユーザーのデスクトップで共有される」という特性を持つ。

他のユーザーとOneDrive上のフォルダーを共有する

OneDrive上のフォルダーを共有して他者に閲覧や編集を許可する場合には、エクスプローラーから任意のOneDriveフォルダーを右クリックして、ショートカットメニューから「共有」を選択。

「編集を許可する」などの任意のオプションを指定したのち、「リンクのコピー」をクリックすれば、共有フォルダーにアクセス可能なリンクを取得できるので、後はメールなりSNSなりでこのリンクアドレスを相手に伝えればよい。

共有相手はファイルを閲覧／編集／ダウンロードなどができるので(アクセス権の設定にもよる)、通常のビジネス環境ではもちろん、在宅勤務やテレワークにおいて大きめのファイルを渡したい場合などに活用できる。

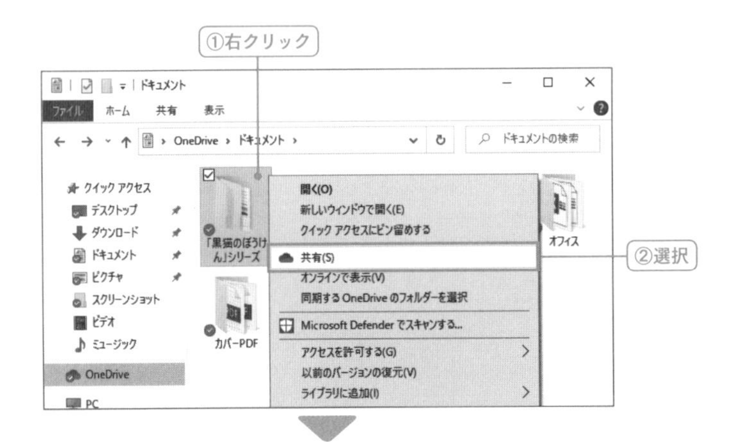

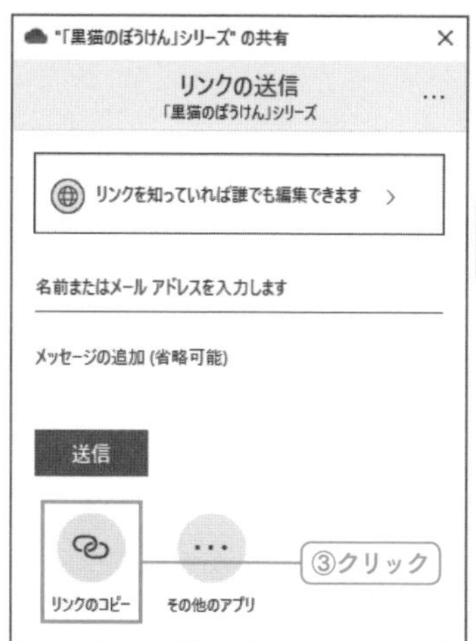

クラウドストレージ「OneDrive」上のフォルダーを共有。このリンクアドレスを相手に伝えれば、相手は該当フォルダーの内容を表示あるいは編集することができる。なお、パスワード設定などの一部機能はプレミアム(有料)を利用しなければならない。

クラウドを軸にしたPCとスマートフォンのデータ共有

「OneDrive」はもちろんスマートフォンでも利用できるため、クラウド経由でPCとスマートフォンで同じデータにアクセスして活用することが可能だ。

OneDriveへのアクセスは、スマートフォン上のWebブラウザー(Google ChromeやSafari)からでもアクセスできるが、よくアクセスする場合にはストアから「OneDriveアプリ」を導入して利用するとよい。

iPad版OneDrive

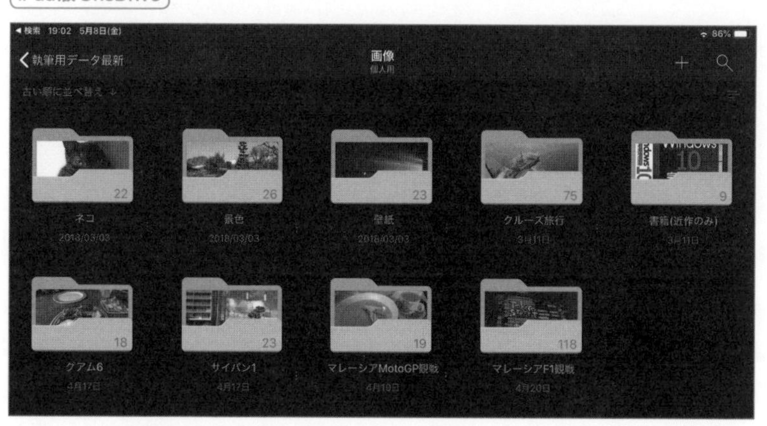

スマートフォンやタブレットで「OneDrive アプリ」を利用して、クラウドストレージ OneDrive にアクセス。クラウド連携による活用の一つだ。

OneNoteと付箋の同期

Windows 10では「付箋」で簡単なメモをとることができるほか、本格的なノートアプリとして「OneNote」が存在するが、スマートフォン版の「OneNoteアプリ」はPC上で編集した「OneNote」のデータのほか、「付箋」のデータにもアクセスして閲覧・編集が可能である。

ちょっとしたアイデアがひらめいたときにはPCよりもスマートフォンのほうが時間も場所も選ばずにサクッとメモできるので効率的であり、また細かい資料などはPCでの作成が向いている。

ちなみにOneNoteの任意のデータを参照しながら資料を作成したい場面などがあるが、この場合にはOneNoteのデータをiPad／Androidタブレット等に表示して参照し、PCで資料を作成するなどのマルチディスプレイ的な活用も便利だ。

iPad版OneNoteアプリ

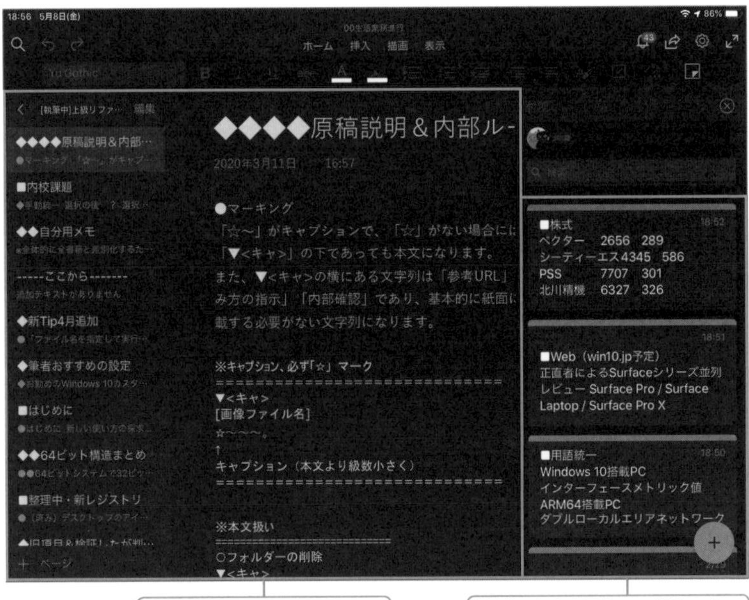

Chapter 6

究める!!
Windows 10のデータ&
ストレージ管理と回復

6-1 データ管理とバックアップ

Windows 10の「データ管理」

PCのデータ管理といえば、かつてはデータファイルをPCのローカルドライブに保存することが基本であったが、現在はこの管理は限りなく正しくないといってよい。

データは「ファイルサーバー」と「クラウドストレージ」で管理すべきであり、むしろ「PC上にデータファイルを置かない管理」を徹底しないと、Windows 10 PCにおいてはリスクが存在し、また「Windows 10を本当に活かすことができない」という事態に陥ることになる。

PC内でデータ管理するデメリット

筆者はOSとストレージは「壊れるもの」と考えて、日常的にPCで作業を行っている。

まず、前者の「OS」に関しては本書全般でも解説しているが、Windows 10というOSは常に新しい機能の追加とセキュリティアップデートが行われるが、どこかのOSとは違ってさまざまなメーカーで多種多様のデバイスバリエーションをサポートしている関係上、どうしてもWindows Updateの更新プログラム適用による不具合やOSトラブルなどは避けられない(「更新プログラムの適用を遅らせる(➡P.149)」ことによってある程度回避できるが、それでも完全に問題が起こらないとは言い難い)。

また後者「ストレージ」に関しては、読み書きを繰り返すことで寿命が縮む媒体であるほか、従来のハードディスクであった場合には問題が起こっても、ある程度の知識で臨むことやコストをかけることでデータサルベージすることができた。

しかし、昨今の標準ストレージであるSSDは読み書きを繰り返すことによる寿命の問題だけではなく「コントローラーが突然死する」ことも多いため、仮にデータ復旧業者に泣きながらお願いしたとしても、データサルベージはかなり困難で不可能な場合も多い。

まとめるとOSとストレージにある日突然問題が起こりうる「新しい時代のPC」において、「PCのローカルドライブでデータ管理を行う」ことは中長期的に考えるとリスクが高い状態といえるのだ。

ファイルサーバーとクラウドストレージの棲み分け

PCの外部でデータファイルを管理する方法として「ファイルサーバー（ローカルエリアネットワーク上のNASやサーバーPC）」と「クラウドストレージ（OneDrive等）」を用いる方法があるが、どちらを選択すべきかといえば、答えは「両方とも採用すべき」である。

クラウドストレージに関しては、インターネットの先にあるクラウドサーバーにデータが保持できる関係上、「場所を選ばずどこからでもアクセスできる」というメリットがあるが、大きめのデータファイル（特に1ファイルサイズが大きいもの）においては、例えば数GBの動画ファイルをクラウドに置いたうえですぐにアクセスして視聴したいなどの用途には向いていない。

一方、ファイルサーバーは「ローカルエリアネットワーク上のデバイスからしかアクセスできない」という制限を持つが、セキュリティを考えるとこの場所に保持しておくことが正しいデータファイルも多く存在し、またストレージを追加すれば好き放題容量を増やすことも可能だ。

また、クラウドストレージにアクセスするにはインターネット接続が必要であり、クラウドサーバーにおけるサービス側のトラブルや回線トラブルが起こるとファイルにアクセスできない事態に陥るが、ファイルサーバーであればこのような心配もなく、もちろんファイルアクセススピードもケタ違いだ。

運用方法や棲み分けは環境次第だが、いつでもどこでもアクセスしたいデータや軽めのファイルはクラウド、それ以外の重めのファイルや日常的に更新することや参照することがなくなったデータ、あるいは家庭や職場内で共有してスムーズにアクセスしたいファイルなどはファイルサーバーで管理するという考え方でよいだろう。

ファイルサーバーでデータを管理するメリット

ファイルサーバーでデータファイルを管理するメリットは複数ある。

大きなメリットの一つが、ファイルサーバー上の共有フォルダーにおいては、アクセスレベルの設定とユーザーの拒否が行えることであり、任意のユーザーのみ読み書きを許可するなどアクセスレベルを可変できる点にある。

このような管理はビジネス環境などで活きるのはもちろん、家庭環境であっても「家族の写真は誰でも見られるが子供には削除権限はない」「○○動画は自分しか閲覧できない」などの管理が可能である。

● 共有フォルダーのアクセス制限管理

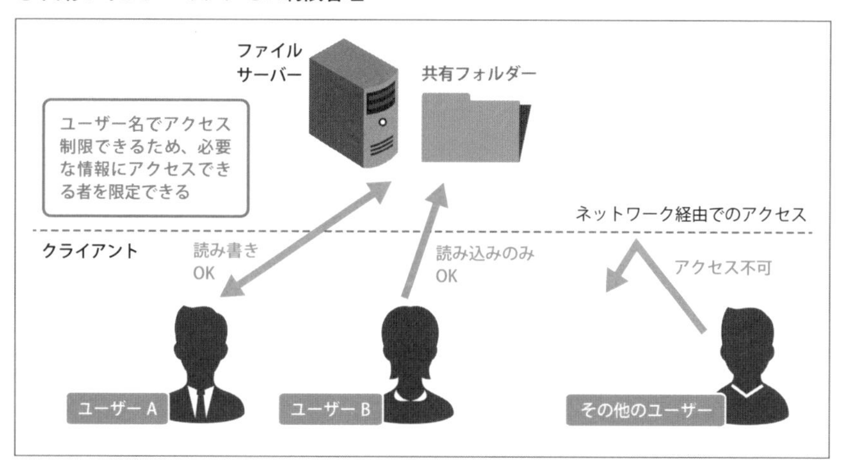

ファイルサーバーの堅牢なセキュリティ

PCにおけるセキュリティリスクの多くは「日常的なPC操作」にある。

具体的にはSNS／メール／チャットなどのリンクや添付ファイルを開くこと、あるいはWeb閲覧中に「当選しました！」などに誘導されて「マルウェアプログラム」を実行してしまうことや、「便利ツール」という名のマルウェアを導入してしまうパターン、データを開く際にアプリの脆弱性を突かれるなどだ。

しかし、ファイルを管理すること以外の作業をしないファイルサーバーでは、上記のようなマルウェアに侵されかねない操作を行わないため、つまりはセキュリティリスクにさらされる場面がほとんどない。

つまり、ファイルサーバーによるデータ管理はセキュリティ対策としても有効ということだ。

● ファイルサーバーの「優れた」セキュリティ

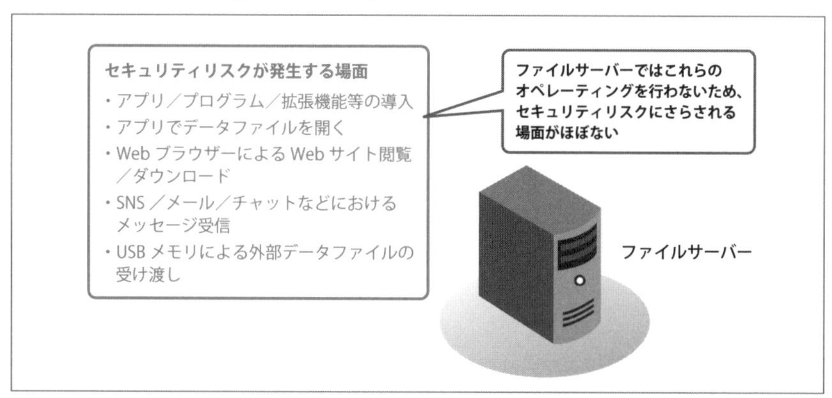

トラブル時の柔軟な対応

ネットワーク環境を俯瞰で見た場合、PCに何らかの問題が発生した際もファイルサーバーによるデータ管理にはメリットがある。

PCを選ばずにデータファイルにアクセスできるため、そもそもトラブルが起こったPCやマルウェアに侵された疑いのあるPCを隔離してほかのPCを利用するなどの措置を講じることができるほか、問題のあるPCにおいてもストレージ上にデータファイルが存在しないゆえに修復作業において自由度が高く「回復」「システムリカバリ」「再インストール」などの思い切った対処を行うこともできる。

● ファイルサーバーのメリット

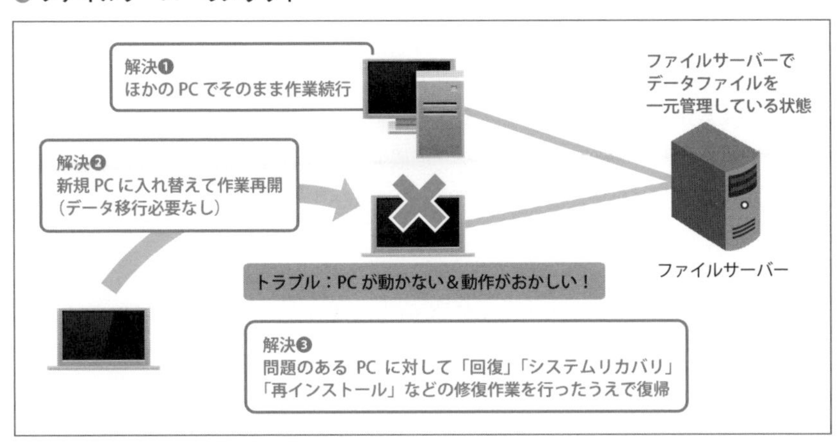

バックアップ

複数のPCを管理する者にとって面倒くさいのが「バックアップ」だが、ファイルサーバーでデータファイルを一元管理しておけば、データファイルのバックアップポイントは一つになるため、バックアップ作業も容易である。

● ファイルサーバーでバックアップ

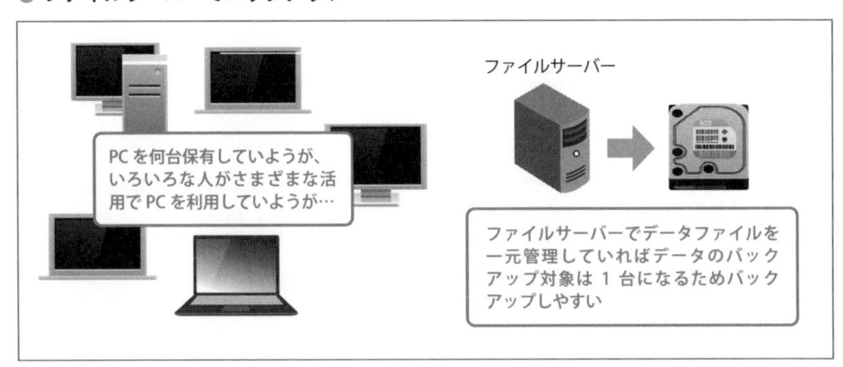

スマートフォン／タブレットからのデータアクセス

ファイルサーバーというとPCからしかアクセスできないイメージがあるかもしれないが、そんなことはない。

スマートフォン／タブレットからファイルサーバーの共有フォルダーにアクセスしたい場合には、SMB（Samba）プロトコルに対応した（正確にはSMBv2以上をサポートした）ファイラーを用いればよく、iOSであれば「FE File Explorer Pro」など、Androidであれば「CXファイルエクスプローラー」などを利用するとよい。

ファイルサーバーマシンの選択

ファイルサーバーには主に「NAS（Network Attached Storage）」を利用する方法と、「PC（汎用的なPC）」を利用する方法の二つが存在する。

それぞれメリットとデメリットがあるので紹介しよう。

なお、各特性を踏まえると、予算なり配置する場所なりを確保できるのであれば両方とも採用して使い分けるのが最善だ。

NASをファイルサーバーにする

NAS（Network Attached Storage）はPCよりも省電力でかつコンパクトである点に優れるが、各種設定はすべてWebブラウザー経由での作業になるため、それなりのネットワーク知識が必要なことと、共有フォルダーやユーザー管理などの設定もメーカーごとにUIが異なるためこの違いを理解したうえでの設定が必要になる。

そしてNASの内部的なファイルシステムはWindowsとは異なるため、NAS本体が故障した場合には別媒体（PCなど）にストレージを接続してファイルサルベージを行うことは極めて難しい点にも注意が必要だ。

総じて、NASは「常時接続したいファイルの置き場所」としては最適ではあるため、いわゆるいつでもアクセスしたいデータファイルの管理に向いている。

PCをファイルサーバーにする

本書読者のようにPCに深い知識を持つものほど「PCをファイルサーバーとして運用する」のが最適である。

ちなみにファイルサーバーのOSとしてはWindows 10を推奨する。Windows 10であればエディションに限らず最大20ユーザーまで同時共有が可能なので、一般的な環境であれば必要十分であるほか、OSそのものの設定もわかりやすく、特に共有フォルダー設定についてはNASのようにメーカーによって違うということもないため安心だ。

PCの選択だが、ファイルサーバーという用途を考えると「放熱性が高い筐体」「有線LANポートが基本」「ストレージの増設可能」などの観点から、デスクトップPC

であることが前提になる。

なお、ファイルサーバーのセキュリティが高いという特性を活かすためにも(➡P.342)、ファイルサーバー上で「一般的なオペレーティングとアプリ導入は行わない」というルールを絶対としたい。

ファイルサーバーのOSとして、Windows 10の上位エディションを採用すれば、リモートデスクトップ接続を行うことで「ディスプレイレス＆キーボードレス」というNASと同様の管理も可能であり、配置的な柔軟性も確保できる。

● リモートデスクトップでファイルサーバーをディスプレイレス管理

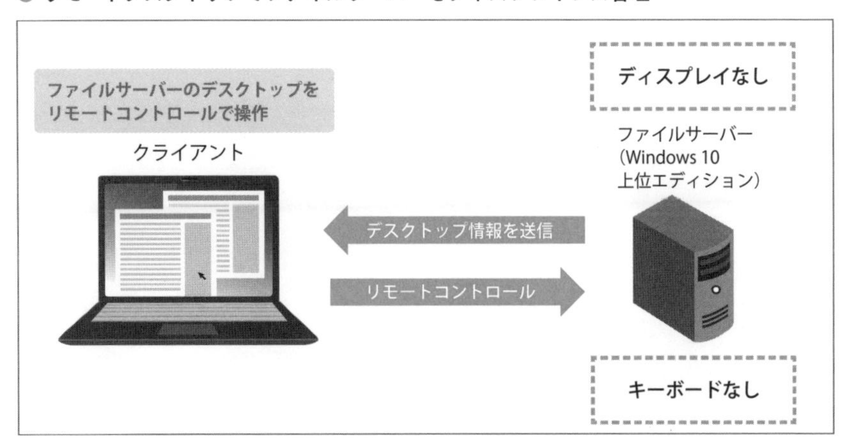

データバックアップ

「ファイルサーバー」や「クラウド」にデータファイルを保持していても、バックアップは必要だ。

これは前者の場合、ストレージや本体が壊れるリスク、後者の場合にはサービスが停止することやサービス側のメンテナンスミスなどによってデータアクセスができなくなること、アカウント乗っ取りなどの悪意によりファイルが上書きされるなどの可能性が考えられるからだ。

ミラー／世代バックアップと年次バックアップ

データのバックアップは「マスターデータのミラーバックアップ(ファイルサーバーの内容と同一内容)」を日次で行うようにするほか、間違えて上書きしてしまう可能性なども考えて任意の日付のデータにさかのぼれるよう、「マスターデータの世代バックアップ」も保持できる管理が望ましい。

また、可能であれば日常的なバックアップ媒体と「月次」「年次」のバックアップ媒体は分けて管理するようにしたい。

データバックアップ媒体

バックアップ媒体の選択は自由だが、外付けハードディスクやバルクのハードディスクなどのほか(月次や年次バックアップに向いている)、任意のPCやNASをバックアップサーバーとして運用して(日常的なバックアップに向いている)、ミラー/世代バックアップ、あるいは「日次」「月次」「年次」等の管理を分けるのが最適だ。

なお、外付け・バルクのハードディスクであれば「BitLockerドライブ暗号化(BitLocker To Go)」を適用してデータ漏えい対策を行うとともに、大切なデータであれば水没や消失などの最悪の場面を考えて貸金庫などに保管する、あるいは別途大容量クラウドサービスと契約してバックアップ先とするなど厳重に管理したい。

USB接続タイプ

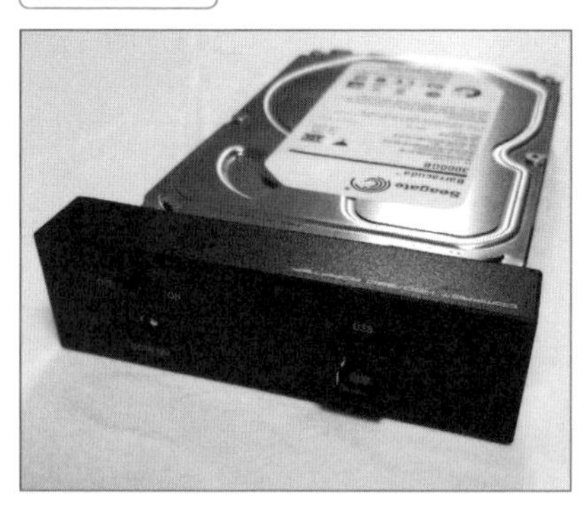

5インチベイタイプ

バックアップはコスパ重視であれば、バルクのハードディスクが利用できる外付けハードディスクキット(写真はエレコム製シリアルATA - USB変換アダプター「LGB-A35SU3」)、あるいは5インチベイにガシャポンできるハードディスクマウンターなどがよい。

Column

筆者のバックアップ

筆者はNASで業務用データ管理を行っているが、NASの故障に備えて1台のPCをバックアップサーバーに割り当てている。

ちなみにバックアップサーバーにはファイルバックアップソフト「BunBackup」を12時間ごとに自動的にスケジュール実行するように仕掛けており、「ミラーバックアップ(NASの内容そのまま)」と「世代バックアップ(ミラー上で変更や削除したデータファイルをさかのぼれる管理)」の双方を実現。また、大容量クラウドサービスに月次バックアップ、そして過去の全データをまとめたものを年ごとにバルクのハードディスクにバックアップして保持している。

6-2 システム管理のための ライセンスと復元／回復の知識

Windows 10で求められる「元に戻れる」管理

Windows 10は脆弱性対策などで月次で更新プログラムが適用されるほか、機能更新を行うOSでもあるため、セキュリティ対策や新しい機能を得るという意味では「是」であるが、ハードウェアとの相性問題やプログラム的な動作問題を起こしかねないという意味では「非」であり、今までのWindows OSとは異なり「OSに問題が起こった際に復元／回復するための管理」をあらかじめ講じておく必要がある。

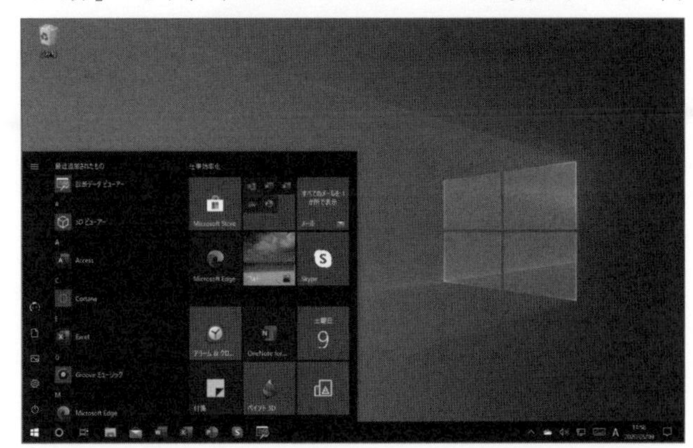

PCにおける平穏な日々は、ある日突然失われることがある。再び「PCで充実したオペレーティングを行う」には、Windows 10が突然不具合に見舞われても、修復できるように「復元／回復のための管理」をあらかじめ講じておく必要があるのだ。

復元／回復を行う前の注意点

PCのシステムであるWindows 10を「復元／回復するための管理」には主に5つの手段が存在し、「システムの復元（➡P.354）」「以前のバージョンの復元（➡P.357）」「PCを初期状態に戻す（➡P.359）」「クリーンインストール（➡P.371）」「システムバックアップからの復元（➡P.376）」などがある。

それぞれの復元／回復するための管理と実行については、次項以降で解説するが、注意としては、『システムを元に戻すということは、元に戻した時点のシステムドライブ状態が復元されてしまう』という点だ。

何を当たり前のことをいっていると思うかもしれないが、例えば「システムバックアップからの復元」であれば、システムドライブにデータファイルが含まれる場合、「バックアップした時点のデータファイル（1年前のシステムバックアップならば1年前のデータファイル）」に書き戻されてしまうことを意味する。

また、「クリーンインストール」などの場合には、文字通りクリーンなWindows 10しか存在しない状態になるためシステムドライブにあったデータファイルはすべて消失することになる。

復元／回復方法によっては「データファイルを保持したまま」実行できるものもあるが、復元／回復中の万が一のトラブルの可能性（処理が途中で停止するなど）を考えても、「データ管理はファイルサーバーやクラウドストレージを用いる」ことが正しく、「PC上にデータファイルを置かない管理を徹底する」ことは、Windows 10のシステムトラブルメンテナンスの前提環境であることは述べておく。

● システムの復元の罠

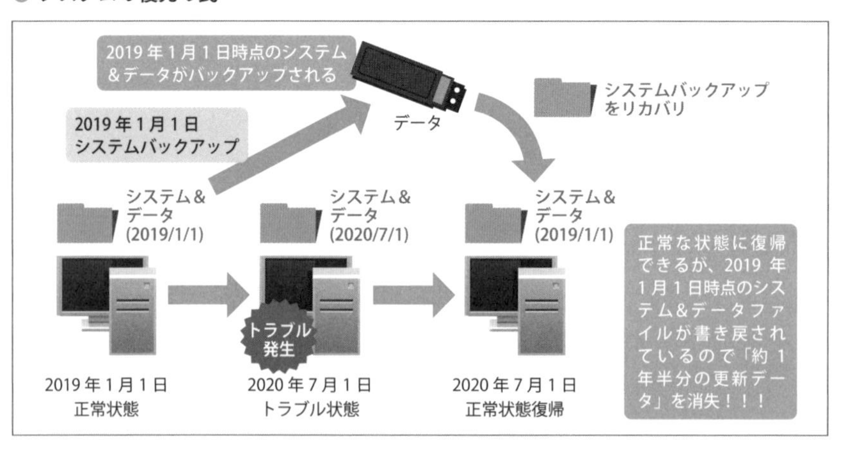

Windows 10のライセンス管理とアクティベーション

Windows 10は以前のOSとはアクティベーション特性がやや異なるため、ライセンス管理とともに確認しておきたい。

まず、自作PC等における最初のWindows 10のセットアップにおいては、当然「OSのプロダクトキー」が必要になるのだが、再インストールなどにおいてプロダクトキー入力は必要ない。これはMicrosoftのサーバーとPCのハードウェア構成の情報と紐づけられているからであり、ハードウェア構成に大幅な変更がない限り（任意にアクティベーションを行った場合には「CPU型番」「メモリ容量」「ビデオコントローラーの型番」「ストレージコントローラーの型番」「ストレージの型番」「ネットワークアダプターのMACアドレス」などのうち数種）、プロダクトキー入力なしで再アクティベーションが可能だ。

また、メーカー製PCの場合はPC本体にデジタルライセンス情報が記録されているため、同じくプロダクトキー入力なしで再アクティベーションが可能である。

この事実を知っておくことは非常に重要で、つまり「再セットアップにおいてプロダクトキー入力はスキップしてよい」ということになる。

なお、プロダクトキーを確認したい場合にはWindows PowerShellから「wmic path SoftwareLicensingService get OA3xOriginalProductKey」と入力実行することで確認できる（元のライセンス形態によっては表示できない場合もある）。

Windows PowerShellから「wmic path SoftwareLicensingService get OA3xOriginalProductKey」を入力実行。このPCではプロダクトキーを確認できたが、PCによってはエディションアップグレード前のプロダクトキーが表示されるものもあれば、ライセンス形態の関係で表示されないものもある。

Windows 10のエディションアップグレード

Windows 10 HomeからProへのアップグレードを行いたい場合には、「設定」から「更新とセキュリティ」－「ライセンス認証」と選択。

「Windowsのエディションをアップグレード」欄にある「Microsoft Storeに移動」をクリックして「Windows 10 Pro」を購入するか（もちろん有料だ）、あるいは手持ちがあれば「プロダクトキーの変更」でWindows 10 Proのプロダクトキーを入力すればよい。

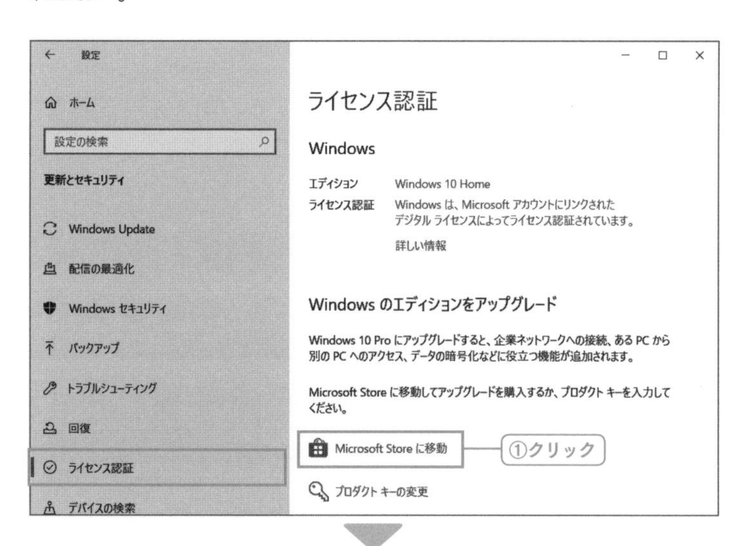

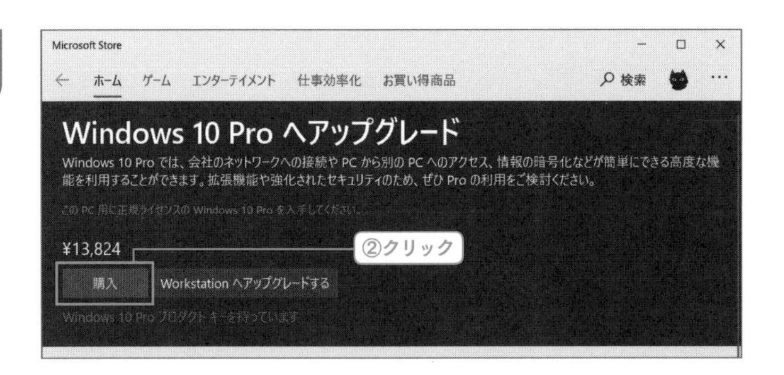

● **ショートカット起動**

■ **ライセンス認証**　ms-settings:activation

Column

悪用厳禁「プロダクトキー入力の裏技」

Windows 10リリース時、Windows 7／8.1などからの無料アップグレードキャンペーンを「1年限定」で実行しており、その期間内では該当OSからWindows 10に無料でアップグレードすることができた。

現在はもちろんキャンペーン期間は終了しているのだが、実はWindows 10をクリーンインストールしたうえで「Windows 7」や「Windows 8／8.1」のプロダクトキーでもアクティベーションできてしまう。

ちなみにここまでの情報は語られることが多いのだが、独自検証した結果では「エディションアップグレード」も可能であった。具体的には「Windows 10 Home」がバンドルされているPCに、「Windows 7 Professional」のプロダクトキーを入力すると……

すでにオフィシャルでは終了したキャンペーンなので、今後恒久的にこの記述内容が適用できるとは限らず、ライセンス的にどこまで許されるかは不明である。

しかし、少なくとも2020年の時点でアクティベーションできてしまったことも事実だ。

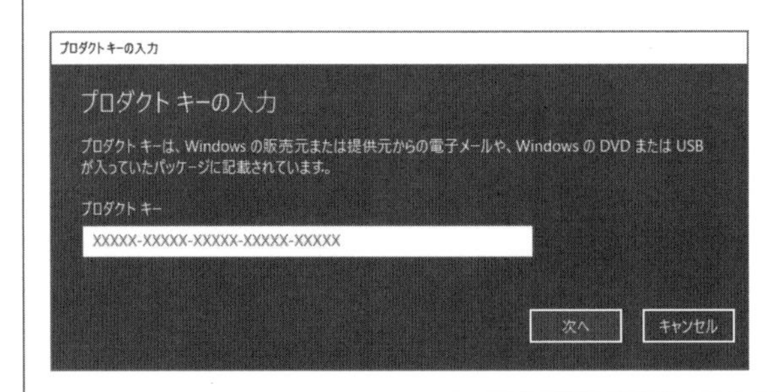

回復ドライブ（システム回復USBメモリ）の用意

Windows 10がとりあえず動作する状態であればデスクトップ上の操作でシステムの復元や回復を実行することができるが、仮にOSがまったく起動しなくなってしまった場合はどうすればよいだろうか？

そんなときに活躍するのが、USBメモリからブートして各種修復操作や、PCによってはシステムリカバリも行える「回復ドライブ」である。

「回復ドライブ」はUSBメモリから独立して起動するため、「Windows 10のシステムドライブの状態に依存せずに復元／回復が実行できる」点にメリットがあり、万が一を考えてあらかじめ用意しておきたいアイテムの一つだ。

「回復ドライブ」の作成

「回復ドライブ」には二つの種類があり、単純にOSを修復するためのツールのみ収録した回復ドライブと、メーカー製PCにおいては「システムバックアップを含む回復ドライブ」が存在する。

前者は1GB以上のUSBメモリ、後者はPCのシステムバックアップ容量に従ったUSBメモリ（8GB～64GB程度）が必要になる。

「回復ドライブ」の作成は、コントロールパネル（アイコン表示）から「回復」を選択して、「回復ドライブの作成」をクリック。

「システムファイルを回復ドライブにバックアップします。」を任意にチェックしたうえで（この選択が表示されない場合には、「システムバックアップを含む回復ドライブ」が作成できないことを示す）、指定されるサイズ以上のUSBメモリを用意して以後ウィザードに従って回復ドライブを作成すればよい。

コントロールパネル（アイコン表示）から「回復」を選択して、「回復ドライブの作成」をクリックして、ウィザードに従う。「システムファイルを回復ドライブにバックアップします」はメーカー製PCであれば必ずチェックする。

「指定容量以上のUSBメモリ」を用意して、ウィザードに従って「回復ドライブ」を作成。なお、「システムファイルを回復ドライブにバックアップします」をチェックした場合、かなり作成に時間を要する。

● ショートカット起動

■ 回復ドライブ(作成)　RECOVERYDRIVE

Column

USBメモリはシール貼り付けとテキスト保存を徹底する

本書読者であれば複数のPCを所有していることと思われるが、「回復ドライブ」を作成した際には、USBメモリに「機種名を記述したシール」を貼っておくことを強く勧める。

これはどのPCのシステムバックアップを収録したUSBメモリなのかを目視できるようにするためだ。

また、万が一シールが剥がれてしまった場合などに備え、USBメモリのルートにテキストファイルを作成して、テキストファイル名を「PCの型番」、テキストファイルの内容に「作成日、Windows 10のバージョン、エディション、PCのハードウェア情報」などを記述しておくと、後々回復ドライブを利用する際の目安になってよい。

Windows 10セットアップUSBメモリの用意

Windows 10をクリーンインストールなり、再インストールなりをするには「Windows 10セットアップUSBメモリ」が必要になる。

ちなみにこの「Windows 10セットアップUSBメモリ」は、いつでも最新バージョンをWebから入手することができる。

■ Windows 10 のダウンロード
https://www.microsoft.com/ja-jp/software-download/windows10

Windows 10セットアップUSBメモリの作成

「Windows 10セットアップUSBメモリ」を作成したい場合には、「Windows 10のダウンロード」サイトにアクセス。

「ツール」をダウンロードしたうえで、ウィザードに従ってWindows 10の「言語」「エディション」「アーキテクチャ（システムビット数）」をそれぞれ選択して、作成先として「USBフラッシュドライブ」を選択して作成すればよい。

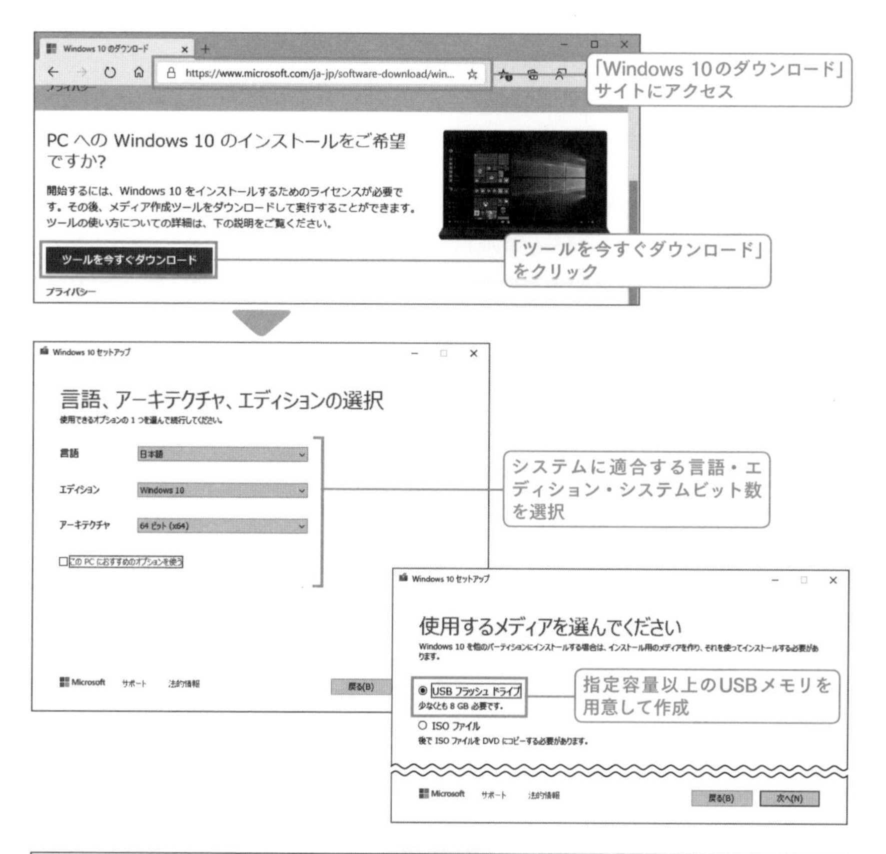

> **Column**
>
> ### Windows 10セットアップUSBメモリの管理
>
> 「Windows 10セットアップUSBメモリ」は作成時期によって内容が異なり、基本的に「作成時点で公開されているWindows 10の最新バージョン」のセットアップファイルになる。PC環境によっては「以前のWindows 10バージョンをセットアップしたほうが安定する」などの場合もありうるため、作成日時とバージョン番号を記述したシールをUSBメモリに貼ったうえで、複数のUSBメモリを用いて履歴的に「Windows 10セットアップUSBメモリ」を作成して保存しておくことを勧める。

6-3 Windows 10システムの復元と回復

「システムの復元」によるシステム保護機能

「システムの復元」は以前は無効にすべき機能の代表格であり、システムドライブ容量を圧迫するうえに、フラグメンテーション(ファイルの不連続化)も促進するという「Windows OSを重くする一つの要因」であった。

しかし、現在のWindows 10においては、見直してもよい機能である。

なぜなら、「フラグメンテーションによるパフォーマンスダウン」はハードディスクでの話であり、SSDにはほぼ関係のない話だ。

またシステムドライブ容量圧迫については環境次第だが、空き容量を確保できれば「以前のシステム状態を復元できる」というのは、勝手なプログラムの更新やデバイスドライバーの導入がユーザーが知らないタイミングで起こりかねないWindows 10では、歴史を経て逆に使いどころが見えてきた機能ともいえる。

システムバックアップではない「システムの復元」

「システムの復元」はシステムバックアップではない。

この点は機能を理解する必要があるのだが、「システムの復元」は、「システムのスナップショットをシステムドライブ自身で保持する」というものなので、システムをまるごと保持しているわけでもなければ(システムファイルの差分を保持しているだけ)、システムドライブが吹っ飛んだ場合には、システムの復元もシステムドライブ上に保持しているため、そもそも復元が実行できないというトラブルに陥ることになる。

つまり、この機能を利用すれば「Windows 10をいつでも復元できて安心」とはならないので、必ずその他の「復元/回復のための管理」を併用しなければならない。

正直、「トラブル時に役に立つかも」ぐらいの機能であり、システムの完全な状態でのバックアップと復元(リカバリ)を望むのであれば「システムのバックアップ(➡P.376)」を推奨する。

システムの復元を「有効」にする

コントロールパネル(アイコン表示)から「システム」を選択して、タスクペインから「システムの詳細設定」をクリック。

「システムのプロパティ」ダイアログの「システムの保護」タブ内、「保護設定」欄でシステムドライブ(Cドライブ)に着目。ここで「有効」になっていればシステムのスナップショットは作成されている状態であり、また「無効」の場合には「システムの復元」が機能として無効であることを示す(PCの出荷状態によって異なる)。

「システムの復元」を有効にしたい、あるいは詳細に設定したい場合には、「Cドライブ」をフォーカスして「構成」ボタンをクリックして、任意に設定するとよい。

もちろん、自分のPCの環境構築スタイルを鑑みて、システムの復元に有用性を感じなければ「無効」に設定するのも手だ。

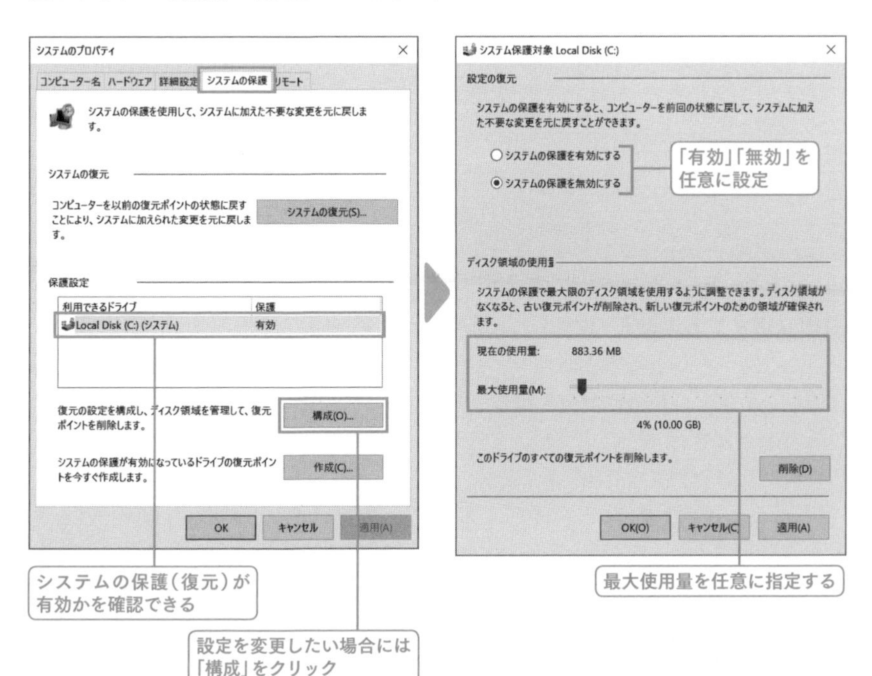

復元ポイントの作成

「システムの復元」では、Windows 10のシステムが変更された際に自動的に「復元ポイント」を作成する仕様だが(ただしすべての場面ではない)、任意の名称で任意の復元ポイントを作成したい場合には、「システムの保護」タブ内、「作成」ボタンをクリックしてウィザードに従えばよい。

任意の説明を入力できるので、システムに影響するプログラム(デバイスドライバーやシステムアプリ等)を導入する前などは、その情報を記述しておくと後で役立つ。

▢復元ポイントの復元(注意)

「復元ポイント」は安易に復元すべきではない。システムの復元の構造自体が現在のシステムとの不整合を引き起こしかねないことを踏まえ、あくまでも問題が起こった際のオプションの一つとして実行されたい(システムを復元することにより新たなトラブルを生む可能性もある)。

Windows 10が動作している状態において、「復元ポイントの復元」の実行は、コントロールパネル(アイコン表示)から「システム」を選択して、タスクペインから「システムの詳細設定」をクリック。「システムのプロパティ」ダイアログの「システムの保護」タブ内、「システムの復元」欄にある「システムの復元」ボタンをクリックしてウィザードに従う。

なお、Windows 10が起動できなくなった状態で「復元ポイントの復元」を実行したい場合には、「トラブルシューティングの詳細オプション(➡P.361)」で実行できる。

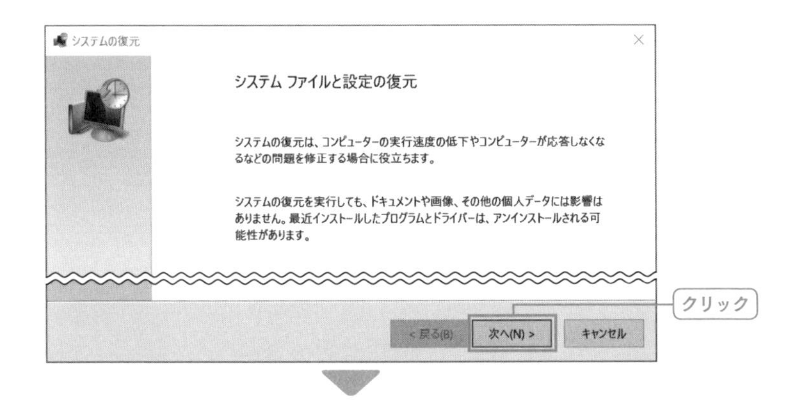

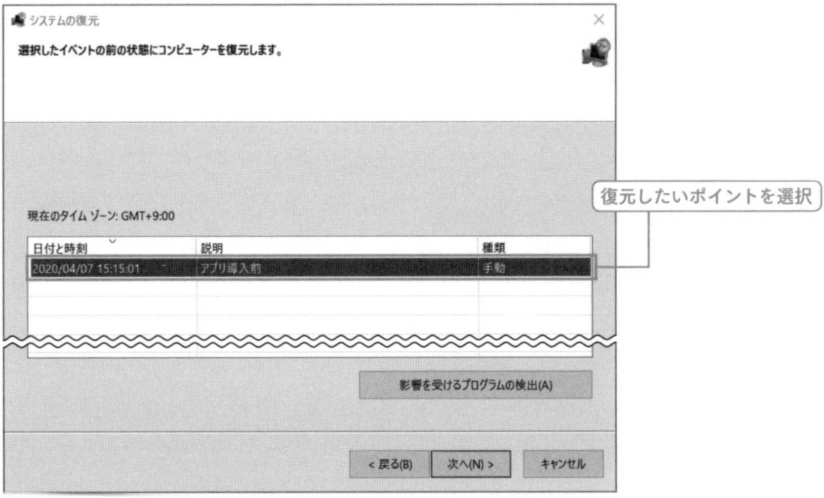

システムの復元

選択したイベントの前の状態にコンピューターを復元します。

現在のタイム ゾーン: GMT+9:00

日付と時刻	説明	種類
2020/04/07 15:15:01	アプリ導入前	手動

影響を受けるプログラムの検出(A)

< 戻る(B)　次へ(N) >　キャンセル

復元したいポイントを選択

● **ショートカット起動**

- システムのプロパティ（システムの保護）　SYSTEMPROPERTIESPROTECTION
- システムの復元（復元ウィザード）　RSTRUI

「以前のWindows 10バージョンの復元」を実行する

Windows 10は機能更新と仕様変更を行うOSであり、基本的に半期に一度のアップグレード、また年に一度の大幅なアップグレード（仕様改定を含む可能性もある）を行うが、このアップグレードに伴い既存のハードウェア構成やアプリ環境と不整合が起こり問題が起こる可能性がある（というかよく起こる）。

このような特性を踏まえても、Windows Updateにおける「機能更新プログラム」の適用は遅らせるべきだが（➡P.149）、適用してしまった後にやはり以前のバージョンに戻りたい場合には、「設定」から「更新とセキュリティ」－「回復」と選択して、「前のバージョンのWindows 10に戻す」欄にある「開始する」ボタンをクリックすればよい。

なお、「以前のWindows 10バージョン」の保持期間は限られているが（10日間、バージョンにもよる）、この期間を延長したい場合にはWindows PowerShellから「DISM /Online /Set-OSUninstallWindow /Value: [日数]」と入力実行すればよい。

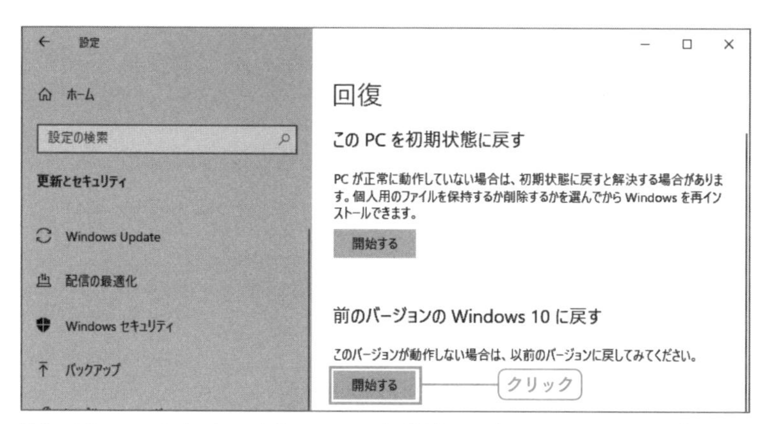

以前の Windows 10 バージョンを復元したければ、「設定」から「更新とセキュリティ」−「回復」と選択して、「前のバージョンの Windows 10 に戻す」欄にある「開始する」ボタンをクリック。

「以前の Windows 10 バージョンに戻れる」期間を表示したければ Windows PowerShell から「DISM /Online /Get-OSUninstallWindow」で確認できる(なお、以前のバージョンが存在しない場合にはエラーが表示される)。

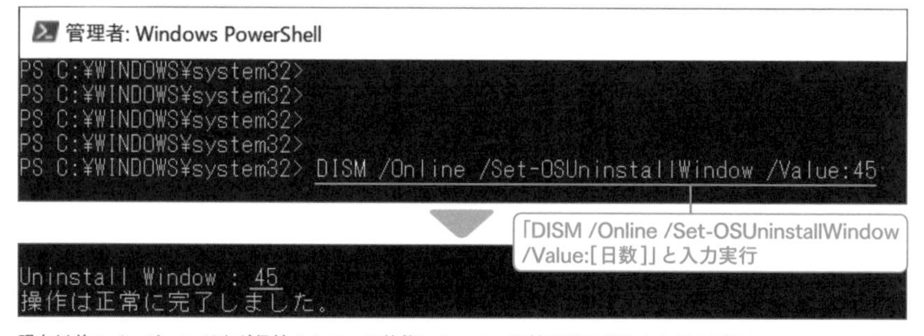

現在以前のバージョンがまだ保持されている状態において、保持期間を増やしたければ Windows PowerShell から「DISM /Online /Set-OSUninstallWindow /Value: [日数]」と入力実行する。こののち日数を確認すると保持期間が延長されていることがわかる。

● ショートカット起動

■ 回復(更新とセキュリティ)　ms-settings:recovery

「PCを初期状態に戻す」を実行する

Windows 10には「PCを初期状態に戻す」というオプションが用意されている。スマートフォンなどではおなじみの初期状態を復元する機能だが、従来のWindows OSではなぜかこの機能が搭載されていなかったため、Windows 10では目玉機能というか、ようやくデバイスを管理するうえで当たり前の機能が実装されたわけだ。

このオプションはシステムを完全リセットしてトラブルシュートしたい場合のほか、不要になったPCをオークションやフリマに出品したいなどの場合に活用することができる。

「PCを初期状態に戻す」を実行したい場合には、「設定」から「更新とセキュリティ」－「回復」と選択して、「このPCを初期状態に戻す」欄にある「開始する」ボタンをクリックする。

なお、この機能は全般的にさまざまなオプションが用意されているが、Windows 10バージョンによってかなり差異があるので、実行時にはよくメッセージを読んで確認を行うようにしたい。

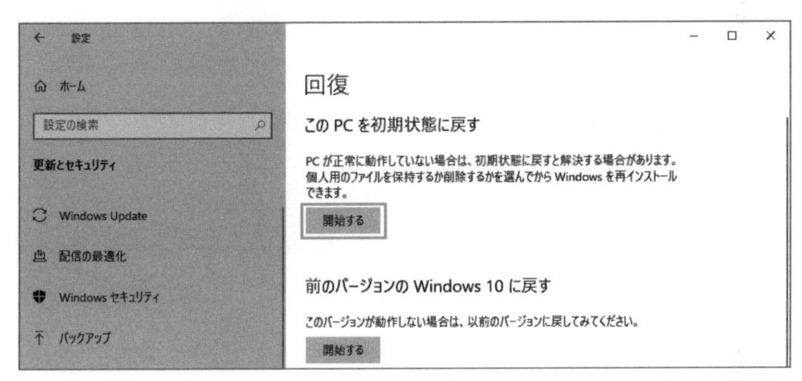

「設定」から「更新とセキュリティ」－「回復」と選択して、「このPCを初期状態に戻す」欄にある「開始する」ボタンをクリックすれば、「PCを初期状態に戻す」ことができる。もちろん、安易に実行すべきではないオプションだ。

データファイル保持の選択

ウィザード中にデータファイルを保持するか否かのオプションが表示されるので任意に選択する。なお、データファイルではないデータの一部（例えばメールのアカウント情報）などはアプリの管理方法次第では破棄されることもあるため（アプリ設定に属すると判断された場合破棄される）、「データファイルが残る＝安心安全」というわけではない点に留意したい。

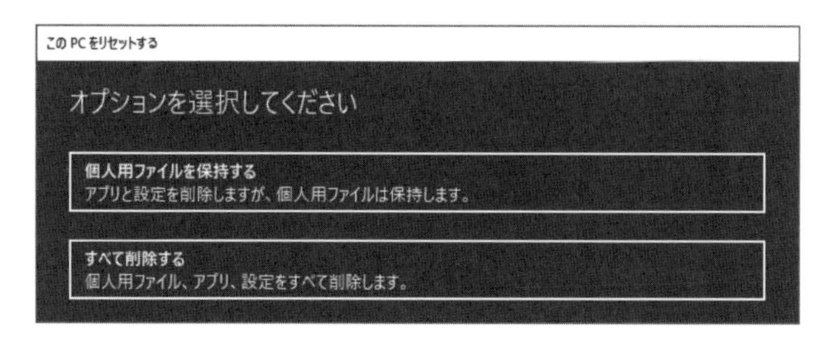

追加の設定

「データのクリーニング」とはいわゆる「データの完全消去」であり、残存データ(ストレージ上の痕跡)からファイルを復元できないようにするオプションだ。

なお、「追加の設定」の詳細は、Windows 10バージョンや環境によって異なる。

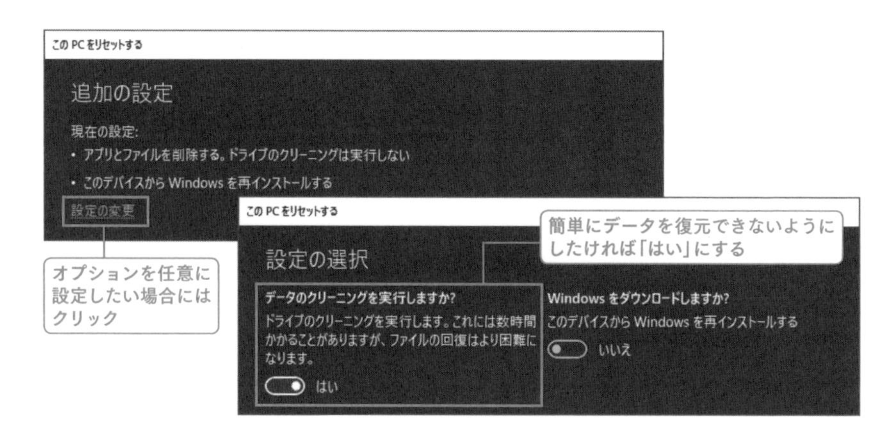

最終確認と実行

最終確認が表示されたら、必ず「初期化」の実行内容を確認して、問題がなければ「リセット」ボタンをクリックする。「PCを初期状態に戻す」を実行できる。

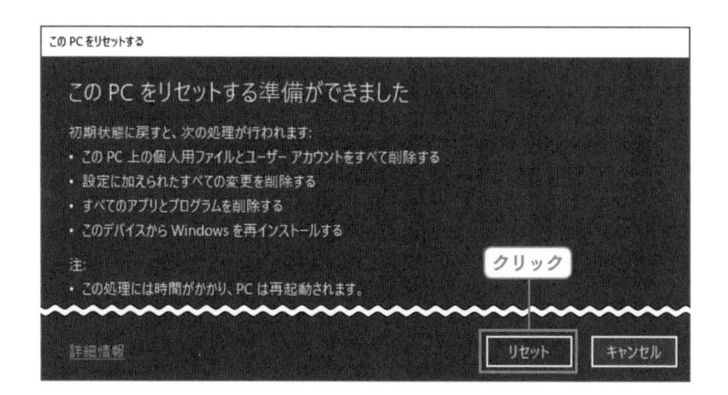

6-4 デスクトップ以外からのトラブルシューティング

デスクトップからの「トラブルシューティング」へのアクセス

「スタートアップ修復」「セーフモード起動」「コマンドプロンプト」「UEFIファームウェアの設定」「システムの復元」などを実行できる「トラブルシューティングの詳細オプション」にデスクトップからアクセスする方法としては、以下のようなものが存在する。

なお、どのアクセス方法も「オプションの選択」から「トラブルシューティング」－「詳細オプション」と選択することにより、トラブルシューティングの詳細オプションにアクセスできる。

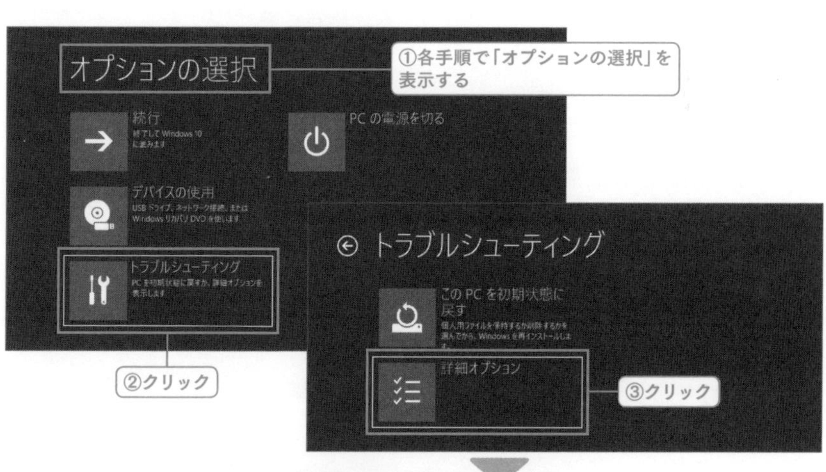

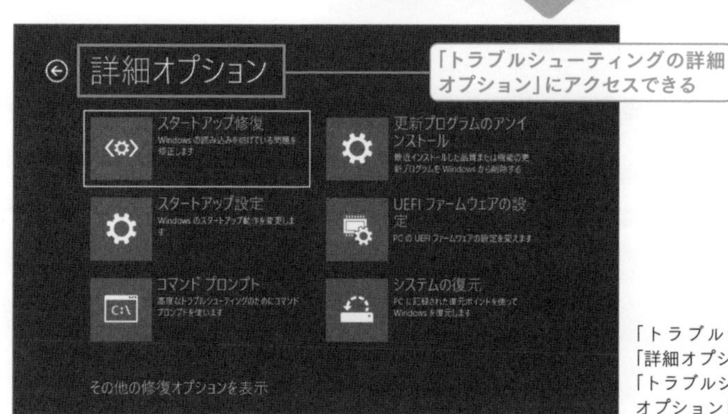

「トラブルシューティング」－「詳細オプション」と選択すれば、「トラブルシューティングの詳細オプション」にアクセスできる。

回復からの「トラブルシューティングの詳細オプション」へのアクセス

「設定」から「更新とセキュリティ」-「回復」を選択。「PCの起動をカスタマイズする」欄にある「今すぐ再起動」ボタンをクリックすることでアクセスできる。

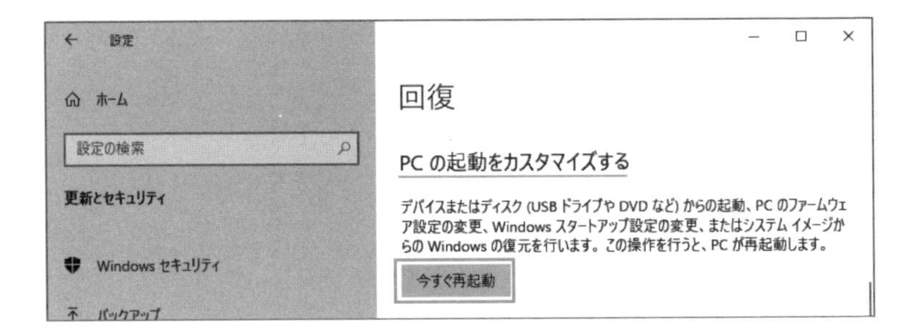

コマンドからの「トラブルシューティングの詳細オプション」へのアクセス

「ファイル名を指定して実行」から「SHUTDOWN /R /O」と入力実行することでアクセスできる。なお、素早く画面移管したい場合には「/T 0」オプションを付加するとよい。

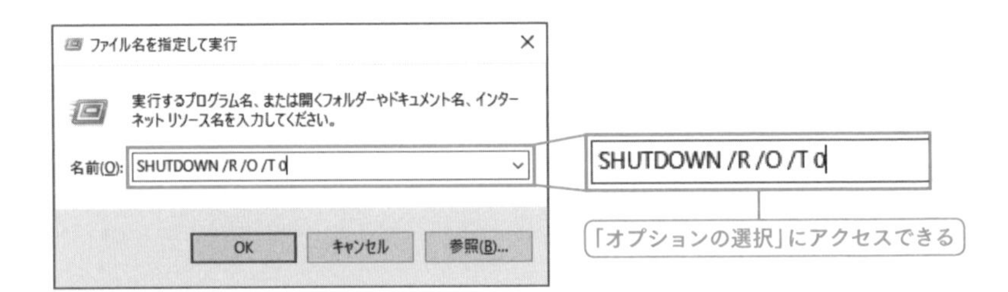

「再起動」からの「トラブルシューティングの詳細オプション」へのアクセス

［スタート］メニューから「電源」をクリックしたのち、Shift キーを押しながら「再起動」を選択することでアクセスできる。なお、ショートカットキーであれば ⊞ + X → U → Shift + R キーだ。

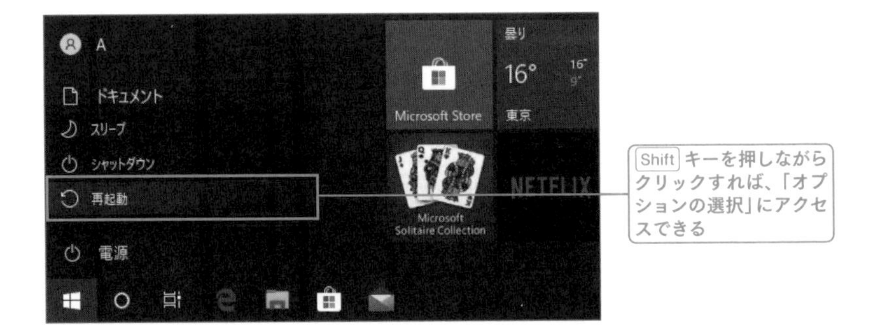

回復ドライブからの「トラブルシューティング」へのアクセス

回復ドライブ(USBメモリ)からも、「トラブルシューティングの詳細オプション(➡P.361)」にアクセスすることができる。

なお、回復ドライブからの起動はあらかじめUSBメモリに作成しておくことと(➡P.351)、PCのUEFI(PCによってはBIOS)でUSBメモリからのブートを許可しておく必要がある。

回復ドライブからの起動は、言語やキーボードのレイアウトを任意に選択したうえで、「トラブルシューティングの詳細オプション」にアクセスできるが、システムドライブからの起動とは異なり、詳細オプションの項目の一部が異なる。

「回復ドライブ」から起動した場合には詳細オプションの項目が一部異なる

回復ドライブから起動した「トラブルシューティングの詳細オプション(➡P.361)」。いくつかの項目はシステムドライブからの起動ではないため存在せず、またハードウェアによっても内容は異なる。

トラブルシューティングの詳細オプションによるメンテナンス

「トラブルシューティングの詳細オプション」では、さまざまなメンテナンスを行うことができる。

なお、ここでの各オプション選択は、実行しただけでシステムに影響を与えるため、必然性がない場合には実行してはならない。

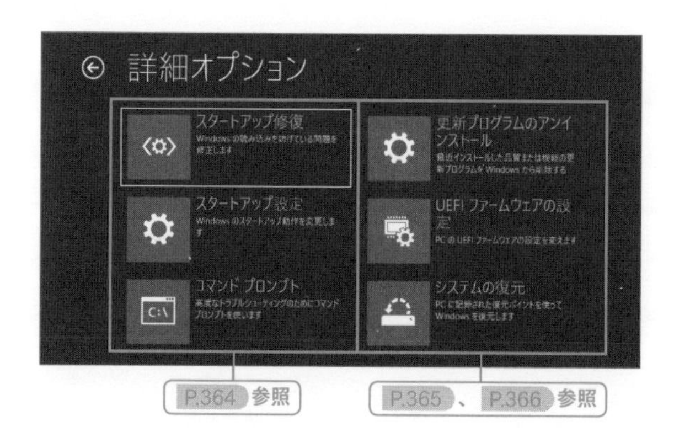

「スタートアップ修復」

Windows 10が正常起動しないなど起動系のトラブルにおいて、診断および自動修復を試みる。

基本的にWindows 10が起動しない、起動中にエラーメッセージを表示するなど根本的な起動問題の際に選択すべきオプションだ。

「スタートアップ設定」

「スタートアップ設定」を選択したのちに「再起動」ボタンをクリックすることでさまざまな起動オプションにアクセスできる。基本的に特殊な状況で必要になる起動オプションであり、マルウェア対策を無効にした起動やデバイスドライバーの署名を無視した起動などが行える。

なお、「セーフモード」については P.367 参照だ。

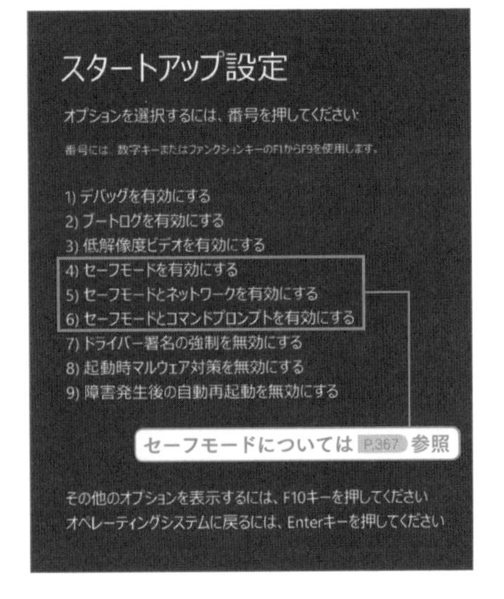

「コマンドプロンプト」

シェルとしてデスクトップではなく「コマンドプロンプト」で起動できる。Windows 10ではかなりのサービスやプロセスが読み込まれるためデスクトップ上でのメンテナンスには制限があるが、このコマンドプロンプトは完全にWindows 10のシステムとは切り離された形で起動するコマンドプロンプトであるため、システムに重大な障害がある場合でのコマンドによる修復に役立つ。

ちなみにWindows 10のコマンドプロンプトは外部ストレージ(USBメモリやSDカード等)へのアクセスに対応しているため、ファイルサルベージを行いやすいという特徴がある。

更新プログラムのアンインストール

更新プログラムの種類については P.148 で解説しているが、「最新の機能更新プログラム」あるいは「最新の品質更新プログラム」を任意に指定してアンインストールできる。

Windows Updateにおいて更新プログラムを適用した際に「問題が起こった場合」に選択すべきオプションだ。

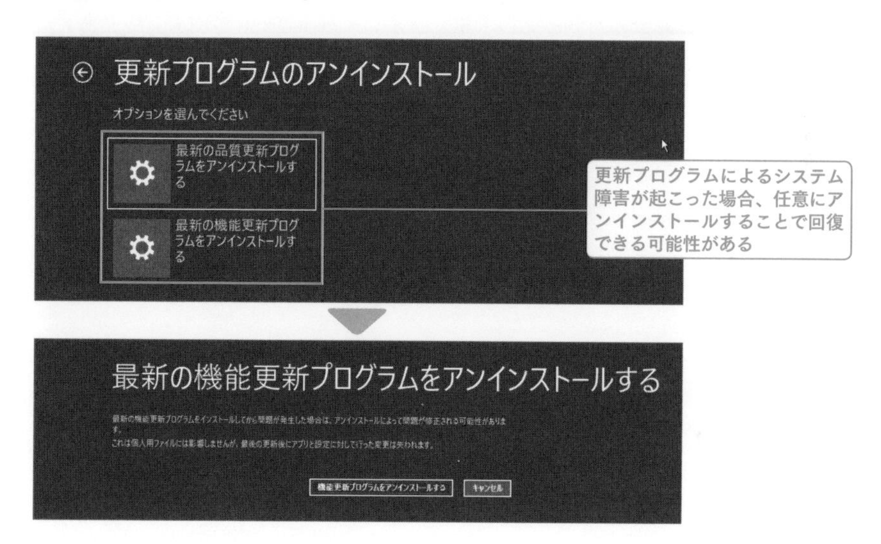

UEFIファームウェアの設定

文字通りPCのUEFI設定にアクセスできる。なお、UEFI設定にアクセスできるのは対応PCのみだ。

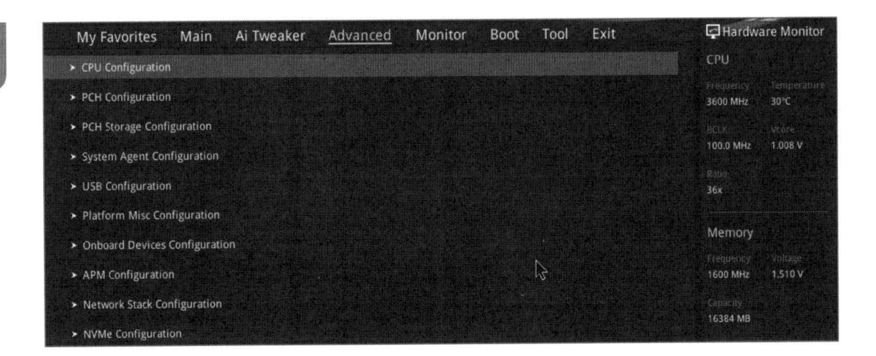

システムの復元

「システムの復元」については P.354 で解説しているが、ここではデスクトップ起動に依存しないで、任意の「復元ポイント」を指定したシステムの復元を実行できる。

もちろん事前に設定が有効でかつ、復元ポイントが作成されている必要がある。

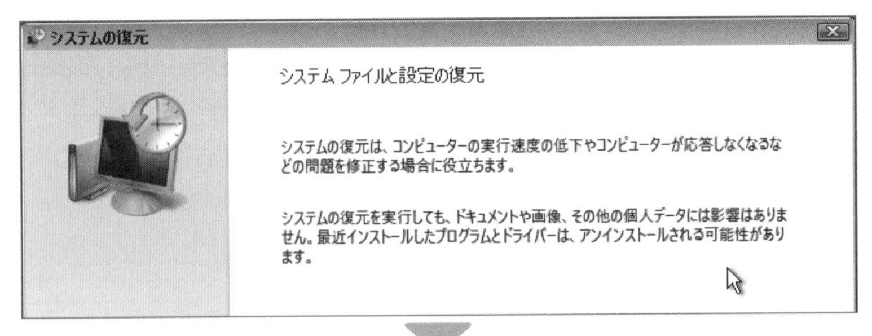

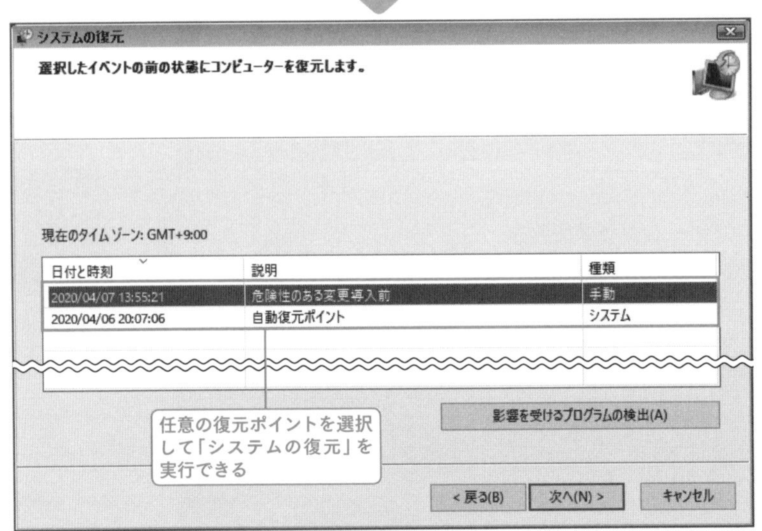

任意の復元ポイントを選択して「システムの復元」を実行できる

セーフモードによるメンテナンス

通常のWindows 10のデスクトップと比べて、「セーフモード」は必要最小限のシステムファイルとデバイスドライバーしか読み込まずに起動するため、GUI上でトラブルシューティングを行えるという特徴がある。

Windows 10をセーフモードで起動するには「トラブルシューティングの詳細オプション(P.361)」から「スタートアップ設定」を選択。

任意の起動モードをキーボードの数字キー／ファンクションキーを押して起動する。

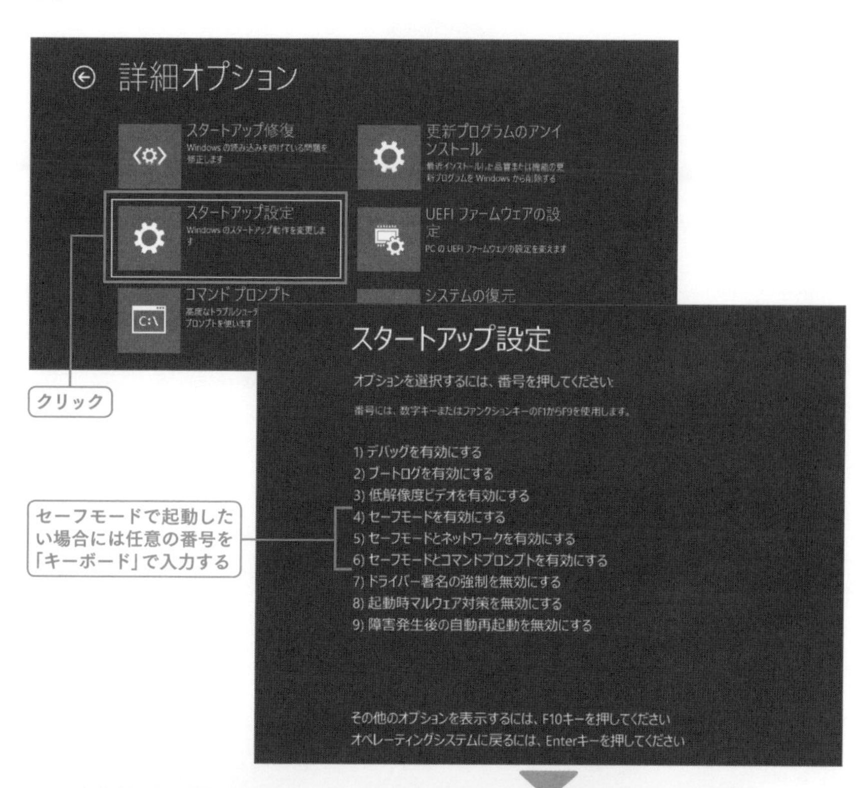

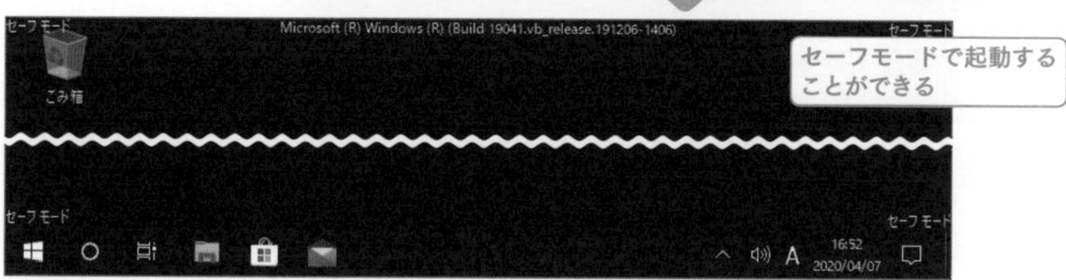

任意の「セーフモード」を数字キーで選択すれば、指定のセーフモードで起動できる。なお、セーフモード起動するとデスクトップの四隅に「セーフモード」と表示される。

● セーフモードの詳細

セーフモードとネットワークを有効にする	基本的なメンテナンスとしてこの選択がお勧めだ。ネットワークが利用できるのでデバイスドライバーやツールなどをWebから入手することができる。
セーフモードを有効にする	「セーフモードとネットワークを有効にする」ではうまく起動できない場合(ネットワークにトラブルがある場合)には、こちらを選択してトラブルシュートを行う。
セーフモードとコマンドプロンプトを有効にする	コマンドプロンプトをシェルとしてセーフモード起動する。ちなみに、「トラブルシューティングの詳細オプション(➡P.361)」からのコマンドプロンプトのほうが完全にWindows 10システムと切り離した起動ができるため、このオプションを選択する意味はほぼない。

Column

システム構成からのセーフモード起動

セーフモードは「システム構成(MSCONFIG)」の「ブート」タブ内、「ブートオプション」欄で「セーフブート」をチェックすることで起動することも可能だ。

ただし、ここで指定した起動モードは恒久的になるため、以後は指定したブートモードでしかWindows 10を起動できなくなる(元に戻したければセーフモード上で「システム構成」を起動して設定を戻す)。

インストールやメンテナンスで活躍する周辺機器

インストールやメンテナンスを行ううえで用意しておきたい周辺機器を紹介しておこう。全般的に必須ではないものの、トラブル時のメンテナンスはいつも以上に「イライラ」するものなので、スムーズに作業するためにもあらかじめ用意しておきたいアイテムでもある。

USB接続のLANポート＆ディスプレイ出力、高速USBメモリ、強制イジェクトピン、トルクスドライバー等々。また、余した検証済みの各パーツも持っておくとメンテナンス時に差し替えて利用できるので便利だ。

メンテナンスに活躍する「USBキーボードとマウス」

Windows 10ではさまざまなデバイスドライバーを自動的にセットアップする仕組みにあり、ゆえに「各種デバイス（キーボードやタッチパッド、Bluetooth等々）」を利用できる。

しかし、メンテナンスの際などに苦痛になるのが「タッチパッドが正常に認識しない」などの状態である。これは特殊なデバイスドライバーを読み込まないためで、つまりは一般的なデバイスしか認識しないことによる現象だ。

このようなメンテナンス時のデバイス対応を踏まえた場合、「汎用的なUSBキーボードとマウス」を用意しておくとスムーズに作業できてよい。

ストレージメンテナンスのためのアダプター

PCにトラブルが起こった際にはストレージを外してメンテナンスを行わなければならない場合もあるが、その際に便利なのが「ストレージアダプター」だ。一般的なPCに利用されるストレージインターフェースは「シリアルATA」だが、最近のノートPCは「M.2」であることが多いため、双方とも用意しておいたほうがよい。

USB-SATAアダプターによるメンテナンス

エレコム製シリアルATA－USB変換アダプター「LGB-A35SU3」。USB3.1 Gen.1に対応しているほか、UASP(USB Attached SCSI Protocol)にも対応するためデータを高速転送できる。バックアップや内蔵ストレージを移してのメンテナンスなどに活躍する。

USB-M.2アダプターによるメンテナンス

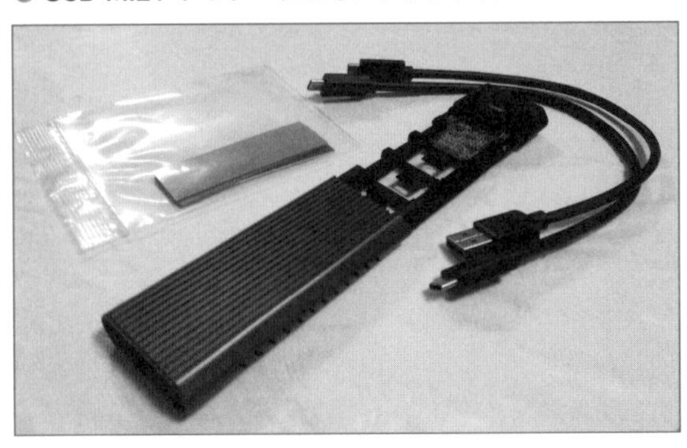

エレコム製M.2 NVMe SSD用ケース「LGB-PNVUC」。データサルベージのほか、余ったM.2 SSDを外付けストレージとして活用できる。Type 2280/2260/2242(M-Key)を内蔵できるほか、Type-CとType-Aの双方のケーブルも付属している。

6-5 システムインストールとバックアップ

Windows 10「クリーンインストール」の実行

Windows 10のクリーンインストールとは、いわゆるまっさらな状態のストレージにWindows 10をセットアップする操作のことだ。

クリーンインストールのメリットとしてはトラブルシュートとして活用できるほか、「最新バージョンのWindows 10を完全にクリーンな状態から利用できる」ため、システム上にもストレージ上にもごみが残らずバージョンアップを繰り返したWindows 10よりもコンパクトでパフォーマンスも最適化される点にある(SSDの4Kアライメント問題なども解決できる ➡P.101)。

デメリットとしてはメーカー製PCなどをターゲットとして実行した場合、「初期出荷状態(購入した直後の状態)に戻る」のではなく、「Windows 10を入れただけの状態」になるため、デバイスドライバーやメーカー製アプリ(PC専用のツール)などが消去されてしまう。メーカーのダウンロードサイトから必要なプログラムを拾ってインストールしなければならないため、見つけられない場合などはいくつかの機能を失うことになりかねない点には留意したい。

クリーンインストールは安易に実行しない

基本的に現在のメーカー製PCにおいては「PCを初期状態に戻す(➡P.359)」による初期化が好ましく、Windows 10のクリーンインストールを行った場合、元の状態のPCに二度とお目にかかれない可能性がある。

自作PC以外ではどちらかといえば上級者向けのトラブルシュートと環境構築テクニックであり、「システムのバックアップ(➡P.376)」や「システムバックアップを含む回復ドライブ(➡P.351)」などを用意したうえで臨むべきものである。

セットアップUSBメモリからの起動

「Windows 10セットアップUSBメモリ(➡P.352)」をPCに刺して、USBメモリから起動を行う。なお、USBメモリからの起動はPC起動時に任意のキー(F8キー/F12キーなど)を押して実現できるモデルが存在するほか、UEFIセットアップで起動順位の変更やUSBブートを有効にして行う必要がある。

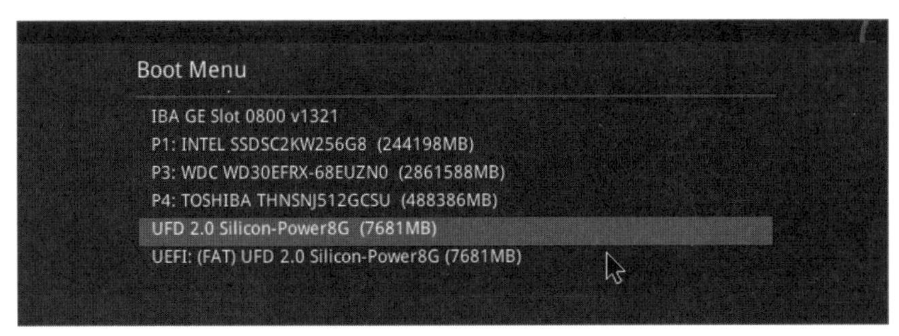

「Windows 10 セットアップUSB メモリ」をPCに挿して、該当USBメモリを指定してブートする。

システムビット数の選択と初期設定

「Windows 10セットアップUSBメモリ」の内容によっては「64ビットシステムか32ビットシステムか」の選択が表示されるので任意に選択する(基本的に「64-bit」でよい)。こののち、言語やキーボードを選択して、「今すぐインストール」をクリックして以後ウィザードに従う。

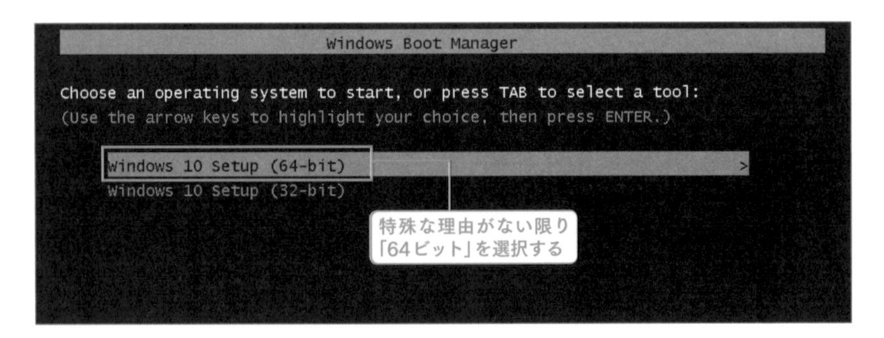

Windowsのライセンス認証

「Windowsのライセンス認証」の問いに対しては、結論からいえば「プロダクトキーがありません」をクリックすればよい。

これは再セットアップの場合には、以前のPC情報に従ったアクティベーションがインストール後に自動で行われるためだ(➡P.348)。

また、新規インストールの場合でも、デバイスドライバー等のOSから見たハードウェア環境が完全に固まってから、デスクトップ上でプロダクトキーを入力してライセンス認証を行うべきだからである。

なお、こののちエディションの選択画面が表示された場合には、もちろん自身が所有するプロダクトキー(ないしは以前の環境)に従ったエディションを選択する。

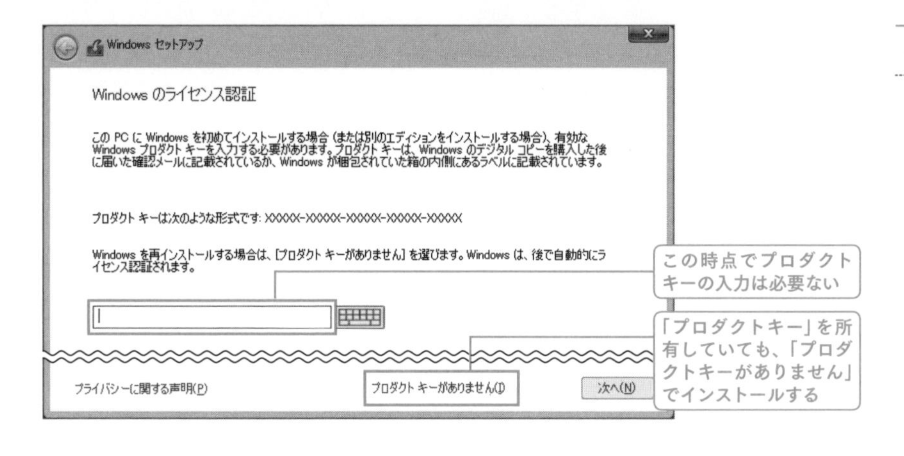

パーティション操作とインストールの場所

Windows 10をインストールする領域を作成したうえで、システムドライブ(Cドライブ)となる領域を指定してインストールを実行する。ちなみに「新規」をクリックして容量を指定すると自動的にいくつかのパーティションが作成される(コラム参照)。

これはWindows 10においては「起動領域」と「Windows 10のシステムドライブ(Cドライブ)」を分けることでメンテナンス性を高めているためだ(システム復元／回復時に「Windows 10上のCドライブ」以外からの起動ができる)。

Windows 10のCドライブとなる領域を指定して「次へ」ボタンをクリックすれば、Windows 10のインストールを実行できる。

なお、Windows 10のインストーラーが標準で認識することができないストレージコントローラーに接続しているストレージ(例えばサードパーティRAIDコントローラーなど)にWindows 10をインストールしたい場合には、「ドライバーの読み込み」をクリックして該当デバイスドライバーを導入してから該当ドライブに対してセットアップを行う。

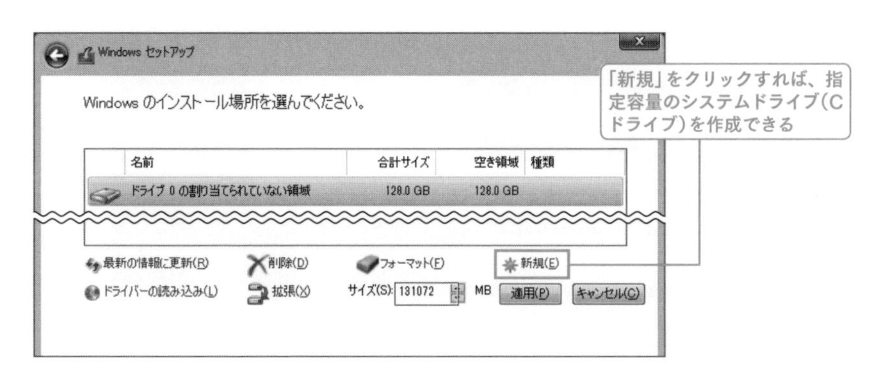

Column

BIOSモードにおける「UEFIとレガシ」のパーティションスタイルの違い

PCのファームウェアにはUEFIとBIOSが存在する。UEFIは先進的でありセキュリティ機能が高く柔軟性があるという特徴があり、またBIOSは互換性を重視している。

ちなみにこの違いはWindows 10におけるシステムストレージそのもののパーティションスタイルにも違いを生み、UEFIモードでは「GUIDパーティションテーブル」でありCドライブ以外に種類として「回復」「システム」「MSR」などの領域が自動的に作成されるのに対し、BIOS(レガシモード)では「マスターブートレコード」でありCドライブ以外に種類として「システム」しか作成されない。

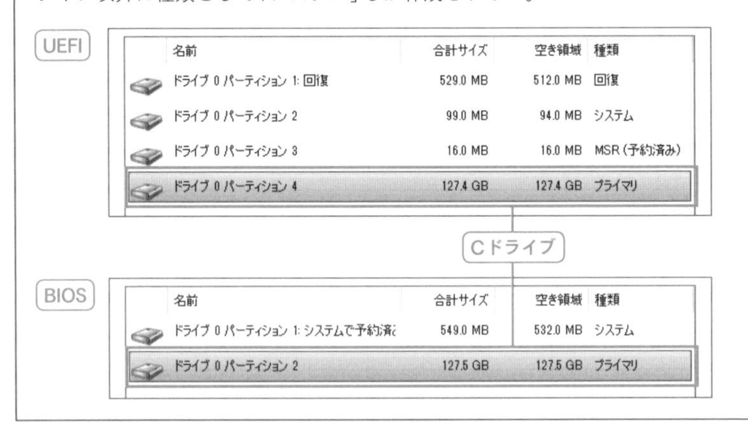

Column

インストーラー中の「コマンドプロンプト」起動

インストーラー内でコマンドプロンプトを起動したければ、ショートカットキー Shift + F10 キーを入力する。「DISKPART」コマンド(➡P.391)によるディスクの完全消去やVHDブート環境の構築などに応用できる。

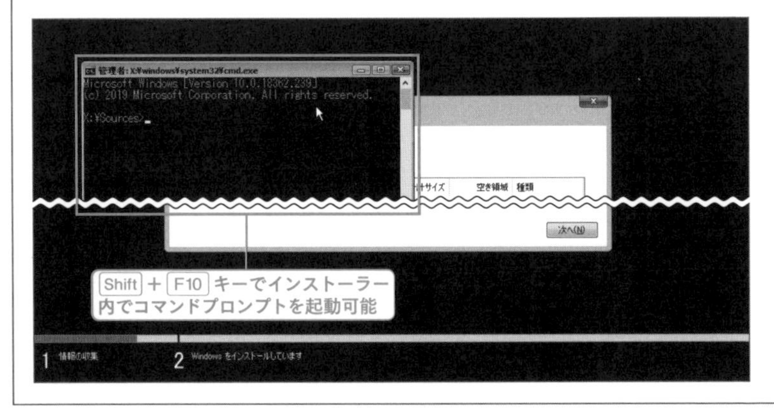

Windows 10の最新バージョンへの強制更新

Windows 10をインストールしたのちは、Windows Updateの更新プログラムの山が待ち構えている。

さまざまな更新プログラムを順次導入しなければならないが、一気に「Windows 10の最新バージョン」に強制更新したければ、「Windows 10のダウンロード」サイトにアクセスして、「今すぐアップデート」ボタンをクリックすればよい。

なお、この強制更新手順は、しばらく起動していなかったPCでも活用できる。

■ Windows 10のダウンロード
https://www.microsoft.com/ja-jp/software-download/windows10

Windows 7／8.1 PCに対するWindows 10のインストール

現在Windows 7／8／8.1が動作しているPCに「Windows 10」を導入したい場合には、基本的に「クリーンインストール」一択だ。

一応インストールオプションとしてはアップグレードインストールも用意されているが(該当OS上でインストーラーを起動するなど)、一言でいうとリスクが高いのでお勧めできない。

具体的には「古いプログラムによるマルウェアの残存とバックドアなどの可能性」「ストレージ上に不要な情報が残存してパフォーマンスを落とす」「そもそもこの時代のPCは何年も経過したストレージを利用しているため劣化不安」など、いろいろとデメリットが存在する。

また、Windows OSは「32ビットOSから64ビットOSへのアップグレード」はサポートしていないため、例えば既存環境が32ビット版Windows 7(x86)である場合、64ビット版Windows 10(x64)をアップグレードインストールすることはできない。

この点の最終判断はもちろんユーザー次第だが、PCのハードウェアに対して知識と自信があれば既存のOSが入ったストレージをそのまま抜き出して、新しいストレージを装着したうえでWindows 10をクリーンインストールすることを勧める(旧OSが入ったストレージが残るためリスクヘッジになる)。

システムのバックアップ

実はWindows 10にはシステムバックアップ機能が搭載されている。

その名は「バックアップと復元(Windows 7)」といい、Windows 10に搭載されている機能にもかかわらず「Windows 7」なる謎な文字列が入っている。

この機能は本当に大丈夫か？　と思った人は正しい。正直まともなシステムバックアップ機能といえず、筆者がWindows 7時代から何度となくこの機能の検証を行っているが、システムバックアップの後「リカバリできたりできなかったり」という代物であり、正直この機能を利用すること自体を勧めない。

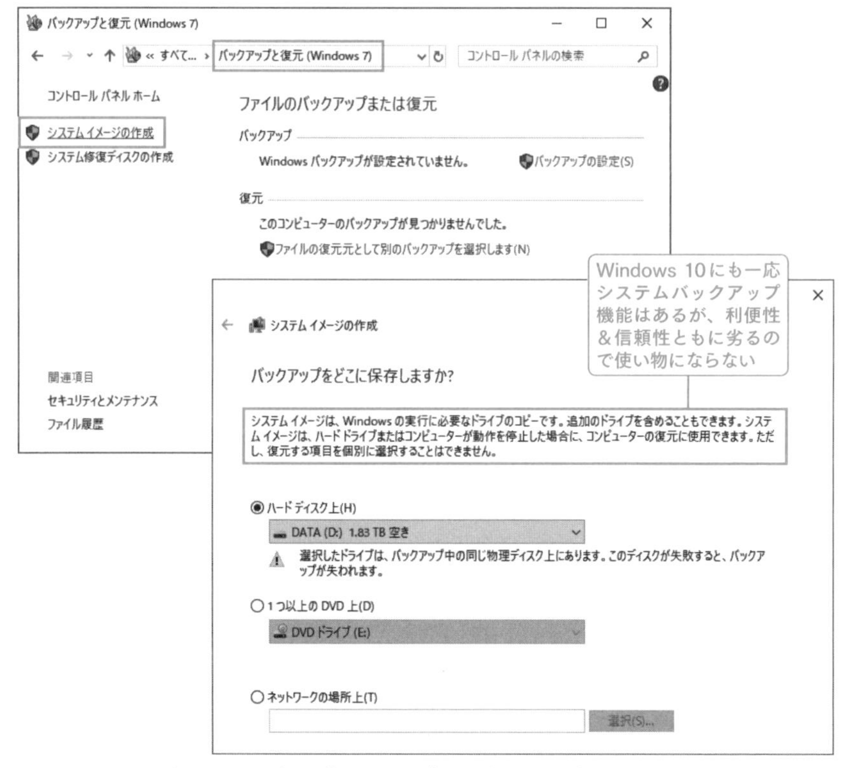

コントロールパネル(アイコン表示)から「バックアップと復元(Windows 7)」を選択して、タスクペインから「システムイメージの作成」をクリックすることで、システムバックアップを作成できる。が、信頼性と利便性を考えると利用しないことを強く推奨する。この機能を利用してほしくないからこその「〜(Windows 7)」というタイトルなのだ。

システムバックアップの実行

Windows 10のシステムバックアップは、市販のシステムバックアップソフトが必須であり、タイトルには「Acronis True Image」等が存在する。

Acronis True ImageであればWindows 10にインストールしてバックアップ管理ができるのはもちろん、OSに依存せずにUSBメモリから起動してシステムのバックアップ／リカバリを行えるのがポイントだ。

Acronis True Imageはシステムバックアップソフトとしての信頼性が高く、筆者も長年愛用しているソフトの一つである。

Acronis True Imageには永続ライセンスとサブスクリプションの双方が存在し、サブスクリプション版であればクラウドにシステムバックアップを保持できるのがポイントだ。

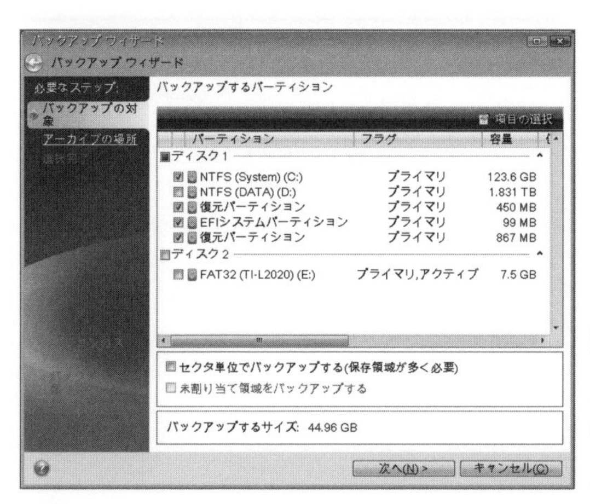

Acronis True ImageはUSBメモリからブートしてシステムのバックアップ&リカバリが行える。任意の領域を指定できることはもちろん、バックアップオプションとして圧縮やベリファイなどもあるため、システムバックアップとして利便性も高く安心感がある。

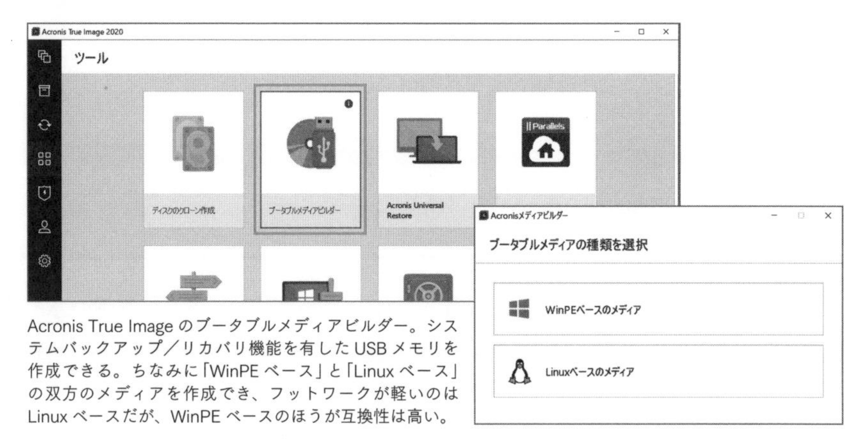

Acronis True Imageのブータブルメディアビルダー。システムバックアップ／リカバリ機能を有したUSBメモリを作成できる。ちなみに「WinPEベース」と「Linuxベース」の双方のメディアを作成でき、フットワークが軽いのはLinuxベースだが、WinPEベースのほうが互換性は高い。

6-6 OSのためのストレージ管理

「ディスクの管理」とパーティションスタイル

ストレージにおいてパーティションの作成／削除や拡大／縮小(領域サイズの変更)、またドライブやパーティションに割り当てるドライブ文字の変更や仮想ハードディスクの作成やマウントを行いたければ「ディスクの管理」を起動する。

「ディスクの管理」は、コントロールパネル(アイコン表示)からも起動できるが、ショートカットキー［Windows］＋［X］→［K］キーでの起動が手早くてよい。

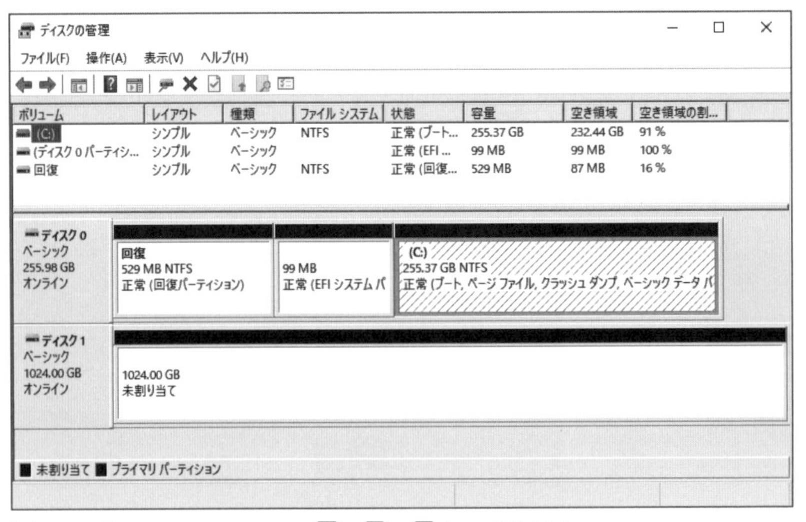

「ディスクの管理」はショートカットキー［Windows］＋［X］→［K］キーで起動できる。

パーティションスタイル

Windows 10で管理できるパーティションスタイルには「GPT(GUIDパーティションテーブル)ディスク」と「MBR(マスターブートレコード)ディスク」の2種類が存在する。

MBRディスクはWindows OS黎明期から存在し、互換性が高いという特徴以外は制限だらけのパーティションスタイルで2TBまでのストレージしか管理できないほか、パーティションは4つまでしか作成できないなどの制限が存在する(しかも領域には「プライマリパーティション」と「拡張パーティション」が存在するなどなかなか複雑だ)。

一方、GPTディスクは一般用途において制限のないパーティションスタイルであり2TB以上のストレージを管理できるほか、パーティションを128個まで作成できる。

割り切った使い分けでいえば、旧環境との互換性を重視しない（旧OSからのアクセスや旧ツールによるメンテナンスを行わない）ストレージであれば「GPTディスク」でよい。

ちなみに新しいストレージを接続した状態で、「ディスクの管理」を起動すると、該当ストレージに対して「MBRかGPTか」の選択肢が表示されるので任意に選択する。なお、システムドライブのパーティションスタイルについてはWindows 10セットアップ時のBIOSモードで決定される（P.374）。

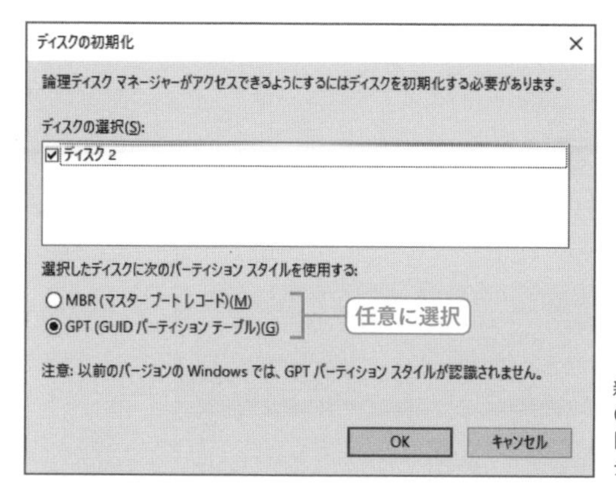

新しいストレージを増設した際には「MBR（マスターブートレコード）ディスク」か「GPT（GUIDパーティションテーブル）ディスク」かの選択を行う必要がある。

●「MBR（マスターブートレコード）ディスク」の制限

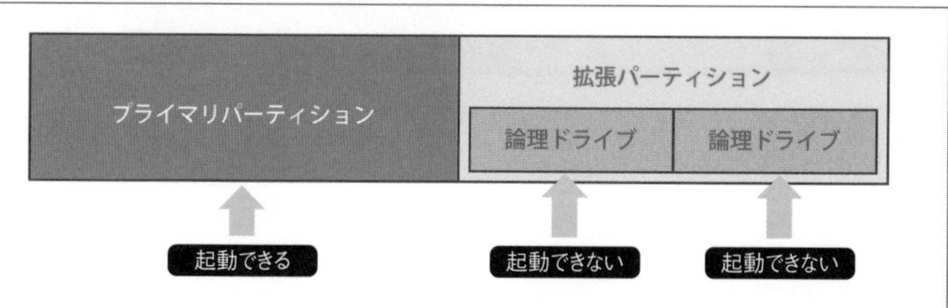

- 「プライマリパーティション」＋「拡張パーティション」は、一つのストレージに対して最大4つまで
- 「プライマリパーティション」は起動（アクティブ指定）可能
- 「拡張パーティション」は一つのストレージに対して、一つまでしか作成できない。またドライブとして扱うには「論理ドライブ」を作成する必要がある
- 論理ドライブは拡張パーティション内に複数作成可能。ただし、起動できない（アクティブにできない）という特性がある

ストレージ上でのパーティション操作

内蔵ストレージ上で新しいパーティションを作成したい場合には、以下の手順に従う。

なお、新しいパーティションを作成するには「未割り当て領域(パーティションが存在しない領域)」を指定する必要があるが、「パーティションの縮小(➡P.387)」で作り出すことも可能だ。

ちなみに、「ディスクの管理」においては「ボリューム」と「パーティション」という言葉が要所で用いられるが、どちらもストレージ上の領域を示すという認識でかまわない。

パーティションの作成

「未割り当て」を右クリックして、ショートカットメニューから「新しいシンプルボリューム」を選択する。

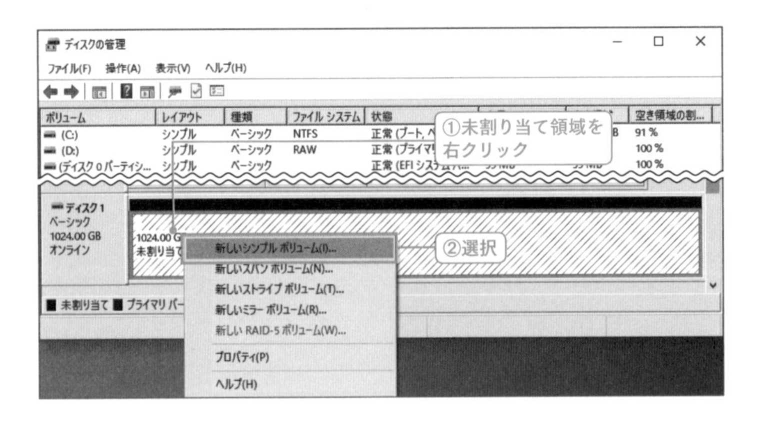

ボリュームサイズの指定

ボリュームサイズ(領域のサイズ)を指定。なお、最初に入力されているサイズは該当未割り当て領域の最大サイズだ。

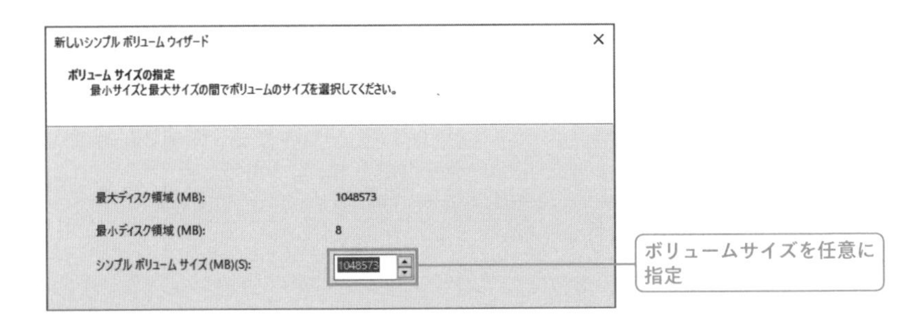

ドライブ文字の割り当て

任意にドライブ文字を割り当てる。ここで割り当てたドライブ文字は後で変更することも可能なほか、任意のフォルダーにマウントすることなども可能だ(P.383)。

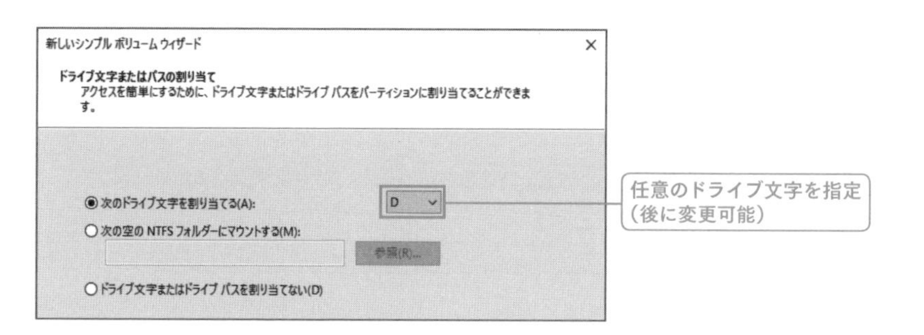

パーティションのフォーマット

パーティションをフォーマットする。フォーマットのファイルシステムについてはP.388で解説するが、内蔵ストレージに対しては基本的に「NTFS」一択だ。アロケーションユニットサイズは基本的に「既定値」を勧めるが、ハードディスクの場合には基本的に大きくしたほうがパフォーマンスがよい反面、ディスクの消費量が増えるため無駄が多くなる。

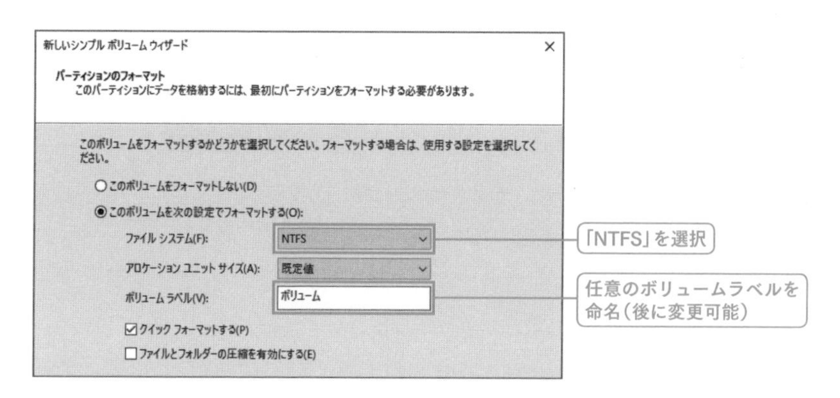

ドライブ文字とフォルダーのマウント

エクスプローラー上で「Dドライブ」などと表示されるのが「ドライブ文字」だが、システムドライブ(Cドライブ)以外の「パーティション」「光学ドライブ」「USBメモリなどの外付けストレージ」などに対しては、任意のドライブ文字に変更することができる。

また、パーティションの場合には、ドライブ文字を割り当てずに任意の空フォルダーにマウントすることも可能だ。

ドライブ文字の変更

「ディスクの管理」で任意のパーティション(あるいはドライブ)を右クリックして、ショートカットメニューから「ドライブ文字とパスの変更」を選択。「ドライブ文字とパスの変更」で任意のドライブ文字が存在する場合には「変更」ボタンをクリックして、「次のドライブ文字を割り当てる」で任意のドライブ文字を指定すれば変更することができる。

なお、あらかじめ割り当てられているドライブ文字は指定できないので、任意のドライブ文字にしたい場合は、事前に該当のドライブ文字を別のドライブ文字にしておく必要がある。

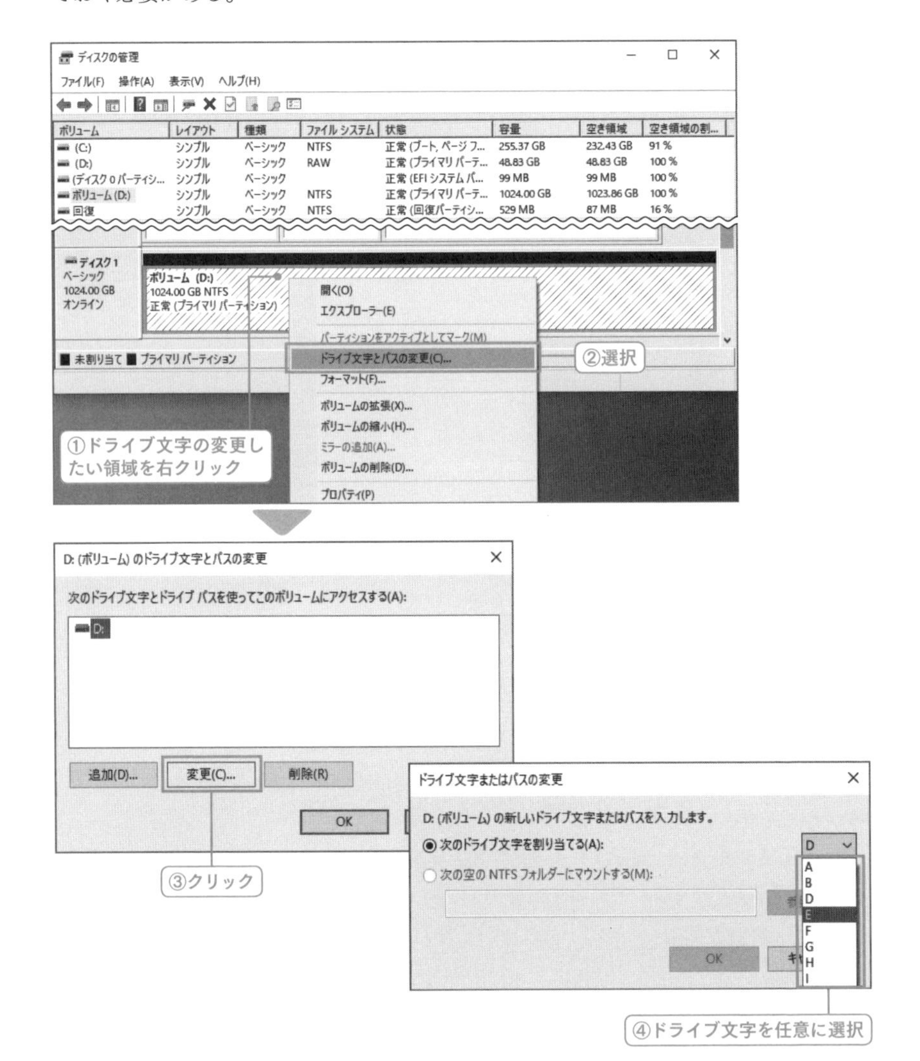

フォルダーにパーティションをマウント

任意のドライブ内に空フォルダーを作成したうえで、その空フォルダーに「パーティション(あるいはドライブ)」を割り当てたい場合には、フォルダーに割り当てたいパーティションを右クリックして、ショートカットメニューから「ドライブ文字とパスの変更」を選択。「追加」ボタンをクリックして「次の空のNTFSフォルダーにマウントする」にチェックしたうえで、「参照」ボタンから先に作成したフォルダーを指定すればよい。

なお、マウント対象になるフォルダーは必ず空フォルダー(ファイルが含まれていないフォルダー)である必要がある。

この設定を適用すると、エクスプローラーにずらずらドライブ文字を並べないで表示できる分、若干のパフォーマンスアップと利便性向上が期待できる。

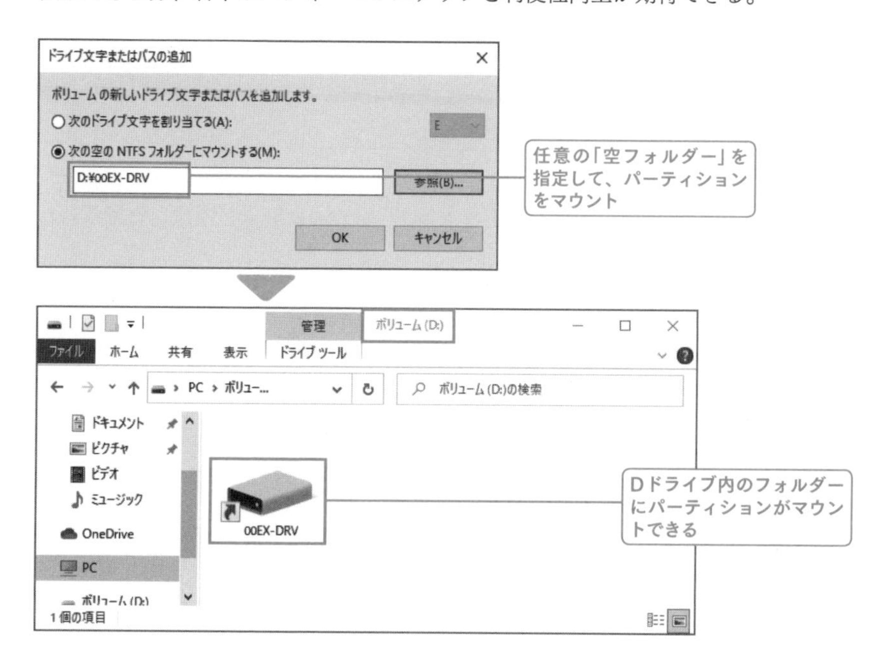

ベーシックディスクとダイナミックディスクによるスパン/ストライプ/ミラー

Windows 10におけるストレージ管理はパーティションスタイル(「GPT(GUIDパーティションテーブル)ディスク」と「MBR(マスターブートレコード)ディスク」)とは別に、「ベーシックディスク」と「ダイナミックディスク」という管理種類が存在する。

一般的には「ベーシックディスク」が採用されるが、「ストライプ」「スパン」「ミラー」などのストレージに対して高度な管理を行いたい場合には「ダイナミックディスク」を適用すると実現できる。

ただし、Windows 10で「ダイナミックディスク」を利用する意味は極めて低い。

速度に優れる「ストライプボリューム」、柔軟に領域をつなげることができる「スパンボリューム」、データ内容を複製して運用することで損失を防ぐ「ミラーボリューム」などダイナミックディスクによる管理は魅力的に感じるかもしれないが、実はWindows 10にはダイナミックディスクよりも優れたストレージ管理を実現できる「記憶域(Storage Spaces)(➡P.398)」が存在するためだ。

記憶域(Storage Spaces)と比較した場合、ダイナミックディスクのメリットはわかりやすさと柔軟性くらいなので、この点を重視するか否かで採用を決定するとよい。

「ダイナミックディスク」の任意指定

「ディスクの管理(DISKMGMT.MSC)」から任意のディスクを右クリックして、ショートカットメニューから「ダイナミックディスクに変換」を選択すれば、該当ストレージをダイナミックディスクにできる。

なお、該当ストレージをダイナミックディスクに変換するとファイルを保持したままベーシックディスクに変換する(戻す)ことはできない点に注意しなければならず、安易に適用することは推奨できない(特にシステムストレージに対して適用は避けたほうがよい)。

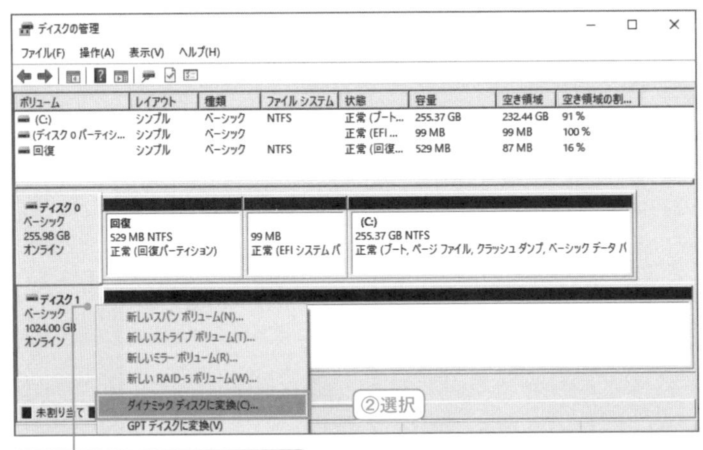

自動的なダイナミックディスクの適用

ベーシックディスクであっても、パーティション作成時に「ストライプ」「スパン」「ミラー」などを作成すると、自動的に「ダイナミックディスク」に変換される。

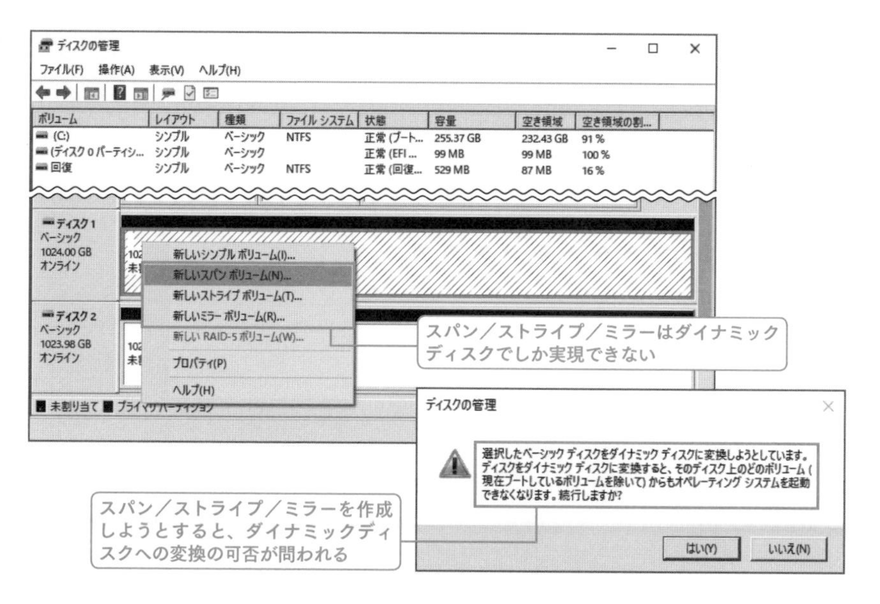

● ダイナミックディスクによるスパン／ストライプ／ミラーボリューム

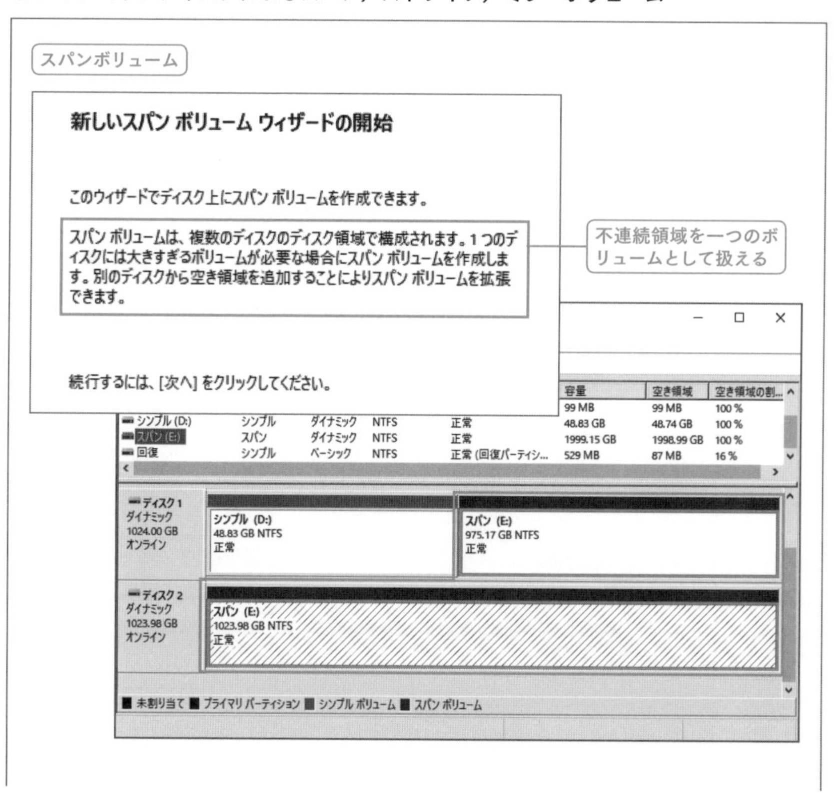

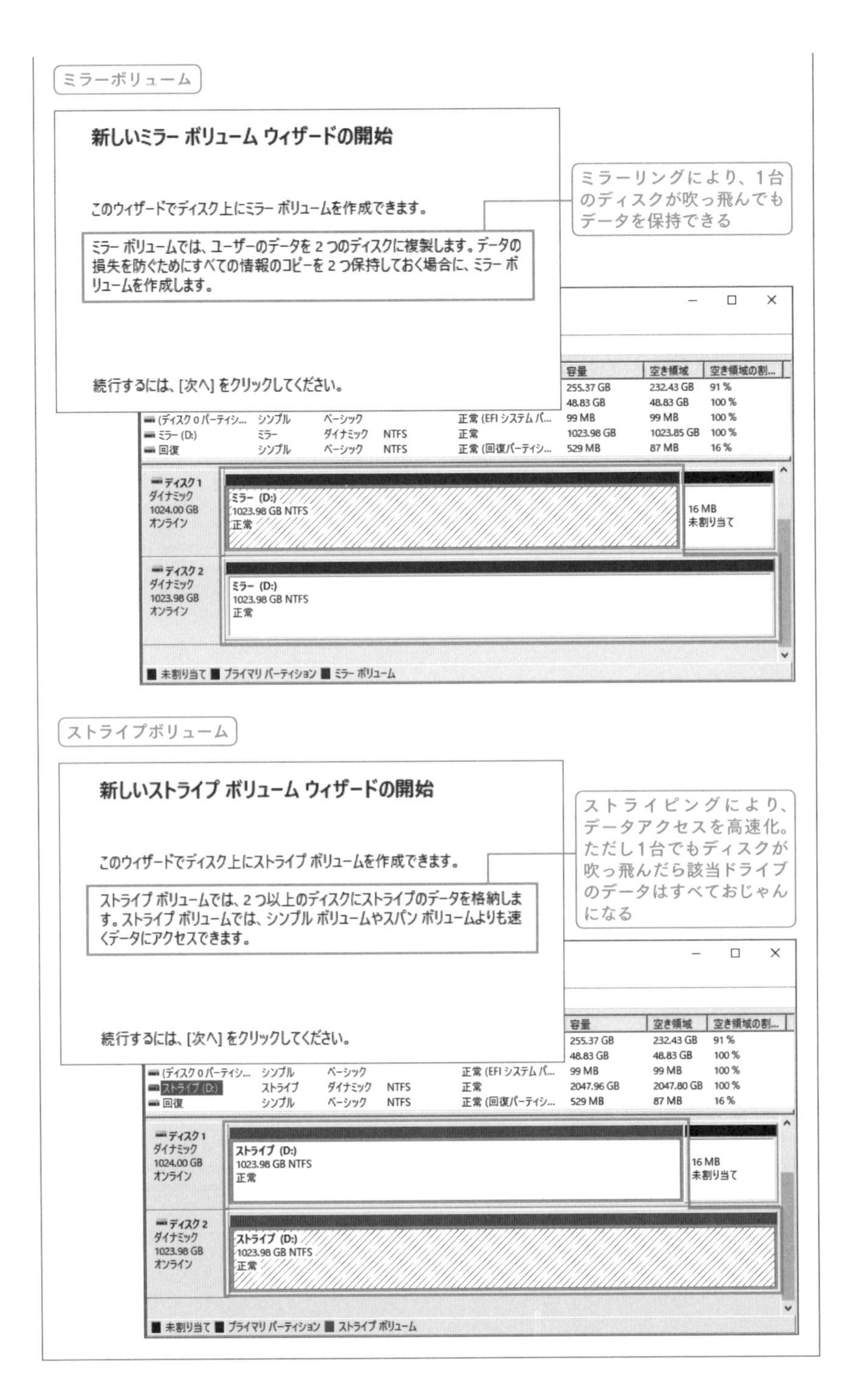
ミラーボリューム
新しいミラー ボリューム ウィザードの開始
このウィザードでディスク上にミラー ボリュームを作成できます。
ミラー ボリュームでは、ユーザーのデータを 2 つのディスクに複製します。データの損失を防ぐためにすべての情報のコピーを 2 つ保持しておく場合に、ミラー ボリュームを作成します。
続行するには、[次へ] をクリックしてください。
ミラーリングにより、1台のディスクが吹っ飛んでもデータを保持できる
容量
空き領域
空き領域の割...
ミラー (D:)
ディスク 1
ダイナミック
1024.00 GB
オンライン
ミラー (D:)
1023.98 GB NTFS
正常
16 MB
未割り当て
ディスク 2
ダイナミック
1023.98 GB
オンライン
未割り当て
プライマリ パーティション
ミラー ボリューム
ストライプボリューム
新しいストライプ ボリューム ウィザードの開始
このウィザードでディスク上にストライプ ボリュームを作成できます。
ストライプ ボリュームでは、2 つ以上のディスクにストライプのデータを格納します。ストライプ ボリュームでは、シンプル ボリュームやスパン ボリュームよりも速くデータにアクセスできます。
続行するには、[次へ] をクリックしてください。
ストライピングにより、データアクセスを高速化。ただし1台でもディスクが吹っ飛んだら該当ドライブのデータはすべておじゃんになる
ストライプ (D:)
1023.98 GB NTFS
正常
ストライプ ボリューム

パーティションの拡大／縮小（サイズ変更）

内蔵ストレージ内のパーティションを任意のサイズに縮小したければ、「ディスクの管理」で該当パーティションを右クリックして、ショートカットメニューから「ボリュームの縮小」を選択。後はウィザードに従って縮小する領域のサイズを指定すればよい。

パーティションの拡大についても同様の操作で実現できるが、サイズ拡大するためには該当パーティションの直後に「未割り当て領域」が必要になる。

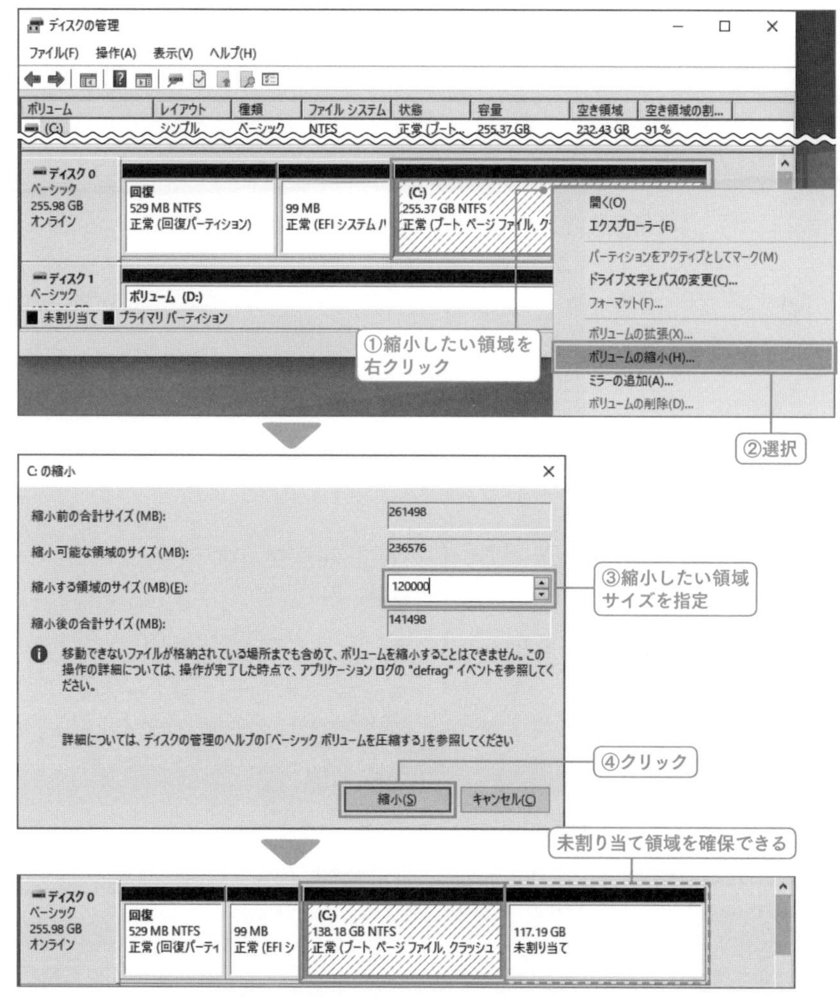

パーティションのサイズの縮小。縮小できるサイズはパーティション内のデータの容量や配置によって異なる。なお、複合的なトラブルが重なるとこの操作でファイルが吹っ飛ぶ可能性もあるので、事前に該当パーティション内のファイルはバックアップしておいたほうが無難だ。

Column

「ディスクの管理」の制限

「ディスクの管理」ではパーティションを縮小することが可能だが、残念ながらパーティション内のデータ配置によっては縮小できるサイズに制限がある(現在の空き容量をそのまま未割り当て領域にすることはできない)。

パーティションに対して柔軟な管理を実現するためには、サードパーティ製パーティションツールを利用する必要があり、このようなツールには「EaseUS Partition Master」などがある。

ドライブ/パーティションのフォーマット

ドライブ/パーティションを任意にフォーマットしたい場合には、「ディスクの管理(P.378)」上で該当領域を右クリックして、ショートカットメニューから「フォーマット」を選択する方法のほか、エクスプローラー上で任意のドライブを右クリックして、ショートカットメニューから「フォーマット」を選択してもよい。

なお、フォーマットとはいうまでもなく完全消去になるため、領域内に必要なファイルが存在する場合には必ず事前にバックアップが必要だ。

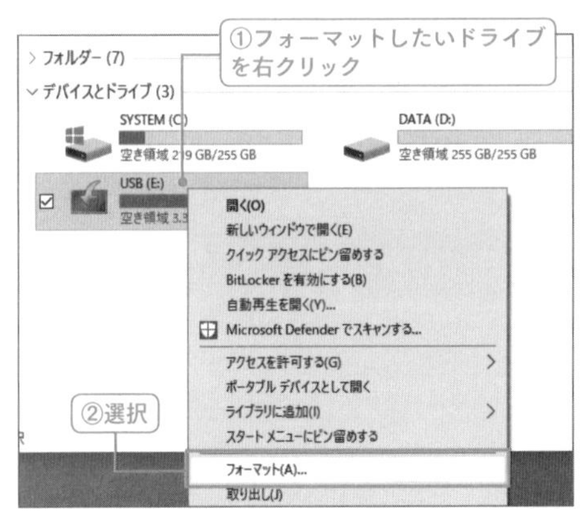

任意のドライブ/パーティションを右クリックして、ショートカットメニューから「フォーマット」を選択。なお、フォーマットとは完全消去であるため、実行する際には「該当ドライブ等に間違いがないか」を十分に確認してから実行されたい。

ファイルシステムの種類

ファイルシステムとして内蔵ストレージのパーティションには「NTFS」を適用するのが基本であり、また外付けストレージ/USBメモリ/SDカードに対しては、利用用途に応じて任意のファイルシステムを選択するのが基本だ。

「NTFS」は扱えるファイル容量に制限がないものの、ほかのデバイスとの互換性が低く(Windows OSでの利用が基本)、「FAT32」は多くのデバイス(ほかのOSやデジタルカメラ等)で利用できるものの「1ファイル4GBまで」という制限があり、比較的大きめの動画ファイルや仮想CDファイルなどの保存には向かない。

そして「exFAT」だが、FATを拡張した規格であり「1ファイルサイズ16EB（エクサバイト：1EB=10億GB）までサポート」という優れたファイルシステムだが、今度はすべてのデバイスがサポートしているとは限らない。

すごく割り切った解説をすると、内蔵ストレージやWindows OSのみ利用する外付けストレージにはファイルシステムとして「NTFS」を採用し、ほかのデバイスで利用するメディアは互換性を確実にするためにも「該当デバイスでフォーマットする」のが正しい対処になる。

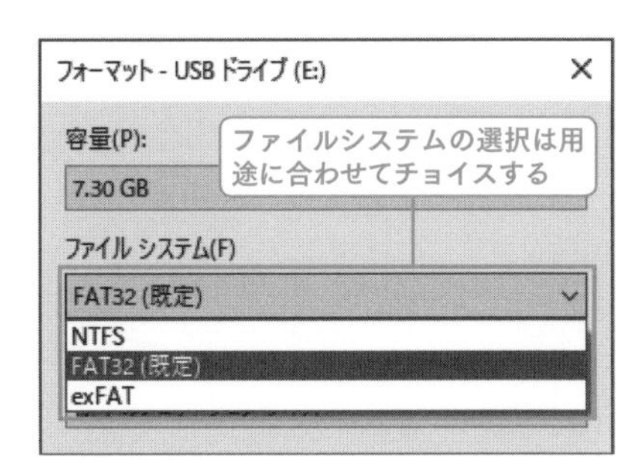

内蔵ストレージのパーティションをフォーマットする際は「NTFS」が基本だが、USBメモリ等の外付けストレージをフォーマットする際は、ほかのデバイスとの互換性を考えてファイルシステムを選択する。

パーティションの削除

任意のパーティションを削除したい場合には、「ディスクの管理」で該当パーティションを右クリックして、ショートカットメニューから「ボリュームの削除」を選択すればよい。

当然ながら該当領域内のファイルもすべて消去されるので要注意だ。

なお、パーティションを削除すると「一般操作では復元不可能」なのだが、復元ツール等を利用するとパーティションやその内容であるファイルなども復元可能であるため、ストレージ廃棄／転売などの際には情報漏えいに注意したい（ゼロフォーマットするツールなどを活用して完全消去を行う必要がある➡P.390）。

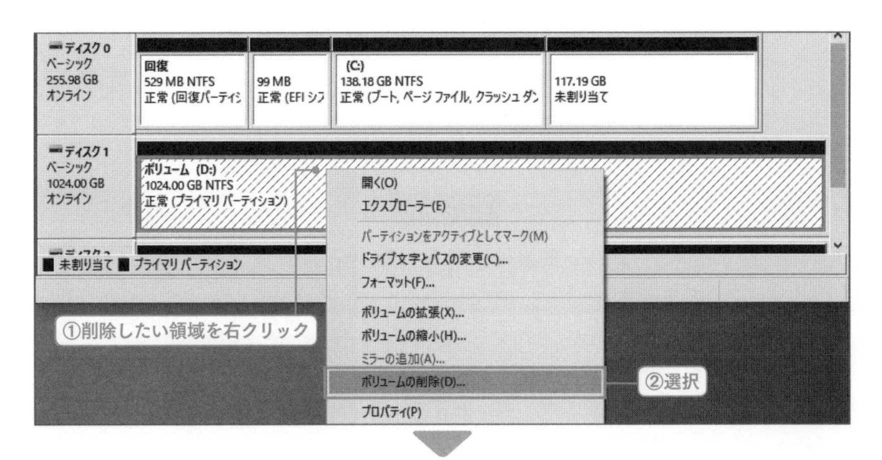

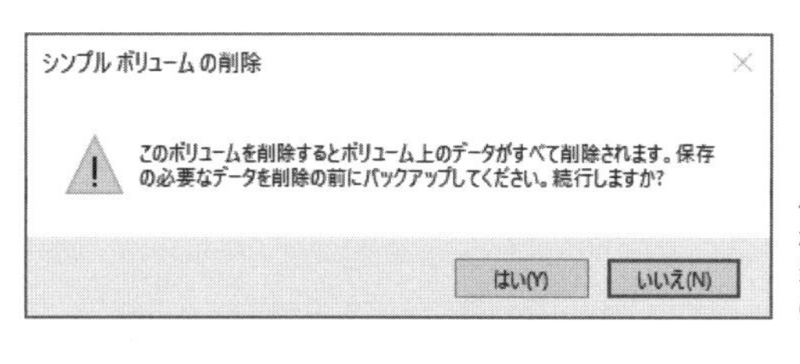

パーティションの削除は「ディスクの管理」からサクッと実行できるが、当然ながら該当パーティションの内容をすべて失うことになるため、慎重に操作したい。

ストレージの完全消去

データ漏えい対策としてストレージ内のデータの完全消去を行いたい場合には、手段としては「PCを初期状態に戻す(P.359)」の「データのクリーニング」が存在するのだが、この方法は基本的にPCをリセットするための方法であり任意のドライブを選択できない。

任意のストレージに対してデータの完全消去を行いたい場合には、「CIPHER」コマンドなどを利用してもよいが、比較的操作が簡単でかつ利便性が高いのがストレージメーカーが提供するディスクチェックツールである(ツール内には大概「ゼロフォーマットツール」が付属する)。

なお、SSDにおけるSecure Erase／Format NVMについては P.98 で解説している。

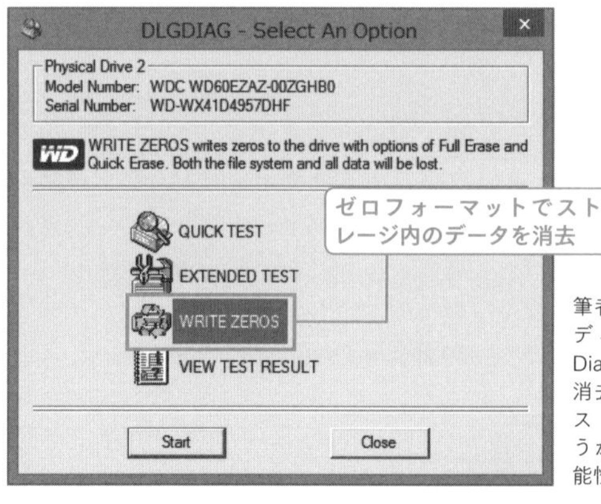

筆者はゼロフォーマットツールとして、ハードディスクの場合にはWD製の「Data Lifeguard Diagnostic for Windows」を愛用している。完全消去ツールにはさまざまなものもあるが、正直ストレージメーカーが提供しているツールのほうが確実でかつ、マルウェアが混入している可能性が限りなく低い点もポイントだ。

Column

完全消去でも心配……

ゼロフォーマットツールでもデータ漏えいが心配という場合には、やや特殊な方法になるが外付けストレージとして接続したうえで、「BitLockerドライブ暗号化(BitLocker to Go P.394)」を適用するという方法がある。

BitLockerドライブ暗号化であれば、回復キー／パスワードがわからなければそもそもデータを読むことができず、そのうえでさらにゼロフォーマットを行えば、理論上「絶対的に復元不可能なストレージの完全消去」が実現できる。

「DISKPART」コマンドを利用したストレージ管理

「ディスクの管理」はデスクトップ上で動作するGUIツールであるため、ストレージに対する操作はあくまでも一般的な管理に必要なものに絞られており、ある意味制限されている。

ちなみにストレージに対する各種操作制限がなく、いかようにも操作できるのが「DISKPART」コマンドであり、Windows PowerShellで実行できるほか、回復ドライブにおけるコマンドプロンプト／Windows 10セットアップのインストーラー上でのコマンドプロンプト（➡P.374）でも実行できる。

なお、「DISKPART」における操作はCUIであるゆえに「対象を間違えやすく、違うストレージの内容を消去してしまいかねない」という危険性もある。

全般的にちょっとした勘違いが命取りになる操作になるので、リスクを感じる場合にはコマンド操作を控えるのも立派な手だ。

ちなみに筆者はコマンド操作ミスする可能性も考慮して、事前に対象ストレージ以外は物理的に外してから「DISKPART」コマンドを実行するようにしている。

「DISKPART」コマンド

通常コマンドというのは、一つのコマンドで操作が完結するものだが、「DISKPART」コマンドはWindows PowerShellやコマンドプロンプトから「DISKPART」と入力実行して、「DISKPART」プロンプト上で操作を行う。

コマンドについては下表に代表的なものを列記するが、基礎的な英単語であるため覚えやすい。

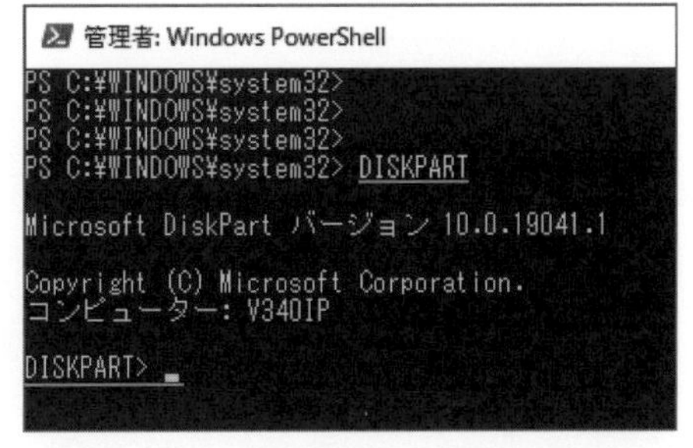

プロンプト上で「DISKPART」コマンドを実行すると、プロンプトが「DISKPART>」になり、以後DISKPARTのコマンドを受け付けるようになる。

● DISKPARTで利用できるコマンド

コマンド	説明
「LIST」	ディスクやパーティションを一覧表示する。ディスクの一覧は「LIST DISK」、パーティションの一覧は「LIST PARTITION（LIST PAR）」と入力実行だ。なおこのコマンドで重要なのはのちの操作のためにディスクやパーティションに割り当てられた「番号」を確認しておくことだ。
「SELECT」	任意の操作対象を選択できる。操作対象が任意のストレージであれば「SELECT DISK［番号］」、操作対象が任意のパーティションであれば「SELECT PAR［番号］」と入力実行する。なお、最初のディスクが「ディスク0」であることに要注意だ。
「CLEAN」	「SELECT」コマンドで指定された場所の内容をすべて消去する。ストレージの消去（パーティションスタイルのリセット）などに活用できるが、文字通り対象がクリーンになるので実行には慎重を期したい。

「SHRINK」	選択パーティションのサイズを縮小することができる。「SHRINK QUERYMAX」コマンドで縮小最大容量確認したのちに「SHRINK DESIRED=[縮小容量(MB)]」と入力実行すればよい。
「EXTEND」	選択パーティションのサイズを拡大することができる。
「CREATE」	任意のパーティションやボリュームを作成できる。
「EXIT」	「DISKPART」を終了できる。

操作対象を選択

基本的にはまず「LIST DISK」と入力実行して、PCに搭載されているディスクとその番号を確認。「SELECT DISK [番号]」と入力実行して、操作対象のディスクを選択する。

ちなみに、再び「LIST DISK」と入力実行すると現在選択しているディスクを「*(アスタリスク)」で確認することができる。

こののち、このディスクに対して任意の操作を行いたい場合には指定のコマンド(例えばストレージの消去であれば「CLEAN」)、またディスク内のパーティションを指定したければ「LIST PAR」と入力実行したのちに「SELECT PAR [番号]」で選択したのちに任意の操作を行えばよい。

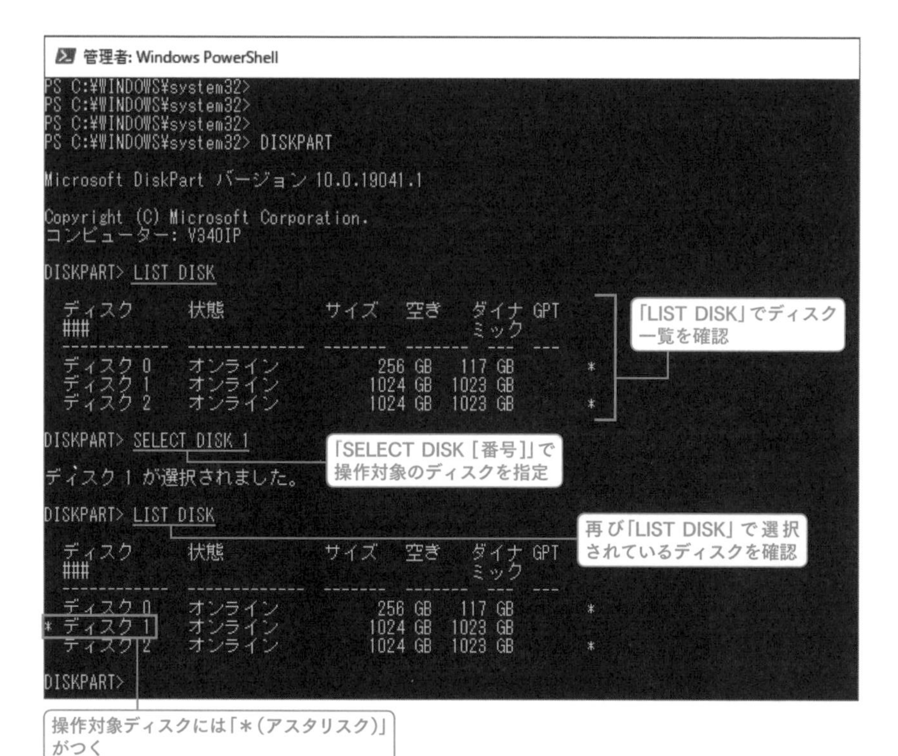

ストレージの完全消去（注意）

「DISKPART」で対象ストレージを選択して「CLEAN」と入力実行すれば、ストレージの内容を完全消去するだけではなくパーティションスタイルもリセットできる。

Windows 10セットアップにおいて、システムドライブの対象となるストレージのパーティションスタイルが現在のBIOSモード（UEFIの場合「GUIDパーティションテーブル」、レガシの場合「マスターブートレコード」）に適合しない場合、OSをインストールすることができないが、そんな場合に有効なコマンドだ。

メーカー製PCの回復領域の削除（注意）

メーカー製PCの一部では専用リカバリ領域がストレージ内に存在し、この領域は「ディスクの管理」で削除することはできない。

しかし、「DISKPART」であれば可能で、対象領域を選択したのちに「DELETE PARTITION OVERRIDE」と入力実行することで削除できる。

なお、言うまでもないがこの「本来削除すべきではない保護されている領域」を削除した場合、メーカーによっては初期出荷状態にリカバリすることができなくなる点に注意だ。

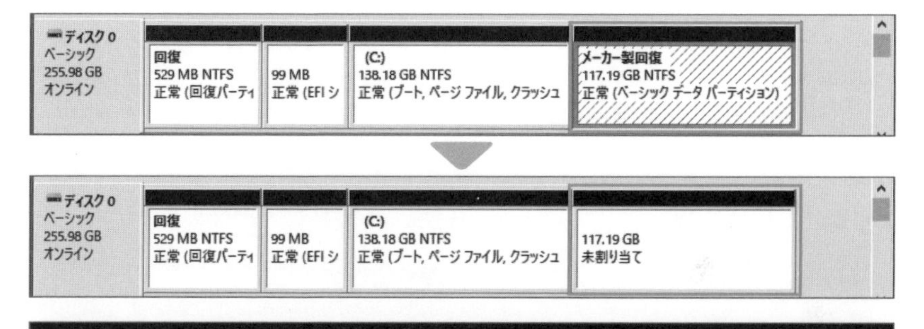


```
DISKPART> DELETE PARTITION OVERRIDE
DiskPart は選択されたパーティションを正常に削除しました。
```

6-7 ドライブ暗号化とセキュアなドライブ管理

BitLockerドライブ暗号化によるセキュリティ

BitLockerドライブ暗号化はその名のとおりドライブを暗号化する機能であり、簡単にいってしまえば仮に対象ストレージを盗まれたとしても「紐づけたキー」が存在しない限りデータにアクセスできないというセキュリティだ。

このBitLockerはシステムドライブに対しては、PCに搭載されるセキュリティチップTPM（Trusted Platform Module）と紐づけて暗号化を行うのが基本であり、また外付けストレージに対しては「BitLocker To Go」を適用してパスワードを付与してロックするのが基本になる。

BitLocker対応エディション

BitLockerドライブ暗号化はWindows 10の上位エディションしか利用できない（Homeでは適用できない）。

なお、Windows 10 Homeでも「BitLocker To Go」を適用した外付けストレージは利用できるほか、一部のメーカー製PCでは「デバイスの暗号化」という名前でシステムドライブに対する暗号化機能を有するものもある。

バージョン情報

エディション　Windows 10 Pro
バージョン　2004
インストール日　2020/02/29

上位エディションは「BitLockerドライブ暗号化」対応

バージョン情報

Windows の仕様

エディション　Windows 10 Home
バージョン　1909
インストール日　2020/02/05

タブレット PC 設定

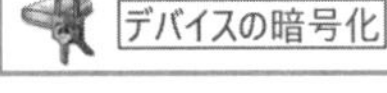

バックアップと復元 (Windows 7)

プログラムと機能

Homeでもハードウェア要件を満たしている一部のモデルでは「デバイスの暗号化」に対応している

システムドライブに対するBitLocker適用の注意

システムドライブに対してBitLockerを適用した場合(あるいは出荷時から適用されている場合)、PCに内蔵されているTPMと紐づけて暗号化されるため、ストレージを抜き出されてもデータにアクセスできないというセキュリティが確保できる。

逆の言い方をすれば、システムストレージを外して外付けストレージとしてメンテナンスを行うことができないことを意味する。

回避策としては「回復キー」をあらかじめ控えておくことにより、回復キーを用いてメンテナンスを行うことは可能だが、基本的に任意のメンテナンスの際は、あらかじめ暗号化を解除しておくことを勧める。

● システムドライブに対するBitLockerの仕組み

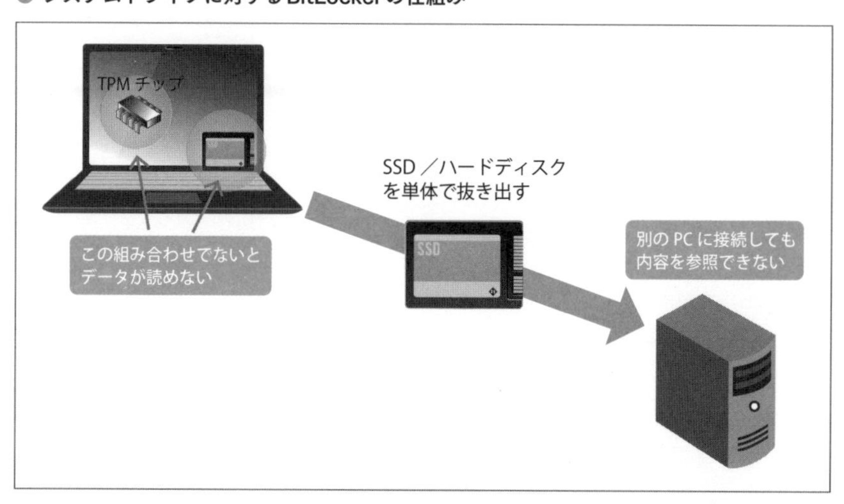

Column

TPMのないPCでのシステムドライブに対するBitLocker適用

Windows 10の上位エディションであれば、TPMのないPCでもシステムドライブに対するBitLockerを適用できなくもない。

設定自体はグループポリシーから「コンピューターの構成」－「管理用テンプレート」－「Windowsコンポーネント」－「BitLockerドライブ暗号化」－「オペレーティング システムのドライブ」内、「スタートアップ時に追加の認証を要求する」を有効にすることでロック解除をUSBメモリ等に割り当てることができるが、利便性や紛失時の危険性(回復キーを手入力すればアクセスできなくもないが、正直桁数を考えても現実的ではない)を考えるとお勧めできない。

セキュアにPCを運用＆システムストレージを保護したいと考えるのであれば、素直にTPMを搭載しているPCを採用すべきだ。

BitLockerドライブ暗号化の適用

Windows 10の上位エディションで外付けドライブにBitLockerドライブ暗号化(BitLocker To Go)を適用したい場合には、該当ドライブを右クリックして、ショートカットメニューから「BitLockerを有効にする」を選択。

「パスワードを使用してドライブのロックを解除する」をチェックしたうえで、任意のパスワードを設定したうえでウィザードに従えばよい。

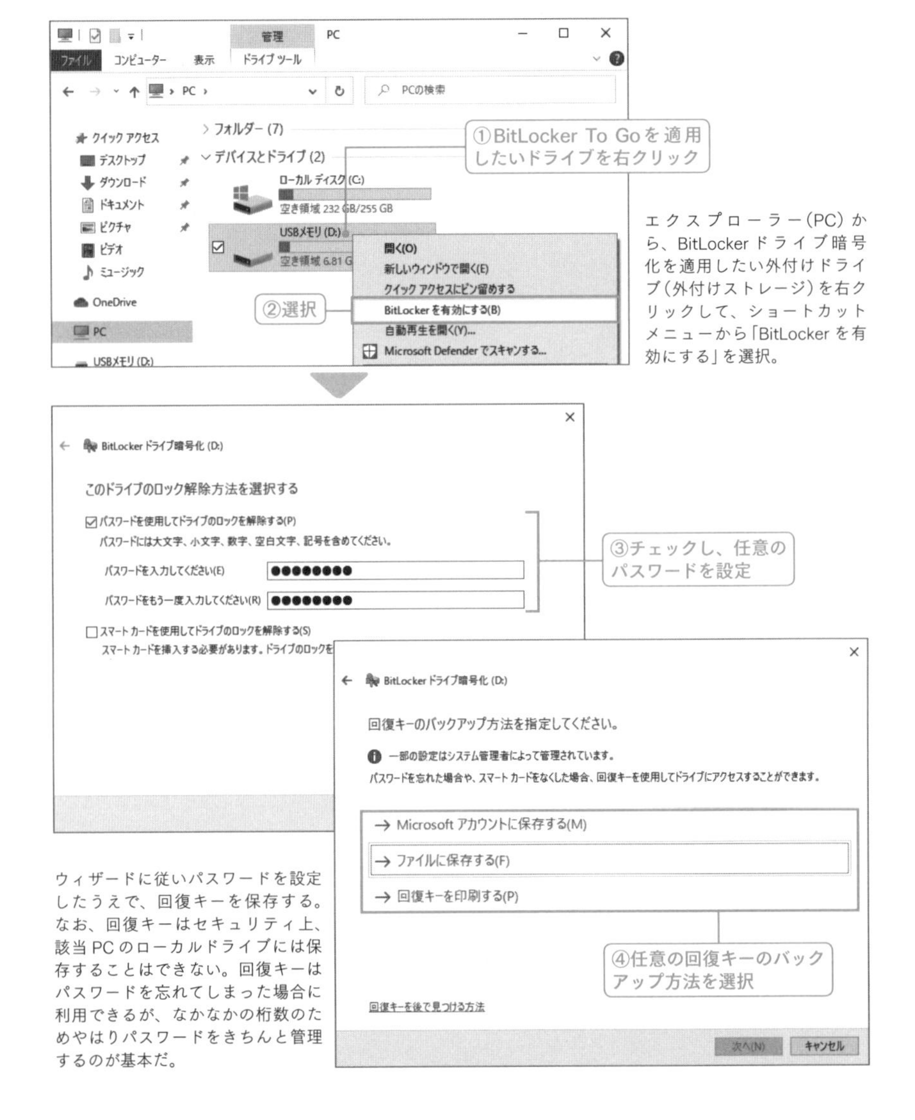

エクスプローラー(PC)から、BitLockerドライブ暗号化を適用したい外付けドライブ(外付けストレージ)を右クリックして、ショートカットメニューから「BitLockerを有効にする」を選択。

ウィザードに従いパスワードを設定したうえで、回復キーを保存する。なお、回復キーはセキュリティ上、該当PCのローカルドライブには保存することはできない。回復キーはパスワードを忘れてしまった場合に利用できるが、なかなかの桁数のためやはりパスワードをきちんと管理するのが基本だ。

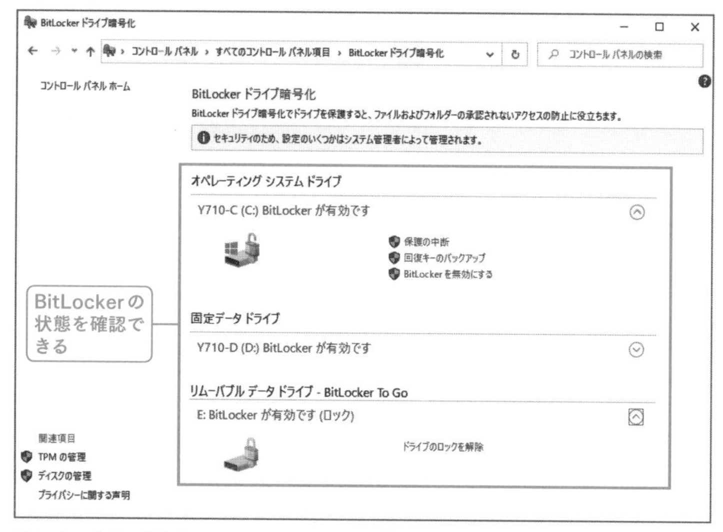

BitLocker全般の設定は、コントロールパネルの「BitLockerドライブ暗号化」で確認できる。ここで設定適用や解除、回復キーのバックアップを行うことも可能だ。

BitLocker To Goが適用されたドライブの利用

BitLocker To Goが適用された外付けストレージを任意のPCで利用したい場合には、該当外付けストレージを接続。

トースト通知で「ドライブのロックを解除する」をクリック(表示されない場合にはエクスプローラーから該当ドライブをダブルクリック)して、BitLockerを有効化した際のパスワードを入力したのち、「ロック解除」ボタンをクリックすればよい。

ちなみに「このPCで自動的にロックを解除する」をチェックしてロック解除を行えば、以後該当ストレージにパスワード入力なしでアクセスすることが可能だ(詳細な設定や各種制限はWindows 10バージョンやエディションによって異なる)。

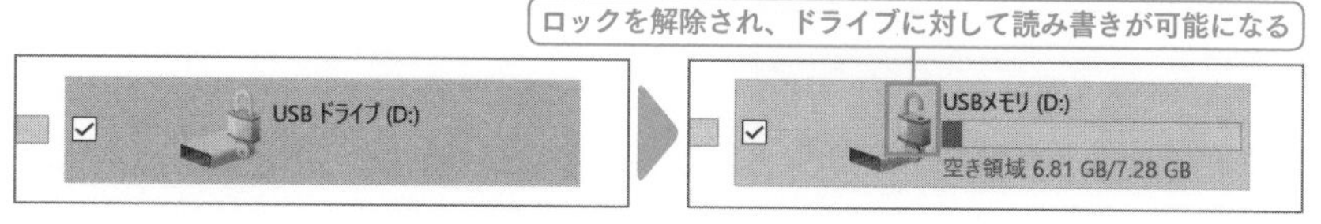

パスワードを入力すれば、どのPCでもBitLocker to Goを適用した外付けストレージを利用でき、もちろん読み書き可能だ。バックアップ媒体をセキュアに扱いたい場合などに有効なオプションである。

6-8 記憶域による高度なストレージ管理

記憶域によるドライブ管理

「記憶域(Storage Spaces)」は、複数のストレージをひとまとめにしてドライブとして扱える機能だ。

ひとまとめにするというと、例えば4TBハードディスクを3台まとめて12TBのドライブとして扱うというイメージかもしれないが、記憶域(Storage Spaces)では「容量を仮想化」したうえで「耐障害性(ハードディスクに問題が起こってもデータが保持される)」を確保できるという点が特徴になる。

ちなみに、「記憶域」では「回復性の種類(➡P.399)」の選択によっては、パフォーマンスアップも期待できるが、昨今のように読み込み速度が速いSSDが普通に入手できる時代においてあまり意味が見出せないため、この点については耐障害性に的を絞って解説を行う。

なお、「設定」の「システム」内に「記憶域」という項目があるが、ここで説明する「記憶域(Storage Spaces)」はまったく別の機能だ。

容量の仮想化ができる記憶域(Storage Spaces)

「記憶域(Storage Spaces)」の最大の特徴は「容量の仮想化」にある。

例えば3TBのハードディスクを2台組み合わせてドライブを作成した場合、最大何TBのドライブが作成できるかといえば、普通に考えれば「6TBまで(回復性の種類による)」と考えるのが普通だが、記憶域(Storage Spaces)においては容量を仮想化できるため、最初から最大「63TB」を確保して大容量ドライブとして運用することが可能である。

ちなみに当然ながら実際には3TBのハードディスクが2台しかないので、合計容量を上回るデータを保存することはもちろんできないのだが、記憶域(Storage Spaces)では後から物理ドライブを任意に追加して保存できるデータ容量を増やすという管理が可能だ。

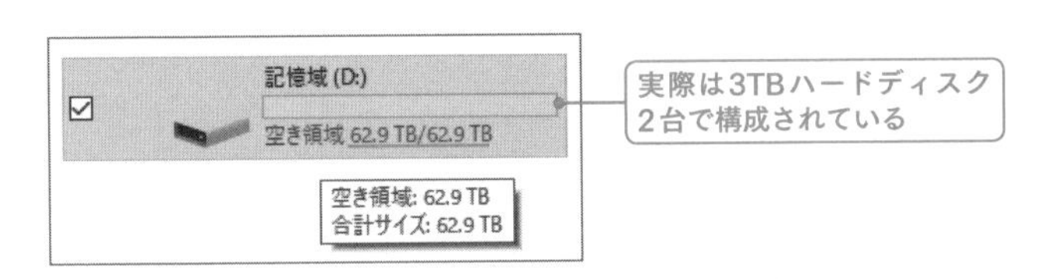

耐障害性の確保と「回復性の種類」

「記憶域（Storage Spaces）」では耐障害性として「ミラーリング」や「パリティ」などの設定を行える。つまり、データドライブとしての安全性を確保したまま容量を仮想化して一つのドライブとして運用できるのがポイントだ。

なお、耐障害性の選択は記憶域作成時の「回復性の種類」の選択によって決まる。「双方向ミラー（ミラーリングによりストレージ1台に障害が起こってもデータは保護される、2台以上のストレージが必要）」「パリティ（パリティ情報とともにデータを分散して書き込みストレージ1台に障害が起こってもデータは保護される、3台以上のストレージが必要）」「3方向ミラー（3か所にデータを書き込み、ストレージ2台に障害が起こってもデータを保護、5台以上のストレージが必要）」のどれかを選択するのが基本だ。

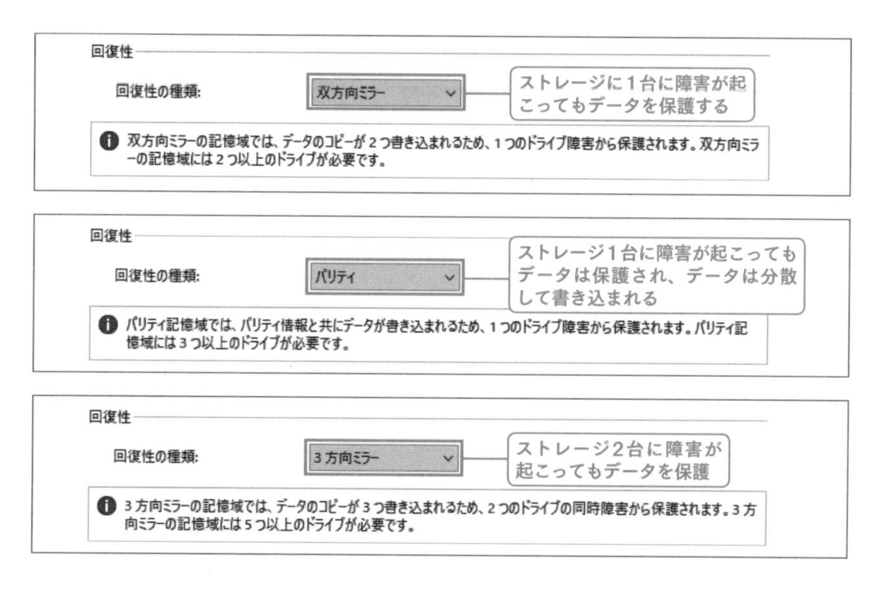

記憶域の作成と管理

記憶域の作成は、記憶域プールに含める物理ストレージを用意する。なお、記憶域プールには基本的にまっさらなストレージが必要であり、ダイナミックディスクのように「ある領域」をミラーリングしたりストライピングしたりすることはできない。

なお、記憶域の作成自体はストレージ1台から行うことができるが、耐障害性の確保には必ず複数台必要になるため、「双方向ミラー」であれば2台以上、「パリティ」であれば3台以上のストレージを用意して設定を進める。

新しいプールと記憶域の作成

コントロールパネル(アイコン表示)から「記憶域」を選択。タスクペインから「新しいプールと記憶域の作成」をクリックする。

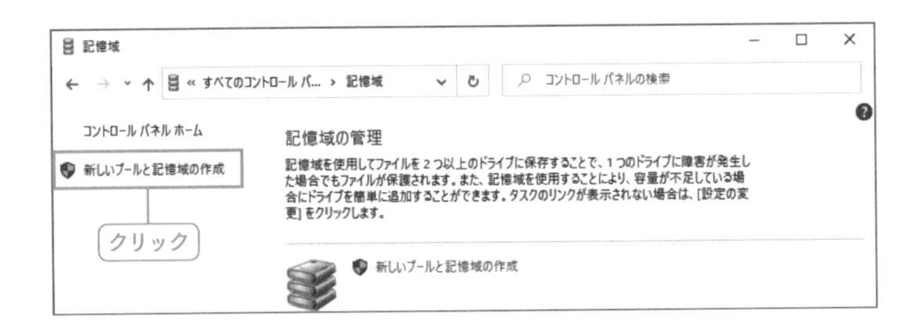

記憶域プールの形成

記憶域プールに含める任意の物理ストレージ(仮想ハードディスクも可能だが目的としてはお勧めできない)をチェックして選択する。

耐障害性を確保するには必ず2台以上選択する。

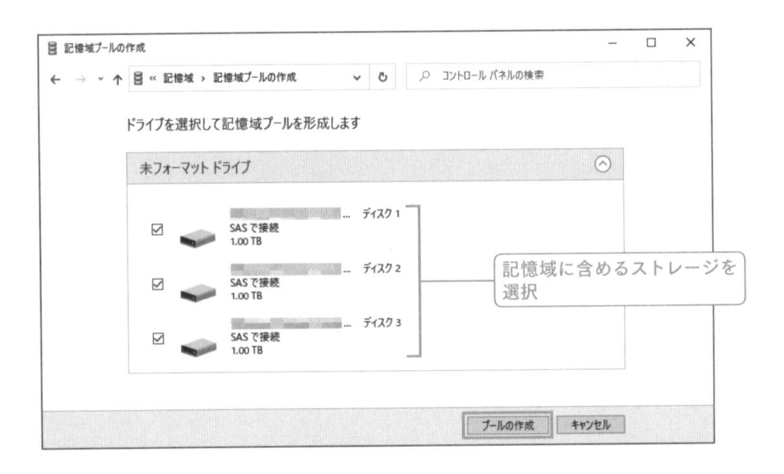

回復性の選択とサイズの指定

「名前」を任意に命名したうえで、ドライブ文字を選択する(後で変更可能)。

設定として重要なのは「回復性の種類」であり、この設定はのちに変更できないので目的の環境に応じて「双方向ミラー(2台以上必要)」「3方向ミラー(5台以上必要)」「パリティ(3台以上必要)」を選択する。

また「サイズ」には任意の仮想化される記憶容量を指定する。このサイズはのちに変更することも可能なのだが、アロケーションユニットサイズの関係で増量できないこともあるので、自分が利用するであろう最大容量をあらかじめ指定してしまったほうがよい。

記憶域の作成

記憶域の名前、回復性の種類、サイズを入力します

回復性は後で変更できないので、目的に合わせた回復性の種類を選択する

容量を仮想化できるので、自身が利用するであろう最大容量を指定

ドライブとしての実運用

　ウィザードに従って作成を完了すれば、記憶域をドライブとして運用することができる。特に制限などはなく通常のストレージ上のドライブ同様にファイルを読み書きすることができる。

　また耐障害性は先に設定した「回復性の種類」に従う。なお、容量はあくまでも仮想化したものなので、空き容量が足りなくなった場合にはストレージの追加が必要になる。

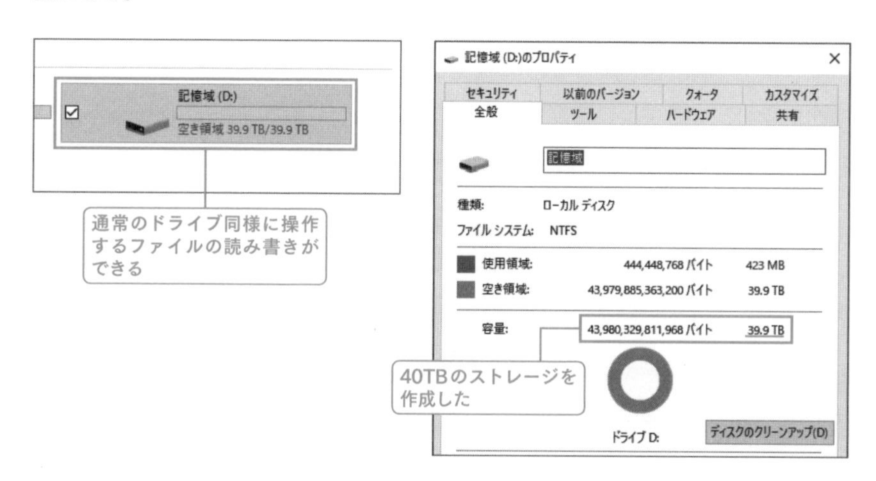

記憶域の管理

記憶域のプール容量における使用量を確認したい場合には、コントロールパネル(アイコン表示)から「記憶域」を選択。記憶域の管理を変更したい場合には、「設定の変更」ボタンをクリックしたのちに任意の設定を行う。

プール容量が不足するなどでストレージを追加したい場合には、「ドライブの追加」をクリックして任意のストレージを追加、また「名前」「ドライブ文字」「記憶域のサイズ」などを変更したい場合には、「記憶域」欄の「変更」をクリックすればよい。

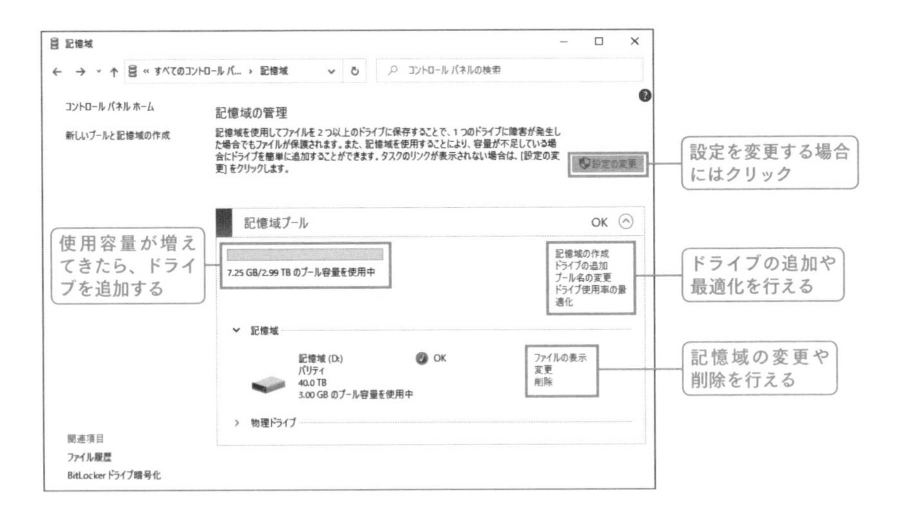

記憶域の削除とプールの削除

記憶域を作成したものの、やはり物理ストレージをバラバラに使いたいという場合には(記憶域に含めたストレージは、「ディスクの管理」上でも一つのストレージとして扱われている)、記憶域を削除したうえで、プールを削除するしかない。

なお、この工程を実行した場合、当然ながら該当ドライブ上のデータはすべて消去されるので注意されたい。

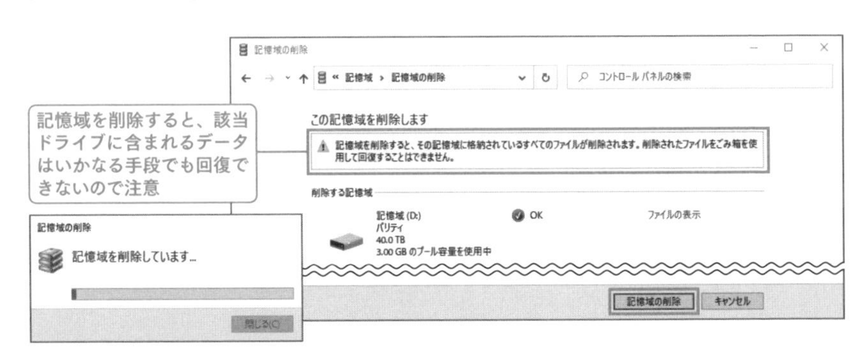

6-9 ハードウェアの正常性の確認

PCの正常性を確認するためのメモリテスト

PCの正常性を確認する手段はいくつか存在するが、基本的にPCのハードウェア構成を俯瞰で考えた場合、データ処理的なストレスを与えてもメモリの読み書きが正常に行えるかというのがPCの正常性の一つの目安になる(CPUとメモリ間のデータI/Oに問題がない＝PCの基本動作は正常という考え方)。

Windows 10でメモリの読み書きの正常性を確認したい場合には「Windowsメモリ診断」を利用する。

「Windowsメモリ診断」は、コントロールパネル(アイコン表示)から「管理ツール」－「Windowsメモリ診断」と選択。「Windowsメモリ診断」から「今すぐ再起動して問題の有無を確認する」をクリックすれば実行できる。

一般的にはデフォルトの「標準」テストで十分だが、突っ込んで正常性を確認したい場合には「Windows メモリ診断」実行中に F1 キーでオプションを表示して、「拡張」を選択したのちに F10 キーを押すと拡張テストを実行して詳細にチェックできる。

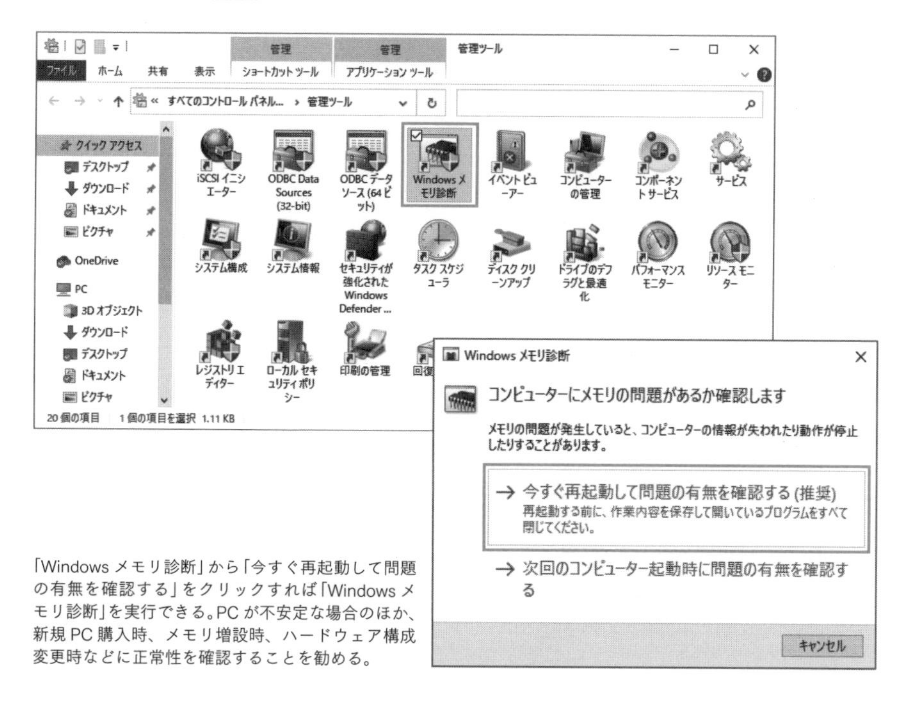

「Windows メモリ診断」から「今すぐ再起動して問題の有無を確認する」をクリックすれば「Windows メモリ診断」を実行できる。PC が不安定な場合のほか、新規 PC 購入時、メモリ増設時、ハードウェア構成変更時などに正常性を確認することを勧める。

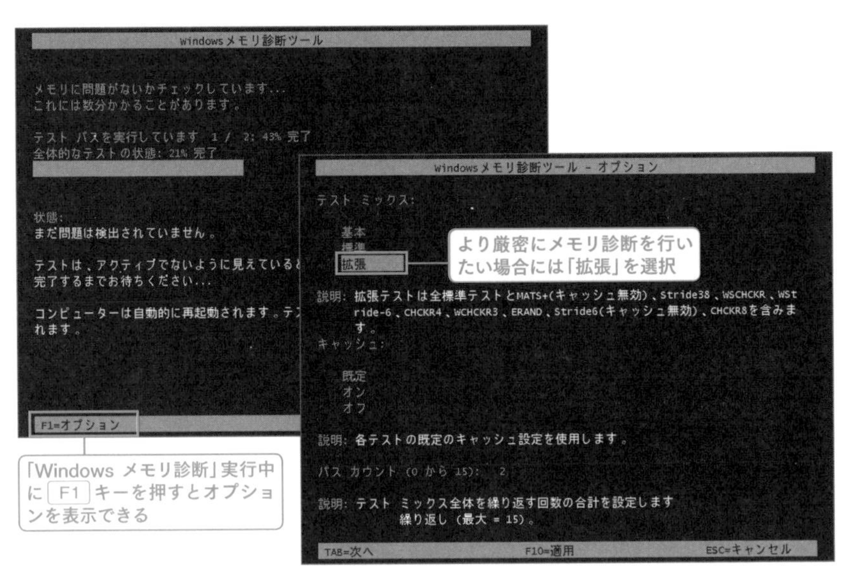

「Windows メモリ診断」は F1 キーでオプションを設定できる。なお、「拡張」を選択した場合それなりの時間がかかる。

メモリ診断後、自動的にWindows 10が起動する。問題がなければ、「メモリエラーは検出されませんでした」というトースト通知が表示される。

ショートカット起動

- Windowsメモリ診断　MDSCHED

Windows 10に依存しないメモリテストによる正常性確認

「Windowsメモリ診断」はWindows 10を導入している状態からしか実行することができないが、単体で外部起動からメモリテストを行いたい場合には「Memtest86」を利用するとよい。

「Memtest86」はUSBメモリブートのプログラムを埋め込むことができるので、任意のUSBメモリに「Memtest86」を書き込んだら、後は該当USBメモリから起動すればメモリテストを行える。

OS依存しないためWindows 10インストール前の自作PCなどに活用できるほか、ストレージに問題が発生しているPCやストレージを外してしまったPCでもメモリテストが行えるのがポイントだ。

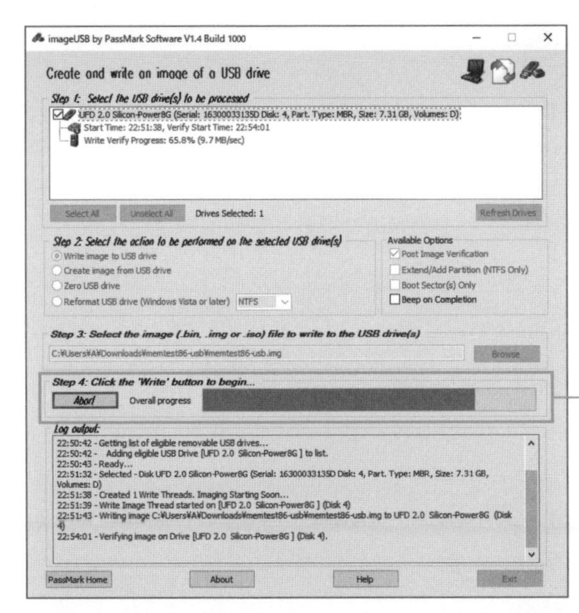

「Memtest86」をUSBメモリにライティング。ブートUSBメモリを作成することで、内蔵ストレージ上のOSに依存せずにUSBメモリから「Memtest86」を単独起動できる。

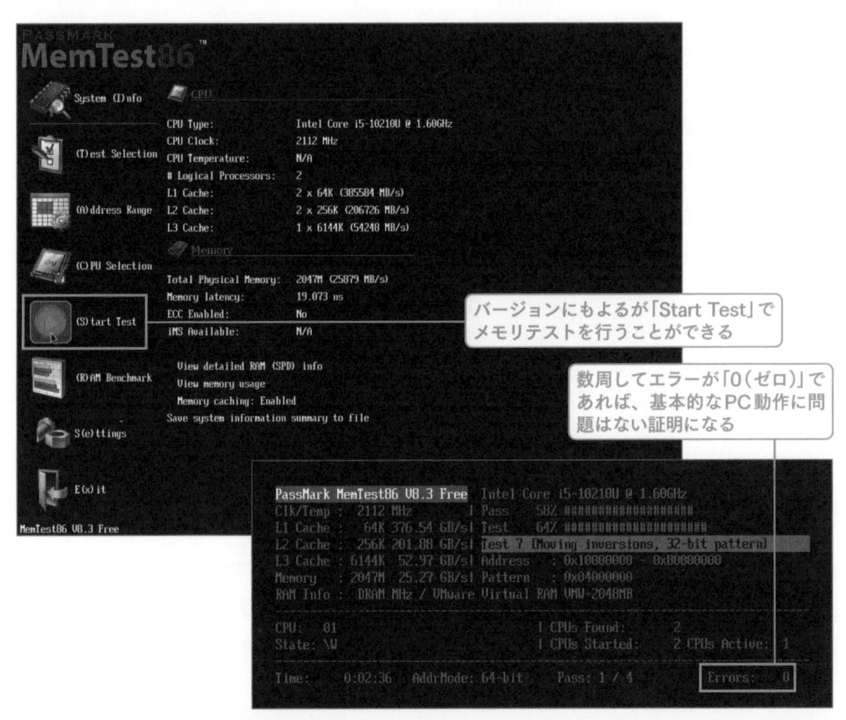

「Memtest86」で作成したUSBメモリから起動。UIは「Memtest86」のバージョンによって異なるが、このバージョンでは「Start Test」を選択すればメモリテストを開始できる。メモリテストの設定は任意だが、2周回チェックしても問題が出ない(Errorsが「0」)場合には、PCの基本的な動作に問題はないと考えてよい。

ストレージの正常性確認

PCのストレージの正常性を確認したい場合には、さまざまな方法が存在する。具体的にはエクスプローラーから「エラーチェック」を行う方法や「CHKDSK」コマンドを利用する方法だが、どちらも対象はストレージ全体ではなく、「対象パーティション(ドライブ文字が割り当てられた領域)」であることに注意したい。

「エラーチェック」

エクスプローラー(「PC」表示)から任意のドライブを右クリックして、ショートカットメニューから「プロパティ」を選択。「ツール」タブの「エラーチェック」欄内、「チェック」ボタンをクリックして、ウィザードに従えばストレージの正常性を確認できる。

なお、表面的に問題がない場合には、メッセージ上は「～スキャンする必要はありません」と表示されるが、ここからさらに「ドライブのスキャン」をクリックして詳細なチェックを行うことが推奨される。

エラーチェック終了後、「詳細の表示」をクリックすれば、イベントビューアーでチェック内容を確認することができる。

該当ドライブのプロパティで「ツール」タブの「エラーチェック」欄内、「チェック」ボタンをクリック。チェック終了後「ドライブのスキャン」をさらにクリックする。

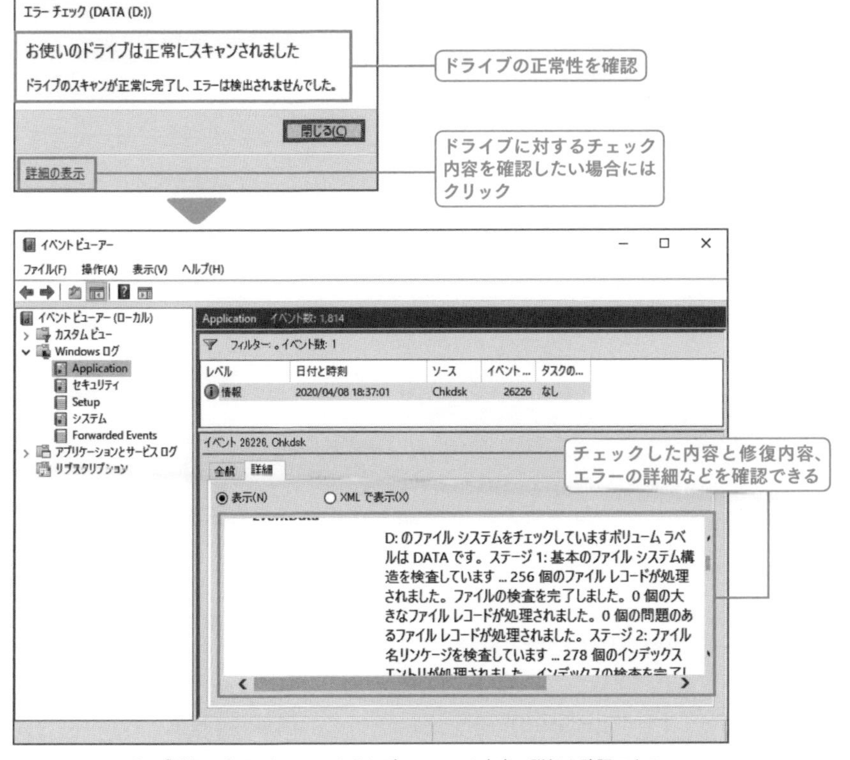

エラーチェック後に「詳細の表示」をクリックすれば、チェック内容の詳細を確認できる。

「CHKDSK」によるエラーチェック

任意のドライブの詳細なエラーチェックを行いたい場合には、「CHKDSK」コマンドを利用すればよい。Windows PowerShellから「CHKDSK [ドライブ文字]:」と入力実行すれば、エラーチェックを行うことができる。

なお、問題が表示された場合には修復のために「CHKDSK [ドライブ文字]: /F」と入力実行する。基本的に「/F」は修復を行うためのコマンドオプションだが、ストレージ状態が重症の場合には修復作業が問題を広げる可能性も否定できない。

なお、CHKDSK完了後に確認すべきは「不良セクター」であり、不良セクターが存在する場合にはファイルシステムではなくストレージに問題がある状態であり、「/R」オプションで不良セクターを利用しないようにできるものの、基本的にストレージを交換することが根本的な解決になり、近い将来のさらなる問題を引き起こさないための対処になる。

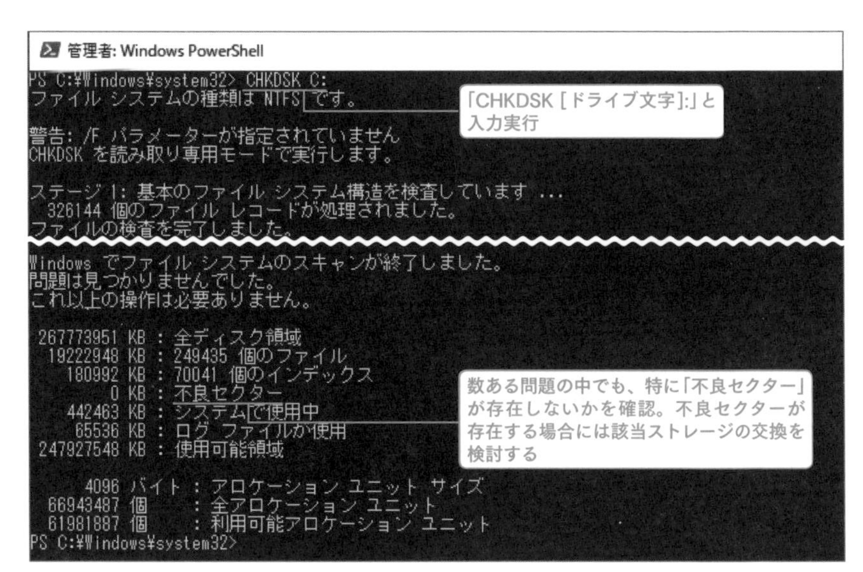

「CHKDSK」コマンドを実行。CUIなので詳細なチェックを目視できる。完了後は「不良セクター」に着目して、0KB以外の場合には長い目で見た場合「買い替え(入れ替え)」が最善の策になる。

ストレージの自己診断機能の確認

ストレージの自己診断機能の確認を行いたい場合には「CrystalDiskInfo」を利用するとよい。ストレージの健康状態をパーセンテージで確認できるほか、ストレージの型番やインターフェース、電源投入回数や利用時間等を確認できる。

なお、着目すべきはエラー回数や失敗などの項目であり、回数が多い場合にはストレージ交換が最善だ。

ストレージメーカーのツール活用

SSDのストレージ型番とメーカーがわかる場合には、メーカー専用ツールをダウンロードして診断を行うとストレージの正常性を確認できる。

ちなみにメーカー専用ツールではストレージの正常性診断のほか、ファームウェアアップデート等も行えるため、安定性やパフォーマンスにもプラスになる。

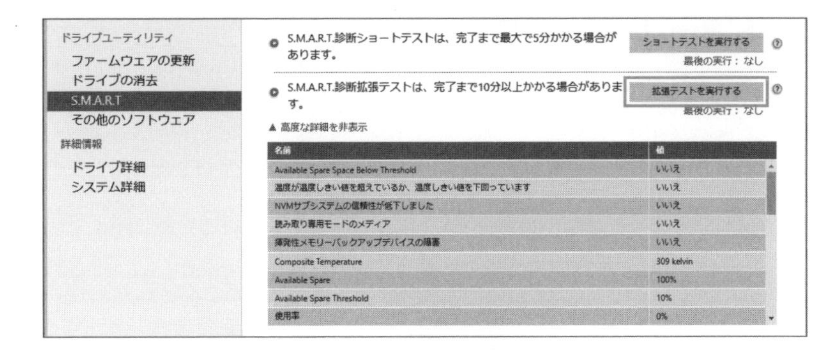

Column

PCのトラブル対処にも活用したい「マルチPCテクニック」

PCの動作がおかしいというトラブルは、大きく「ハードウェア的な要因」と「ソフトウェア的な要因」の二つに分けることができる。

「ハードウェア的な要因」はPCのパーツ故障や劣化などであり、先に説明した正常性の確認を行うことで判別可能なので比較的わかりやすいのだが（ただしPCの基本構成以外のパーツ問題は除く）、特定しづらいのが「ソフトウェア的な要因」であり、自身が行ったアプリ導入や設定に問題がある場合のほか、Windows Updateが勝手に行った「更新プログラム」が要因であったり、あるいは「マルウェアに侵されている」などの状況も考えられる。

このような場面で活きるのが「ファイルサーバーによるデータ管理（➡P.341）」や「マルチPCテクニック」であり、PCの動作がおかしい場合には素直に問題のあるPCをネットワークから隔離して（マルウェアの可能性を踏まえた場合）、別のPCで作業を進めてしまえばよい。

該当PCに対しては時間があるときに、じっくりウィルススキャンなりシステムの復元／回復を行って対処すればよいのだ。

● トラブルに柔軟に対応できる「マルチPCテクニック」

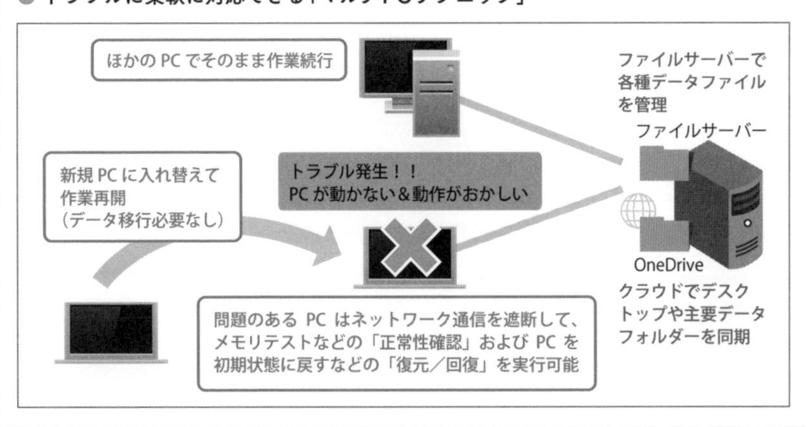

ショートカットキー一覧

●デスクトップ全般

ショートカットキー	動作
⊞+A キー	アクションセンターの表示
⊞+K キー	「接続」の表示
⊞+R キー	「ファイル名を指定して実行」の表示
⊞+G キー	ゲームバー
⊞+, キー	デスクトップのプレビュー
⊞+P キー	ディスプレイの表示モードの切り替え
⊞+O キー	自動回転ロック/ロック解除(対応PCのみ)
⊞+L キー	ロック
⊞+X キー	クイックアクセスメニュー
⊞+S キー	検索
⊞+. キー	絵文字入力
⊞+W キー	Windows Ink ワークスペース

●デスクトップの拡大表示

ショートカットキー	動作
⊞+; キー	拡大鏡の起動/拡大
⊞+- キー	拡大鏡起動時の縮小

●画面キャプチャ

ショートカットキー	動作
⊞+Print Screen キー	画面キャプチャ(ファイル保存)

ショートカットキー	動作
Windows + Shift + S キー	画面キャプチャ（切り取り&スケッチ）
Alt + Print Screen キー	ウィンドウのみを画像としてクリップボードに送信
Print Screen キー	デスクトップを画像としてクリップボードに送信（設定による）

● **仮想デスクトップ**

ショートカットキー	動作
Windows + Ctrl + D キー	新しいデスクトップの作成
Windows + Ctrl + F4 キー	現在表示中のデスクトップを閉じる
Windows + Ctrl + → キー	右デスクトップに表示切替
Windows + Ctrl + ← キー	左デスクトップに表示切替

● **タスク切り替え**

ショートカットキー	動作
Windows + Tab キー	「タスクビュー」の表示
Alt + Tab キー	Windowsフリップ
Alt + Shift + Tab キー	Windowsフリップ（逆回転）
Ctrl + Alt + Tab キー	静止版Windowsフリップ

● **タスクバー**

ショートカットキー	動作
Windows + [数字] キー	タスクバー上のアプリを起動
Windows + Shift + [数字] キー	タスクバー上のアプリを複数起動
Windows + Alt + [数字] キー	ジャンプリストを表示

ショートカットキー	動作
⊞+T キー	タスクバーアイコンにフォーカス
⊞+B キー	通知領域の「∧」ボタンにフォーカス
⊞+B→Enter キー	非表示になっている通知アイコンをポップアップで表示

● [スタート] メニュー

ショートカットキー	動作
⊞キー	[スタート] メニューの表示/非表示
カーソルキー	[スタート] メニューのタイルにフォーカス/移動
Enter キー	[スタート] メニューのフォーカスアプリを起動
Alt + Shift +カーソルキー	[スタート] メニューのタイルの移動(タイルフォーカスから)
Ctrl +上下カーソルキー([スタート] メニューの項目フォーカス後)	[スタート] メニューの高さのリサイズ
Ctrl +左右カーソルキー([スタート] メニューの項目フォーカス後)	[スタート] メニューの幅のリサイズ

● 電源

ショートカットキー	動作
⊞+X→U→U キー	シャットダウン
⊞+X→U→R キー	再起動
⊞+X→U→S キー	スリープ
⊞+X→U→Shift+R キー	「オプションの選択(トラブルシューティングやUEFI設定)」の起動
⊞+X→U→H キー	休止状態(要カスタマイズ)

●アプリ

ショートカットキー	動作
Alt + F4 キー	アプリを終了
Ctrl + W キー	タブを閉じる
Ctrl + P キー	印刷（一部アプリのみ）
Ctrl + O キー	開く
Ctrl + S キー	保存

●ウィンドウ

ショートカットキー	動作
⊞ + D キー	すべてのウィンドウの最小化／復元
⊞ + M キー	ダイアログ以外のすべてのウィンドウの最小化
⊞ + Shift + M キー	ダイアログ以外のすべてのウィンドウの最小化した後の復元
Alt + space キー	アクティブウィンドウのショートカットメニュー表示
Alt + space → M キー	アクティブウィンドウの移動
Alt + space → S キー	アクティブウィンドウサイズの変更
Alt + space → X キー	アクティブウィンドウサイズの最大化
Alt + space → N キー	アクティブウィンドウサイズの最小化

●ウィンドウ（スナップ）

ショートカットキー	動作
⊞ + Home キー	アクティブウィンドウのみ表示
⊞ + ← キー	ウィンドウの左半面表示

ショートカットキー	動作
⊞ + → キー	ウィンドウの右半面表示
⊞ + → → ↑ キー	ウィンドウの右上1/4面表示
⊞ + → → ↓ キー	ウィンドウの右下1/4面表示
⊞ + ← → ↑ キー	ウィンドウの左上1/4面表示
⊞ + ← → ↓ キー	ウィンドウの左下1/4面表示
⊞ + Shift + ↑ キー	ウィンドウの垂直方向最大化
⊞ + ↑ キー	ウィンドウの最大化

● **ウィンドウ（複数ディスプレイ）**

ショートカットキー	動作
⊞ + Shift + → キー	アクティブウィンドウを右のディスプレイに移動（複数ディスプレイ）
⊞ + Shift + ← キー	アクティブウィンドウを左のディスプレイに移動（複数ディスプレイ）

● **エクスプローラー**

ショートカットキー	動作
⊞ + E キー	エクスプローラーの起動
▤キー	ショートカットメニューの表示
Shift + F10 キー	ショートカットメニューの表示（一部アプリのみ）
Alt + Enter キー	プロパティの表示
Alt キー	リボンへのアクセス／ショートカットキー表示
Alt → [数字] キー	クイックアクセスツールバーの各コマンド

ショートカットキー	動作
F2 キー	名前の変更
Delete キー	削除
Shift ＋ Ctrl ＋ N キー	フォルダーの作成
Alt → H → C → F キー	選択アイテムのコピー
Alt → H → M キー	選択アイテムの移動
Ctrl ＋ C → Ctrl ＋ V キー	ファイル／フォルダーのコピー
Ctrl ＋ X → Ctrl ＋ V キー	ファイル／フォルダーの移動
Alt ＋ H → P → I キー	クイックアクセスにピン留め
Shift ＋ ≣ → W キー	選択アイテムをカレントとして「Windows PowerShell」を開く
Ctrl ＋ N キー	新しいウィンドウで開く
Alt ＋ ← キー	戻る
Alt ＋ → キー	進む
Alt ＋ ↑ キー	上位フォルダーの表示
Ctrl ＋ E キー	検索ボックスへのフォーカス移動

●エクスプローラー（表示）

ショートカットキー	動作
Alt ＋ Shift ＋ P キー	「詳細ウィンドウ」の表示
Alt ＋ P キー	「プレビューウィンドウ」の表示
Ctrl ＋ F1 キー	リボンの展開／最小化

ショートカットキー	動作
Ctrl + Shift + 1 キー	特大アイコン
Ctrl + Shift + 2 キー	大アイコン
Ctrl + Shift + 3 キー	中アイコン
Ctrl + Shift + 4 キー	小アイコン
Ctrl + Shift + 5 キー	一覧
Ctrl + Shift + 6 キー	詳細
Ctrl + Shift + 7 キー	並べて表示
Ctrl + Shift + 8 キー	コンテンツ
Alt → H キー	「ホーム」タブの表示
Alt → S キー	「共有」タブの表示
Alt → V キー	「表示」タブの表示

● **編集全般**

ショートカットキー	動作
Ctrl + A キー	全選択
Shift +カーソルキー	範囲選択
Ctrl + Home キー	先頭移動(アプリによる)
Ctrl + End キー	末尾移動(アプリによる)
Ctrl + X キー	切り取り
Ctrl + C キー	コピー
Ctrl + V キー	貼り付け(ペースト)

ショートカットキー	動作
[Windows]＋[V]キー	クリップボード履歴を表示
[Esc]キー	キャンセル
[Ctrl]＋[Z]キー	元に戻す
[Ctrl]＋[Y]キー	元に戻すを戻す（一部アプリのみ）

● **Microsoft IME**

ショートカットキー	動作
[Ctrl]＋[変換]→[R]キー	Microsoft IMEの設定
[Ctrl]＋[変換]→[O]キー	Microsoft IMEの単語登録
[Ctrl]＋[Back Space]キー	確定取消再変換
[Ctrl]＋[変換]→[N]→[K]キー	「全角カタカナ」モード
[Ctrl]＋[変換]→[N]→[N]キー	「半角カタカナ」モード
[Ctrl]＋[変換]→[N]→[W]キー	「全角英数」モード
[Ctrl]＋[変換]→[N]→[F]キー	「半角英数」モード
[Ctrl]＋[変換]→[N]→[H]キー	「ひらがな」モード
[Ctrl]＋[U]キー／[F6]キー	ひらがな変換
[Ctrl]＋[I]キー／[F7]キー	カタカナ変換
[Ctrl]＋[O]キー／[F8]キー	半角変換
[Ctrl]＋[P]キー／[F9]キー	全角英数変換
[Ctrl]＋[T]キー／[F10]キー	半角英数変換

コマンドによる「設定」へのダイレクトアクセス

設定名	コマンド
ディスプレイ	ms-settings:display
表示スケールの詳細設定	ms-settings:display-advanced
グラフィックの設定	ms-settings:display-advancedgraphics
夜間モードの設定	ms-settings:nightlight
サウンド	ms-settings:sound
アプリの音量とデバイスの設定	ms-settings:apps-volume
通知とアクション	ms-settings:notifications
集中モード	ms-settings:quiethours
ディスプレイを複製しているとき	ms-settings:quietmomentspresentation
次の時間帯	ms-settings:quietmomentsscheduled
ゲームを全画面表示でプレイしているとき	ms-settings:quietmomentsgame
電源とスリープ	ms-settings:powersleep
バッテリー	ms-settings:batterysaver
記憶域（システム）	ms-settings:storagesense
新しいコンテンツの保存先を変更する（記憶域）	ms-settings:savelocations
ストレージ センサーを構成するか、今すぐ実行する（記憶域）	ms-settings:storagepolicies
タブレットモード	ms-settings:tabletmode
マルチタスク	ms-settings:multitasking

設定名	コマンド
このPCへのプロジェクション	ms-settings:project
クリップボード	ms-settings:clipboard
共有エクスペリエンス	ms-settings:crossdevice
バージョン情報	ms-settings:about
リモート デスクトップ	ms-settings:remotedesktop
Bluetoothとその他のデバイス	ms-settings:bluetooth
プリンターとスキャナー	ms-settings:printers
マウス	ms-settings:mousetouchpad
タッチパッド	ms-settings:devices-touchpad
入力	ms-settings:typing
ペンとWindows Ink	ms-settings:pen
自動再生	ms-settings:autoplay
USB	ms-settings:usb
電話	ms-settings:mobile-devices
状態(ネットワークとインターネット)	ms-settings:network / ms-settings:network-status
Wi-Fi	ms-settings:network-wifi
既知のネットワークの管理	ms-settings:network-wifisettings
イーサネット	ms-settings:network-ethernet
携帯電話(SIM:ネットワークとインターネット)	ms-settings:network-cellular

設定名	コマンド
ダイヤルアップ	ms-settings:network-dialup
VPN	ms-settings:network-vpn
機内モード	ms-settings:proximity
モバイルホットスポット	ms-settings:network-mobilehotspot
プロキシ	ms-settings:network-proxy
背景	ms-settings:personalization
色（個人用設定）	ms-settings:colors
ロック画面	ms-settings:lockscreen
テーマ	ms-settings:themes
フォント	ms-settings:fonts
スタート	ms-settings:personalization-start
スタートメニューに表示するフォルダーを選ぶ	ms-settings:personalization-start-places
タスク バー	ms-settings:taskbar
アプリと機能	ms-settings:appsfeatures
オプション機能（アプリと機能）	ms-settings:optionalfeatures
既定のアプリ	ms-settings:defaultapps
オフライン マップ	ms-settings:maps
Web サイト用のアプリ	ms-settings:appsforwebsites
ビデオの再生	ms-settings:videoplayback

設定名	コマンド
スタートアップアプリ	ms-settings:startupapps
ユーザーの情報	ms-settings:yourinfo
メール とアカウント	ms-settings:emailandaccounts
サインイン オプション	ms-settings:signinoptions
Windows Hello セットアップ	ms-settings:signinoptions-launchfaceenrollment
職場または学校にアクセスする	ms-settings:workplace
家族とその他のユーザー	ms-settings:otherusers
キオスクモードを設定する	ms-settings:assignedaccess
設定の同期	ms-settings:sync
日付と時刻	ms-settings:dateandtime
地域	ms-settings:regionformatting
Microsoft IME	ms-settings:regionlanguage-jpnime
音声認識	ms-settings:speech
言語	ms-settings:regionlanguage
Xbox Game Bar	ms-settings:gaming-gamebar
キャプチャ（ゲーム）	ms-settings:gaming-gamedvr
ゲームモード	ms-settings:gaming-gamemode
Xbox ネットワーク	ms-settings:gaming-xboxnetworking
ディスプレイ（簡単操作）	ms-settings:easeofaccess-display
テキストカーソル（簡単操作）	ms-settings:easeofaccess-cursor

設定名	コマンド
拡大鏡（簡単操作）	ms-settings:easeofaccess-magnifier
カラーフィルター（簡単操作）	ms-settings:easeofaccess-colorfilter
ハイコントラスト（簡単操作）	ms-settings:easeofaccess-highcontrast
ナレーター（簡単操作）	ms-settings:easeofaccess-narrator
オーディオ（簡単操作）	ms-settings:easeofaccess-audio
字幕（簡単操作）	ms-settings:easeofaccess-closedcaptioning
音声認識（簡単操作）	ms-settings:easeofaccess-speechrecognition
キーボード（簡単操作）	ms-settings:easeofaccess-keyboard
マウス（簡単操作）	ms-settings:easeofaccess-mouse
視線制御（簡単操作）	ms-settings:easeofaccess-eyecontrol
Windowsの検索（簡単操作）	ms-settings:cortana-windowssearch
全般（プライバシー）	ms-settings:privacy
デバイスの暗号化（一部機種のみ）	ms-settings:deviceencryption
手書き入力と入力の個人用設定（プライバシー）	ms-settings:privacy-speechtyping
診断＆フィードバック（プライバシー）	ms-settings:privacy-feedback
アクティビティの履歴（プライバシー）	ms-settings:privacy-activityhistory
位置情報（プライバシー）	ms-settings:privacy-location
カメラ（プライバシー）	ms-settings:privacy-webcam

設定名	コマンド
マイク（プライバシー）	ms-settings:privacy-microphone
音声によるアクティブ化（プライバシー）	ms-settings:privacy-voiceactivation
通知（プライバシー）	ms-settings:privacy-notifications
アカウント情報（プライバシー）	ms-settings:privacy-accountinfo
連絡先（プライバシー）	ms-settings:privacy-contacts
カレンダー（プライバシー）	ms-settings:privacy-calendar
電話をかける（プライバシー）	ms-settings:privacy-phonecalls
通話履歴（プライバシー）	ms-settings:privacy-callhistory
メール（プライバシー）	ms-settings:privacy-email
タスク（プライバシー）	ms-settings:privacy-tasks
メッセージング（プライバシー）	ms-settings:privacy-messaging
無線（プライバシー）	ms-settings:privacy-radios
他のデバイス（プライバシー）	ms-settings:privacy-customdevices
バックグラウンド アプリ（プライバシー）	ms-settings:privacy-backgroundapps
アプリの診断（プライバシー）	ms-settings:privacy-appdiagnostics
ファイルの自動ダウンロード（プライバシー）	ms-settings:privacy-automaticfiledownloads
ドキュメント（プライバシー）	ms-settings:privacy-documents
ピクチャ（プライバシー）	ms-settings:privacy-pictures

設定名	コマンド
ビデオ(プライバシー)	ms-settings:privacy-videos
ファイル システム(プライバシー)	ms-settings:privacy-broadfilesystemaccess
Windows Update	ms-settings:windowsupdate
Windows Update(実行)	ms-settings:windowsupdate-action
Windows Update - 詳細オプション	ms-settings:windowsupdate-options
Windows Update - 再起動のスケジュール	ms-settings:windowsupdate-restartoptions
Windows Update - 更新の履歴を表示する	ms-settings:windowsupdate-history
配信の最適化	ms-settings:delivery-optimization
Windows セキュリティ	ms-settings:windowsdefender
バックアップ	ms-settings:backup
トラブルシューティング	ms-settings:troubleshoot
回復(更新とセキュリティ)	ms-settings:recovery
ライセンス認証	ms-settings:activation
デバイスの検索	ms-settings:findmydevice
開発者向け	ms-settings:developers
Windows Insider Program	ms-settings:windowsinsider

※一覧は、「https://win10.jp/jrv2-cmd.htm」でも公開中

設定項目へのダイレクトアクセス

項目名	コマンド
サービス	SERVICES.MSC
ディスクの管理	DISKMGMT.MSC
デバイスマネージャー	DEVMGMT.MSC
システムのプロパティ	SYSDM.CPL
プログラムと機能	APPWIZ.CPL
パフォーマンスオプション	SYSTEMPROPERTIESPERFORMANCE
電源オプション	POWERCFG.CPL
電源オプションの詳細設定	POWERCFG.CPL ,1
ローカルセキュリティポリシー	SECPOL.MSC
システム構成	MSCONFIG
Windowsモビリティセンター(バッテリー搭載機のみ)	MBLCTR
ユーザーアカウント	NETPLWIZ
Windowsメモリ診断	MDSCHED
エクスプローラーのオプション	CONTROL FOLDERS
ネットワーク接続	NCPA.CPL
セキュリティとメンテナンス	WSCUI.CPL
Windowsの機能(Windowsの機能の有効化または無効化)	OPTIONALFEATURES
スクリーンセーバーの設定	CONTROL DESK.CPL ,1
タスクマネージャー	TASKMGR
コンピューターの管理	COMPMGMT.MSC
パフォーマンスモニター	PERFMON.MSC

項目名	コマンド
イベントビューアー	EVENTVWR.MSC
タスクスケジューラ	TASKSCHD.MSC
管理ツール(一覧)	CONTROL ADMINTOOLS
コントロールパネル	CONTROL
システムのプロパティ(「詳細設定」タブ)	SYSTEMPROPERTIESADVANCED
サウンド	MMSYS.CPL
バックアップと復元	SDCLT
地域	INTL.CPL
日付と時刻	TIMEDATE.CPL
デスクトップアイコンの設定	CONTROL DESK.CPL ,5
拡大鏡	MAGNIFY
リモートデスクトップ接続	MSTSC
ClearTypeテキストチューナー	CTTUNE
ユーザーアカウント制御の設定	USERACCOUNTCONTROLSETTINGS
コンポーネントサービス	COMEXP.MSC
システムのプロパティ(「コンピューター名」タブ)	SYSTEMPROPERTIESCOMPUTERNAME
システムのプロパティ(「ハードウェア」タブ)	SYSTEMPROPERTIESHARDWARE
システムのプロパティ(システムの保護)	SYSTEMPROPERTIESPROTECTION
システムのプロパティ(「リモート」タブ)	SYSTEMPROPERTIESREMOTE

項目名	コマンド
パフォーマンスオプション（「データ実行防止」タブのみ）	SYSTEMPROPERTIESDATAEXECUTIONPREVENTION
ペンとタッチ	TABLETPC.CPL
マウスのプロパティ	MAIN.CPL
ユーザー名およびパスワードの保存	CREDWIZ
ナレーター	NARRATOR
回復ドライブ（作成）	RECOVERYDRIVE
システムの復元（復元ウィザード）	RSTRUI
iSCSIイニシエーターのプロパティ	ISCSICPL
ODBCデータソースアドミニストレーター	ODBCAD32
Windows Defenderファイアウォール	FIREWALL.CPL
インターネットのプロパティ	INETCPL.CPL
キーボードのプロパティ	CONTROL KEYBOARD
ゲームコントローラー	JOY.CPL
スキャナーとカメラ	CONTROL SCANNERCAMERA
ドライバーの検証ツールマネージャー	VERIFIER
印刷の管理	PRINTMANAGEMENT.MSC
共有フォルダーの作成ウィザード	SHRPUBW
色の管理	COLORCPL
音量ミキサー	SNDVOL

※一覧は、「https://win10.jp/jrv2-cmd2.htm」でも公開中

INDEX

R～V

W

あ行

か行

な行

二段階認証 134
ネットワークと共有センター 200
ネットワーク接続 200

は行

ま行

や行

ら行

わ行

会員特典データのご案内

会員特典データは、以下のサイトからダウンロードして入手なさってください。

https://www.shoeisha.co.jp/book/present/9784798166582

※会員特典データのファイルは圧縮されています。ダウンロードしたファイルをダブルクリックすると、ファイルが解凍され、ご利用いただけるようになります。

● 注意

※会員特典データのダウンロードには、SHOEISHA iD（翔泳社が運営する無料の会員制度）への会員登録が必要です。詳しくは、Webサイトをご覧ください。

※会員特典データに関する権利は著者および株式会社翔泳社が所有しています。許可なく配布したり、Webサイトに転載することはできません。

※会員特典データの提供は予告なく終了することがあります。あらかじめご了承ください。

● 免責事項

※会員特典データの記載内容は、2020年8月現在の法令等に基づいています。

※会員特典データに記載されたURL等は予告なく変更される場合があります。

※会員特典データの提供にあたっては正確な記述につとめましたが、著者や出版社などのいずれも、その内容に対してなんらかの保証をするものではなく、内容やサンプルに基づくいかなる運用結果に関してもいっさいの責任を負いません。

※会員特典データに記載されている会社名、製品名はそれぞれ各社の商標および登録商標です。

著者プロフィール

橋本 和則（はしもと・かずのり）

Microsoft MVP（Windows and Devices for IT）を14年連続受賞＆Windows Insider MVPも連続受賞。
IT著書は80冊以上におよび、代表作には『先輩がやさしく教えるセキュリティの知識と実務』『帰宅が早い人がやっている パソコン仕事 最強の習慣112』『Windows 10完全制覇パーフェクト』『Windowsでできる小さな会社のLAN構築・運用ガイド』（以上、翔泳社）などがある。
ビジネスの現場に即したPCの解説を得意とし、Windowsの操作・カスタマイズ・ネットワークなどをわかりやすく個性的に解説した著書が多いほか、法人会報誌やビジネス誌においてはテレワークやセキュリティなどの解説で好評を得ている。
Windows 10総合サイト（https://win10.jp/）など5つのWebサイトの運営のほか、セミナー、コンサルティング、人材育成など多彩に展開している。

［橋本情報戦略企画］　https://hjsk.jp/

DTP・本文デザイン　BUCH+
装丁デザイン　round face 和田 奈加子

最新 Windows 10 上級リファレンス 全面改訂第 2 版

2020 年 10月 12日　初版第 1 刷発行
2022 年 2 月 10日　初版第 2 刷発行

著　者　橋本 和則（はしもと かずのり）
発 行 人　佐々木 幹夫
発 行 所　株式会社 翔泳社（https://www.shoeisha.co.jp）
印刷・製本　日経印刷 株式会社

本書へのお問い合わせについては、ii ページに記載の内容をお読みください。
落丁・乱丁はお取り替えいたします。03-5362-3705 までご連絡ください。

ISBN 978-4-7981-6658-2　Printed in Japan